ÉLÉMENS

D'ALGEBRE.

TOME SECOND.

ÉLÉMENS

D'ALGEBRE

PAR

M. LÉONARD EULER,

TRADUITS DE L'ALLEMAND,

AVEC DES NOTES ET DES ADDITIONS.

TOME SECOND.

DE L'ANALYSE INDÉTERMINÉE.

A LYON,

Chez JEAN-MARIE BRUYSET, Pere & Fils.

M. DCC. LXXIV.

Avec Approbation & Privilege du Roi.

ÉLÉMENS

D'ALGEBRE.

SECONDE PARTIE.

DE L'ANALYSE INDÉTERMINÉE.

CHAPITRE PREMIER.

De la réfolution des Equations du premier degré, qui renferment plus d'une inconnue.

I.

ON a vu, dans la premiere Partie, comment une quantité inconnue fe détermine par une feule équation, & comment on peut déterminer deux inconnues moyennant deux équations, trois

inconnues moyennant trois équations, &
ainfi de fuite ; en forte qu'il faut toujours
autant d'équations qu'il y a d'inconnues à
déterminer, du moins quand la queftion
elle-même eft déterminée.

Lors donc que la queftion ne fournit pas
autant d'équations qu'on eft obligé d'admettre d'inconnues, il y en a de celles-ci
qui reftent indéterminées, & qui dépendent
de notre volonté ; & cela fait qu'on nomme
ces fortes de queftions des *problemes in-*
déterminés. Ils font le fujet d'une branche
particuliere de l'analyfe, & on appelle cette
partie l'*analyfe indéterminée*.

2.

Comme dans ces cas on peut prendre
pour une, ou pour plufieurs inconnues,
tels nombres qu'on veut, ils admettent auffi
plufieurs folutions.

Cependant, comme d'un autre côté on
ajoute ordinairement la condition que les
nombres cherchés doivent être des nombres entiers & même pofitifs, ou du moins

des nombres rationnels, le nombre de toutes les folutions poffibles de ces queftions fe trouve fort borné par-là ; de forte que fouvent il n'y en a que très-peu de poffibles ; que d'autres fois il y en a une infinité, mais qui ne fe préfentent pas à l'efprit facilement ; que quelquefois enfin il n'y en a aucune de poffible. Il arrive par-là que cette partie de l'analyfe demande fouvent des artifices tout-à-fait particuliers, & qu'elle fert beaucoup à aiguifer l'efprit des Commençans, & à leur donner de l'adreffe dans le calcul.

3.

Nous commencerons par une des queftions les plus faciles, en cherchant deux nombres dont la fomme faffe 10. Il fera fuperflu d'ajouter que ces nombres doivent être entiers & pofitifs.

Indiquons-les par x & y ; en forte qu'il faut que $x + y = 10$; on trouve $x = 10 - y$, où y n'eft déterminé qu'en tant que cette lettre fignifie un nombre entier &

pofitif. On pourroit, par conféquent lui fubftituer tous les nombres entiers depuis 1 jufqu'à l'infini ; mais remarquons que x doit pareillement être un nombre pofitif, & il s'enfuit que y ne peut être pris plus grand que 10, puifqu'autrement x deviendroit négatif ; & fi on rejette auffi la valeur de $x = 0$, on ne peut même faire y plus grand que 9. Ainfi ce ne font que les folutions fuivantes qui ont lieu.

Si $y = 1$, 2, 3, 4, 5, 6, 7, 8, 9, on a $x = 9$, 8, 7, 6, 5, 4, 3, 2, 1.

Or les quatre dernieres de ces neuf folutions étant les mêmes que les quatre premieres, il eft clair que la queftion n'admet au fond que cinq folutions différentes.

Que fi l'on demandoit trois nombres, dont la fomme fût 10, on n'auroit qu'à partager en deux parties l'un des nombres que nous venons de trouver, & on obtiendroit de cette maniere un plus grand nombre de folutions.

4.

Comme nous n'appercevons-là aucune difficulté, nous passerons à des questions un peu moins faciles.

Question premiere. Il s'agit de partager 25 en deux parties, dont l'une soit divisible par 2, & dont l'autre soit divisible par 3.

Soit l'une des parties cherchées $= 2x$, & l'autre $= 3y$, il faudra que $2x + 3y = 25$, & par conséquent que $2x = 25 - 3y$. Si l'on divise par 2, on a $x = \frac{25-3y}{2}$; d'où nous concluons en premier lieu que $3y$ doit être moindre que 25, & par conséquent y plus petit que 8. Qu'on tire de cette valeur de x autant d'entiers qu'il est possible, c'est-à-dire qu'on divise par le dénominateur 2, on aura $x = 12 - y + \frac{1-y}{2}$; d'où il suit que $1 - y$, ou bien $y - 1$, doit être divisible par 2. Ainsi nous ferons $y - 1 = 2z$, & nous aurons $y = 2z + 1$, de sorte que $x = 12 - 2z - 1 - z = 11 - 3z$. Or puisque y ne sauroit être plus grand que 8, l'on ne peut non plus prendre pour z des nombres qui rendroient $2z + 1$ plus grands que 8. Par conséquent il faut que z soit plus petit que 4, c'est-à-dire que z ne peut être pris plus grand que 3, & de-là résultent les solutions qui suivent:

Si on fait $z = 0$ | $z=1$ | $z=2$ | $z=3$,
on a $y = 1$ | $y=3$ | $y=5$ | $y=7$,
& $x =11$ | $x=8$ | $x=5$ | $x=2$.

Donc les deux parties de 25 qu'on cherchoit, sont:

I.) $22 + 3$, II.) $16 + 9$, III.) $10 + 15$,
IV.) $4 + 21$.

5.

Question seconde. Partager 100 en deux parties, telles que l'une soit divisible par 7, & l'autre par 11.

Soit donc $7x$ la premiere partie & $11y$ la seconde, il faudra que $7x + 11y = 100$; & par conséquent que $x = \frac{100 - 11y}{7} = \frac{98 + 2 - 7y - 4y}{7}$, ou que $x = 14 - y + \frac{2 - 4y}{7}$; donc il faut que $2 - 4y$, ou $4y - 2$, soit divisible par 7.

Or fi l'on peut divifer $4y - 2$ par 7, on pourra auffi divifer par 7 fa moitié $2y - 1$; qu'on faffe donc $2y - 1 = 7z$, ou $2y = 7z + 1$, on aura $x = 14 - y - 2z$. Mais puifque $2y = 7z + 1 = 6z + z + 1$, on aura $y = 3z + \frac{z+1}{2}$; & il faudra faire $z + 1 = 2u$, ou $z = 2u - 1$; cette fuppofition donne $y = 3z + u$, & par conféquent on peut prendre pour u tout nombre entier qui ne rend pas x ou y négatifs. Or comme y devient $= 7u - 3$ & $x = 19 - 11u$, la premiere de ces formules indique que $7u$ doit furpaffer 3; & fuivant la feconde, $11u$ doit être moindre que 19, ou u moindre que $\frac{19}{11}$; ainfi u ne peut pas même être $= 2$; & puifqu'il eft impoffible que ce nombre foit o, il faut néceffairement que $u = 1$: c'eft la feule valeur que cette lettre puiffe avoir. Il réfulte de-là que $x = 8$, & $y = 4$, & que les deux parties de 100 qu'on cherchoit, font I.) 56, & II.) 44.

6.

Quéſtion troiſieme. Partager 100 en deux parties, telles qu'en diviſant la premiere par 5, il reſte 2 ; & qu'en diviſant la ſeconde par 7, il reſte 4.

Puiſque la premiere partie, diviſée par 5, laiſſe le réſidu 2, nous ſuppoſerons qu'elle ſoit $= 5x + 2$, & par une raiſon ſemblable nous ferons la ſeconde partie $= 7y + 4$. Nous avons par conſéquent $5x + 7y + 6 = 100$, ou $5x = 94 - 7y = 90 + 4 - 5y - 2y$; d'où nous tirons $x = 18 - y - \frac{2y+4}{5}$. Il s'enſuit de-là que $4 - 2y$, ou $2y - 4$, ou bien la moitié $y - 2$, doit être diviſible par 5. Faiſons, par cette conſidération, $y - 2 = 5z$, ou $y = 5z + 2$, nous aurons $x = 16 - 7z$; d'où nous concluons que $7z$ doit être plus petit que 16, & z plus petit que $\frac{16}{7}$, c'eſt-à-dire que z ne peut ſurpaſ-ſer 2. La queſtion propoſée admet par conſéquent trois ſolutions.

I. $z = 0$ donne $x = 16$ & $y = 2$, d'où ré-ſultent les deux parties de 100 qu'on cher-choit, $82 + 18$.

II. $z=1$ donne $x=9$ & $y=7$, & les deux parties en question font $47+53$.

III. $z=2$ donne $x=2$ & $y=12$, & on a les deux parties $12+88$.

7.

Question quatrieme. Deux Payſannes ont enſemble 100 œufs; l'une dit à l'autre: *Quand je compte mes œufs par huitaines, il y a un ſurplus de 7.* La ſeconde répond: *Si je compte les miens par dizaines, je trouve le même ſurplus de 7.* On demande combien chacune avoit d'œufs?

Comme le nombre des œufs de la premiere Payſanne, diviſé par 8, laiſſe le réſidu 7; & que le nombre des œufs de la ſeconde, diviſé par 10, donne le même réſidu 7, on exprimera le premier nombre par $8x+7$, & le ſecond par $10y+7$; de cette façon $8x+10y+14=100$, ou $8x=86-10y$, ou $4x=43-5y=40+3-4y-y$. Par conſéquent ſi l'on fait $y-3=4z$, de ſorte que $y=4z+3$, on aura $x=10-4z-3-z=7-5z$; d'où il ſuit que $5z$ doit être plus petit que 7, & z plus petit que 2, c'est-à-dire qu'on n'aura que les deux solutions suivantes.

I.) $z=0$ donne $x=7$, & $y=3$; ainsi la premiere Paysanne avoit 63 œufs, & la seconde en avoit 37.

II.) $z=1$ donne $x=2$, & $y=7$; donc la premiere Paysanne avoit 23 œufs, & la seconde en avoit 77.

8.

Question cinquieme. Une troupe d'hommes & de femmes a dépensé dans une auberge 1000 sous. Les hommes ont payé 19 sous chacun, & les femmes 13. Combien y avoit-il d'hommes & de femmes?

Soit le nombre des hommes $=x$, & celui des femmes $=y$, on aura l'équation $19x+13y=1000$. Donc $13y=1000-19x=988+12-13x-6x$, & $y=76-x+\frac{12-6x}{13}$; d'où il suit que $12-6x$, ou $6x-12$, ou aussi $x-2$, la sixieme partie de ce nombre, doit être divisible par 13. Qu'on fasse donc $x-2=13z$, on aura x

$=13z+2$, & $y=76-13z-2-6z$, ou $y=74-19z$; ce qui fait voir que z doit être moindre que $\frac{74}{19}$, & par conséquent moindre que 4; de sorte que les quatre solutions suivantes peuvent avoir lieu.

I.) $z=0$ donne $x=2$ & $y=74$. Dans ce cas il y avoit deux hommes & soixante & quatorze femmes; ceux-là ont payé 38 sous, & celles-ci 962 sous.

II.) $z=1$ donne le nombre des hommes $x=15$, & celui des femmes $y=55$; ceux-là ont dépensé 285 sous, & celles-ci 715 sous.

III.) $z=2$ donne le nombre des hommes $x=28$, & celui des femmes $y=36$; donc ceux-là ont dépensé 532 sous, & celles-ci 468 sous.

IV.) $z=3$ donne $x=41$, & $y=17$; ainsi les hommes ont dépensé 779 sous, & les femmes ont dépensé 221 sous.

9.

Question sixieme. Un Fermier achete à la fois des chevaux & des bœufs pour la fomme de 1770 écus ; il paye 31 écus pour chaque cheval , & 21 écus pour chaque bœuf. Combien a-t-il acheté de chevaux & de bœufs ?

Soit le nombre des chevaux $=x$, & celui des bœufs $=y$; il faudra que $31x+21y=1770$, ou que $21y=1770-31x=1764+6-21x-10x$, c'eſt-à-dire que $y=84-x+\frac{6-10x}{21}$. Donc il faut qu'on puiſſe diviſer $10x-6$, & auſſi la moitié $5x-3$, par 21. Qu'on ſuppoſe donc $5x-3=21z$, on aura $5x=21z+3$, & y devient $=84-x-2z$. Or , puiſque $x=\frac{21z+3}{5}=4z+\frac{z+3}{5}$, il faudra faire encore $z+3=5u$; cette ſuppoſition donne $z=5u-3$, $x=21u-12$, & $y=84-21u+12-10u+6=102-31u$; & il ſuit de-là que u doit être plus grand que 0 , & cependant plus petit que 4 , ce qui fournit les trois ſolutions qui ſuivent :

I.) $u=1$ donne le nombre des chevaux $x=9$, & celui des bœufs $y=71$; donc les premiers ont coûté 279 écus , & les derniers 1491 écus ; en tout 1770 écus.

II.) $u=2$ donne $x=30$ & $y=40$; ainsi les chevaux ont coûté 930 écus, & les bœufs ont coûté 840 écus; ce qui fait ensemble 1770 écus.

III.) $u=3$ donne le nombre des chevaux $x=51$, & celui des bœufs $y=9$; ceux-là ont coûté 1581 écus, & ceux-ci 189 écus; cela fait ensemble 1770 écus.

10.

Les questions que nous avons considérées jusqu'à préfent, conduifent toutes à une équation de la forme $ax+by=c$, où a, b & c fignifient des nombres entiers & pofitifs, & où l'on demande pour x & y pareillement des nombres entiers pofitifs. Or fi b eft négatif, & que l'équation ait la forme $ax=by+c$, on a des queftions d'une toute autre efpece, & qui admettent une infinité de folutions: nous allons en traiter auffi, avant que de finir ce Chapitre.

Les plus fimples de ces queftions font de la nature de celle-ci: on cherche deux nombres, dont la différence foit 6. Si l'on fait ici le plus petit nombre $=x$, & le plus grand $=y$, il faudra que $y-x=6$, & que $y=6+x$. Or rien n'empêche maintenant de fubftituer au lieu de x tous les nombres entiers poffibles, & quelque nombre que l'on adopte, y fera toujours de 6 plus grand. Qu'on faffe, par exemple, $x=100$, on aura $y=106$; il eft donc clair qu'une infinité de folutions peuvent avoir lieu.

II.

Viennent enfuite les queftions où $c=0$, c'eft-à-dire où ax doit fimplement équivaloir à by. Qu'on cherche, par exemple, un nombre qui foit divifible tant par 5 que par 7; fi on écrit N pour ce nombre, on aura d'abord $N=5x$, puifqu'il faut pouvoir divifer N par 5; enfuite on aura auffi $N=7y$, parce que le même nombre doit être divifible par 7; on aura, par conféquent $5x=7y$ & $x=\frac{7y}{5}$. Or comme 7 ne peut fe divifer par 5, il faut que y foit divisible par 5 ; qu'on fasse donc $y = 5z$, on aura $x = 7z$; de sorte que le nombre cherché $N = 35z$; & comme on peut prendre pour z un nombre entier quelconque, on voit qu'on peut assigner pour N un nombre infini de valeurs ; telles sont :

35, 70, 105, 140, 175, 910, &c.

Si on vouloit, outre la condition supposée, que le nombre N fût aussi divisible par 9, on auroit d'abord $N = 35z$, & on feroit de plus $N = 9u$. De cette maniere $35z = 9u$, & $u = \frac{35z}{9}$; & il est clair qu'il faut que z soit divisible par 9. Soit donc $z = 9s$; on aura $u = 35s$, & le nombre cherché $N = 315s$.

12.

La difficulté est plus grande, lorsque c n'est pas 0 ; par exemple, lorsqu'il faut que $5x = 7y + 3$, équation à laquelle on parvient, en cherchant un nombre N tel qu'on puisse le diviser par 5, & que si on le divise par 7, on obtienne le résidu 3 ; car il faut alors que $N = 5x$, & aussi que N

$= 7y + 3$, d'où résulte l'équation $5x = 7y + 3$, & par conséquent $x = \frac{7y+3}{5} = \frac{5y+2y+3}{5} = y + \frac{2y+3}{5}$. Qu'on fasse $2y + 3 = 5z$, on aura $x = y + z$; or à cause de $2y + 3 = 5z$, ou de $2y = 5z - 3$, on a $y = \frac{5z-3}{2}$ ou $y = 2z + \frac{z-3}{2}$. Qu'on suppose donc encore $z - 3 = 2u$, on aura $z = 2u + 3$, & $y = 5u + 6$, & $x = y + z = 7u + 9$. Donc le nombre cherché $N = 35u + 45$, où on peut subſtituer au lieu de u non-ſeulement tous les nombres entiers poſitifs, mais auſſi des nombres négatifs; car, comme il ſuffit que N devienne poſitif, on peut faire $u = -1$, ce qui rend $N = 10$. On obtient les autres valeurs, en ajoutant continuellement 35, c'eſt-à-dire que les nombres cherchés ſont 10, 45, 80, 115, 150, 185, 220, &c.

13.

Les ſolutions de ces ſortes de queſtions dépendent du rapport des deux nombres par leſquels il s'agit de diviſer, c'eſt-à-dire qu'elles deviennent plus ou moins lon-gues, ſuivant la nature de ces diviſeurs.

La

La queſtion ſuivante, par exemple, admet une ſolution très-courte : On cherche un nombre qui, diviſé par 6, laiſſe le réſidu 2; & qui, diviſé par 13, donne 3 de réſidu.

Soit N ce nombre : il faut d'abord que $N = 6x + 2$, & après cela que $N = 13y + 3$; par conſéquent $6x + 2 = 13y + 3$, & $6x = 13y + 1$, & $x = \frac{13y+1}{6} = 2y + \frac{y+1}{6}$. Qu'on faſſe $y + 1 = 6z$, on aura $y = 6z - 1$, & $x = 2y + z = 13z - 2$; d'où il ſuit que le nombre cherché $N = 78z - 10$. Donc la queſtion admet les valeurs ſuivantes : 68, 146, 224, 302, 380, &c. qui forment une progreſſion arithmétique, dont la différence eſt $78 = 6.13$. Il ſuffit, par conſéquent, de connoître une ſeule de ces valeurs pour trouver facilement toutes les autres; on n'a qu'à ajouter conſtamment 78, & ſouſtraire ce nombre auſſi long-temps que cela eſt poſſible.

I4.

La queſtion ſuivante fournit un exemple d'une ſolution plus longue & plus pénible.

Queſtion huitieme. Trouver un nombre N qui, étant diviſé par 39, donne le réſidu 16, & tel auſſi que ſi on le diviſe par 56, on trouve le réſidu 27.

Il faut en premier lieu que $N = 39p + 16$, & en ſecond lieu que $N = 56q + 27$; ainſi $39p + 16 = 56q + 27$, ou $39p = 56q + 11$, & $p = \frac{56q + 11}{39} = q + \frac{17q + 11}{39} = q + r$, en exprimant par r la fraction $\frac{17q + 11}{39}$. Ainſi $39r = 17q + 11$, & $q = \frac{39r - 11}{17} = 2r + \frac{5r - 11}{17} = 2r + ſ$; de façon que $ſ = \frac{5r - 11}{17}$, ou $17ſ = 5r - 11$, d'où provient $r = \frac{17ſ + 11}{5} = 3ſ + \frac{2ſ + 11}{5} = 3ſ + t$; de maniere que $t = \frac{2ſ + 11}{5}$, ou $5t = 2ſ + 11$, d'où l'on tire $ſ = \frac{5t - 11}{2} = 2t + \frac{t - 11}{2} = 2t + u$, en faiſant $u = \frac{t - 11}{2}$ & $t = 2u + 11$. Or n'y ayant maintenant plus de fractions, on peut prendre u à volonté, & on n'aura plus qu'à paſſer, en rétrogradant, par les déterminations ſuivantes:

$$t = 2u + 11,$$
$$ſ = 2t + u = 5u + 22,$$
$$r = 3ſ + t = 17u + 77,$$
$$q = 2r + ſ = 39u + 176,$$
$$p = q + r = 56u + 253,$$

& enfin $N = 39.56u + 9883$. On trouvera la plus petite valeur possible de N, en faisant $u = -4$; dans cette suppofition on a $N = 1147$. Que fi l'on fait $u = x - 4$, on trouve $N = 2184x - 8736 + 9883$, ou $N = 2184x + 1147$. Ces nombres forment par conféquent une progreffion arithmétique, dont le premier terme eft 1147, & dont la différence eft 2184; en voici quelques termes :

$$1147, 3331, 5515, 7699, 9883, \&c.$$

15.

Ajoutons encore quelques autres queftions, fur lefquelles on puiffe s'exercer.

Queftion neuvieme. Une compagnie d'hommes & de femmes fe trouvent à un pique-nique; chaque homme dépenfe 25 l. & chaque femme dépenfe 16 liv. & il fe trouve que toutes les femmes enfemble ont payé 1 liv. de plus que les hommes. Combien y avoit-il d'hommes & de femmes?

Soit le nombre des femmes $= p$, celui des hommes $= q$; les femmes auront dépenſé $16p$, & les hommes $25q$; ainſi $16p$ $=25q+1$, & $p=\frac{25q+1}{16}=q+\frac{9q+1}{16}=q+r$. Nous venons de faire $r=\frac{9q+1}{16}$, ainſi $9q$ $=16r-1$, & $q=\frac{16r-1}{9}=r+\frac{7r-1}{9}=r+ſ$. Puis donc que $ſ=\frac{7r-1}{9}$, ou $9ſ=7r-1$, nous avons $r=\frac{9ſ+1}{7}=ſ+\frac{2ſ+1}{7}=ſ+t$; c'eſt- à-dire que $t=\frac{2ſ+1}{7}$, ou $7t=2ſ+1$; ainſi $ſ=\frac{7t-1}{2}=3t+\frac{t-1}{2}=3t+u$, en faiſant u $=\frac{t-1}{2}$ ou $2u=t-1$, de ſorte que $t=2u+1$.

Nous aurons par conſéquent en rétro- gradant :

$$t = 2u+1,$$
$$ſ = 3t+u = 7u+3,$$
$$r = ſ+t = 9u+4,$$
$$q = r+ſ = 16u+7,$$
$$p = q+r = 25u+11;$$

ainſi le nombre des femmes étoit $25u+11$, & celui des hommes étoit $16u+7$; & on peut ſubſtituer dans ces formules, au lieu de u, tels nombres entiers qu'on veut. Les réſultats les plus petits ſont par conſéquent ceux qui ſuivent :

Nombre des femmes : $= 11, 36, 61, 86, 111$, &c.

—— des hommes : $= 7, 23, 39, 55, 71$, &c.

Suivant la premiere folution, ou celle qui renferme les plus petits nombres, les femmes ont dépenfé 176 liv. & les hommes 175 livres, c'eft-à-dire une livre de moins que les femmes.

16.

Queftion dixieme. Quelqu'un achete des chevaux & des bœufs ; il paye 31 écus par cheval, & 20 écus pour chaque bœuf, & il fe trouve que les bœufs lui ont coûté 7 écus de plus que ne lui ont coûté les chevaux : combien cet homme a-t-il acheté de bœufs & de chevaux ?

Suppofons que p foit le nombre des bœufs & q celui des chevaux, il faudra que $20p = 31q + 7$, & $p = \frac{31q+7}{20} = q + \frac{11q+7}{20} = q + r$; de cette maniere nous avons $20r = 11q + 7$, & $q = \frac{20r-7}{11} = r + \frac{9r-7}{11} = r + s$; ainfi $11s = 9r - 7$, & $r = \frac{11s+7}{9} = s + \frac{2s+7}{9} = s + t$, c'eft-à-dire que $9t = 2s + 7$, & $s = \frac{9t-7}{2} = 4t + \frac{t-7}{2} = 4t + u$, moyennant

B iij

quoi $2u = t - 7$, & $t = 2u + 7$. Par conséquent

$$f = 4t + u = 9u + 28,$$
$$r = f + t = 11u + 35,$$
$$q = r + f = 20u + 63, \text{ nomb. des chevaux,}$$
$$p = q + r = 31u + 98, \text{ nombre des bœufs.}$$

Donc les plus petites valeurs positives de p & de q se trouvent en faisant $u = -3$; celles qui sont plus grandes se suivent en progression arithmétique de la maniere qu'on va voir :

Nombre des bœufs, } $p = 5,36,67,98,129,160,191,222,253$, &c.

Nombre des chevaux, } $q = 3,23,43,63, 83,103,123,143,163$, &c.

17.

Si on considere comment, dans cet exemple, les lettres p & q se déterminent par les lettres suivantes, on remarquera facilement que cette détermination dépend du rapport des nombres 31 & 20, & en particulier du rapport qu'on découvre en cherchant le plus grand commun diviseur de ces deux nombres. En effet, si on fait cette opération

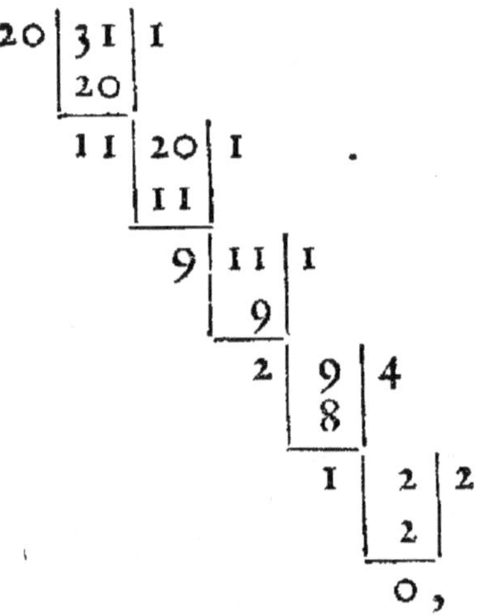

il eſt clair que les quotients qu'on obtient
ſe retrouvent dans la détermination ſuccef-
five des lettres p, q, r, $ſ$, &c. & qu'ils
ſont liés avec la premiere lettre à droite,
pendant que la derniere reſte toujours iſo-
lée ; on voit de plus que ce n'eſt que dans
la cinquieme & derniere équation que ſe
préſente le nombre 7, & qu'il eſt affecté
du ſigne $+$, parce que le nombre de
cette équation eſt impair ; car ſi ce nombre avoit été pair, on auroit trouvé -7.
Ce que nous diſons deviendra encore plus
clair par la table ſuivante, dans laquelle
on verra d'abord la décompoſition des

nombres 31 & 20, & puis la détermination des lettres p, q, r, &c.

$$
\begin{array}{l|l}
31 = 1.20 + 11 & p = 1.q + r \\
20 = 1.11 + 9 & q = 1.r + f \\
11 = 1.9 + 2 & r = 1.f + t \\
9 = 4.2 + 1 & f = 4.t + u \\
2 = 2.1 + 0 & t = 2.u + 7.
\end{array}
$$

18.

On peut repréfenter de la même maniere
l'exemple précédent de l'article 14.

$$
\begin{array}{l|l}
56 = 1.39 + 17 & p = 1.q + r \\
39 = 2.17 + 5 & q = 2.r + f \\
17 = 3.5 + 2 & r = 3.f + t \\
5 = 2.2 + 1 & f = 2.t + u \\
2 = 2.1 + 0 & t = 2.u + 11.
\end{array}
$$

19.

Nous fommes donc en état de réfoudre
de la même maniere toutes les queftions
de cette efpece.

En effet, foit donnée l'équation $bp = aq$
$+ n$, où a, b & n fignifient des nombres
connus. Il ne s'agira ici que de procéder

comme si on cherchoit le plus grand commun diviseur des nombres a & b, on pourra aussi-tôt déterminer p & q par les lettres suivantes, comme on va voir :

Soit $a = Ab + c$ $\quad\quad$ on aura $p = Aq + r$
$\quad\quad b = Bc + d$ $\quad\quad\quad\quad\quad q = Br + s$
$\quad\quad c = Cd + e$ $\quad\quad\quad\quad\quad r = Cs + t$
$\quad\quad d = De + f$ $\quad\quad\quad\quad\quad s = Dt + u$
$\quad\quad e = Ef + g$ $\quad\quad\quad\quad\quad t = Eu + v$
$\quad\quad f = Fg + 0$, $\quad\quad\quad\quad u = Fv \pm n.$

On fera seulement attention encore, que dans la derniere équation il faut donner à n le signe $+$, quand le nombre des équations est impair ; & qu'au contraire il faut prendre $-n$, lorsque ce nombre est pair. Et voilà donc comment on peut résoudre avec assez de promptitude les questions dont nous nous occupons dans ce Chapitre : nous en donnerons quelques exemples.

20.

Question onzieme. On cherche un nombre qui, étant divisé par 11, donne le résidu 3, & qui étant divisé par 19, donne le résidu 5.

Soit N ce nombre cherché : il faudra d'abord que $N = 11p + 3$, & en second lieu que $N = 19q + 5$. Donc $11p = 19q + 2$, équation qui fournit la table suivante :

$$
\begin{array}{l|l}
19 = 1.11 + 8 & p = q + r \\
11 = 1.8 + 3 & q = r + s \\
8 = 2.3 + 2 & r = 2s + t \\
3 = 1.2 + 1 & s = t + u \\
2 = 2.1 + 0 & t = 2u + 2,
\end{array}
$$

où l'on peut donner à u telle valeur qu'on veut, & déterminer par-là successivement, en rétrogradant, les lettres précédentes. On aura,

$$
\begin{aligned}
t &= 2u + 2 \\
s &= t + u = 3u + 2 \\
r &= 2s + t = 8u + 6 \\
q &= r + s = 11u + 8 \\
p &= q + r = 19u + 14 ;
\end{aligned}
$$

de-là résulte le nombre cherché $N = 209u + 157$; donc le plus petit nombre qui puisse exprimer N, ou satisfaire à la question, est 157.

21.

Queſtion douzieme. Trouver un nombre N tel qu'en le diviſant par 11, il reſte 3, & qu'en le diviſant par 19, il reſte 5; & de plus, que ſi on diviſe ce nombre par 29, on obtienne le réſidu 10.

La derniere condition exige que $N = 29p + 10$; & comme on a déjà fait le calcul pour les deux autres, il faut, en conſéquence de ce qu'on a trouvé, que $N = 209u + 157$, à la place de quoi nous écrirons $N = 209q + 157$; ainſi $29p + 10 = 209q + 157$, ou $29p = 209q + 147$; d'où réſulte le type qui ſuit:

$$209 = 7.29 + 6; \text{ donc } p = 7q + r,$$
$$29 = 4.6 + 5; \qquad q = 4r + ſ,$$
$$6 = 1.5 + 1; \qquad r = ſ + t,$$
$$5 = 5.1 + 0; \qquad ſ = 5t - 147.$$

Et ſi nous revenons maintenant ſur nos pas, nous aurons

$$ſ = 5t - 147,$$
$$r = ſ + t = 6t - 147,$$
$$q = 4r + ſ = 29t - 735,$$
$$p = 7q + r = 209t - 5292.$$

Donc $N = 6061 t - 153458$. Le plus petit nombre se trouve en faisant $t = 26$, & cette supposition donne $N = 4128$.

22.

Une remarque cependant qu'il faut faire nécessairement, c'est que, pour qu'une telle équation $bp = aq + n$ soit résoluble, il faut que les deux nombres a & b n'ayent d'autre commun diviseur que 1 ; car sans cela la question seroit impossible, à moins que le nombre n n'eût le même commun diviseur.

Si l'on demandoit, par exemple, que $9p = 15q + 2$; comme 9 & 15 ont le commun diviseur 3 , & que ce n'est pas un diviseur de 2 , il est impossible de résoudre la question, parce que $9p - 15q$ pouvant toujours être divisé par 3 , ne peut en aucun cas devenir $= 2$. Mais si dans cet exemple n étoit $= 3$, ou $n = 6$, &c. la question seroit possible : il suffiroit de diviser auparavant par 3 ; car on auroit $3p = 5q + 1$, équation qui seroit facilement résoluble par la regle donnée ci-deſſus. On voit donc clairement que les nombres a & b ne doivent avoir d'autre commun diviſeur que l'unité, & que notre regle ne peut avoir lieu dans d'autres cas.

23.

Pour le prouver encore plus évidemment, nous traiterons l'équation $9p = 15q + 2$ ſuivant la voie ordinaire. Nous trouvons $p = \frac{15q+2}{9} = q + \frac{6q+2}{9} = q + r$; de ſorte que $9r = 6q + 2$, ou $6q = 9r - 2$; ainſi $q = \frac{9r-2}{6} = r + \frac{3r-2}{6} = r + ſ$; de façon que $3r - 2 = 6ſ$, ou $3r = 6ſ + 2$. Par conſéquent $r = \frac{6ſ+2}{3} = 2ſ + \frac{2}{3}$; or il eſt bien clair que ceci ne peut jamais devenir un nombre entier, parce que $ſ$ eſt néceſſairement un nombre entier. Cela ſert à confirmer que ces ſortes de queſtions ſont impoſſibles.

CHAPITRE II.

De la regle qu'on nomme regula cœci, *où il s'agit de déterminer par deux équations, trois ou un plus grand nombre d'inconnues.*

24.

Nous avons vu dans le Chapitre précédent, comment on peut déterminer par une seule équation deux quantités inconnues, au point de les exprimer en nombres entiers & positifs.

Si donc on avoit deux équations, il faudroit, pour que la question fût indéterminée, que ces équations renfermassent plus de deux inconnues. Or il se présente de ces questions dans les livres d'Arithmétique ordinaires ; on les résout par la regle dite *regula cœci*, nous ferons voir les fondemens de cette regle.

25.

Nous commencerons par un exemple.

Queſtion premiere. Trente perſonnes, hommes, femmes & enfans dépenſent 50 écus dans une auberge; l'écot d'un homme eſt 3 écus, celui d'une femme eſt 2 écus, & celui d'un enfant eſt un écu; combien y avoit il de perſonnes de chaque claſſe?

Soit le nombre des hommes $=p$, celui des femmes $=q$, & celui des enfans $=r$, nous aurons les deux équations ſuivantes: I.) $p+q+r=30$, II.) $3p+2q+r=50$. Et il s'agit d'en tirer les trois lettres, p, q & r en nombres entiers & poſitifs. La premiere équation donne $r=30-p-q$, d'où nous concluons d'abord que $p+q$ doit être moindre que 30; & ſubſtituant cette valeur de r dans la ſeconde équation, nous avons $2p+q+30=50$, de ſorte que $q=20-2p$ & $p+q=20-p$; ce qui eſt évidemment auſſi moindre que 30. Or comme on peut, en vertu de cette équation, prendre pour p tous les nombres qui ne paſſent pas 10, on aura les onze ſolutions ſuivantes :

Nombre des hommes, $\Big\}\ p =\ $ 0, 1, 2, 3, 4, 5, 6, 7, 8, 9, 10,

Nombre des femmes, $\Big\}\ q =\ $ 20, 18, 16, 14, 12, 10, 8, 6, 4, 2, 0,

Nombre des enfans, $\Big\}\ r =\ $ 10, 11, 12, 13, 14, 15, 16, 17, 18, 19, 20;

& ſi on omet la premiere & la derniere, il en reſtera neuf.

26.

Queſtion ſeconde. Quelqu'un achete 100 pieces de bétail, des porcs, des chevres & des moutons, pour 100 écus ; les porcs lui coûtent $3\frac{1}{2}$ écus la piece ; les chevres, $1\frac{1}{3}$ écu, & les moutons, $\frac{1}{2}$ écu : combien y avoit-il d'animaux de chaque eſpece ?

Soit le nombre des porcs $= p$, celui des chevres $= q$, celui des moutons $= r$, on aura les deux équations ſuivantes : I.) $p + q + r = 100$, II.) $3\frac{1}{2}p + 1\frac{1}{3}q + \frac{1}{2}r = 100$; & cette derniere étant multipliée par 6, afin de chaſſer les fractions, ſe transforme en celle-ci, $21p + 8q + 3r = 600$. Or la premiere donne $r = 100 - p - q$; & ſi l'on

ſubſtitue

fubſtitue cette valeur à r dans la ſeconde,
on a $18p + 5q = 300$, ou $5q = 300 - 18p$,
& $q = 60 - \frac{18p}{5}$. Par conſéquent il faut que
$18p$ ſoit diviſible par 5, & renferme 5
comme facteur. Qu'on faſſe donc $p = 5ſ$,
on aura $q = 60 - 18ſ$, & $r = 13ſ + 40$, où
l'on peut prendre pour $ſ$ un nombre entier
quelconque, pourvu qu'il ſoit tel que q ne
devienne pas négatif. Mais cette condition
limite la valeur de $ſ$ à 3, de ſorte que ſi
on exclut auſſi o, il ne peut y avoir que
trois ſolutions du probleme; ce ſont les
ſuivantes :

$$\text{Lorſque } ſ = 1, \quad 2, \quad 3,$$
$$\text{on a } p = 5, \quad 10, \quad 15,$$
$$q = 42, \quad 24, \quad 16,$$
$$r = 53, \quad 66, \quad 79.$$

27.

Lorſqu'on veut ſoi-même ſe propoſer
de tels exemples, il faut faire attention
ſur-tout qu'ils ſoient poſſibles; & pour pouvoir en juger, voici ce qu'il faut obſerver :

Soient les deux équations auxquelles nous

parvenions jusqu'à préfent, repréſentées
par I.) $x + y + z = a$, II.) $fx + gy + hz = b$,
où f, g & h, ainſi que a & b, ſont des
nombres donnés, ſi nous ſuppoſons qu'entre
les nombres f, g & h le premier f ſoit le
plus grand, & h le plus petit ; comme,
à cauſe de $x + y + z = a$, nous avons fx
$+ fy + fz = fa$, il eſt clair que $fx + fy + fz$
eſt plus grand que $fx + gy + hz$; par conſéquent il faut que fa ſoit plus grand que b,
ou que b ſoit plus petit que fa ; & puiſque
de plus $hx + hy + hz = ha$, & que $hx + hy$
$+ hz$ eſt certainement plus petit que fx
$+ gy + hz$, il faut auſſi que ha ſoit plus
petit que b, ou b plus grand que ha. Il
s'enſuit donc de-là que ſi b n'eſt pas plus
petit que fa, & en même temps plus grand
que ha, la queſtion ſera impoſſible.

On exprime cette condition auſſi, en
diſant que b doit être contenu entre les limites fa & ha ; & il faut de plus faire attention que ce nombre n'approche pas trop
de l'une ou de l'autre limite, parce que
cela feroit qu'on ne pourroit pas déterminer
les autres lettres.

Dans l'exemple précédent, où $a=100$, $f=3\frac{1}{2}$ & $h=\frac{1}{2}$, les limites étoient $3,0$ & 50; or si on vouloit suppoler $b=51$ au lieu de 100, les équations deviendroient $x+y+z=100$, & $3\frac{1}{2}x+1\frac{1}{3}y+\frac{1}{2}z=51$, ou, en chaffant les fractions, $21x+8y+3z=306$; qu'on multiplie la premiere par 3, de forte que $3x+3y+3z=300$; si l'on fouftrait cette équation de l'autre, il refte $18x+5y=6$, ce qu'on voit fur le champ être impoffible, parce que x & y doivent être des nombres entiers & pofitifs.

28.

Les Orfevres & les Monnoyeurs tirent grand parti de cette regle, quand ils fe propofent de faire, de trois ou de plufieurs fortes d'argent, un alliage d'un prix donné, ainfi que l'exemple fuivant le fera voir.

Queftion troifieme. Un Monnoyeur a trois fortes d'argent; la premiere à 7 onces, la feconde à $5\frac{1}{2}$ onces, la troifieme à $4\frac{1}{2}$ onces; il a à faire un alliage de 30 marcs pefant, à 6 onces ; combien de marcs doit-il prendre de chaque forte ?

Qu'il prenne x marcs de la premiere forte, y marcs de la feconde & z marcs de la troifieme, il aura $x + y + z = 30$, & c'eft la premiere équation.

Enfuite, puifqu'un marc de la premiere forte contient 7 onces d'argent fin, les x marcs de cette forte contiendront $7x$ onces de tel argent ; de même les y marcs de la feconde forte contiendront $5\frac{1}{2}y$ onces, & les z marcs de la troifieme forte contiendront $4\frac{1}{2}z$ onces d'argent fin ; de forte que toute la maffe contiendra $7x + 5\frac{1}{2}y + 4\frac{1}{2}z$ onces d'argent fin. Or puifque cet alliage pefe 30 marcs, & que chacun de ces marcs contient 6 onces d'argent fin, il s'enfuit que la maffe entiere contiendra 180 onces d'argent fin ; & de-là réfulte la feconde équation $7x + 5\frac{1}{2}y + 4\frac{1}{2}z = 180$, ou $14x + 11y + 9z = 360$. Si l'on fouftrait maintenant de cette équation la premiere prife neuf fois, ou $9x + 9y + 9z$

$= 270$, il reste $5x + 2y = 90$, équation qui doit donner en nombres entiers les valeurs de x & de y. Quant à la valeur de z, on la tirera ensuite de l'équation $z = 30 - x - y$. Or l'équation précédente donne $2y = 90 - 5x$ & $y = 45 - \frac{5x}{2}$; soit donc $x = 2u$, on aura $y = 45 - 5u$ & $z = 3u - 15$; c'est signe que u doit être plus grand que 4, & cependant plus petit que 10; & par conséquent la question admet les solutions suivantes:

$u =$	5,	6,	7,	8,	9,
$x =$	10,	12,	14,	16,	18,
$y =$	20,	15,	10,	5,	0,
$z =$	0,	3,	6,	9,	12.

29.

Il se présente quelquefois des questions qui renferment plus de trois inconnues, mais on les résout de la même maniere, comme l'exemple suivant le fera voir.

Question quatrieme. Quelqu'un achete 100 pieces de bétail pour 100 écus; savoir, des bœufs à 10 écus la piece, des vaches à 5 écus, des veaux à 2 écus, & des moutons à $\frac{1}{2}$ écu la piece ; combien a-t-il acheté de bœufs, de vaches, de veaux & de moutons ?

Soit le nombre des bœufs $=p$, celui des vaches $=q$, celui des veaux $=r$, & celui des moutons $=f$; la premiere équation est $p+q+r+f=100$, & la seconde est $10p+5q+2r+\frac{1}{2}f=100$, ou, en retranchant les fractions, $20p+10q+4r+f=200$; souftrayant la premiere équation de celle ci, il reste $19p+9q+3r=100$, d'où l'on tire $3r=100-19p-9q$, & $r=33+\frac{1}{3}-6p-\frac{1}{3}p-3q$, ou $r=33-6p-3q+\frac{1-p}{3}$; donc il faut que $1-p$ ou $p-1$ soit divisible par 3. Qu'on fasse

$$p-1=3t, \text{ on aura}$$
$$p=3t+1,$$
$$q=q,$$
$$r=27-19t-3q,$$
$$f=72+2q+16t ;$$

il s'enfuit de-là que $19t+3q$ doit être

moindre que 27, & que, pourvu que cette condition s'obferve, on peut au refte donner à q & à t telle valeur qu'on veut ; cela pofé, nous aurons à confidérer les cas fuivans :

I. Si $t = 0$	II. Si $t = 1$
on a $p = 1$	$p = 4$
$q = q$	$q = q$
$r = 27 - 3q$	$r = 8 - 3q$
$f = 72 + 2q.$	$f = 88 + 2q.$

On ne peut faire $t = 2$, parce que r deviendroit négatif.

Dans le premier cas q ne doit pas furpaffer 9, & dans le fecond cas ce nombre ne doit pas excéder 2 ; ainfi ces deux cas donnent les folutions qui fuivent.

Le premier donne les dix folutions que voici :

	I.	II.	III.	IV.	V.	VI.	VII.	VIII	IX.	X.
p	1	1	1	1	1	1	1	1	1	1
q	0	1	2	3	4	5	6	7	8	9
r	27	24	21	18	15	12	9	6	3	0
f	72	74	76	78	80	82	84	86	88	90

Le second cas fournit les trois solutions
suivantes :

	I.	II.	III.
p	4	4	4
q	0	1	2
r	8	5	2
ʃ	88	90	92

Voilà donc en tout treize solutions, &
elles se réduisent à dix, si on exclut celles
qui renferment un zéro.

30.

La méthode ne laisseroit pas d'être la
même, quand même, dans la premiere
équation, les lettres seroient multipliées par
des nombres donnés, comme on le verra
par l'exemple suivant :

Question cinquieme. Trouver trois nombres entiers, tels que si on multiplie le premier par 3, le second par 5 & le troisieme
par 7, la somme des produits soit 560 ; &
que si on multiplie le premier par 9, le
second par 25 & le troisieme par 49, la
somme des produits soit 2920.

Soit le premier nombre $=x$, le second $=y$, le troisieme $=z$, on aura les deux équations, I.) $3x+5y+7z=560$, II.) $9x+25y+49z=2920$. Si on souftrait de la seconde la premiere prise trois fois, ou $9x+15y+21z=1680$, il reste $10y+28z=1240$; divisant par 2, on a $5y+14z=620$, d'où l'on tire $y=124-\frac{14z}{5}$. Ainsi z doit être divisible par 5; qu'on fasse donc $z=5u$, on aura $y=124-14u$; ces valeurs étant substituées dans la premiere équation, on a $3x-35u+620=560$, ou $3x=35u-60$, & $x=\frac{35u}{3}-20$; c'est pourquoi l'on fera $u=3t$, & on aura enfin la solution suivante, $x=35t-20$, $y=124-42t$, & $z=15t$; où on peut substituer au lieu de t un nombre entier quelconque, mais tel cependant que t surpasse o, & soit moindre que 3; de sorte qu'on se trouve borné en effet aux deux solutions suivantes:

I.) Si $t=1$, on a $x=15$, $y=82$, $z=15$.

II.) Si $t=2$, on a $x=50$, $y=40$, $z=30$.

CHAPITRE III.

Des Equations indéterminées composées, dans lesquelles l'une des inconnues ne passe pas le premier degré.

31.

NOUS passerons à présent aux équations indéterminées, dans lesquelles on cherche deux quantités inconnues, & où l'une de ces inconnues est multipliée par l'autre, ou élevée à une puissance plus haute que la premiere, tandis que l'autre inconnue ne s'y trouve cependant encore qu'au premier degré. Il est évident que les équations de cette espece peuvent se représenter par l'expression générale qui suit :

$$a + bx + cy + dxx + exy + fx^3 + gxxy + hx^4 + kx^3y + \&c. = 0.$$

Comme dans cette équation y ne passe pas le premier degré, cette lettre se détermine facilement ; mais il faut au reste, comme auparavant, que les valeurs tant de x que de y, foient affignées en nombres entiers.

Nous allons confidérer quelques-uns de ces cas, en commençant par les plus faciles.

32.

Queſtion premiere. Trouver deux nombres tels que, fi on ajoute leur produit à leur fomme, on obtienne 79.

Nommons x & y les deux nombres cherchés; il faudra que $xy + x + y = 79$; ainſi $xy + y = 79 - x$, & $y = \frac{79 - x}{x + 1} = -1 + \frac{80}{x + 1}$, par où l'on voit que $x + 1$ doit être un diviſeur de 80. Or 80 ayant beaucoup de diviſeurs, on aura auſſi pluſieurs valeurs de x, comme on va voir :

Les diviſeurs de 80 font	1	2	4	5	8	10	16	20	40	80
donc $x =$	0	1	3	4	7	9	15	19	39	79
& $y =$	79	39	19	15	9	7	4	3	1	0

Mais comme les dernieres folutions font les mêmes que les premieres, on n'a réellement que les cinq folutions fuivantes :

I.	II.	III.	IV.	V
0	1	3	4	7
79	39	19	15	19

33.

C'eft de la même maniere qu'on pourra réfoudre auffi l'équation générale $xy + ax + by = c$; car on aura $xy + by = c - ax$, & $y = \frac{c - ax}{x + b}$, ou $y = -a + \frac{ab + c}{x + b}$; c'eft-à-dire que $x + b$ doit être un divifeur du nombre connu $ab + c$; de forte que chaque divifeur de ce nombre donne une valeur de x. Qu'on faffe donc $ab + c = fg$, on aura $y = -a + \frac{fg}{x + b}$; & fuppofant $x + b = f$ ou $x = f - b$, il eft clair que $y = -a + g$ ou $y = g - a$, & par conféquent qu'on aura même deux folutions pour chaque maniere de repréfenter le nombre $ab + c$ par un produit tel que fg. De ces deux folutions, l'une eft $x = f - b$ & $y = g - a$, & l'autre s'obtient en faifant $x + b = g$, dans lequel cas $x = g - b$ & $y = f - a$.

Si donc on fe propofoit l'équation $xy + 2x + 3y = 42$, on auroit $a = 2$, $b = 3$,

& $c = 42$; par conséquent $y = -2 + \frac{48}{x+3}$.
Or le nombre 48 peut se représenter de plusieurs manieres par deux facteurs, comme fg, & dans chacun de ces cas on aura toujours, soit $x = f - 3$ & $y = g - 2$, soit aussi $x = g - 3$ & $y = f - 2$. Voici le développement de cet exemple :

	I.		II.		III.		IV.		V.	
Facteurs	1 . 48		2 . 24		3 . 16		4 . 12		6.8	
	x	y	x	y	x	y	x	y	x	y
Nombres	-2	46	-1	22	0	14	1	10	3	6
ou	45	-1	21	0	13	1	9	2	5	4

34.

L'équation peut s'exprimer encore plus généralement, en écrivant $mxy = ax + by + c$, où a, b, c & m sont des nombres donnés, & où l'on cherche pour x & y des nombres entiers inconnus.

Qu'on sépare d'abord y, on aura $y = \frac{ax + c}{mx - b}$; & chassant x du numérateur, en multipliant par m de part & d'autre, on aura $my = \frac{max + mc}{mx - b} = a + \frac{mc + ab}{mx - b}$. On a maintenant une fraction dont le numérateur eſt un nombre connu, & dont le dénominateur doit être un diviſeur de ce nombre ; qu'on repréſente donc le numérateur par un produit de deux facteurs, comme fg, ce qui peut ſouvent ſe faire de pluſieurs manieres, & qu'on voye ſi un de ces facteurs peut ſe comparer avec $mx - b$, de façon que $mx - b = f$. Or il faut pour cet effet, puiſque $x = \frac{f - b}{m}$, que $f + b$ ſoit diviſible par m ; & il s'enſuit de-là que parmi les facteurs de $mc + ab$, on ne peut employer que ceux qui ſont tels, qu'en y ajoutant b, les ſommes ſoient diviſibles par m. Nous allons éclaircir ceci par un exemple.

Soit l'équation $5xy = 2x + 3y + 18$, on aura $y = \frac{2x + 18}{5x - 3}$ & $5y = \frac{10x + 90}{5x - 3} = 2 + \frac{96}{5x - 3}$; il s'agit par conſéquent de trouver ceux des diviſeurs de 96 qui, ajoutés à 3, donnent des ſommes diviſibles par 5. Or ſi l'on conſidere tous les diviſeurs de 96, qui ſont

1 , 2 , 3 , 4 , 6 , 8 , 12 , 16 , 24 , 32 , 48 , 96 ; on voit facilement qu'il n'y en a que ces trois, 2, 12, 32, qui peuvent ſervir.

Soit donc I.) $5x - 3 = 2$, on aura $5y = 50$,
& par conféquent $x = 1$, &
$y = 10$.

II.) $5x - 3 = 12$, on aura $5y = 10$,
& par conféquent $x = 3$, &
$y = 2$.

III.) $5x - 3 = 32$, on aura $5y = 5$,
& par conféquent $x = 7$, &
$y = 1$.

35.

Comme dans cette folution générale on a $my - a = \frac{mc + ab}{mx - b}$, il fera à propos d'obferver que, fi un nombre compris dans la formule $mc + ab$, a un divifeur de la forme $mx - b$, le quotient dans ce cas doit être néceffairement compris dans la formule $my - a$, & qu'on peut alors repréfenter le nombre $mc + ab$ par un produit tel que $(mx - b)(my - a)$. Soit, par exemple, $m = 12$, $a = 5$, $b = 7$ & $c = 15$, on aura $12y - 5 = \frac{215}{12x - 7}$; or les divifeurs de 215 font 1, 5, 43, 215; il faut en choifir ceux qui font compris dans la formule $12x$

—7, ou qui font tels qu'en y ajoutant 7, la fomme foit divifible par 12; mais il n'y · a que 5 qui fatisfaffe à cette condition, ainfi $12x - 7 = 5$ & $12y - 5 = 43$; & de même que la premiere de ces équations donne $x = 1$, on trouve auffi par l'autre y en nombres entiers, favoir $y = 4$. Cette propriété eft de la plus grande importance relativement à la nature des nombres, & mérite par-là qu'on y faffe attention particuliérement.

36.

Confidérons maintenant auffi une équation de cette efpece, $xy + xx = 2x + 3y + 29$. Elle nous donne $y = \frac{2x - xx + 29}{x - 3}$, ou $y = -x - 1 + \frac{26}{x-3}$; ainfi $x - 3$ doit être un divifeur de 26, & dans ce cas, la divifion étant faite, le quotient fera $= y + x + 1$; or les divifeurs de 26 étant 1, 2, 13, 26, nous aurons donc les folutions fuivantes:

I.) $x - 3 = 1$, ou $x = 4$; de forte que $y + x + 1 = y + 5 = 26$, & $y = 21$;

II.)

II.) $x-3=2$, ou $x=5$; ainsi $y+x+1$
$\quad =y+6=13$, & $y=7$;

III.) $x-3=13$, ou $x=16$; ainsi $y+x+1$
$\quad =y+17=2$, & $y=-15$.

Cette derniere valeur étant négative doit être omife, & par la même raifon on ne pourra tenir compte du dernier cas, $x-3=26$.

37.

Il ne fera pas néceffaire de développer ici un plus grand nombre de ces formules, où on ne rencontre que la premiere puiffance de y & de plus hautes puiffances de x ; car ces cas ne fe préfentent que rarement, & peuvent d'ailleurs toujours fe réfoudre par la méthode que nous avons expliquée. Mais lorfque y auffi eft élevé à la feconde puiffance, ou à un degré encore plus haut, & qu'on veut en déterminer la valeur par les regles données, on parvient à des fignes radicaux, qui comprennent des puiffances fecondes ou encore plus hautes de x, & il s'agit alors de trouver

poür *x* des valeurs telles qu'elles faſſent
évanouir les ſignes radicaux ou l'irrationnalité. Or le plus grand art de l'analyſe
indéterminée, conſiſte préciſément à rendre rationnelles ces formules ſourdes ou
incommenſurables ; nous en fournirons les
moyens dans les Chapitres ſuivans.

CHAPITRE IV.

*De la maniere de rendre rationnelles les quan-
tités ſourdes de la forme* $\sqrt{a + bx + cxx}$.

38.

IL eſt donc queſtion préſentement de
déterminer les valeurs qu'on peut adopter
pour *x*, afin que la formule $a + bx + cxx$
devienne effectivement un quarré, & par
conſéquent qu'on puiſſe en aſſigner une
racine rationnelle. Or les lettres *a*, *b* & *c*
ſignifient des nombres donnés ; c'eſt de la
nature de ces nombres que dépend principalement la détermination de l'inconnue

x, & nous remarquerons d'avance que dans bien des cas la solution devient impoffible. Mais lors même qu'elle eft poffible, il faut du moins fe contenter au commencement de pouvoir affigner pour la lettre x des valeurs rationnelles, fans exiger précifément que ces valeurs foient même des nombres entiers ; cette condition entraîne des recherches tout-à-fait particulieres.

39.

Nous fuppofons ici, comme on voit, que la formule ne s'étend qu'aux fecondes puiffances de x ; les degrés plus élevés exigent des méthodes différentes, dont nous parlerons plus bas.

Nous remarquerons d'abord que fi la feconde puiffance même ne s'y trouvoit pas, & que c fût $= 0$, la queftion n'auroit aucune difficulté ; car fi $\sqrt{a + bx}$ étoit la formule propofée, & qu'il fallût déterminer x, de maniere que $a + bx$ fût un quarré, on n'auroit qu'à faire $a + bx = yy$, d'où l'on obtiendroit auffi-tôt $x = \frac{yy - a}{b}$; or quelque nombre que l'on fubſtituât ici au lieu de y, il en réſulteroit toujours pour x une valeur telle que $a + bx$ feroit un quarré, & par conſéquent $\sqrt{a + bx}$ une quantité rationnelle.

40.

Nous commencerons donc par la formule $\sqrt{1 + xx}$, c'eſt-à-dire que nous chercherons pour x des valeurs telles, qu'en ajoutant à leurs quarrés l'unité, les ſommes foient pareillement des quarrés ; & comme il eſt clair que ces valeurs de x ne pourront être des nombres entiers, il faudra ſe contenter de trouver les nombres fractionnaires qui les expriment.

41.

Si on vouloit, à cauſe que $1 + xx$ doit être un quarré, ſuppoſer $1 + xx = yy$, on auroit $xx = yy - 1$, & $x = \sqrt{yy - 1}$; ainſi il faudroit, afin de trouver x, chercher pour y des nombres tels que leurs quarrés, diminués de l'unité, donnaſſent auſſi des quarrés ; & par conſéquent on retomberoit dans une queſtion auſſi difficile que la premiere, & on n'auroit pas fait un pas en avant.

Il eſt cependant certain qu'il y a réellement des fractions qui, étant ſubſtituées à la place de x, font que $1+xx$ devient un quarré ; on peut s'en convaincre par les cas ſuivans :

I.) Si $x = \frac{3}{4}$, on a $1+xx = \frac{25}{16}$; par conſéquent $\sqrt{1+xx} = \frac{5}{4}$.

II.) $1+xx$ devient pareillement un quarré ; ſi $x = \frac{4}{3}$, on trouve $\sqrt{1+xx} = \frac{5}{3}$.

III.) Si on fait $x = \frac{5}{12}$, on obtient $1+xx = \frac{169}{144}$, dont la racine quarrée eſt $\frac{13}{12}$.

Mais il s'agit de faire voir comment on doit trouver ces valeurs de x, & même tous les nombres poſſibles de cette eſpece.

42.

Il y a deux méthodes pour cela. La premiere demande qu'on faſſe $\sqrt{1+xx} = x$

$+p$; on a dans cette suppofition $1+xx$ $=xx+2px+pp$, où le quarré xx fe détruit; de forte qu'on peut exprimer x fans figne radical. Car effaçant de part & d'autre xx dans l'équation fufdite, on trouve $2px+pp=1$, d'où l'on tire $x=\frac{1-pp}{2p}$, quantité dans laquelle on peut fubftituer à p un nombre quelconque, & même des fractions.

Qu'on fuppofe donc $p=\frac{m}{n}$, on aura $x=\dfrac{1-\frac{mm}{nn}}{\frac{2m}{n}}$; & fi on multiplie les deux termes de cette fraction par nn, on trouve $x=\frac{nn-mm}{2mn}$.

43.

Ainfi, pour que $1+xx$ devienne un quarré, on peut prendre pour m & n tous les nombres entiers poffibles, & trouver de cette maniere pour x une infinité de valeurs.

Si l'on fait aûffi en général $x=\frac{nn-mm}{2mn}$, on trouve $1+xx=1+\frac{n^4-2mmnn+m^4}{4mmnn}$, ou $1 + xx = \dfrac{n^4 + 2mmnn + m^4}{4mmnn}$, fraction qui eft effectivement un quarré, & qui donne $\sqrt{1 + xx} = \frac{nn + mm}{2mn}$.

Nous indiquerons d'après cette folution quelques-unes des moindres valeurs de x.

Si $n =$	2	3	3	4	4	5	5	5	5
& $m =$	1	1	2	1	3	1	2	3	4
on a $x =$	$\frac{3}{4}$	$\frac{4}{3}$	$\frac{5}{12}$	$\frac{15}{8}$	$\frac{7}{24}$	$\frac{12}{5}$	$\frac{21}{20}$	$\frac{8}{15}$	$\frac{9}{40}$

$$44.$$

On voit qu'on a en général $1 + \dfrac{(nn - mm)^2}{(2mn)^2}$ $= \dfrac{(nn + mm)^2}{(2mn)^2}$; & fi on multiplie cette équation par $(2mn)^2$, on trouve $(2mn)^2 + (nn - mm)^2 = (nn + mm)^2$; ainfi nous connoiffons d'une maniere générale deux quarrés, dont la fomme donne un nouveau quarré. Cette remarque conduit à la réfolution de la queftion fuivante :

Trouver deux nombres quarrés, dont la fomme foit pareillement un nombre quarré.

On veut que $pp + qq = rr$; on n'a donc qu'à faire $p = 2mn$ & $q = nn - mm$, & on aura $r = nn + mm$.

De plus, comme $(nn + mm)^2 - (2mn)^2 = (nn - mm)^2$, on peut aussi résoudre la quèstion qui suit :

Trouver deux quarrés, dont la différence soit de même un nombre quarré.

Car si on veut que $pp - qq = rr$, on n'a qu'à supposer $p = nn + mm$ & $q = 2mn$, & on aura $r = nn - mm$. On pourroit aussi faire $p = nn + mm$ & $q = nn - mm$, & on auroit $r = 2mn$.

45.

Nous avons parlé de deux manieres de donner à la formule $1 + xx$ la forme d'un quarré ; voici donc l'autre méthode :

Qu'on suppose $\sqrt{1 + xx} = 1 + \frac{mx}{n}$, on aura $1 + xx = 1 + \frac{2mx}{n} + \frac{mmxx}{nn}$; si l'on soustrait de part & d'autre 1, on a $xx = \frac{2mx}{n} + \frac{mmxx}{nn}$; cette équation se divise par x, & par conséquent on a $x = \frac{2m}{n} + \frac{mmx}{nn}$, ou $nnx = 2mn + mmx$, d'où l'on tire $x = \frac{2mn}{nn - mm}$.

Ayant trouvé cette valeur de x, on a

$$1 + xx = 1 + \frac{4\,m\,m\,n\,n}{n^4 - 2\,m\,m\,n\,n + m^4}, \text{ ou}$$

$$= \frac{n^4 + 2mmnn + m^4}{n^4 - 2mmnn + m^4}, \text{ ce qui est le quarré}$$

de $\frac{nn + mm}{nn - mm}$. Or comme il résulte de-là l'é-

quation $1 + \frac{(2mn)^2}{(nn - mm)^2} = \frac{(nn + mm)^2}{(nn - mm)^2}$,

nous aurons, ainsi que ci-dessus, $(nn - mm)^2$

$+ (2mn)^2 = (nn + mm)^2$, c'est-à-dire les

deux mêmes quarrés dont la somme est

pareillement un quarré.

46.

Le cas que nous venons de développer

d'une maniere détaillée, nous fournit deux

méthodes pour transformer en un quarré

la formule générale $a + bx + cxx$. La pre-

miere de ces méthodes s'applique à tous

les cas où c est un quarré; la seconde se

rapporte à ceux où a est un quarré; nous

nous arrêterons à l'une & à l'autre suppo-

sition.

I.) Supposons d'abord que c soit un quarré,

ou que la formule proposée soit $a + bx + ffxx$; puisqu'elle doit être un quarré, nous ferons $\sqrt{a + bx + ffxx} = fx + \frac{m}{n}$, & nous aurons $a + bx + ffxx = ffxx + \frac{2mfx}{n} + \frac{mm}{nn}$, où les termes affectés de xx se détruisent, de sorte que $a + bx = \frac{2mfx}{n} + \frac{mm}{nn}$; si nous multiplions par nn, nous avons $nna + nnbx = 2mnfx + mm$; nous en concluons $x = \frac{mm - nna}{nnb - 2mnf}$, & en substituant à x cette valeur, nous trouvons $\sqrt{a + bx + ffxx}$

$$= \frac{mmf - nnaf}{nnb - mnf} + \frac{m}{n} = \frac{mnb - mmf - nnaf}{nnb - 2mnf}.$$

47.

Comme nous avons trouvé pour x une fraction, nous ferons $x = \frac{p}{q}$, en sorte que $p = mm - nna$, & $q = nnb - 2mnf$; ainsi la formule $a + \frac{bp}{q} + \frac{ffpp}{qq}$ est un quarré; & comme elle est pareillement un quarré, si on la multiplie par le quarré qq, il s'ensuit que la formule $aqq + bpq + ffpp$ est aussi un quarré, si on suppose $p = mm - nna$ & $q = nnb - 2mnf$. Il est clair qu'il résulte de-là une infinité de solutions en nombres entiers, parce que les valeurs des lettres m & n font arbitraires.

48.

II.) Le second cas que nous avons à considérer, est celui où a est un quarré. Soit donc proposée la formule $ff + bx + cxx$, dont il s'agisse de faire un quarré. Nous supposerons pour cet effet $\sqrt{ff + bx + cxx} = f + \frac{mx}{n}$, & nous aurons $ff + bx + cxx = ff + \frac{2fmx}{n} + \frac{mmxx}{nn}$, où, les ff se détruisant, on peut diviser les termes restans par x, de sorte qu'on obtient $b + cx = \frac{2mf}{n} + \frac{mmx}{nn}$, ou $nnb + nncx = 2mnf + mmx$, ou $nncx - mmx = 2mnf - nnb$, ou enfin $x = \frac{2mnf - nnb}{nnc - mm}$. Si nous substituons maintenant cette valeur à la place de x, nous avons $\sqrt{ff + bx + cxx} = f + \frac{2mmf - mnb}{nnc - mm} = \frac{nncf + mmf - mnb}{nnc - mm}$; & en faisant $x = \frac{p}{q}$, nous pourrons, de la même maniere que ci-dessus, transformer en quarré la formule $ffqq + bpq + cpp$, savoir en faisant $p = 2mnf - nnb$, & $q = nnc - mm$.

49.

On doit diftinguer principalement ici le cas où $a = 0$, c'eft-à-dire où il s'agit de faire un quarré de la formule $bx + cxx$; car on n'a qu'à fuppofer $\sqrt{bx + cxx} = \frac{mx}{n}$, on aura l'équation $bx + cxx = \frac{mmxx}{nn}$ qui, divifée par x & multipliée par nn, donne $bnn + cnnx = mmx$, & par conféquent $x = \frac{nnb}{mm - cnn}$.

Qu'on cherche, par exemple, tous les nombres trigonaux qui font en même temps des quarrés, il faudra que $\frac{xx + x}{2}$, & par conféquent auffi $2xx + 2x$, foit un quarré. Suppofons que $\frac{mmxx}{nn}$ foit ce quarré, nous aurons $2nnx + 2nn = mmx$, & $x = \frac{2nn}{mm - 2nn}$; on peut fubftituer dans cette valeur, au lieu de m & de n, tous les nombres poffibles, mais on trouvera pour x ordinairement une fraction, quelquefois cependant on parviendra auffi à des nombres entiers; par exemple, fi $m = 3$ & $n = 2$, on trouve $x = 8$, dont le nombre triangulaire , qui eft 36 , eft en même temps un quarré.

On peut auffi faire $m=7$ & $n=5$; dans ce cas $x=-50$, dont le triangle 1225 eft en même temps celui de $+49$ & le quarré de 35. On auroit trouvé le même réfultat en faifant $n=7$ & $m=10$; car dans ce cas on a pareillement $x=49$.

De même , fi $m=17$ & $n=12$, on trouve $x=288$, le nombre trigonal en eft $\frac{x(x+1)}{2}=\frac{288.289}{2}=144.289$, ce qui eft un quarré dont la racine eft $=12.17=204$.

50.

Nous remarquerons à l'égard de ce dernier cas, que la formule $bx+cxx$ a pu être transformée en un quarré par la raifon qu'elle avoit un facteur, favoir x ; cette obfervation nous conduit à de nouveaux cas, dans lefquels la formule $a+bx+cxx$ peut pareillement devenir un quarré, lors même que ni a ni c ne font des quarrés.

Ces cas font ceux où $a+bx+cxx$ peut fe décompofer en deux facteurs , & cela arrive lorfque $bb - 4ac$ eſt un quarré. Pour le prouver, nous remarquerons que les facteurs dépendent toujours des racines d'une équation, & qu'ainſi il faut ſuppoſer $a + bx + cxx = 0$; cela poſé, on a $cxx = -bx - a$, & $xx = -\frac{bx}{c} - \frac{a}{c}$, d'où l'on tire $x = -\frac{b}{2c} \pm \sqrt{\frac{bb}{4cc} - \frac{a}{c}}$, ou $x = -\frac{b}{2c} \pm \frac{\sqrt{bb-4ac}}{2c}$; & il eſt clair que ſi $bb - 4ac$ eſt un quarré, cette quantité devient rationnelle.

Soit donc $bb - 4ac = dd$, les racines feront $-\frac{b \pm d}{2c}$, c'eſt-à-dire que $x = -\frac{b \pm d}{2c}$; & par conféquent les diviſeurs de la formule $a + bx + cxx$ font $x + \frac{b-d}{2c}$ & $x + \frac{b+d}{2c}$; & ſi on multiplie ces faĉteurs l'un par l'autre, on retrouve la même formule, à cela près qu'elle eſt diviſée par c; car le produit eſt $xx + \frac{bx}{c} + \frac{bb}{4cc} - \frac{dd}{4cc}$; & puiſque $dd = bb - 4ac$, on a $xx + \frac{bx}{c} + \frac{bb}{4cc} - \frac{bb}{4cc} + \frac{4ac}{4cc} = xx + \frac{bx}{c} + \frac{a}{c}$; ce qui étant multiplié par c, donne $cxx + bx + a$. On n'a donc qu'à multiplier l'un des faĉteurs par c, & on aura la formule en queſtion exprimée par le produit

$$\left(cx + \tfrac{b}{2} - \tfrac{d}{2}\right)\left(x + \tfrac{b}{2c} + \tfrac{d}{2c}\right);$$

& on voit que cette solution ne peut manquer d'avoir lieu toutes les fois que $bb + 4ac$ est un quarré.

51.

De-là résulte le troisieme cas, dans lequel la formule $a + bx + cxx$ peut se transformer en un quarré, & que nous allons joindre aux deux autres.

III.) Ce cas, ainsi que nous l'avons insinué, a lieu lorsque notre formule peut se représenter par un produit, tel que $(f + gx).(h + kx)$. Pour faire de cette quantité un quarré, supposons sa racine, ou

$$\sqrt{(f + gx).(h + kx)} = \frac{m.(f+gx)}{n} \; ; \text{ nous au-}$$

rons

$$(f + gx)(h + kx) = \frac{mm.(f+gx)^2}{nn} \; ;$$

& en divisant cette équation par $f + gx$, on a $h + kx = \frac{mm.(f+gx)}{nn}$, c'est-à-dire $hnn + knnx = fmm + gmmx$, & par conséquent

$$x = \frac{fmm - hnn}{knn - gmm}.$$

52.

Pour éclaircir ce résultat, soit proposée la question suivante :

Premiere question. Trouver tous les nombres x, tels que si du double de leur quarré on retranche 2, le reste soit un quarré.

Puisque c'est $2xx - 2$ qui doit être un quarré, il faut faire attention que cette formule s'exprime par les facteurs suivans, $2.\overline{x+1}.\overline{x-1}$. Si donc on en suppose la racine $= \frac{m.(x+1)}{n}$, on a $2(x+1)(x-1) = \frac{mm(xx+1)^2}{nn}$; divisant par $x+1$ & multipliant par nn, on aura $2nnx - 2nn = mmx + mm$, & de-là $x = \frac{mm + 2nn}{2nn - mm}$.

Si l'on fait $m = 1$ & $n = 1$, on trouve $x = 3$, & $2xx - 2 = 16 = 4^2$.

Que si $m = 3$ & $n = 2$, on a $x = -17$; or comme x ne se rencontre qu'élevé au second degré, il est indifférent qu'on prenne $x = -17$ ou $x = +17$; l'une & l'autre supposition donne également $2xx - 2 = 576 = 24^2$.

53.

Seconde question. Soit proposée la formule $6 + 13x + 6xx$, pour être transformée en un quarré, nous avons ici $a = 6$, $b = 13$ & $c = 6$, où ni a ni c n'est un quarré. Qu'on voie donc si $bb - 4ac$ devient un quarré, on trouve 25 ; ainsi on est sûr que la formule peut être représentée par deux facteurs ; ces facteurs sont $(2 + 3x)(3 + 2x)$. Que $\frac{m(2+3x)}{n}$ soit leur racine, on aura $(2 + 3x)$ $(3 + 2x) = \frac{mm(2+3x)^2}{nn}$, ce qui se change en $3nn + 2nnx = 2mm + 3mmx$, d'où l'on tire $x = \frac{2mm - 3nn}{2nn - 3mm} = \frac{3nn - 2mm}{3mm - 2nn}$. Or afin qu'ici le numérateur devienne positif, il faut que $3nn$ soit plus grand que $2mm$, & par conséquent $2mm$ plus petit que $3nn$; c'est-à-dire qu'il faut que $\frac{mm}{nn}$ soit plus petit que $\frac{3}{2}$. Quant au dénominateur, s'il doit devenir positif, on voit que $3mm$ doit surpasser $2nn$, & par conséquent $\frac{mm}{nn}$ doit être plus grand que $\frac{2}{3}$. Si donc on veut trouver pour x des nombres positifs, il faut prendre pour

m & n des nombres tels que $\frac{mm}{nn}$ soit moindre que $\frac{3}{2}$ & cependant plus grand que $\frac{2}{3}$.

Soit, par exemple, $m=6$ & $n=5$, on aura $\frac{mm}{nn}=\frac{36}{25}$, ce qui est moindre que $\frac{3}{2}$ & évidemment plus grand que $\frac{2}{3}$; c'est pourquoi on trouve $x=+\frac{3}{58}$.

54.

IV.) Ce troisieme cas donne lieu d'en considérer encore un quatrieme, qui est celui où la formule $a+bx+cxx$ se décompose en deux parties, telle que la premiere soit un quarré, & que la seconde soit le produit de deux facteurs; c'est-à-dire que dans ce cas la formule doit être représentée par une quantité de la forme $pp+qr$, où les lettres p, q & r indiquent des quantités de la forme $f+gx$. Il est clair que la regle pour ce cas sera de faire $\sqrt{pp+qr}=p+\frac{mq}{n}$; car on aura $pp+qr=pp+\frac{2mpq}{n}+\frac{mmqq}{nn}$, où les pp s'en vont, après quoi l'on peut diviser par q, de sorte qu'on obtient $r=\frac{2mp}{n}+\frac{mmq}{nn}$, ou $nnr=2mnp+mmq$, équation par laquelle x fe détermine facilement. Voilà donc le quatrieme cas dans lequel notre formule peut fe transformer en un quarré ; l'application en eſt aiſée , & nous allons l'éclaircir par quelques exemples.

55.

Troiſieme queſtion. On cherche des nombres x , tels que leurs quarrés , pris deux fois, ſoient de 1 plus grands que d'autres quarrés, ou bien que ſi on retranche l'unité d'un de ces doubles quarrés , il reſte un quarré ; ainſi que le cas a lieu pour le nombre 5 , dont le quarré 25 , pris deux fois , donne le nombre 50 , qui eſt de 1 plus grand que le quarré 49.

Il faut, d'après cet énoncé, que $2xx - 1$ ſoit un quarré ; & comme nous avons, ſuivant notre formule, $a = -1$, $b = 0$ & $c = 2$, on voit que ni a ni c n'eſt un quarré, & que de plus la quantité propoſée ne peut être décompoſée en deux facteurs, puiſque $bb - 4ac = 8$ n'eſt pas non plus un quarré ; de ſorte qu'aucun des trois premiers cas n'a lieu. Mais, fuivant le quatrieme, cette formule peut être repréſentée par $xx + (xx - 1) = xx + (x - 1)(x + 1)$. Si donc on en fuppoſe la racine $= x + \frac{m(x+1)}{n}$, on aura $xx + (x + 1)(x - 1) = xx + \frac{2mx(x+1)}{n} + \frac{mm(x+1)^2}{nn}$; cette équation, après avoir effacé les xx & diviſé les autres termes par $x + 1$, donne $nnx - nn = 2mnx + mm$, d'où l'on tire $x = \frac{mm + nn}{nn - 2mn - mm}$; & puiſque dans notre formule $2xx - 1$, le quarré xx ſe trouve ſeul, il eſt indifférent qu'on trouve pour x des valeurs poſitives ou négatives. On peut d'abord même écrire $-m$ au lieu de $+m$, afin d'avoir $x = \frac{mm + nn}{nn + 2mn - mm}$.

Si on fait ici $m = 1$ & $n = 1$, on trouve $x = 1$ & $2xx - 1 = 1$; que ſi on fait $m = 1$ & $n = 2$, on trouve $x = \frac{5}{7}$ & $2xx - 1 = \frac{1}{49}$; enfin, ſi on ſuppoſoit $m = 1$ & $n = -2$, on trouveroit $x = -5$, ou $x = +5$, & $2xx - 1 = 49$.

56.

Quatrieme queſtion. Trouver des nombres dont les quarrés doublés & augmentés de 2, ſoient pareillement des quarrés. Un tel nombre, par exemple, eſt 7, le double de ſon quarré eſt 98, & ſi on y ajoute 2, on a le quarré 100.

Il faut donc que $2xx + 2$ ſoit un quarré, & comme $a = 2$, $b = 0$ & $c = 2$; de ſorte que ni a ni c, ni $bb - 4ac$ ou -16, ne ſont des quarrés, il faudra recourir à la quatrieme regle.

Suppoſons la premiere partie $= 4$, la ſeconde ſera $2xx - 2 = 2(x+1)(x-1)$, ce qui donne à la quantité propoſée la forme $4 + 2(x+1)(x-1.)$

Que $2 + \frac{m(x+1)}{n}$ en ſoit la racine, nous aurons l'équation $4 + 2(x+1)(x-1) = 4 + \frac{4m(x+1)}{n} + \frac{mm(x+1)^2}{nn}$, où les 4 ſe retranchent, de façon qu'après avoir diviſé les autres termes par $x+1$, on a $2nnx - 2nn = 4mn + mmx + mm$, & par conſéquent $x = \frac{4mn + mm + 2nn}{2nn - mm}$.

Si on fait dans cette valeur $m=1$ & $n=1$, on trouve $x=7$, & $2xx+2=100$. Mais si $m=0$ & $n=1$, on a $x=1$ & $2xx+2=4$.

57.

Il arrive souvent aussi que, lorsqu'aucune des trois premieres regles n'a lieu, on ne peut trouver comment la formule peut se décomposer en deux parties telles que la quatrieme regle les demande.

Par exemple, s'il est question de la formule $7+15x+13xx$, la décomposition dont nous parlons est à la vérité possible, mais la façon de la faire ne se présente pas d'abord à l'esprit; elle exige qu'on suppose la premiere partie $=(1-x)^2$ ou $1-2x+xx$, de façon que l'autre est $=6+17x+12xx$; & on reconnoît que cette partie a des facteurs, parce que $17^2-4.6.12$ étant $=1$, est un quarré. En effet les deux facteurs sont $(2+3x)(3+4x)$; de sorte que la formule devient $(1-x)^2+(2+3x)(3+4x)$, & qu'on peut maintenant la résoudre par la quatrieme regle.

Mais, ainſi que nous l'avons inſinué, on ne doit pas prétendre que cette décompoſition ſe trouve ſur le champ ; c'eſt pourquoi nous indiquerons encore une voie générale, pour reconnoître préalablement ſi la réſolution d'une telle formule eſt poſſible ou non ; car il y en a une infinité qui ne peuvent ſe réſoudre du tout : telle eſt, par exemple, la formule $3xx + 2$, qui ne peut en aucun cas devenir un quarré. D'un autre côté il ſuffit de connoître un ſeul cas où une formule eſt poſſible, pour en trouver enſuite facilement toutes les ſolutions ; c'eſt ſur quoi nous allons entrer dans quelque détail.

58.

On remarquera, d'après ce que nous venons de dire, que tout l'avantage qu'on peut ſe promettre dans ces occaſions, c'eſt de déterminer ou de deviner, pour ainſi dire, quelque cas dans lequel une formule telle que $a + bx + cxx$, ſe transforme en un quarré ; & la voie qui ſe préſente na-

turellement pour cela, est de supposer successivement pour x de petits nombres, jusqu'à ce qu'on rencontre un cas qui donne
un quarré.

Or, comme x peut être un nombre rom-
pu, qu'on commence par substituer en gé-
néral à x une fraction telle que $\frac{t}{u}$; & si la
formule $a + \frac{bt}{u} + \frac{ctt}{uu}$ qui en résulte, est un
quarré, elle le sera pareillement après avoir
été multipliée par uu; de sorte qu'il ne
restera qu'à tâcher de trouver pour t &
pour u des valeurs en nombres entiers,
telles que la formule $auu + btu + ctt$ soit un
quarré. Il est évident qu'après cela la supposition de $x = \frac{t}{u}$ ne peut manquer de faire
trouver la formule $a + bx + cxx$ égale à
un quarré.

Si enfin, quoi qu'on fasse, on ne parvient
à aucun cas satisfaisant, on a tout lieu de
soupçonner qu'il est tout-à-fait impossible
de transformer la formule en un quarré,
ce qui, comme nous l'avons dit, arrive
très-fréquemment.

59.

Préfentement nous ferons voir que, lorfqu'au contraire on a déteıminé un cas fatisfaıfant, il eft facile de trouver tous les autres cas qui donnent pareillement un quarré ; on verra en même temps que le nombre de ces folutıons eft toujours infiniment grand.

Confidérons d'abord la formule $2+7xx$, où $a=2$, $b=0$ & $c=7$, elle devient évidemment un quarré, fi l'on fuppofe $x=1$; qu'on faffe donc $x=1+y$, on aura $xx=1+2y+yy$, & notre formule devient $9+14y+7yy$, où le premier terme eft un quarré ; ainfi nous fuppoferons, conformément à la feconde regle, la racine quarrée de la nouvelle formule $=3+\frac{my}{n}$, & nous aurons l'équation $9+14y+7yy=9+\frac{6my}{n}+\frac{mmy}{nn}$, où nous pouvons effacer 9 de part & d'autre, & divifer par y ; cela fait, nous aurons $14nn+7n^2y=6mn+mmy$; donc $y=\frac{6mn-14nn}{7nn-mm}$, & conféquemment $x = \dfrac{6mn - 7nn - m^2}{7nn - mm}$, où l'on peut

adopter pour m & n telles valeurs qu'on veut.

Si on fait $m = 1$ & $n = 1$, on a $x = -\frac{1}{3}$; ou bien aussi, puisque la seconde puissance de x est seule, $x = +\frac{1}{3}$, donc $2 + 7xx = \frac{25}{9}$.

Si $m = 3$ & $n = 1$, on a $x = -1$, ou $x = +1$.

Mais si $m = 3$ & $n = -1$, on a $x = 17$; ce qui donne $2 + 7xx = 2025$, le quarré de 25.

Suppofons aussi $m = 8$ & $n = 3$, nous aurons de même $x = -17$ ou $x = +17$.

Mais en faisant $m = 8$ & $n = -3$, on trouve $x = 271$; de sorte que $2 + 7xx = 514089 = 717^2$.

60.

Examinons à préfent la formule $5xx + 3x + 7$, qui devient un quarré par la fuppofition de $x = -1$. Si nous faifons par cette raifon $x = y - 1$, notre formule fe change en celle-ci :

$$5yy - 10y + 5$$
$$+\ 3y - 3$$
$$+7$$
$$\overline{\qquad\qquad}$$
$$5yy - 7y + 9,$$

dont nous supposerons la racine quarrée $=3 - \frac{my}{n}$; moyennant cela nous aurons $5yy - 7y + 9 = 9 - \frac{6my}{n} + \frac{mmyy}{nn}$, ou $5nny - 7nn = -6mn + mmy$; d'où nous tirons $y = \frac{7nn - 6mn}{5nn - mm}$, & enfin $x = \frac{2nn - 6mn + mm}{5nn - mm}$.

Soit $m = 2$ & $n = 1$, on a $x = -6$, & par conséquent $5xx + 3x + 7 = 169 = 13^2$.

Mais si $m = -2$ & $n = 1$, on trouve $x = 18$, & $5xx + 3x + 7 = 1681 = 41^2$.

61.

Considérons maintenant cette autre formule $7xx + 15x + 13$, où nous ne pouvons que commencer par la supposition de $x = \frac{t}{u}$; ayant substitué & multiplié par uu, nous avons la formule $7tt + 15tu + 13uu$, qui doit être un quarré. Essayons donc de prendre quelques petits nombres pour les valeurs de t & de u.

Soit $t=1$ & $u=1$, la formule deviendra $=35$
$t=2$ & $u=1$, — — — — — — $=71$
$t=2$ & $u=-1$, — — — — — $=11$
$t=3$ & $u=1$, — — — — — — $=121$.

Or 121 étant un quarré, c'est figne que la valeur de $x=3$ fatisfait ; fuppofons donc $x=y+3$, & nous aurons, en fubftituant dans la formule, $7yy+42y+63+15y+45+13$, ou $7yy+57y+121$. Soit la racine $=11+\frac{my}{n}$; nous aurons $7yy+57y+121=121+\frac{22my}{n}+\frac{mmyy}{nn}$, ou $7nny+57nn=22mn+mmy$; donc $y=\frac{57nn-22mn}{mm-7nn}$, & $x=\frac{36nn-22mn+3mm}{mm-7nn}$.

Soit, par exemple, $m=3$ & $n=1$, on trouve $x=-\frac{3}{2}$, & la formule devient $7xx+15x+13=\frac{25}{4}=\left(\frac{5}{2}\right)^2$.

Soit $m=1$ & $n=1$, on trouve $x=-\frac{17}{6}$; fi $m=3$ & $n=-1$, on a $x=\frac{129}{2}$, & la formule $7xx+15x+13=\frac{120409}{4}=\left(\frac{347}{2}\right)^2$.

62.

Mais fouvent on perd fa peine à chercher un cas où la formule propofée puiffe devenir un quarré. Nous avons déjà dit que $3xx+2$ est une de ces formules intraitables, & on verra, en lui donnant d'après la regle la forme $3tt+2uu$, qu'en effet, quelques valeurs que l'on donne à t & à u, cette quantité ne devient jamais un nombre quarré. Et comme les formules de cette espece sont en très-grand nombre, il vaudra la peine d'indiquer quelques caracteres auxquels on puisse reconnoître leur impossibilité, afin qu'on soit souvent dispensé par-là d'un tâtonnement inutile: c'est à quoi nous destinons le Chapitre suivant.

CHAPITRE V.

Des cas où la formule $a+bx+cxx$ *ne peut jamais devenir un quarré.*

63.

Comme notre formule générale est de trois termes, nous observerons d'abord qu'elle peut toujours être transformée en une autre, dans laquelle le terme moyen manque. Cela se fait en supposant $x = \frac{y-b}{2c}$; cette substitution change notre formule en celle-ci, $a + \frac{by-bb}{2c} + \frac{yy-2by+bb}{4c}$, ou $\frac{4ac-bb+yy}{4c}$; & puisqu'elle doit être un quarré, qu'on la fasse $= \frac{zz}{4}$, on aura $4ac-bb+yy=czz$, & par conséquent $yy=czz+bb-4ac$. Lors donc que notre formule sera un quarré, cette derniere $czz+bb-4ac$ le sera pareillement; & réciproquement, si celle ci est un quarré, la proposée le sera de même. Par conséquent, si on écrit t à la place de $bb-4ac$, tout reviendra à déterminer si une quantité de la forme $czz+t$ peut devenir un quarré ou non. Et comme cette formule ne consiste qu'en deux termes, il est certainement beaucoup plus facile par-là de juger si elle est possible ou si elle ne l'est pas; c'est au reste la nature des nombres donnés c & t, qui doit nous guider dans cette recherche.

64.

Il est clair que si $c=0$, la formule czz ne peut devenir un quarré que dans le cas où c est un quarré ; car le quotient de la division d'un quarré par un autre quarré étant pareillement un quarré, la quantité czz ne peut être un quarré, à moins que $\frac{czz}{zz}$, c'est-à-dire c, n'en soit un. Ainsi quand c n'est pas un quarré, la formule czz ne peut en aucune maniere devenir un quarré ; & au contraire, si c est par soi-même un quarré, czz sera de même un quarré, quelque nombre que l'on adopte pour z.

65.

Si nous voulons porter un jugement sur d'autres cas, il nous faudra recourir à ce que nous avons dit plus haut au sujet des différentes especes de nombres considérés relativement à leur division par d'autres nombres.

Nous avons vu, par exemple, que le diviseur 3 donne lieu à trois especes différentes de nombres : la premiere comprend les nombres qui font divifibles par 3 , & qu'on peut exprimer par la formule $3n$.

La feconde efpece comprend les nombres qui, divifés par 3 , laiffent 1 de refte, & qui font contenus dans la formule $3n+1$.

A la troifieme efpece appartiennent les nombres, où le réfidu de la divifion par 3 eft 2 , & qui fe repréfentent par l'expreffion générale $3n+2$.

Or, puifque tous les nombres font contenus dans ces trois formules, confidérons-en les quarrés. D'abord, s'il s'agit d'un nombre qui foit compris dans la formule $3n$, nous voyons que le quarré de cette quantité étant $9nn$, il eft divifible non-feulement par 3 , mais auffi par 9.

Que fi le nombre donné eft compris dans la formule $3n+1$, on a le quarré $9nn+6n+1$, qui, divifé par 3 , donne $3nn+2n$ avec le réfidu 1 , & qui par conféquent appartient de même a la feconde efpece $3n+1$.

Enfin, fi le nombre en queftion eft

compris

compris dans la formule $3n+2$, on a à considérer le quarré $9nn+12n+4$; si on le divife par 3, on trouve $3nn+4n+1$ & 1 de refte; de forte que ce quarré appartient, ainfi que le précédent, à l'efpece $3n+1$.

Il eft clair par-là que les nombres quarrés en général ne font que de deux efpeces relativement au divifeur 3 ; car, ou ils font divifibles par 3, & dans ce cas ils font néceffairement auffi divifibles par 9 ; ou bien ils ne font point divifibles par 3, & dans ce cas il y aura toujours 1 de réfidu & jamais 2. Par cette raifon aucun nombre contenu dans la formule $3n+2$, ne peut être un quarré.

66.

Il nous eft facile, au moyen de ce que nous venons de dire, de faire voir que la formule $3xx+2$ ne peut jamais devenir un quarré, quelque nombre entier ou fractionnaire qu'on veuille fubftituer à x. Car fi x eft un nombre entier, & qu'on divife la formule $3xx + 2$ par 3 , il reste 2 ; donc elle ne peut être un quarré. Ensuite si x est une fraction , nous l'exprimerons par $\frac{t}{u}$, & nous supposerons qu'elle est déjà réduite à ses moindres termes , & que t & u n'ont d'autre commun diviseur que 1. Afin donc que $\frac{3tt}{uu} + 2$ fût un quarré, il faudroit , en multipliant par uu , que $3tt + 2uu$ fût de même un quarré ; or c'est ce qui ne se peut : car remarquons que le nombre u est divisible par 3 , ou qu'il ne l'est pas ; s'il l'est , t ne le sera pas , parce que t & u n'ont pas de commun diviseur ; c'est pourquoi , si on fait $u = 3f$, comme la formule devient $= 3tt + 18ff$, on voit bien qu'on ne peut la diviser par 3 qu'une fois & pas davantage , comme il faudroit pouvoir le faire si elle étoit un quarré ; en effet , en divisant d'abord par 3 , on a $tt + 6ff$. Or si d'un côté $6ff$ est divisible par 3 , de l'autre tt étant divisé par 3 , laisse 1 de reste. Supposons à présent que u ne soit pas divisible par 3 , & voyons ce qui reste. Puisque le premier terme est divisible par 3 ,

il s'agira uniquement de favoir quel réfidu
donne le fecond terme $2uu$. Or uu étant
divifé par 3, donne le refte 1, c'eft-à-dire
que c'eft un nombre de l'efpece $3n+1$;
ainfi $2uu$ eft un nombre de l'efpece $6n+2$,
& en le divifant par 3 il laiffe 2 de refte;
par conféquent notre formule $3tt+2uu$,
fi on la divife par 3, donne le réfidu 2,
& n'eft certainement pas un nombre quarré.

67.

On peut démontrer de la même maniere, que pareillement la formule $3tt+5uu$
ne peut jamais être un quarré, ni même
aucune des formules fuivantes : $3tt+8uu$,
$3tt+11uu$, $3tt+14uu$, où les nombres
5, 8, 11, 14 &c. divifés par 3, donnent
2 pour réfidu. Car fi l'on fuppofe que u
foit divifible par 3, & que par conféquent
t ne le foit pas, & qu'on faffe $u=3f$, on
parviendra toujours à des formules divifibles par 3, mais non pas divifibles par 9.
Et fi u n'eft pas divifible par 3, & par conféquent que uu foit un nombre de l'efpece

$3n+1$, on auroit le premier terme, $3tt$, divisible par 3, tandis que les seconds, $5uu$, $8uu$, $11uu$ &c. auroient les formes $15n+5$, $24n+8$, $33n+11$ &c. & laisseroient constamment 2 de reste, quand on les diviseroit par 3.

68.

Il est évident que cette remarque s'étend même jusqu'à la formule générale $3tt+(3n+2).uu$, laquelle en effet ne peut jamais devenir un quarré, & pas même en prenant pour n des nombres négatifs. Si on vouloit, par exemple, faire $n = -1$, je dis qu'il est impossible que la formule $3tt-uu$ puisse devenir un quarré; la chose est claire, si u est divisible par 3; & si cela n'est pas, comme dans ce cas uu est un nombre de l'espece $3n+1$, notre formule devient $3tt-3n-1$, ce qui, étant divisé par 3, donne le résidu -1 ou $+2$, en augmentant de 3. En général que n soit $=-m$, on aura la formule $3tt-(3m+2)uu$, qui ne peut jamais devenir un quarré.

69.

Voilà jufqu'où nous conduit la confidération du divifeur 3 ; fi nous regardons maintenant auffi 4 comme un divifeur, nous voyons qu'un nombre quelconque eft toujours compris dans une des quatre formules fuivantes :

I.)$4n$, II.)$4n+1$, III.)$4n+2$, IV.)$4n+3$.

Le quarré de la premiere efpece de ces nombres eft $16nn$, & il eft par conféquent divifible par 16.

Celui de la feconde efpece $4n+1$ eft $16nn+8n+1$; ainfi en le divifant par 8, il donne 1 de refte ; de forte qu'il appartient à la formule $8n+1$.

Le quarré de la troifieme efpece, $4n+2$, eft $16nn+16n+4$; fi on divife par 16, il refte 4 ; donc ce quarré eft compris dans la formule $16n+4$. Enfin le quarré de la quatrieme efpece $4n+3$, étant $16nn+24n+9$, on voit qu'en divifant par 8 il refte 1.

70.

Nous apprenons par-là, en premier lieu, que tous les nombres quarrés pairs font ou de la forme $16n$, ou de celle-ci $16n + 4$; & conféquemment que toutes les autres formules paires, favoir $16n + 2$, $16n + 6$, $16n + 8$, $16n + 10$, $16n + 12$, $16n + 14$, ne peuvent jamais devenir des nombres quarrés.

Enfuite, que tous les quarrés impairs font contenus dans la feule formule $8n + 1$; c'eft-à-dire que fi on les divife par 8, ils laiffent 1 de réfidu. Et il fuit de-là que tous les autres nombres impairs, qui auront la forme ou de $8n + 3$, ou de $8n + 5$, ou de $8n + 7$, ne pourront jamais être des quarrés.

71.

Ces principes fourniffent une nouvelle preuve que la formule $3tt + 2uu$ ne peut être un quarré. Car, ou les deux nombres t & u font impairs, ou l'un eft pair & l'autre eft impair. Ils ne peuvent être pairs l'un & l'autre, parce que fi cela étoit, ils auroient au moins le commun divifeur 2. Dans le premier cas donc, où tant tt que uu font compris dans la formule $8n+1$, le premier terme $3tt$ étant divifé par 8, laifferoit le réfidu 3, & l'autre terme, $2uu$, laifferoit 2; ainfi le réfidu total feroit 5; ainfi la formule en queftion ne peut être un quarré. Mais fi le fecond cas a lieu, & que t foit pair & u impair, le premier terme $3tt$ fera divifible par 4, & le fecond terme $2uu$, fi on le divife par 4, laiffera 2 de refte; ainfi les deux termes enfemble, divifés par 4, laiffent 2 de refte, & ne peuvent par conféquent former un quarré. Enfin, fi on vouloit fuppofer u un nombre pair $=2f$, & t impair, de forte que tt $=8n+1$, notre formule fe changeroit en celle-ci, $24n+3+8ff$, qui, divifée par 8, laiffe 3, & ne peut donc être un quarré.

Cette démonftration s'étend auffi à la formule $3tt+(8n+2)uu$, pareillement à celle-ci, $(8m+3)tt+2uu$, & même auffi à celle-ci, $(8m+3)tt+(8n+2)uu$, où l'on peut subſtituer à m & à n tous les nombres entiers tant poſitifs que négatifs.

72.

Mais allons plus loin & conſidérons le diviſeur 5, à l'égard duquel tous les nombres ſe rangent en cinq claſſes:
I.)$5n$, II.)$5n+1$, III.)$5n+2$, IV.)$5n+3$, V.)$5n+4$.

Nous remarquerons d'abord que ſi un nombre eſt de la premiere eſpece, ſon quarré aura la forme $25nn$, & ſera par conſéquent diviſible non-ſeulement par 5, mais auſſi par 25.

Tout nombre de la ſeconde claſſe aura un quarré de la forme $25nn+10n+1$; & comme la diviſion par 5 donne le réſidu 1, ce quarré ſera compris dans la formule $5n+1$.

Les nombres de la troiſieme eſpece auront le quarré $25nn+20n+4$, qui, diviſé par 5, donne 4 de reſte.

Le quarré d'un nombre de la quatrieme

efpece eft $25nn+30n+9$; fi on le divife par 5, il refte 4.

Enfin le quarré d'un nombre de la cinquieme claffe eft $25nn+40n+16$; qu'on divife ce quarré par 5, il reftera 1.

Lors donc qu'un nombre quarré ne peut être divifé par 5, le réfidu de la divifion fera toujours 1 ou 4, & jamais 2 ou 3; & il s'enfuit qu'aucun quarré ne peut être contenu dans les formules $5n+2$ & $5n+3$.

73.

Nous partirons de-là pour prouver que ni la formule $5tt+2uu$, ni celle-ci, $5tt+3uu$, ne peuvent être des quarrés. Car, ou bien u eft divifible par 5, ou il ne l'eft pas; dans le premier cas ces formules feront divifibles par 5, mais elles ne le feront pas par 25; donc elles ne pourront être des quarrés. Si, au contraire, u n'eft pas divifible par 5, uu fera ou $5n+1$, ou $5n+4$; & dans le premier de ces cas la premiere formule fe change en celle-ci, $5tt+10n+2$, qui, divifée par 5, laiffe 2 de refte, & la feconde formule devient $5tt$ $+15n+3$, ce qui étant divifé par 5, donne 3 de refte, de forte que ni l'une ni l'autre ne peuvent être un quarré ; quant au cas de $uu = 5n+4$, la premiere formule devient $5tt+10n+8$, ce qui, divifé par 5, laiffe 3 ; & l'autre devient $5tt+15n$ $+12$, ce qui, divifé par 5, laiffe 2 ; ainfi dans ce cas les deux formules ne peuvent pas non plus être des quarrés.

On obfervera par un raifonnement femblable que ni la formule $3tt+(5n+2)uu$, ni cette autre, $5tt+(5n+3)uu$, ne peuvent devenir des quarrés, puifqu'on parvient aux mêmes réfidus que nous venons de trouver. On pourroit même écrire dans le premier terme $5mtt$ au lieu de $5tt$, pourvu que m ne foit pas divifible par 5.

74.

De ce que tous les quarrés pairs font compris dans la formule $4n$, & tous les quarrés impairs dans la formule $4n+1$, & que par conféquent ni $4n+2$, ni $4n+3$, ne peuvent devenir des quarrés, il s'enfuit que la formule générale $(4m+3)tt+(4n+3)uu$ ne peut jamais être un quarré. Car fuppofons que t foit pair, tt pourra être divifé par 4, & l'autre terme étant divifé par 4, donnera 3 de refte ; & fi nous fuppofons les deux nombres t & u impairs, les reftes de tt & de uu feront 1, & par conféquent le réfidu de la formule entiere fera 2 ; or il n'eft aucun nombre quarré qui, divifé par 4, laiffe 2 de refte.

Nous remarquerons auffi que tant m que n peuvent même être pris négativement, ou $=0$, & qu'il s'enfuit que les formules $3tt+3uu$ & $3tt-uu$ ne peuvent pas non plus fe transformer en des quarrés.

75.

De même que nous avons trouvé pour un petit nombre de divifeurs, que quelques efpeces de nombres ne peuvent jamais devenir des quarrés, on pourroit déterminer de pareilles efpeces de nombres pour tous les autres divifeurs.

Qu'il s'agiſſe du diviſeur 7, on aura à diſtinguer ſept différentes eſpeces de nombres, dont nous examinerons auſſi les quarrés.

Eſpeces des Nombres,	Leurs Quarrés ſont de l'eſpece,	
I. $7n$	$49nn$	$7n$
II. $7n+1$	$49nn+14n+1$	$7n+1$
III. $7n+2$	$49nn+28n+4$	$7n+4$
IV. $7n+3$	$49nn+42n+9$	$7n+2$
V. $7n+4$	$49nn+56n+16$	$7n+2$
VI. $7n+5$	$49nn+70n+25$	$7n+4$
VII. $7n+6$	$49nn+84n+36$	$7n+1$.

Puis donc que les quarrés qui ne ſont pas diviſibles par 7, ſont tous contenus dans les trois formules $7n+1$, $7n+2$, $7n+4$, il eſt clair que les trois autres formules, $7n+3$, $7n+5$ & $7n+6$, ne s'accordent pas avec la nature des nombres quarrés.

76.

Pour entrer encore mieux dans le ſens de cette concluſion, on remarquera que

la derniere espece , $7n+6$, peut aussi s'exprimer par $7n-1$; que pareillement la
formule $7n+5$ est la même que $7n-2$,
& $7n+4$, la même que $7n-3$. Car,
cela posé, il est évident que les quarrés des
deux especes , $7n+1$ & $7n-1$, si on les
divise par 7 , donneront le même résidu 1 ;
& que les quarrés des deux especes , $7n+2$
& $7n-2$, doivent se ressembler de la
même maniere.

77.

En général donc , quel que soit le diviseur , que nous indiquerons par la lettre
d , les différentes especes de nombres qui
en résultent , sont

dn ;

$dn+1$, $dn+2$, $dn+3$, &c.

$dn-1$, $dn-2$, $dn-3$, &c.

où les quarrés de $dn+1$ & $dn-1$ ont cela
de commun, qu'étant divisés par d , ils
laissent le reste 1 , de sorte qu'ils appartiennent à la même formule $dn+1$; de
même les quarrés des deux especes $dn+2$

& $dn - 2$, appartiennent à la même formule $dn + 4$. De façon qu'on peut conclure
en général que les quarrés des deux efpeces, $dn + a$ & $dn - a$, étant divifés par
d, donnent un même réfidu aa, ou celui
qui refte, en divifant aa par d.

78.

Ces remarques fuffifent pour indiquer une
infinité de formules, telles que $att + buu$, qui
ne peuvent en aucune maniere devenir des
quarrés. C'eft ainfi que le divifeur 7 donne
facilement à connoître qu'aucune de ces
trois formules, $7tt + 3uu$, $7tt + 5uu$, $7tt + 6uu$,
ne peut devenir un quarré; parce que la
divifion de u par 7 ne donne pour réfidu
que 1, ou 2 ou 4; & que dans la premiere
de ces formules il refte ou 3, ou 6 ou 5,
dans la feconde, 5, 3 & 6, & dans la
troifieme, 6, ou 5 ou 3, ce qui ne peut
avoir lieu dans des quarrés. Lors donc qu'on
rencontre de pareilles formules, on eft fûr
qu'on feroit des efforts inutiles en cherchant
à deviner quelque cas où elles deviendroient

des quarrés, & c'eſt pourquoi les conſidé-
rations dans leſquelles nous venons d'entrer,
ne laiſſent pas d'être importantes.

Si, au contraire, une formule propoſée
n'eſt pas de cette nature, nous avons vu
dans le Chapitre précédent qu'il ſuffit de
trouver un ſeul cas où elle devient un
quarré, pour être en état de déduire de
ce cas une infinité d'autres cas pareils.

La formule propoſée étoit proprement
$axx + b$, & comme on trouve ordinairement pour x des fractions, nous avions ſuppoſé $x = \frac{t}{u}$, en ſorte qu'il s'agiſſoit de tranſ-
former en un quarré la formule $att + buu$.

Mais il ne laiſſe pas d'y avoir ſouvent
une infinité de cas où x peut même être
aſſigné en nombres entiers, & c'eſt de la
détermination de ces cas que nous nous
occuperons dans le Chapitre ſuivant.

CHAPITRE VI.

Des Cas en nombres entiers, où la formule $axx + b$ *devient un quarré.*

79.

NOUS avons déjà fait voir plus haut comment on doit transformer des formules telles que $a + bx + cxx$, si on veut en retrancher le second terme ; ainsi nous n'étendrons qu'à la formule $axx + b$ les recherches préfentes, où il s'agira de trouver pour x uniquement des nombres entiers, qui puiffent transformer cette formule en un quarré. Or il faut, avant toutes chofes, qu'une telle formule foit poffible ; car fi elle ne l'eft pas, on ne trouvera pas même pour x des veleurs fractionnaires, bien loin de pouvoir trouver des nombres entiers.

80.

Qu'on fuppofe donc $axx + b = yy$, où a & b font des nombres entiers, & où x

&

& *y* doivent être de même des nombres entiers.

Or il eſt abſolument néceſſaire ici qu'on ſache, ou qu'on ait déjà trouvé un cas en nombres entiers, ſans quoi ce ſeroit une peine perdue de chercher d'autres cas ſemblables, puiſqu'il ſe pourroit que la formule fût impoſſible.

Ainſi nous ſuppoſerons que cette formule devienne un quarré, ſi l'on fait $x = f$, & nous indiquerons ce quarré par gg, en ſorte que $aff + b = gg$, où f & g ſont des nombres connus. Tout ſe réduit donc à déduire de ce cas d'autres cas ſemblables ; & cette recherche eſt d'autant plus importante, qu'elle eſt ſujette à des difficultés conſidérables que nous viendrons cependant à bout de ſurmonter par les artifices qu'on verra.

81.

Puiſqu'on a déjà trouvé $aff + b = gg$, & que d'ailleurs il faut auſſi que $axx + b = yy$, ſouſtrayons la premiere équation de la ſeconde, & nous en aurons une nouvelle ; $axx - aff = yy - gg$, qui peut fe repréfenter par des facteurs de la maniere fuivante, $a(x+f)(x-f) = (y+g)(y-g)$, & qui en multipliant de plus les deux membres par pq, devient $apq(x+f)(x-f) = pq(y+g)(y-g)$. Si nous décompofons maintenant cette équation, en faifant $ap(x+f) = q(y+g)$, & $q(x-f) = p(y-g)$, ñous pourrons tirer de ces deux équations des valeurs des deux lettres x & y. La premiere, divifée par q, donne $y+g = \frac{apx+apf}{q}$; la feconde, divifée par p, donne $y-g = \frac{qx-qf}{p}$; fouftrayant cette derniere égalité de l'autre, on a $2g = \frac{(app-qq)x+(app+qq)f}{pq}$, ou $2pqg = (app-qq)x + (app+qq)f$; donc $x = \frac{2gpq}{app-qq} - \frac{(app+qq)f}{app-qq}$, & par-là on obtient $y = g + \frac{2gqq}{app-qq} - \frac{(app+qq)fq}{(app-qq)p} - \frac{qf}{p}$. Et comme dans cette derniere valeur les deux premiers termes, contenant tous deux la lettre g, peuvent être mis fous la forme $\frac{g(app+qq)}{app-qq}$, & que les deux autres termes, contenant la lettre f, peuvent s'exprimer par $-\frac{2afpq}{app-qq}$, tous les termes feront réduits à la même dénomination, & on aura $y=\frac{g(app+qq)-2afpq}{app-qq}$.

82.

Ce procédé femble d'abord ne point convenir à notre but, puifque devant trouver pour x & pour y des nombres entiers, nous fommes parvenus à des réfultats fractionnaires, & qu'il s'agiroit de traiter cette nouvelle queftion, quels nombres on peut fubftituer à p & à q pour que les fractions difparoiffent ? queftion qui paroît plus difficile encore que notre queftion principale. Mais on peut employer ici un artifice particulier, qui nous fera parvenir facilement au but ; nous allons l'expliquer :

Comme tout doit être exprimé en nombres entiers, faifons $\frac{app+qq}{app-qq}=m$, & $\frac{2pq}{app-qq}=n$, pour avoir $x=ng-mf$, & $y=mg-naf$.

Or nous ne pouvons pas prendre ici m & n à volonté, puifque ces lettres doivent fe déterminer de façon à répondre aux déterminations précédentes ; ainsi nous considérerons pour cet effet leurs quarrés, & nous verrons que $mm = \dfrac{aap^4 + 2appqq + q^4}{aap^4 - 2appqq + q^4}$

& $nn = \dfrac{4ppqq}{aap^4 - 2appqq + q^4}$, & que par conséquent $mm - ann$

$$= \frac{aap^4 + 2appqq + q^4 - 4appqq}{aap^4 - 2appqq + q^4}$$

$$= \frac{aap^4 - 2appqq + q^4}{aap^4 - 2appqq + q^4} = 1.$$

83.

On voit par-là que les deux nombres m & n doivent être tels que $mm = ann + 1$. Ainsi, comme a est un nombre connu, il faudra commencer par songer aux moyens de déterminer pour n un nombre entier, tel que $ann + 1$ devienne un quarré ; car après cela m sera la racine de ce quarré ; & quand on aura déterminé pareillement le nombre f, de maniere que $aff + b$ devienne un quarré, savoir gg, on aura pour x & pour y les valeurs suivantes en nombres entiers, $x = ng - mf$ & $y = mg - naf$, & enfin par-là $axx + b = yy$.

84.

Il est évident qu'ayant une fois trouvé m & n, on peut écrire à leur place $-m$ & $-n$, parce que le quarré nn ne laisse pas de rester le même.

Mais nous avons fait entendre que pour trouver x & y en nombres entiers, de manicre que $axx + b = yy$, il falloit d'abord connoître un cas, tel que $aff + b = gg$; lors donc qu'on aura trouvé un semblable cas, il faudra tâcher encore de connoître, outre le nombre a, des valeurs de m & de n, telles que $ann + 1 = mm$, & nous en donnerons la méthode dans la suite. Quand enfin tout cela sera fait, on aura un nouveau cas, savoir $x = ng + mf$, & $y = mg + naf$, & après cela $axx + b = yy$.

Mettant ensuite ce nouveau cas à la place du précédent, qu'on avoit regardé comme connu; c'est-à-dire, écrivant $ng + mf$ au lieu de f, & $mg + naf$ au lieu de g, on aura pour x & y de nouvelles valeurs, par lesquelles, si on les substitue à x & à y, on en trouve ensuite d'autres nouvelles, & ainsi de suite aussi loin qu'on voudra ; de sorte qu'au moyen d'un seul cas qu'on connoissoit d'abord, on en détermine après cela une infinité d'autres.

85.

La maniere dont nous sommes parvenus à cette solution étoit assez embarrassée, & paroissoit d'abord nous éloigner de notre but, puisqu'elle nous avoit conduits à des fractions compliquées qu'un hasard favorable a seul pu réduire ; il sera donc à propos d'indiquer une voie plus courte, qui conduit à la même solution.

86.

Puisqu'il faut que $axx + b = yy$, & que l'on a déjà trouvé $aff + b = gg$, la premiere équation nous donne $b = yy - axx$, & la seconde donne $b = gg - aff$; par conséquent il faut aussi que $yy - axx = gg - aff$, & tout se réduit maintenant à déterminer les inconnues x & y par le moyen des quantités connues f & g. On voit que pour cet effet on pourroit faire simplement $x = f$ & $y = g$; mais on voit aussi que cette supposition ne fourniroit pas un nouveau cas outre celui qu'on connoissoit d'avance.

Ainsi nous supposerons qu'on ait déjà trouvé pour n un nombre tel que $ann + 1$ soit un quarré, ou bien que $ann + 1 = mm$; cela posé, nous avons $mm - ann = 1$; & en multipliant par cette équation la derniere que nous avions ci-dessus, nous trouvons aussi que $yy - axx = (gg - aff)(mm - ann) = ggmm - affmm - ag^2nn + aaffnn$. Supposons à présent $y = gm + afn$, nous aurons $ggmm + 2afgmn + aaffnn - axx = ggmm - affmm - aggnn + aaffnn$, où les termes $ggmm$ & $aaffnn$ se détruisent; de sorte qu'il reste $axx = affmm + aggnn + 2afgmn$, ou $xx = ffmm + ggnn + 2fgmn$; or cette formule est évidemment un quarré, & donne $x = fm + gn$; ainsi nous avons trouvé pour x & y les mêmes formules que ci-dessus.

G iv

87.

Il sera nécessaire maintenant de rendre cette solution plus claire, en l'appliquant à quelques exemples.

Premiere question. Trouver pour x toutes les valeurs en nombres entiers, telles que $2xx - 1$ devienne un quarré, ou qu'on ait $2xx - 1 = yy$.

Nous avons ici $a = 2$ & $b = -1$, & il se présente aussi-tôt un cas satisfaisant, qui est celui où $x = 1$ & $y = 1$. Ce cas connu nous donne $f = 1$ & $g = 1$; or il s'agit de plus de déterminer une valeur de n, telle que $2nn + 1$ devienne un quarré mm ; & on voit d'abord aussi que ce cas a lieu quand $n = 2$, & par conséquent $m = 3$; ainsi chaque cas connu pour f & g nous donnant ces nouveaux cas $x = 3f + 2g$ & $y = 3g + 4f$, nous tirons de la premiere solution, $f = 1$ & $g = 1$, les nouvelles solutions suivantes :

$$
\begin{array}{l|c|c|c}
x = f = 1 & 5 & 29 & 169 \\
y = g = 1 & 7 & 41 & 239 \ \&c.
\end{array}
$$

88.

Seconde question. Trouver tous les nombres triangulaires, qui font en même temps des quarrés.

Soit z la racine triangulaire, ce fera le triangle $\frac{zz+z}{2}$ qui devra être en même temps un quarré ; & fi nous nommons x la racine de ce quarré, il faudra que $\frac{zz+z}{2} = xx$. Multiplions par 8, nous aurons $4zz + 4z = 8xx$; & ajoutons encore 1 de chaque côté, pour avoir $4zz + 4z + 1 = (2z + 1)^2 = 8xx + 1$. Ainfi la queftion eft de faire en forte que $8xx + 1$ devienne un quarré ; car fi l'on trouve $8xx + 1 = yy$, on aura $y = 2z + 1$; & conféquemment la racine triangulaire cherchée, $z = \frac{y-1}{2}$.

Or nous avons $a = 8$ & $b = 1$, & un cas fatisfaifant faute aux yeux, favoir $f = 0$ & $g = 1$. On voit de plus que $8nn + 1 = mm$, en faifant $n = 1$ & $m = 3$; donc $x = 3f + g$ & $y = 3g + 8f$; & puifque $z = \frac{y-1}{2}$, nous aurons les folutions fuivantes :

$$x = f = 0 \mid 1 \mid 6 \mid 35 \mid 204 \mid 1189$$
$$y = g = 1 \mid 3 \mid 17 \mid 99 \mid 577 \mid 3363$$
$$z = \tfrac{y-1}{2} = 0 \mid 1 \mid 8 \mid 49 \mid 288 \mid 1681 \ \&c.$$

89.

Troisieme question. Trouver tous les nombres pentagones, qui sont en même temps des quarrés.

Que la racine soit z, le pentagone sera $= \frac{3zz - z}{2}$, que nous égalerons au quarré xx; ainsi $3zz - z = 2xx$; multipliant par 12 & ajoutant l'unité, nous avons $36zz - 12z + 1 = 24xx + 1 = (6z - 1)^2$; & faisant $24xx + 1 = yy$, il faudra que $y = 6z - 1$, & $z = \frac{y+1}{6}$.

Puisqu'ici $a = 24$ & $b = 1$, on connoît le cas $f = 0$ & $g = 1$; & comme il faut que $24nn + 1 = mm$, on fera $n = 1$, ce qui donne $m = 5$; ainsi on aura $x = 5f + g$ & $y = 5g + 24f$; & non-seulement $z = \frac{y+1}{6}$, mais aussi $z = \frac{1-y}{6}$, parce que l'on peut écrire $y = 1 - 6z$; de-là résultent enfin les solutions suivantes:

$$x = f = 0 \;|\; 1 \;|\; 10 \;|\; 99 \;|\; 980$$
$$y = g = 1 \;|\; 5 \;|\; 49 \;|\; 485 \;|\; 4801$$
$$z = \tfrac{y+1}{6} = \tfrac{1}{3} \;|\; 1 \;|\; \tfrac{25}{3} \;|\; 81 \;|\; \tfrac{2401}{3}$$
$$\text{ou } z = \tfrac{1-y}{6} = 0 \;|\; -\tfrac{2}{3} \;|\; -8 \;|\; -\tfrac{242}{8} \;|\; -800 \text{ \&c.}$$

90.

Quatrieme queftion. Trouver tous les quarrés en nombres entiers, qui, pris fept fois & augmentés de 2, redeviennent des quarrés.

On demande par conféquent que $7xx + 2 = yy$, où $a = 7$ & $b = 2$; & le cas connu tombe auffi-tôt fous les fens, c'eft-à-dire $x = 1$; de forte que $x = f = 1$, & $y = g = 3$. Si l'on confidere enfuite l'équation $7nn + 1 = mm$, on trouve facilement auffi que $n = 3$ & $m = 8$; donc $x = 8f + 3g$ & $y = 8g + 21f$, & on aura les folutions qui fuivent:

$$x = f = 1 \;|\; 17 \;|\; 271$$
$$y = g = 3 \;|\; 45 \;|\; 717 \text{ \&c.}$$

91.

Cinquieme queſtion. Trouver tous les nombres triangulaires, qui ſont en même temps pentagones.

Que la racine du triangle ſoit $=p$ & celle du pentagone $=q$, il faudra que $\frac{pp+p}{2} = \frac{3qq-q}{2}$, ou $3qq - q = pp + p$; qu'on cherche q, on aura d'abord $qq = \frac{1}{3}q + \frac{pp+p}{3}$, & de-là $q = \frac{1}{6} \pm \sqrt{\frac{1}{36} + \frac{pp+p}{3}}$, ou $q = \frac{1 \pm \sqrt{12pp - 12p + 1}}{6}$. Par conséquent il s'agit de faire en ſorte que $12pp + 12p + 1$ devienne un quarré, & même en nombres entiers. Or comme il y a ici un terme moyen $12p$, on commencera par faire $p = \frac{x-1}{2}$, au moyen de quoi on aura $12pp = 3xx - 6x + 3$ & $12p = 6x - 6$, par conséquent $12pp + 12p + 1 = 3xx - 2$; c'eſt cette derniere quantité préſentement qu'il eſt queſtion de transformer en un quarré.

Si donc on fait $3xx - 2 = yy$, on aura $p = \frac{x-1}{2}$, & $q = \frac{1+y}{6}$; ainſi tout dépend de la formule $3xx - 2 = yy$, & on a ici $a = 3$

& $b = -2$; de plus un cas connu $x = f$ $= 1$ & $y = g = 1$; enfin dans l'équation $mm = 3nn + 1$, on a $n = 1$ & $m = 2$; donc on trouve tant pour x & y que pour p & q les valeurs suivantes :

D'abord $x = 2f + g$, & $y = 2g + 3f$, ensuite :

$$
\begin{array}{l|c|c|c}
x = f = 1 & 3 & 11 & 41 \\
y = g = 1 & 5 & 19 & 71 \\
p = 0 & 1 & 5 & 20 \\
q = \frac{1}{3} & 1 & \frac{10}{3} & 12 \\
\text{ou } q = 0 & -\frac{2}{3} & -3 & -\frac{35}{3}
\end{array}
$$

parce qu'on a aussi $q = \frac{1-y}{6}$.

92.

Jusqu'à présent, quand la formule proposée contenoit un second terme, nous étions obligés de le retrancher ; mais on ne laisse pas de pouvoir appliquer la méthode que nous venons de donner, sans faire disparoître ce second terme ; nous allons encore en expliquer la maniere.

Soit $axx + bx + c$ la formule proposée

qui doit être un quarré, ou $=yy$, & qu'on connoisse déjà le cas $aff+bf+c=gg$.

Si on soustrait cette équation de la premiere, on aura $a(xx-ff)+b(x-f)=yy-gg$, ce qu'on peut exprimer par des facteurs de cette façon: $(x-f)(ax+af+b)=(y-g)(y+g)$. Qu'on multiplie de part & d'autre par pq, on aura $pq(x-f)(ax+af+b)=pq(y-g)(y+g)$, & on décomposera cette équation en ces deux, I.$)p(x-f)=q(y-g)$, II.$)q(ax+af+b)=p(y+g)$. Multipliant maintenant la premiere par p & la seconde par q, & soustrayant le premier produit du second, on obtient $(aqq-pp)x+(aqq+pp)f+bqq=2gpq$, ce qui donne $x=\dfrac{agpq}{aqq-pp}-\dfrac{(aqq+pp)f}{aqq-pp}-\dfrac{bqq}{aqq-pp}$.

Mais la premiere équation est $q(y-g)=p(x-f)=p\left(\dfrac{2gpq}{aqq-pp}-\dfrac{2afqq}{aqq-pp}-\dfrac{bqq}{aqq-pp}\right)$; ainsi $y-g=\dfrac{2gpp}{aqq-pp}-\dfrac{2afpq}{aqq-pp}-\dfrac{bpq}{aqq-pp}$, & par conséquent $y=g\left(\dfrac{aqq+pp}{aqq-pp}\right)-\dfrac{2afpq}{aqq-pp}-\dfrac{bpq}{aqq-pp}$.

Il s'agit ici de chasser les fractions;

faifons pour cet effet, comme ci-devant,
$\frac{aqq+pp}{aqq-pp}=m$, & $\frac{2pq}{aqq-pp}=n$, & nous aurons
$m+1=\frac{2aqq}{aqq-pp}$, & $\frac{qq}{aqq-pp}=\frac{m+1}{2a}$; donc $x=ng$
$—mf—\frac{b(m+1)}{2a}$, & $y=mg—naf—\frac{1}{2}bn$,
où les lettres m & n doivent être telles,
ainfi qu'auparavant, que $mm=ann+1$.

93.

Les formules que nous venons de trouver pour x & pour y, font encore mêlées
avec des fractions, puifqu'il y en a dans
les termes qui renferment la lettre b; &
cela fait qu'elles ne répondent pas à notre
but. Mais il faut remarquer que, fi de ces
valeurs on paffe aux fuivantes, on trouve
conftamment des nombres entiers, qu'à la
vérité on eût trouvés beaucoup plus facilement par le moyen des nombres p & q
que nous avions introduits dès le commencement. En effet, qu'on prenne p & q,
de façon que $pp=aqq+1$, on aura aqq
$—pp=—1$, & les fractions difparoîtront.
Car alors $x=—2gpq+f(aqq+pp)+bqq$,
& $y=—g(aqq+pp)+2afpq+bpq$; mais

comme dans le cas connu $aff + bf + c = gg$, on ne rencontre que la seconde puissance de g, il est indifférent quel signe l'on donne à cette lettre ; qu'on écrive donc $-g$ au lieu de $+g$, on aura les formules $x = 2gpq + f(aqq + pp) + bqq$, & $y = g(aqq + pp) + 2afpq + bpq$, & on sera assuré maintenant que $axx + bx + c = yy$.

Qu'on cherche, par exemple, les nombres hexagones, qui sont aussi des quarrés.

Il faudra que $2xx - x = yy$, où $a = 2$, $b = -1$ & $c = 0$, & le cas connu sera évidemment $x = f = 1$ & $y = g = 1$.

De plus, pour que $pp = 2qq + 1$, il faut que $q = 2$ & $p = 3$; ainsi l'on aura $x = 12g + 17f - 4$, & $y = 17g + 24f - 6$, d'où résultent les valeurs qui suivent :

$$\begin{array}{c|c|c} x=f=1 & 25 & 841 \\ y=g=1 & 35 & 1189 \ \&c. \end{array}$$

94.

Arrêtons-nous encore à notre premiere formule, où le second terme manquoit, & examinons les cas qui font de la formule

mule $axx + b$ un quarré en nombres entiers.

Soit donc $axx + b = yy$, & il s'agira de remplir deux conditions :

1°. Qu'on connoisse un cas où cette équation ait lieu, & nous supposerons ce cas exprimé par l'équation $aff + b = gg$.

2°. Qu'on connoisse des valeurs de m & de n, telles que $mm = ann + 1$, ce que nous enseignerons à trouver dans le Chapitre suivant.

De-là résulte un nouveau cas, savoir $x = ng + mf$, & $y = mg + anf$, qui conduit ensuite à d'autres cas pareils, que nous représenterons de la maniere suivante :

$$\begin{array}{c|c|c|c|c c} x = f & A & B & C & D & E \\ y = g & P & Q & R & S & T \end{array} \text{ &c.}$$

où $A = ng + mf$ | $B = nP + mA$ | $C = nQ + mB$ | $D = nR + mC$
& $P = mg + anf$ | $Q = mP + anA$ | $R = mQ + anB$ $S = mR + anC$ &c.

& ces deux suites de nombres se continuent très-aisément aussi loin qu'on veut.

95.

On remarquera cependant qu'il n'est pas possible ici de continuer la suite supérieure pour x, sans avoir l'inférieure sous les yeux; mais il est facile de lever cet inconvénient & de donner une regle, non-seulement pour trouver la suite supérieure sans connoître l'inférieure, mais aussi pour déterminer celle-ci sans le secours de l'autre.

Il faut observer que les nombres qu'on peut substituer à x se suivent dans une certaine progression, telle que chaque terme, comme, par ex. E, peut se déterminer par les deux termes précédens C & D, sans que l'on soit obligé de recourir aux termes inférieurs R & S. En effet, puisque $E = nS + mD = n(mR + anC) + m(nR + mC) = 2mnR + annC + mmC$, & que $nR = D - mC$, on trouve $E = 2mD - mmC + annC$, ou $E = 2mD - (mm - ann)C$, ou enfin $E = 2mD - C$, à cause de $mm = ann + 1$ & de $mm - ann = 1$; moyennant quoi on voit clairement comment chaque terme se détermine par les deux qui le précedent.

Il en est de même à l'égard de la suite inférieure; car puisque $T = mS + anD$, & $D = nR + mC$, on a $T = mS + annR$

$+ amnC$. De plus $S = mR + anC$, ainſi $anC = S - mR$; & ſi l'on ſubſtitue cette valeur de anC, il vient $T = 2mS - R$, ce qui prouve que la progreſſion inférieure ſuit la même loi ou la même regle que la ſupérieure.

Qu'on cherche, par exemple, tous les nombres entiers x, tels que $2xx - 1 = yy$. On aura d'abord $f = 1$ & $g = 1$; enſuite $mm = 2nn + 1$, ſi $n = 2$ & $m = 3$. Donc, puiſque $A = ng + mf = 5$, les deux premiers termes ſeront 1 & 5, & on trouvera tous les ſuivans par la formule $E = 6D - C$; c'eſt-à-dire que chaque terme pris ſix fois & diminué du terme précédent, donne le terme ſuivant. Il ſuit de-là que les nombres x que nous cherchons, formeront la ſuite que voici:

$$1, 5, 29, 169, 985, 5741, \&c.$$

On peut continuer cette progreſſion auſſi loin qu'on veut; & ſi l'on vouloit y introduire auſſi des termes fractionnaires, on en trouveroit une infinité par la méthode que nous avons donnée plus haut.

CHAPITRE VII.

D'une Méthode particuliere, par laquelle la formule $ann+1$ *devient un quarré en nombres entiers.*

96.

CE que nous avons enseigné dans le Chapitre précédent, ne peut s'exécuter d'une maniere complette, à moins qu'on ne soit en état d'assigner pour un nombre quelconque a un nombre n, tel que $ann+1$ devienne un quarré, ou qu'on ait $mm=ann+1$.

Si on vouloit se contenter de nombres rompus, cette équation seroit facile à résoudre, vu qu'on n'auroit qu'à faire $m=1+\frac{np}{q}$; car dans cette supposition on a $mm=1+\frac{2np}{q}+\frac{nrpp}{oq}=ann+1$, où l'on peut retrancher 1 de part & d'autre, & diviser ensuite les autres termes par n, de sorte que multipliant de plus par qq, on obtient $2pq+npp=anqq$, & cette équation donnant

$n = \frac{2pq}{aqq - pp}$, fourniroit une infinité de valeurs de n. Mais comme n doit être un
nombre entier, cette méthode ne nous fer-
viroit de rien, & il faudra en employer
une toute autre pour arriver à notre but.

97.

Nous devons commencer par remarquer
que fi on vouloit que $ann + 1$ fût un quarré
en nombres entiers pour une valeur quelconque de a, on exigeroit une chofe qui
n'eft pas toujours poffible.

Car d'abord il faut exclure tous les cas
où a feroit un nombre négatif; enfuite il
faut exclure auffi ceux où a feroit lui-même
un quarré; parce qu'alors ann feroit un
quarré, & qu'aucun quarré augmenté de
l'unité, ne peut redevenir un quarré en
nombres entiers. Nous fommes obligés par
conféquent de reftreindre notre formule,
de maniere que a ne foit ni négatif ni un
quarré; mais au refte toutes les fois que a
eft un nombre pofitif fans être un quarré,
il fera poffible de trouver pour n un nombre

entier, tel que $ann + 1$ devienne un quarré. Quand on aura trouvé une telle valeur, il fera aifé, d'après le Chapitre précédent, d'en déduire un nombre infini de femblables ; mais il fuffit pour notre deffein d'en connoître une feule, & même la plus petite, & c'eft ce qu'un favant Anglois, nommé *Pell*, nous a appris à trouver par une méthode ingénieufe que nous allons expliquer.

<h2 style="text-align:center">98.</h2>

Cette méthode n'eft pas de nature à pouvoir être employée généralement pour un nombre a quelconque, elle n'eft applicable que dans chaque cas particulier.

Ainfi nous commencerons par les cas les plus faciles, & nous chercherons d'abord pour n un nombre tel que $2nn + 1$ foit un quarré, ou que $\sqrt{2nn + 1}$ devienne rationnel.

On voit auffi-tôt que cette racine quarrée devient plus grande que n, & cependant plus petite que $2n$. Si donc nous exprimons cette racine par $n+p$, il est sûr que p est moindre que n; & nous aurons $\sqrt{2nn+1}=n+p$, ensuite $2nn+1=nn+2np+pp$; donc $nn=2np+pp+1$, & $n=p+\sqrt{2pp-1}$. Tout se réduit par conséquent à ce que $2pp-1$ soit un quarré; or ce cas a lieu si $p=1$, & il donne $n=2$ & $\sqrt{2nn+1}=3$.

Si on n'avoit pas aussi-tôt pu s'appercevoir de ce cas, on seroit allé plus loin; & puisque $\sqrt{2pp-1}>p$, & par conséquent $n>2p$, il auroit fallu supposer $n=2p+q$; on auroit donc eu $2p+q=p+\sqrt{2pp-1}$, ou $p+q=\sqrt{2pp-1}$, & en quarrant, $pp+2pq+qq=2pp-1$; ainsi $pp=2pq+qq+1$, ce qui auroit donné $p=q+\sqrt{2qq+1}$; de sorte qu'il eût fallu que $2qq+1$ fût un quarré; & comme ce cas a lieu, si on fait $q=0$, on auroit eu $p=1$ & $n=2$, comme auparavant. Cet exemple suffit pour donner une idée de la méthode, mais cette idée deviendra encore plus nette par ce qui suivra.

99.

Soit à présent $a = 3$, c'est-à-dire qu'il s'agisse de transformer en un quarré la formule $3nn + 1$. On fera $\sqrt{3nn + 1} = n + p$, ce qui donne $3nn + 1 = nn + 2np + pp$, & $2nn = 2np + pp - 1$, d'où l'on tire $n = \frac{p + \sqrt{3pp - 2}}{2}$. Maintenant, puisque $\sqrt{3pp - 2}$ surpasse p, & que par conséquent n est plus grand que $\frac{2p}{2}$ ou que p, qu'on suppose $n = p + q$, & on aura $2p + 2q = p + \sqrt{3pp - 2}$, ou $p + 2q = \sqrt{3pp - 2}$; ensuite, en quarrant, $pp + 4pq + 4qq = 3pp - 2$; de sorte que $2pp = 4pq + 4qq + 2$, ou $pp = 2pq + 2qq + 1$, & $p = q + \sqrt{3qq + 1}$. Or cette formule est semblable à la proposée, ainsi on peut faire $q = 0$, & on obtient $p = 1$ & $n = 1$; de sorte que $\sqrt{3nn + 1} = 2$.

100.

Soit $a = 5$, afin qu'on ait à faire un quarré de la formule $5nn + 1$, dont la racine est plus grande que $2n$; on supposera $\sqrt{5nn + 1}$

$=2n+p$, ou $5nn+1=4nn+4np+pp$, ainsi on aura $nn=4np+pp-1$, & $n=2p$ $+\sqrt{5pp-1}$. Or $\sqrt{5pp-1}>2p$, il s'en-suit que $n>4p$; c'est pourquoi on fera n $=4p+q$, ce qui rend $2p+q=\sqrt{5pp-1}$, ou $4pp+4pq+qq=5pp-1$, & $pp=4pq$ $+qq+1$, de maniere que $p=2q+\sqrt{5qq+1}$; & comme $q=0$ satisfait à cette équation, on aura $p=1$ & $n=4$; donc $\sqrt{5nn+1}$ $=9$.

101.

Supposons à présent $a=6$, pour avoir à traiter la formule $6nn+1$, dont la racine est pareillement comprise entre $2n$ & $3n$. Nous ferons donc $\sqrt{6nn+1}=2n+p$, & nous aurons $6nn+1=4nn+4np+pp$, ou $2nn=4np+pp-1$, & de-là $n=p$ $+\frac{\sqrt{6pp-2}}{2}$, ou $n=\frac{2p+\sqrt{6pp-2}}{2}$; ainsi $n>2p$.

Si, en conséquence de cela, nous faisons $n=2p+q$, nous avons $4p+2q=2p$ $+\sqrt{6pp-2}$, ou $2p+2q=\sqrt{6pp-2}$; les quarrés sont $4pp+8pq+4qq=6pp-2$;

ainsi $2pp = 8pq + 4qq + 2$, & $pp = 4pq + 2qq + 1$, enfin $p = 2q + \sqrt{6qq + 1}$; cette formule ressemblant à la premiere, on a $q = 0$; donc $p = 1$, $n = 2$ & $\sqrt{6nn + 1} = 5$.

102.

Allons plus loin, & soit $a = 7$ & $7nn + 1 = mm$, on voit que $m > 2n$; qu'on fasse donc $m = 2n + p$, & on aura $7nn + 1 = 4nn + 4np + pp$, ou $3nn = 4np + pp - 1$, ce qui donne $n = \frac{2p + \sqrt{7pp - 3}}{3}$. Présentement, puisque $n > \frac{4}{3}p$, & par conséquent plus grand que p, qu'on fasse $n = p + q$, on aura $p + 3q = \sqrt{7pp - 3}$, & passant aux quarrés, $pp + 6pq + 9qq = 7pp - 3$, ainsi $6pp = 6pq + 9qq + 3$, ou $2pp = 2pq + 3qq + 1$, d'où l'on tire $p = \frac{q + \sqrt{7qq + 2}}{2}$. Or on a ici $p > \frac{3q}{2}$, & par conséquent $p > q$, ainsi on fera $p = q + r$, & l'on aura $q + 2r = \sqrt{7qq + 2}$; de-là les quarrés $qq + 4qr + 4rr = 7qq + 2$; ensuite $6qq = 4qr + 4rr - 2$, ou $3qq = 2qr + 2rr - 1$, & enfin $q = \frac{r + \sqrt{7rr - 3}}{3}$. On continuera, à cause de q

$> r$, en ſuppoſant $q = r + s$, & on aura $2r + 3s = \sqrt{7rr - 3}$, enſuite $4rr + 12rs + 9ss = 7rr - 3$, ou $3rr = 12rs + 9ss + 3$, ou $rr = 4rs + 3ss + 1$, & $r = 2s + \sqrt{7ss + 1}$. Or cette formule eſt pareille à la premiere; ainſi faiſant $s = 0$, on obtiendra $r = 1$, $q = 1$, $p = 2$ & $n = 3$ ou $m = 8$.

Mais ce calcul peut s'abréger conſidérablement de la maniere qui ſuit, & qu'on peut employer auſſi dans d'autres cas.

Puiſque $7nn + 1 = mm$, il s'enſuit que $m < 3n$.

Qu'on ſuppoſe donc $m = 3n - p$, on aura $7nn + 1 = 9nn - 6np + pp$, ou $2nn = 6np - pp + 1$, d'où l'on tire $n = \frac{3p + \sqrt{7pp + 2}}{2}$; ainſi $n < 3p$; par cette raiſon on écrira $n = 3p - 2q$, &, prenant les quarrés, on aura $9pp - 12pq + 4qq = 7pp + 2$, ou $2pp = 12pq - 4qq + 2$, & $pp = 6pq - 2qq + 1$, d'où réſulte $p = 3q + \sqrt{7qq + 1}$. Or on peut d'abord faire ici $q = 0$, & on trouvera $p = 1$, $n = 3$ & $m = 8$, comme auparavant.

103.

Que $a = 8$, en forte que $8nn + 1 = mm$ & $m < 3n$, il faudra faire $m = 3n - p$, & on aura $8nn + 1 = 9nn - 6np + pp$, ou $nn = 6np - pp + 1$, d'où réfulte $n = 3p + \sqrt{8pp + 1}$, & cette formule étant déjà femblable à la propofée, on peut faire $p = 0$, ce qui donne $n = 1$ & $m = 3$.

104.

On procédera toujours de la même maniere pour tout autre nombre a, pourvu qu'il foit pofitif & non un quarré, & on arrivera toujours à la fin à une quantité radicale, comme $\sqrt{att + 1}$, qui fera femblable à la premiere ou la propofée, & on n'aura alors qu'à fuppofer $t = 0$; car l'irrationnalité difparoîtra, & en retournant fur fes pas on trouvera pour n néceffairement une valeur telle que $ann + 1$ foit un quarré.

On arrive quelquefois affez vîte au but, mais fouvent auffi on eft obligé de paffer par un affez grand nombre d'opérations;

cela dépend de la nature du nombre a, mais fans qu'on ait des caracteres qui donnent quelques lumieres fur la quantité des opérations qu'il y aura à faire. Le procédé n'eft jamais bien long jufqu'à 13, mais lorfque $a = 13$, le calcul devient beaucoup plus prolixe, & par cette raifon il fera bon de développer ici ce cas.

105.

Soit donc $a = 13$, & qu'on doive trouver $13nn + 1 = mm$. Comme $mm > 9nn$, & par conféquent $m > 3n$, on fuppofera $m = 3n + p$, & on aura $13nn + 1 = 9nn + 6np + pp$, ou $4nn = 6np + pp - 1$, & $n = \frac{3p + \sqrt{13pp - 4}}{4}$, ce qui indique que $n > \frac{6}{4}p$, & à plus forte raifon plus grand que p. Qu'on faffe donc $n = p + q$, on aura $p + 4q = \sqrt{13pp - 4}$; en quarrant, $13pp - 4 = pp + 8pq + 16qq$; ainfi $12pp = 8pq + 16qq + 4$, ou $3pp = 2pq + 4qq + 1$, & $p = \frac{q + \sqrt{13qq + 3}}{3}$. Ici $p > \frac{q + 3q}{3}$, ou $p > q$; on continuera donc par $p = q + r$, & on aura $2q + 3r = \sqrt{13qq + 3}$, enfuite $13qq + 3 = 4qq + 12qr + 9rr$, ou $9qq = 12qr + 9rr - 3$, ou $3qq = 4qr + 3rr - 1$, ce qui donne $q = \frac{2r + \sqrt{13rr - 3}}{3}$.

Préfentement, puifque $q > \frac{2r + 3r}{3}$, ou $q > r$, on fera $q = r + f$, & on aura $r + 3f = \sqrt{13rr - 3}$; & enfuite $13rr - 3 = rr + 6rf + 9ff$, ou $12rr = 6rf + 9ff + 3$, ou $4rr = 2rf + 3ff + 1$, d'où l'on tire $r = \frac{f + \sqrt{13ff + 4}}{4}$. Mais $r > \frac{f - 3f}{4}$ & plus grand que f, foit donc $r = f + t$, & nous aurons $3f + 4t = \sqrt{13ff + 4}$, & $13ff + 4 = 9ff + 24ft + 16tt$; ainfi $4ff = 24ft + 16tt - 4$, & $ff = 6ft + 4tt - 1$; donc $f = 3t + \sqrt{13tt - 1}$. Ici nous avons $f > 3t + 3t$, ou que $6t$; il faudra donc faire $f = 6t + u$; ainfi $3t + u = \sqrt{13tt - 1}$, & $13tt - 1 = 9tt + 6tu + uu$; après cela $4tt = 6tu + uu + 1$; enfin $t = \frac{3u + \sqrt{13uu + 4}}{4}$, où $t > \frac{6u}{4}$ & $> u$. Si donc on fait $t = u + v$, on aura $u + 4v = \sqrt{13uu + 4}$, & $13uu + 4 = uu + 8uv + 16vv$; donc $12uu = 8uv + 16vv - 4$, ou $3uu = 2uv + 4vv - 1$, enfin $u = \frac{v + \sqrt{13vv - 3}}{3}$, ou $u > \frac{4v}{3}$, ou $u > v$.

Faisons en conséquence $u = v + x$, & nous aurons $2v + 3x = \sqrt{13vv - 3}$, & $13vv - 3 = 4vv + 12vx + 9xx$; ou $9vv = 12vx + 9xx + 3$, ou $3vv = 4vx + 3xx + 1$, & $v = \frac{2x + \sqrt{13xx + 3}}{3}$; de sorte que $v > \frac{5}{3}x$ & $> x$.

Supposons donc $v = x + y$, & nous aurons $x + 3y = \sqrt{13xx + 3}$, & $13xx + 3 = xx + 6xy + 9yy$, ou $12xx = 6xy + 9yy - 3$, & $4xx = 2xy + 3yy - 1$; on tire de-là $x = \frac{y + \sqrt{13yy - 4}}{4}$, & par conséquent $x > y$. Ainsi nous ferons $x = y + z$, ce qui nous donne $3y + 4z = \sqrt{13yy - 4}$, & $13yy - 4 = 9yy + 24zy + 16zz$, ou $4yy = 24yz + 16zz + 4$; donc $yy = 6yz + 4zz + 1$, & $y = 3z + \sqrt{13zz + 1}$; & cette formule étant à la fin semblable à la premiere, on peut prendre $z = 0$, & remonter de la maniere qui suit :

$$z = 0$$
$$y = 1$$
$$x = y + z = 1$$
$$v = x + y = 2$$
$$u = v + x = 3$$
$$t = u + v = 5$$
$$s = 6t + u = 33$$
$$r = s + t = 38$$
$$q = r + s = 71$$
$$p = q + r = 109$$
$$n = p + q = 180$$
$$m = 3n + p = 649.$$

Il suit de-là que 180 est après o le plus petit nombre qu'on puisse subsituer à n, si $13nn + 1$ doit devenir un quarré.

106.

On voit suffisamment par cet exemple, combien ces calculs peuvent devenir prolixes. Lorsqu'il s'agit de nombres plus grands, on est souvent obligé de passer par dix fois plus d'opérations que nous n'en avons eu à faire pour le nombre 13.

Comme on ne peut guere prévoir non plus

plus pour quels nombres on doit s'attendre à tant de longueurs, il sera bon de profiter de la peine que d'autres ont prise, & nous joindrons, pour cet effet, à ce Chapitre une table, où se trouvent les valeurs de m & de n pour tous les nombres a depuis 2 jusqu'à 100 ; afin que dans les cas qui peuvent se présenter, on puisse en tirer les valeurs de m & de n, qui répondent à un nombre a donné.

107.

Nous remarquerons cependant que pour de certains nombres on peut déterminer en général les lettres m & n ; ces cas sont ceux où a n'est que de 1 ou 2 plus grand ou plus petit qu'un quarré ; il vaudra la peine de les développer.

108.

Soit donc $a = ee - 2$; & puisque nous devons avoir $(ee - 2)nn + 1 = mm$, il est clair que $m < en$; c'est pourquoi nous ferons $m = en - p$, & nous aurons $(ee - 2)nn$

$+ 1 = eenn - 2enp + pp$, ou $2nn = 2enp$ $- pp + 1$; donc $n = \frac{ep + \sqrt{eepp - 2pp + 2}}{2}$; & il est évident que si on fait $p = 1$, cette quantité devient rationnelle, & que nous aurons $n = e$ & $m = ee - 1$.

Soit, par exemple, $a = 23$, de sorte que $e = 5$, nous aurons $23\,nn + 1 = mm$, si $n = 5$ & $m = 24$. La raison en est évidente d'ailleurs; car si, dans le cas de $a = ee - 2$, on fait $n = e$, on a $ann + 1 = e^4 - 2ee + 1$, ce qui est le quarré de $ee - 1$.

109.

Que $a = ee - 1$, ou d'une unité moindre qu'un quarré, il faudra que $(ee - 1)nn + 1 = mm$. On aura, comme ci-dessus, $m < en$, & on fera $m = en - p$; cela posé, on a $(ee - 1)nn + 1 = eenn - 2enp + pp$, ou $nn = 2enp - pp + 1$; donc $n = ep + \sqrt{eepp - pp + 1}$. Or l'irrationnalité disparoît dans la supposition de $p = 1$, ainsi $n = 2e$ & $m = 2ee - 1$. Aussi cela est-il facile à voir; car puisque $a = ee - 1$ & $n = 2e$, on trouve $ann + 1 = 4e^4 - 4ee + 1$, ou égal au quarré de

$2ee-1$. Soit, par exemple, $a=24$, ou $e=5$, on aura $n=10$, & $24nn+1=2401=(49)^2$ (*).

110.

Supposons à présent $a=ee+1$, ou que a soit de 1 plus grand qu'un quarré, il faudra que $(ee+1)nn+1=mm$, & m sera évidemment plus grand que en; écrivons donc $m=en+p$, & nous aurons $(ee+1)nn+1=eenn+2enp+pp$, ou $nn=2enp+pp-1$, d'où résulte $n=ep+\sqrt{eepp+pp-1}$. On peut ici faire $p=1$, & cela étant, on a $n=2e$; donc $m=2ee+1$. C'est aussi ce qui devoit arriver, par la raison que a étant $=ee+1$ & $n=2e$, on a $ann+1=4e^4+4ee+1$, quarré de $2ee+1$. Soit, par exemple, $a=17$, en sorte que $e=4$, on aura $17nn+1=mm$, en faisant $n=8$ & $m=33$.

(*) Le signe radical s'évanouit aussi dans ce cas, si l'on fait $p=0$, & cette supposition donne incontestablement pour m & n les plus petits nombres possibles, savoir $n=1$ & $m=e$; c'est-à-dire que si $e=5$, la formule $24nn-1$ devient un quarré en faisant $n=1$, & que la racine de ce quarré sera $m=e=5$.

III.

Soit enfin $a = ee + 2$, ou de 2 plus grand qu'un nombre quarré, on aura $(ee + 2)$ $nn + 1 = mm$, &, comme auparavant, $m > en$; c'est pourquoi on supposera $m = en + p$, & on aura $eenn + 2nn + 1 = eenn + 2enp + pp$, ou $2nn = 2enp + pp — 1$, ce qui donne $n = \frac{ep + \sqrt{eepp + 2pp — 2}}{2}$. Qu'on fasse $p = 1$, on trouvera $n = e$ & $m = ee + 1$; & en effet, puisque $a = ee + 2$ & $n = e$, on a $ann + 1 = e^4 + 2ee + 1$, ce qui est le quarré de $ee + 1$.

Soit, par exemple, $a = 11$, de sorte que $e = 3$, on trouvera $11nn + 1 = mm$, en faisant $n = 3$ & $m = 10$. Voulût-on supposer $a = 83$, on auroit $e = 9$ & $83nn + 1 = mm$ dans le cas de $n = 9$ & de $m = 82$.

TABLE

Qui indique pour chaque valeur de a les plus petits nombres m & n, tels que $mm = ann + 1$.

a	n	m	a	n	m
2	2	3	26	10	51
3	1	2	27	5	26
5	4	9	28	24	127
6	2	5	29	1820	9801
7	3	8	30	2	11
8	1	3	31	273	1520
10	6	19	32	3	17
11	3	10	33	4	23
12	2	7	34	6	35
13	180	649	35	1	6
14	4	15	37	12	73
15	1	4	38	6	37
17	8	33	39	4	25
18	4	17	40	3	19
19	39	170	41	320	2049
20	2	9	42	2	13
21	12	55	43	531	3482
22	42	197	44	30	199
23	5	24	45	24	161
24	1	5	46	3588	24335

a	n	m	a	n	m
47	7	48	74	430	3699
48	1	7	75	3	26
50	14	99	76	6630	57799
51	7	50	77	40	351
52	90	649	78	6	53
53	9100	66249	79	9	80
54	66	485	80	1	9
55	12	89	82	18	163
56	2	15	83	9	82
57	20	151	84	6	55
58	2574	19603	85	30996	285769
59	69	530	86	1122	10405
60	4	31	87	3	28
61	226153980	1766319049	88	21	197
62	8	63	89	53000	500001
63	1	8	90	2	19
65	16	129	91	165	1574
66	8	65	92	120	1151
67	5967	48842	93	1260	12151
68	4	33	94	221064	2143295
69	936	7775	95	4	39
70	30	251	96	5	49
71	413	3480	97	6377352	62809633
72	2	17	98	10	99
73	267000	2281249	99	1	10

CHAPITRE VIII.

De la Maniere de rendre rationnelle la formule irrationnelle $\sqrt{a+bx+cxx+dx^3}$.

112.

Nous passerons à présent à une formule où x s'éleve à la troisieme puissance, après quoi nous irons aussi jusqu'à la quatrieme puissance de x, quoique ces deux cas se traitent de la même maniere.

Qu'il s'agisse donc de transformer en un quarré la formule $a+bx+cx+dx^3$, & de trouver pour x des valeurs propres pour ce dessein, & exprimées en nombres rationnels. Comme cette recherche est sujette déjà à de bien plus grandes difficultés que les précédentes, il faut aussi plus d'art pour trouver seulement même des valeurs fractionnaires de x, & on est obligé de se contenter de telles valeurs sans prétendre en trouver en nombres entiers.

I iv

Nous devons remarquer aussi d'avance qu'on ne peut ici donner une solution générale comme dans les cas précédens, & qu'au lieu que la méthode employée ci-dessus conduisoit à un nombre infini de solutions à la fois, chaque opération maintenant ne nous fera connoître qu'une seule valeur de x.

113.

Comme, en traitant de la formule $a + bx + cxx$, nous avons remarqué un nombre infini de cas où la solution est tout-à-fait impossible, on s'imagine bien que cela a lieu bien plus souvent encore pour la formule présente, qui d'ailleurs exige constamment qu'on sache déjà, ou qu'on ait trouvé une solution. Aussi n'est-on en état ici de donner des regles que pour les cas où l'on part d'une solution connue pour en trouver une nouvelle ; par le moyen de celle-ci alors on peut en trouver une autre, & continuer ensuite de la même maniere.

Mais il n'arrive pas même toujours que

une folution connue faffe parvenir à une autre ; au contraire il y a bien des cas où il n'y a qu'une feule folution qui puiffe avoir lieu , & cette circonftance eft d'autant plus remarquable , que dans les cas que nous avons développés précédemment , une feule folution conduifoit à une infinité d'autres folutions nouvelles.

114.

Nous venons de dire que pour que la formule $a + bx + cxx + dx^3$ puiffe être transformée en un quarré , il faut néceffairement préfuppofer un cas où cette tranfformation eft poffible. Or un tel cas s'apperçoit le plus clairement , quand le premier terme eft lui-même déjà un quarré , & que la formule eft exprimée ainfi, $ff + bx + cxx + dx^3$; car elle devient évidemment un quarré, fi $x = 0$.

Ce fera donc par la confidération de cette formule que nous entrerons en matiere ; nous tâcherons de voir comment, en partant du cas connu $x = 0$, nous pourrons parvenir à quelqu'autre valeur de x, & nous emploierons pour cet effet deux méthodes différentes, que nous expliquerons l'une & l'autre; il fera bon de commencer par des cas particuliers.

115.

Soit donc propofée la formule $1 + 2x - xx + x^3$, qui doive devenir un quarré. Comme ici le premier terme eft un quarré, on adoptera pour la racine cherchée une quantité telle que les deux premiers termes s'évanouiffent. Soit pour cet effet $1 + x$ la racine dont le quarré doit équivaloir à notre formule, on aura $1 + 2x - xx + x^3 = 1 + 2x + xx$, où les deux premiers termes fe détruifent, de forte qu'on a l'équation $xx = -xx + x^3$ ou $x^3 = 2xx$, qui, étant divifée par xx, donne $x = 2$; ainfi la formule devient $1 + 4 - 4 + 8 = 9$.

De même, pour faire un quarré de la formule $4 + 6x - 5xx + 3x^3$, on fuppofera d'abord fa racine $= 2 + nx$, & on cherchera n de maniere que les deux premiers termes difparoiſſent ; or on aura $4 + 6x$ $- 5xx + 3x^3 = 4 + 4nx + nnxx$; donc il faut que $4n = 6$, & $n = \frac{3}{2}$; de-là réſulte l'équation $- 5xx + 3x^3 = \frac{9}{4}xx$, ou $3x^3 = \frac{29}{4}xx$, qui donne $x = \frac{29}{12}$; & c'eſt cette valeur qui fera de la formule propoſée un quarré, dont la racine ſera $2 + \frac{3}{2}$ $x = \frac{45}{8}$.

116.

La ſeconde méthode conſiſte à donner à la racine trois termes, comme $f + gx + hxx$, tels que dans l'équation les trois premiers termes s'évanouiſſent.

Soit propoſée, par exemple, la formule $1 - 4x + 6xx - 5x^3$, on en ſuppoſera la racine $= 1 - 2x + hxx$, & on aura $1 - 4x + 6xx - 5x^3 = 1 - 4x + 4xx - 4hx^3 + hhx^4$ $+ 2hxx$;

les deux premiers termes, comme on voit, ſe détruiſent auſſi-tôt des deux côtés ; & pour chaſſer auſſi le troiſieme, il faudra faire $6 = 2h + 4$, & par conſéquent $h = 1$;

par ce moyen on obtient $-5x^3 = -4x^3 + x^4$, ou $-5 = -4 + x$; de sorte que $x = -1$.

117.

C'est donc de ces deux méthodes qu'on peut faire usage, lorsque le premier terme a est un quarré. La premiere se fonde sur ce qu'on exprime la racine par deux termes, comme $f + px$, où f est la racine quarrée du premier terme, & où p est pris de maniere que le second terme doit pareillement disparoître ; en sorte qu'il ne reste qu'à comparer $ppxx$ avec le troisieme & le quatrieme terme de la formule, savoir $cxx + dx^3$; car cette équation alors, pouvant se diviser par xx, donne une nouvelle valeur de x, qui est $x = \frac{pp - c}{d}$.

Dans la seconde méthode on donne trois termes à la racine, c'est-à-dire que si le premier terme a est $= ff$, on exprime la racine par $f + px + qxx$; après quoi on détermine p & q, de façon que les trois premiers termes de la formule s'évanouissent, ce qui se fait de la maniere suivante :

Puisque $ff + bx + cxx + dx^3 = ff + 2pfx + 2fgxx + ppxx + 2pqx^3 + qqx^4$, il faut que $b = 2fp$, & par conséquent $p = \frac{b}{2f}$; de plus $c = 2fq + pp$, & partant $q = \frac{c - pp}{2f}$; après cela reste l'équation $dx^3 = 2pqx^3 + qqx^4$; & comme elle est divisible par x^3, on en tire $x = \frac{d - 2pq}{qq}$.

118.

Il peut cependant arriver souvent que lors même que $a = ff$, aucune de ces deux méthodes ne donne une nouvelle valeur de x. C'est ce qu'on peut voir, en considérant la formule $ff + dx^3$, où le second & le troisieme terme manquent.

Car si, d'après la premiere méthode, on supposoit la racine $= f + px$, ou bien que $ff + dx^3 = ff + 2fpx + ppxx$, on auroit $0 = 2fp$ & $p = 0$; ainsi on trouveroit $dx^3 = 0$, & par-là $x = 0$, ce qui n'est point une nouvelle valeur de x.

Que si, d'après la seconde méthode, on vouloit faire la racine $= f + px + qqx$, ou $ff + dx^3 = ff + 2fpx + 2fgxx + 2pqx^3 + qqx^4$, $+ ppxx$

on trouveroit $o = 2fp$ & $p = o$; de plus
$o = 2fq + pp$ & $q = o$; & il en réfulteroit
$dx^3 = o$, & pareillement $x = o$.

119.

Il ne refte d'autre parti à prendre dans
ces cas-là, que de tâcher de trouver quelque valeur de x, telle que la formule devienne un quarré ; fi on y réuffit, cette valeur fera trouvér enfuite, par le fecours
de nos deux méthodes, de nouvelles valeurs ; & cette voie eft bonne même pour
les cas où le premier terme ne feroit pas
un quarré.

Que, par exemple, la formule $3 + x^3$
doive devenir un quarré ; comme cela
arrive quand $x = 1$, on fera $x = 1 + y$,
& on aura $4 + 3y + 3yy + y^3$, où le premier terme eft un quarré. Qu'on en fuppofe donc, fuivant la premiere méthode,
la racine $= 2 + py$, on aura $4 + 3y + 3yy$
$+ y^3 = 4 + 4py + ppyy$; & pour que le
fecond terme difparoiffe, il faudra que
$3 = 4p$, & par conféquent $p = \frac{3}{4}$; ainfi 3

$+y=pp$ & $y=pp-3=\frac{9}{16}-\frac{48}{16}=\frac{-39}{16}$; donc $x=\frac{-23}{16}$, ce qui est une nouvelle valeur de x.

Si on fait de plus, conformément à la seconde méthode, la racine $=2+py+qyy$, on a $4+3y+3yy+y^3=4+4py+4qyy+ppyy+2pqy^3+qqy^4$, d'où on chassera le second terme, en faisant $3=4p$ ou $p=\frac{3}{4}$, & le quatrieme, en faisant $3=4q+pp$, ou $q=\frac{3-pp}{4}=\frac{39}{64}$; ainsi $1=2pq+qqy$, d'où l'on tire $y=\frac{1-2pq}{qq}$, ou $y=\frac{352}{1521}$, & par conséquent $x=\frac{1873}{1521}$.

120.

En général, si on a la formule $a+bx+cxx+dx^3$, & qu'on sache d'ailleurs qu'elle devient un quarré quand $x=f$, de sorte que $a+bf+cff+df^3=gg$, on fera $x=f+y$, & on aura la nouvelle formule qui suit:

$$\begin{array}{l} a \\ +\ bf +by \\ +\ cff + 2cfy + cyy \\ +\ df^3 + 3dffy + 3dfyy + dy^3 \\ \hline gg + (b + 2cf + 3dff)\,y + (c + 3df)\,yy + dy^3. \end{array}$$

Dans cette formule le premier terme eft un quarré ; ainfi on peut y appliquer les deux méthodes précédentes, & elles fourniront de nouvelles valeurs de y, & par conféquent auffi de x, puifque $x = f + y$.

121.

Mais fouvent auffi il ne fert même de rien d'avoir trouvé une valeur de x ; ce cas a lieu dans la formule $1 + x^3$, qui devient un quarré quand $x = 2$. Car fi, en conféquence de cela, on fait $x = 2 + y$, on trouvera la formule $9 + 12y + 6yy + y^3$, qui devroit de même pouvoir devenir un quarré.

Or foit par la première regle la racine $= 3 + py$, on aura $9 + 12y + 6yy + y^3 = 9 + 6py + ppyy$, où il faut que $12 = 6p$ & $p = 2$; donc $6 + y = pp = 4$, & $y = -2$,

ce

ce qui donne $x = 0$, c'eſt-à-dire une valeur qui ne conduit à rien de plus.

Eſſayons auſſi la ſeconde méthode, & faiſons la racine $= 3 + py + qyy$, nous aurons $9 + 12y + 6yy + y^3 = q + 6py + 6qyy$
$$+ ppyy$$
$$+ 2pqy^3 + qqy^4,$$ où il faudra d'abord que $12 = 6p$ & $p = 2$; enſuite que $6 = 6q + pp = 6q + 4$, & $q = \frac{1}{3}$; on aura d'abord $1 = 2pq + qqy = \frac{4}{3} + \frac{1}{9}y$; de-là $y = -3$, & par conſéquent $x = -1$, & $1 + x^3 = 0$; d'où l'on ne peut rien conclure de plus, parce que, ſi on vouloit faire $x = -1 + z$, on trouveroit la formule $3z - 3zz + z^3$, où le premier terme s'en va; de ſorte qu'on ne pourroit faire uſage ni de l'une ni de l'autre méthode.

On eſt aſſez fondé à ſoupçonner, après ce que nous venons de dire, que la formule $1 + x^3$ ne peut devenir un quarré que dans les trois cas que voici :

I.) $x = 2$, II.) $x = 0$, III.) $x = -1$.
Mais c'eſt de quoi on peut ſe convaincre auſſi par d'autres raiſons.

122.

Considérons encore, pour nous exercer, la formule $1+3x^3$, qui devient un quarré dans les cas suivans : I.) $x=0$, II.) $x=1$, III.) $x=2$, & voyons si nous parviendrons à trouver d'autres valeurs semblables.

Puis donc que $x=1$ est une des valeurs qui satisfont, supposons $x=1+y$, & nous aurons $1+3x^3=4+9y+9yy+3y^3$. Que la racine de cette nouvelle formule soit $2+py$, en sorte que $4+9y+9yy+3y^3=4+4py+ppyy$, il faudra que $9=4p$ & $p=\frac{9}{4}$, & les autres termes donneront $9+3y=pp=\frac{81}{16}$ & $y=-\frac{25}{16}$; par conséquent $x=-\frac{5}{10}$, & $1+3x^3$ devient un quarré, dont la racine est $-\frac{61}{64}$, ou bien aussi $+\frac{61}{64}$. Si nous voulions à présent continuer, en faisant $x=-\frac{5}{16}+z$, nous ne manquerions pas de trouver de nouvelles valeurs.

Appliquons aussi à la même formule la seconde méthode, & supposons la racine $=2+py+qyy$; cette supposition donne

$$4 + 9y + 9yy + 3y^3 = 4 + 4py + 4qyy$$
$$+ ppyy$$

$+ 2pqy^3 + qqy^4$; donc il faudra que 9
$= 4p$ ou $p = \frac{2}{4}$, & $9 = 4q + pp = 4q + \frac{81}{16}$,
ou $q = \frac{63}{64}$; & les autres termes donneront
$3 = 2pq + qqy = \frac{567}{128} + qqy$, ou $567 + 128qqy$
$= 384$, ou $128qqy = -183$; c'est-à-dire
$126.\frac{63}{64}y = -183$, ou $42.\frac{63}{64}y = -61.$
Ainsi $y = -\frac{1952}{1343}$, & $x = -\frac{629}{1323}$; & ces valeurs en fourniront de nouvelles, en sui-
vant les voies que nous avons indiquées.

123.

Il faut remarquer cependant que, si on
vouloit se donner la peine de tirer de nouvelles valeurs des deux qu'a fourni le cas
connu $x = 1$, on parviendroit à des fractions extrêmement prolixes; & on a lieu
de s'étonner que ce cas, $x = 1$, n'ait pas
conduit plutôt à cet autre, $x = 2$, qui ne
tombe pas moins évidemment sous les yeux.
Et c'est-là une imperfection de la méthode
dont il est question, & qui est jusqu'à présent la seule qu'on connoisse.

On peut partir de la même maniere du cas $x=2$, afin de trouver d'autres valeurs. Qu'on fasse, pour cet effet $x=2+y$, & il s'agira de faire un quarré de la formule $25+36y+18yy+3y^3$; supposons-en la racine, d'après la premiere méthode, $=5+py$, nous aurons $25+36y+18yy+3y^3=25+10py+ppyy$, & par conséquent $36=10p$, ou $p=\frac{18}{5}$; effaçant à présent les termes qui se détruisent, & divisant les autres par yy, il en résulte $18+3y=pp=\frac{324}{25}$, & par conséquent $y=-\frac{42}{25}$, & $x=\frac{8}{25}$; d'où il suit que $1+3x^3$ est un quarré dont la racine est $5+py=-\frac{131}{125}$ ou $+\frac{131}{125}$.

Dans la seconde méthode il faudroit supposer la racine $=5+py+qyy$, & on auroit $25+36y+18yy+3y^3=25+10py+10qyy+2pqy^3+qqy^4$; les seconds & $+ppyy$ troisiemes termes disparoîtroient en faisant $36=10p$, ou $p=\frac{18}{5}$, & $18=10q+pp$, ou $10q=18-\frac{324}{25}=\frac{126}{25}$, ou $q=\frac{63}{125}$; & alors les autres termes, divisés par y^3, donneroient $3 = 2pq + qqy$, ou $qqy = 3$ $- 2pq = -\frac{393}{625}$, c'est-à-dire $y = -\frac{3275}{1323}$ & $x = -\frac{629}{1323}$.

124.

Ce calcul ne devient pas moins long & difficile, même dans des cas où, en partant d'un autre principe, il est facile de donner une solution générale ; comme, par exemple, quand la formule proposée est $1 - x - xx + x^3$, où l'on peut faire généralement $x = nn - 1$, en donnant à n telle valeur qu'on veut. En effet, soit $n = 2$, on aura $x = 3$, & la formule devient $= 1 - 3 - 9 + 27 = 16$. Soit $n = 3$, on aura $x = 8$, & la formule devient $= 1 - 8 - 64 + 512 = 441$, & ainsi de suite.

Mais remarquons que c'est à une circonstance tout-à-fait particuliere que nous devons une solution si facile, & cette circonstance s'apperçoit aisément, si on décompose notre formule en facteurs ; car on voit aussi-tôt qu'elle est divisible par $1 - x$, que le quotient sera $1 - xx$, qu'il est composé des facteurs $(1+x)(1-x)$, & qu'enfin notre formule $1-x-xx+x^3$ $=(1-x)(1+x)(1-x)=(1-x)^2(1+x)$; or, puisqu'elle doit être un $\square$ (*quarré*), & qu'un $\square$, divisé par un $\square$, donne un $\square$ pour quotient, il faut aussi que $1+x$ $=\square$; & réciproquement, si $1+x$ est un $\square$, il faut que $(1-x)^2(1+x)$ soit un $\square$; on n'a donc qu'à faire $1+x=nn$, & on aura sur le champ $x=nn-1$.

Si cette circonstance nous eût échappé, il auroit été difficile de déterminer même seulement cinq ou six valeurs de x par les méthodes précédentes.

125.

Il s'ensuit donc de-là qu'il est bon pour chaque formule proposée de la résoudre en facteurs, quand cela est possible. Or nous avons fait voir plus haut comment on s'y prend pour cet effet, savoir qu'il faut égaler la formule donnée à zéro, & chercher en-suite la racine de cette équation, chaque racine alors, comme $x=f$, donnant un facteur $f - x$; & cette recherche eft d'autant plus aifée , qu'on ne cherche ici que des racines rationnelles, lefquelles font toujours des divifeurs du terme connu ou du terme qui ne renferme point de x.

126.

Cette circonftance a lieu auffi dans notre formule générale $a + b x + c x^2 + d x^3$; quand les deux premiers termes difparoiffent , & que par conféquent c'eft la quantité $cxx + dx^3$ qui doit être un quarré ; car il eft clair, dans ce cas , qu'en divifant par le quarré xx , il faudra pareillement que $c + dx$ foit un quarré , & on n'a donc qu'à fuppofer $c + dx = nn$, pour avoir $x = \frac{nn - c}{d}$, valeur qui renferme un nombre infini de folutions , & même toutes les folutions poffibles.

127.

Si dans l'application de la premiere des deux méthodes précédentes on ne vouloit pas déterminer la lettre p afin de retrancher le fecond terme , on parviendroit à une autre formule irrationnelle, qu'il s'agiroit de rendre rationnelle.

Soit, par exemple, $ff + bx + cxx + dx^3$ la formule proposée, & qu'on en fasse la racine $= f + px$, on aura $ff + bx + cxx + dx^3 = ff + 2fpx + ppxx$, où les premiers termes se détruisent; divisant donc les autres par x, on obtient $b + cx + dxx = 2fp + ppxx$, ce qui est une équation du second degré, qui donne

$$x = \frac{pp - c + \sqrt{p^4 - 2cpp + 8dfp + cc - 4bd}}{2d}.$$

Ainsi l'affaire se réduit maintenant à trouver pour p des valeurs telles, que la formule $p^4 - 2cpp + 8dfp + cc - 4bd$ devienne un quarré. Or comme c'est la quatrieme puissance du nombre cherché p qui se présente ici, ce cas appartient au Chapitre suivant.

CHAPITRE IX.

De la maniere de rendre rationnelle la formule incommensurable

$$\sqrt{a + bx + cxx + dx^3 + ex^4}.$$

128.

Nous voici parvenus à des formules où le nombre indéterminé x monte à la quatrieme puissance, & c'est par là que nous terminerons nos recherches sur les quantités affectées du signe de la racine quarrée, vu qu'on n'a pas été assez loin encore pour pouvoir transformer en quarrés des formules où des puissances plus hautes de x se présentent.

Notre nouvelle formule fournit trois cas à considérer : le premier, quand le premier terme, a, est un quarré ; le second, quand le dernier terme, ex^4, est un quarré ; & le troisieme, quand le premier terme & le dernier sont l'un & l'autre des quarrés.

Nous traiterons de chacun de ces cas séparément.

129.

I.) Résolution de la formule

$$\sqrt{ff + bx + cxx + dx^3 + ex^4}.$$

Comme le premier terme ici eſt un quarré, on pourroit, par la premiere méthode,
ſuppoſer la racine $= f + px$, & déterminer
p, de maniere que les deux premiers termes diſparuſſent, & que les autres fuſſent
diviſibles par xx; mais on ne laiſſeroit
pas alors de rencontrer encore un xx dans
l'équation, & la détermination de x dé-
pendroit d'un nouveau ſigne radical. Ce
ſera donc à la ſeconde méthode que nous
aurons recours; nous ferons la racine $= f$
$+ px + qxx$; nous déterminerons p & q
de façon à pouvoir retrancher les trois premiers termes, & diviſant enſuite les autres
par x^3, nous parviendrons à une ſimple
équation du premier degré, qui donnera
x dégagé de ſignes radicaux.

130.

Si donc la racine $= f + px + qxx$, & qu'ainsi $ff + bx + cxx + dx^3 + ex^4 = ff + 2fpx + 2fqxx + 2pqx^3 + qqx^4$, les
$$+ ppxx$$

premiers termes diſparoiſſent d'eux-mêmes; quant aux ſeconds, on les chaſſera en faiſant $b = 2fp$, ou $p = \frac{b}{2f}$, & il faudra, pour les troiſiemes, que $c = 2fq + pp$, ou $q = \frac{c - pp}{2f}$; cela poſé, les autres termes ſeront diviſibles par x^3, & donneront l'équation $d + ex = 2pq + qqx$, de laquelle on tire $x = \frac{d - 2pq}{qq - e}$, ou $x = \frac{2pq - d}{e - qq}$.

131.

Or il eſt facile de voir que cette méthode ne mene à rien, quand le ſecond & le troiſieme terme manquent dans notre formule, c'eſt-à-dire que tant b que $c = 0$; car alors $p = 0$ & $q = 0$; par conſéquent $x = \frac{d}{-e}$, d'où l'on ne peut ordinairement rien conclure, parce que ce cas donne évidemment $dx^3 + ex^4 = 0$, & qu'ainsi notre formule devient égale au quarré ff. Mais c'est sur-tout pour les formules telles que $ff + ex^4$, que cette méthode n'est d'aucun usage, puisque dans ce cas d étant aussi $= 0$, on trouve pareillement $x = 0$, valeur qui ne conduit à rien de plus. Il en est de même, lorsque $b = 0$ & $d = 0$, c'est-à-dire que le second & le quatrieme terme manquent, & que la formule est $ff + cxx + ex^4$; car dans ce cas $p = 0$ & $q = \frac{c}{2f}$, d'où résulte $x = 0$, comme on le voit aussi-tôt, & ce qui n'est d'aucun usage ultérieur.

132.

II.) Résolution de la formule

$$\sqrt{a + bx + cxx + dx^3 + ggx^4}.$$

On pourroit réduire cette formule au cas précédent, en supposant $x = \frac{1}{y}$; car, comme il faudroit alors que la formule $a + \frac{b}{y} + \frac{c}{yy} + \frac{d}{y^3} + \frac{gg}{y^4}$ fût un quarré, & que dans ce cas celle-ci reste un quarré, fi on la multiplie par le quarré y^4, on n'auroit qu'à faire cette multiplication, & on obtiendroit la formule $ay^4 + by^3 + cyy + dy + gg$, qui est tout-à-fait semblable à la précédente écrite à rebours.

Mais on n'a pas besoin de passer par ce procédé ; on n'a qu'à supposer la racine $= gxx + px + q$, ou dans l'ordre inverse, $q + px + gxx$, & on aura $a + bx + cxx + dx^3 + ggx^4 = qq + 2pqx + 2gqxx + ppxx + 2gpx^3 + ggx^4$; or les cinquiemes termes se détruisant ici d'eux-mêmes, on déterminera d'abord p, de maniere que les quatriemes termes se détruisent pareillement, ce qui arrive quand $d = 2gp$, ou $p = \frac{d}{2g}$; ensuite on déterminera aussi q, afin de chasser les troisiemes termes, & on fera pour cet effet $c = 2gq + pp$, ou $q = \frac{c-pp}{2g}$; cela fait, les deux premiers termes fourniront l'équation $a + bx = qq + 2pqx$, d'où l'on tire $x = \frac{a-qq}{2pq-b}$, ou $x = \frac{qq-a}{b-2pq}$.

133.

Nous retrouvons ici le défaut que nous avions remarqué ci-deſſus dans le cas où le ſecond & le quatrieme terme manquent, c'eſt-à-d. que $b=0$ & $d=0$; en effet on trouve alors $p=0$ & $q=\frac{c}{2g}$, donc $x=\frac{a-qq}{0}$; or cette valeur étant infinie, ne mene pas plus loin que la valeur $x=0$, dans le premier cas ; d'où il ſuit que cette méthode ne peut du tout être employée pour les expreſſions de la forme $a+cx^2+ggx^4$.

134.

III.) Réſolution de la formule

$$\sqrt{ff+bx+cxx+dx^3+ggx^4}.$$

Il eſt clair qu'on peut employer pour cette formule l'une & l'autre des deux méthodes ; dont on vient de faire uſage ; car d'abord, à cauſe que le premier terme eſt un quarré, on peut prendre pour la racine $f+px+qxx$, & faire évanouir les trois premiers termes ; enſuite, comme le dernier terme eſt pareillement un quarré, on peut auſſi faire la racine $= q + px + gxx$, & chaſſer les trois derniers termes, au moyen de quoi on trouvera même. deux valeurs de x.

Mais on peut traiter auſſi cette formule par deux autres méthodes qui leur appartiennent particuliérement.

Dans la premiere on ſuppoſe la racine $= f + px + gxx$, & on détermine p de façon que les ſeconds termes ſe détruiſent ; c'eſt-à-dire que, comme il faut que $ff + bx + cxx + dx^3 + ggx^4 = ff + 2fpx + 2fgxx + ppxx + 2gpx^3 + ggx^4$, on fait $b = 2fp$ ou $p = \frac{b}{2f}$; & puiſque de cette maniere tant les ſeconds termes que les premiers & les derniers termes ſe détruiſent, on pourra diviſer les autres par xx, & on aura l'équation $c + dx = 2fg + pp + 2gpx$, de laquelle on tirera $x = \frac{c - 2fg - pp}{2gp - d}$ ou $x = \frac{pp + 2fg - c}{d - 2gp}$. Et on doit ſur-tout remarquer ici que comme dans la formule on ne trouve g qu'à la ſeconde puiſſance, la racine de ce quarré, ou g, peut ſe prendre tant négative que positive, & qu'il résulte de-là qu'on obtient encore une autre valeur de x, savoir $x = \frac{c + 2fg - pp}{-2gp - d}$, ou $x = \frac{pp - 2fg - c}{2gp + d}$.

135.

Il est, ainsi que nous l'avons dit, encore une autre maniere de résoudre cette formule : elle consiste à supposer d'abord, comme auparavant, la racine $= f + px + gxx$, & à déterminer ensuite p de maniere que ce soient les quatriemes termes qui se détruisent; cela se fait en supposant dans l'équation fondamentale $d = 2gp$, ou $p = \frac{d}{2g}$; car puisque les premiers & les derniers termes disparoissent pareillement, on pourra diviser les autres par x, & il en résultera l'équation $b + cx = 2fp + 2fgx + ppx$, qui donne $x = \frac{b - 2fp}{2fg + pp - c}$. De plus nous avons à remarquer que comme dans la formule le quarré ff se trouve seul, on peut supposer également que sa racine soit $-f$, & qu'ainsi on aura aussi $x = \frac{b - 2fp}{pp - 2fg - c}$. De sorte que cette méthode aussi fournit deux nouvelles valeurs de x,

&

& que par conséquent les méthodes que nous avons employées, donnent en tout six nouvelles valeurs.

136.

Mais ici se présente de nouveau cette circonstance fâcheuse, qui fait que le second & le quatrieme terme manquant, ou b & d étant $= 0$, on ne peut trouver pour x aucune valeur qui réponde à notre but; de sorte qu'on ne peut parvenir à résoudre la formule $ff + cxx + ggx^4$. En effet, si $b = 0$ & $d = 0$, on a par l'une & l'autre voie $p = 0$; & la premiere donnant $x = \frac{c - 2fg}{0}$, & l'autre donnant $x = 0$, elles ne font pas plus propres l'une que l'autre à fournir des conclusions ultérieures.

137.

Voilà donc les trois formules auxquelles on peut appliquer les méthodes que nous avons détaillées jusqu'ici; & si dans la formule proposée ni l'un ni l'autre terme n'est un quarré, il n'y aura aucun succès à espérer avant qu'on ait trouvé une valeur de x, telle que la formule devienne un quarré.

Suppofons donc que nous ayons trouvé que notre formule devient un quarré dans le cas de $x = h$, ou que $a + bh + chh + dh^3 + eh^4 = kk$; fi nous faifons $x = h + y$, nous aurons une nouvelle formule dans laquelle le premier terme fera kk, c'eft-à-dire un quarré, & qui par conféquent retombera dans le premier cas. On peut auffi faire ufage de cette transformation, après avoir déterminé par les méthodes précédentes une des valeurs de x, par exemple $x = h$; on n'a qu'à faire alors $x = h + y$, & on parvient à une nouvelle équation fur laquelle on peut opérer de la même maniere. Les valeurs de x qu'on aura trouvées de cette façon, en fourniront de nouvelles; celles-ci encore d'autres, & ainfi de fuite.

138.

Mais il eft fur-tout à remarquer qu'on ne peut en aucune maniere efpérer de réfoudre les formules où le fecond & le qua-

trieme terme manquent, avant que d'avoir,
pour ainsi dire, trouvé une solution ; &
quant au procédé qu'il faut suivre après cela,
nous allons le mettre sous les yeux en l'appliquant à la formule $a + ex^4$, qui est une
de celles qui se présentent le plus souvent.

Supposons donc qu'on ait trouvé une
valeur $x = h$, & qu'on ait $a + eh^4 = kk$;
si l'on veut trouver par-là d'autres valeurs
de x, on fera $x = h + y$, & il faudra que
la formule suivante , $a + eh^4 + 4eh^3 y$
$+ 6ehhyy + 4ehy^3 + ey^4$, soit un quatré ;
or cette formule revenant à celle-ci, kk
$+ 4eh^3 y + 6ehhyy + 4ehy^3 + ey^4$, appartient à la premiere de nos trois especes ;
ainsi nous ferons sa racine quarrée $= k + py$
$+ qyy$, & la formule elle-même par conséquent égale au quarré $kk + 2kpy + 2kqyy$
$$+ ppyy$$
$+ 2pqy^3 + qqy^4$, d'où il faudra d'abord
chasser le second terme en déterminant p
& q en conséquence, c'est-à-dire en faisant
$4eh^3 = 2kp$, ou $p = \dfrac{2eh^3}{k}$, & $6ehh = 2kq$

$+pp$, ou $q = \dfrac{6ehh - pp}{2k} = \dfrac{3ehhkk - 2eeh^6}{k^3}$

$= \dfrac{ehh(3kk - 2eh^4)}{k^3}$, ou enfin $q = \dfrac{ehh(kk + 2a)}{k^3}$,

à cause de $eh^4 = kk - a$; après cela les termes restans, divisés par y^3, donneront $4eh + ey = 2pq + qqy$, d'où l'on tire $y = \dfrac{4eh - 2pq}{qq - e}$; le numérateur de cette fraction peut se mettre sous la forme

$$\dfrac{4ehk^4 - 4eeh^5(kk + 2a)}{k^4},$$

ou, à cause de $eh^4 = kk - a$, sous celle-ci,

$$\dfrac{4ehk^4 - 4eh(kk - a)(kk + 2a)}{k^4}$$

$$= \dfrac{4eh(-akk + 2a^2)}{k^4} = \dfrac{4aeh(2a - kk)}{k^4}.$$

Quant au dénominateur $qq - e$, il devient

$$= \dfrac{e(kk - a)(kk + 2a)^2 - ek^6}{k^6}$$

$$= \dfrac{e(3ak^4 - 4a^3)}{k^6} = \dfrac{ea(3k^4 - 4aa)}{k^6} ;$$ ainsi

la valeur cherchée sera $y = \dfrac{2aeh(2a - kk)}{k^4}$

$$\frac{k^6}{ae(3k^4-4aa)}, \text{ ou } y=\frac{2hkk(2a-kk)}{3k^4-3aa}, \& \text{ par}$$

conféquent $x=\dfrac{h(8akk-k^4-4aa)}{3k^4-4aa}$, ou x

$$=\frac{h(k^4-8akk+4aa)}{4aa-3k^4}.$$

Si donc on fubftitue cette va!eur de x dans la formule $a+ex^4$, elle devient un quarré; & fa racine, que nous avions fuppofée $k+py+qyy$, aura cette forme,

$$k+\frac{8k(kk-a)(2a-kk)}{3k^4-4aa}$$
$$+\frac{16k(kk-a)(kk+2a)(2a-kk)^2}{(3k^4-4aa)^2}, \text{ parce}$$

que, comme nous avons vu, $p=\dfrac{2eh^3}{k}$, q

$$=\frac{ehh(kk+2a)}{k^3}, \& y=\frac{4hkk(2a-kk)}{3k^4-4aa}.$$

139.

Continuons de confidérer la formule $a+ex^4$, & puifque le cas $a+eh^4=kk$ eft connu, regardons-le comme fourniffant deux cas différens à caufe de $x=+h$ & de $x=-h$; nous pourrons par cette raifon transformer notre formule en une autre de la troisieme espece , dans laquelle le premier & le dernier terme sont des quarrés. Cette transformation se fait par un artifice qui est souvent d'une grande utilité, & qui consiste à faire $x = \frac{h(1+y)}{1-y}$; la formule devient par-là $= \frac{a(1-y)^4 + eh^4(1+y)^4}{(1-y)^4}$,

ou bien

$$= \frac{kk + 4(kk - 2a)y + 6kkyy + 4(kk - 2a)y^3 + kky^4}{(1-y)^4}.$$

Qu'on suppose la racine de cette formule, conformément au troisieme cas, $= \frac{k + py - kyy}{(1-y)^2}$, en sorte que le numérateur de notre formule devra être égal au quarré $kk + 2kpy - 2kkyy - 2kpy^3 + kky^4$; que $+ ppyy$

l'on chasse les seconds termes, en faisant $4kk - 8a = 2kp$, ou $p = \frac{2kk - 4a}{k}$; qu'on divise les autres termes par yy, & on aura $6kk + 4(kk - 2a)y = -2kk + pp - 2kpy$, ou $y(4kk - 8a + 2kp) = pp - 8kk$; or $p = \frac{2kk - 4a}{k}$, & $pk = 2kk - 4a$, ainsi y $(8kk - 16a) = -\frac{4k^4 - 16akk + 16aa}{kk}$, & y

$$= \frac{-k^4 - 4akk + 4aa}{kk(2kk - 4a)}.$$ Si nous voulons

trouver maintenant x, nous avons d'abord

$$1 + y = \frac{k^4 - 8akk + 4aa}{kk(2kk - 4a)},$$ & en second

lieu $1 - y = \frac{3\,k^4 - 4aa}{kk(2kk - 4a)}$; ainsi $\frac{1+y}{1-y}$

$$= \frac{k^4 - 8akk + 4aa}{3\,k^4 - 4aa};$$ & par conséquent

$$x = \frac{k^4 - 8akk + 4aa}{3\,k^4 - 4aa}.h\,;$$ mais c'est au

reste la même valeur que nous avons déjà trouvée ci-dessus.

140.

Soit, pour appliquer ce réfultat à un exemple, la formule $2x^4 - 1$ qui doive devenir un quarré. Nous avons ici $a = -1$ & $e = 2$; & le cas connu où la formule est un quarré, est celui où $x = 1$; ainsi $h = 1$ & $kk = 1$, c'est-à-dire $k = 1$. Donc nous aurons la nouvelle valeur $x = \frac{1 + 8 + 4}{3 - 4}$ $= -13$; & puisque la quatrieme puissance de x se trouve seule, on peut écrire aussi $x = +13$, & de-là résulte $2x^4 - 1 = 57121 = (239)^2$.

Si nous regardons à présent ceci comme le cas connu, nous avons $h = 13$ & $k = 239$, & nous obtenons une nouvelle valeur de x, qui est $x = \frac{815730721 + 278488 + 4}{2447192163 - 4}$ $\cdot 13 = \frac{815959213}{2447192159} \cdot 13 = \frac{10607469769}{2447192159}$.

141.

Nous allons considérer de la même maniere la formule un peu plus générale, $a + cxx + ex^4$, & nous prendrons pour le cas connu, où elle devient un quarré, $x = h$; de sorte que $a + chh + eh^4 = kk$.

Supposons donc, afin de trouver par-là d'autres valeurs, que $x = h + y$, & notre formule prendra la forme suivante:

$$\begin{array}{l} a \\ chh + 2chy + cyy \\ eh^4 + 4eh^3 y + 6ehhyy + 4ehy^3 + ey^4 \\ \hline kk + (2ch + 4eh^3)y + (c + 6ehh)yy + 4ehy^3 + ey^4. \end{array}$$

Le premier terme étant un quarré, nous supposerons que la racine quarrée de cette

formule est $k + py + qyy$; & la formule elle-même devra être égale au quarré $kk + 2kpy + 2kqyy + 2pqy^3 + qqy^4$; déter-
$$+ ppyy$$
minons à présent p & q, afin de retrancher les seconds & les troisiemes termes, nous aurons pour cet effet $2ch + 4eh^3 = 2kp$, ou $p = \dfrac{ch + 2eh^3}{k}$, & $c + 6ehh = 2kq + pp$, ou $q = \dfrac{c + 6ehh - pp}{2k}$; maintenant les termes suivans étant divisés par y^3, se réduisent à l'équation $4eh + ey = 2pq + qqy$, qui donne enfin $y = \dfrac{4eh - 2pq}{qq - e}$, & par conséquent aussi la valeur $x = h + y$, qui fait que la racine quarrée de notre formule est $k + py + qyy$. Si après cela nous regardons ce nouveau cas comme le cas donné, nous pourrons trouver un autre nouveau cas, & continuer de la même maniere autant que nous voudrons.

142.

Rendons l'article précédent plus clair, en l'appliquant à la formule $1 - xx + x^4$, dans laquelle $a=1$, $c=-1$ & $e=1$. On voit aussi-tôt que le cas connu est $x=1$, & qu'ainsi $h=1$ & $k=1$. Si nous faisons donc $x=1+y$, & la racine quarrée de notre formule $=1+py+qyy$, il faudra d'abord que $p=1$ & ensuite $q=2$; & ces valeurs donnent $y=0$ & $x=1$; or voilà le cas connu, & on n'en a pas trouvé un nouveau; mais c'est qu'on peut prouver d'autre part que la formule proposée ne peut devenir un quarré que dans les cas de $x=0$ & de $x=\pm1$.

143.

Soit donnée aussi pour exemple la formule $2-3xx+2x^4$, où $a=2$, $c=-3$ & $e=2$. Le cas connu se trouve aisément; il est $x=1$; ainsi $h=1$ & $k=1$. Si donc on fait $x=1+y$, & la racine $=1+py+qyy$, on a $p=1$ & $q=4$, & de-là résulte $y=0$ & $x=1$; ce qui n'est, comme ci-dessus, rien de nouveau.

144.

Autre exemple. Soit la formule $1 + 8xx + x^4$, où $a = 1$, $c = 8$ & $e = 1$. Une légere considération suffit pour remarquer le cas satisfaisant $x = 2$; car, en supposant $h = 2$, on trouve $k = 7$; ainsi faisant $x = 2 + y$, & la racine $= 7 + py + qyy$, on aura $p = \frac{32}{7}$ & $q = \frac{272}{343}$, d'où résulte $y = -\frac{5880}{2911}$ & $x = -\frac{58}{2911}$, & on peut omettre dans ces valeurs le signe *moins*. Mais observons de plus dans cet exemple, que, puisque le dernier terme est en soi déjà un quarré, & qu'il doit donc demeurer aussi un quarré dans la nouvelle formule, on peut également appliquer ici le procédé indiqué pour les cas de la troisieme espece. Soit donc comme auparavant $x = 2 + y$, & nous aurons

$$1$$
$$32 + 32y + 8yy$$
$$16 + 32y + 24yy + 8y^3 + y^4$$
$$\overline{}$$
$$49 + 64y + 32yy + 8y^3 + y^4,$$

expression qu'on peut maintenant transformer en un quarré de plusieurs manieres. Car d'abord on peut supposer la racine $= 7 + py + yy$, & par conséquent la formule égale au quarré $49 + 14py + 14yy + 2py^3 + ppyy + y^4$; faire évanouir les pénultiemes termes par la supposition de $2p = 8$, ou de $p = 4$; diviser les autres termes par y, & tirer de l'équation $64 + 32y = 14p + 14y + ppy = 56 + 30y$; la valeur $y = -4$ & $x = -2$, ou $x = +2$, ce qui n'est à la vérité que le cas déjà connu.

Mais si l'on cherche à déterminer p de façon que les seconds termes disparoissent, on aura $14p = 64$, & $p = \frac{32}{7}$; & les autres termes, divisés par yy, formeront l'équation $14 + pp + 2py = 32 + 8y$, ou $\frac{1710}{49} + \frac{64}{7}y = 32 + 8y$, d'où l'on tire $y = -\frac{71}{28}$, & par conséquent $x = -\frac{15}{28}$, ou $x = +\frac{15}{28}$; & cette valeur transforme notre formule en un quarré, dont la racine est $\frac{1441}{784}$. De plus, comme $-yy$ n'est pas moins la racine du dernier terme que ne l'est $+yy$, on peut aussi supposer la racine de la formule $= 7 + py - yy$, ou la formule même $= 49 + 14py - 14yy - 2py^3 + y^4$; on fera $+ppyy$

évanouir les termes pénultiemes, en supposant $8 = -2p$, ou $p = -4$; & divisant les autres par y, on trouvera $64 + 32y = 14p - 14y + ppy = -56 + 2y$, ce qui donne $y = -4$, c'est-à-dire de nouveau le cas connu. Que si l'on vouloit chasser les seconds termes, on auroit $64 = 14p$, & $p = \frac{32}{7}$; par conséquent en divisant les autres termes par yy, on obtiendroit $32 + 8y = -14 + pp - 2py$, ou $32 + 8y = \frac{338}{49} - \frac{64}{7}y$, d'où l'on tireroit $y = -\frac{71}{28}$ & $x = \mp \frac{15}{28}$, c'est-à-dire les mêmes valeurs que nous avons trouvées ci-dessus.

145.

On peut procéder de la même maniere à l'égard de la formule générale $a + bx + cxx + dx^3 + ex^4$, quand on connoît un cas comme $x = h$, dans lequel elle devient un quarré kk ; la méthode eſt toujours de ſuppoſer enſuite $x = h + y$; on obtient par-là une formule d'autant de termes que l'autre, & le premier deſquels eſt kk ; ſi après cela on exprime la racine par $k + py + qyy$, & qu'on détermine p & q de maniere que les ſeconds & les troiſiemes termes diſparoiſſent auſſi, les deux derniers, pouvant être diviſés par y^3 , ſe réduiſent à une ſimple équation dũ premier degré, de laquelle on tire facilement y , & par conſéquent auſſi la valeur de x.

Mais on ſera cependant, comme auparavant, obligé d'exclure un grand nombre de cas que donne cette méthode ; ſavoir ceux où la valeur qu'on trouve pour x, n'eſt autre que celle de $x = h$, qui étoit donnée, & dans leſquels par conſéquent on n'a pas fait un pas en avant ; ces ſortes de cas indiquent ou que la formule eſt impoſſible en elle-même, ou qu'il faudroit trouver encore quelqu'autre cas où elle devînt un quarré.

146.

Et voilà jufqu'où on eft parvenu jufqu'à préfent dans la réfolution des formules qui font affectées du figne de la racine quarrée. On n'a fait encore aucune découverte pour celles où les quantités qui font fous le figne paffent le quatrieme degré, & lorfqu'il fe préfente des formules qui renferment la cinquieme puiffance ou une puiffance plus haute de x, les artifices que nous avons développés ne fuffifent pas pour les réfoudre, quand même on auroit un cas donné.

Pour qu'on puiffe mieux fe convaincre de la vérité de ce que nous difons, nous confidérerons la formule $kk + bx + cxx + dx^3 + ex^4 + fx^5$, dont le premier terme eft déjà un quarré. Si on vouloit, ainfi qu'auparavant, fuppofer la racine de cette formule, $= k + px + qxx$, & déterminer p & q de maniere à faire difparoître les feconds & les troifiemes termes, il refteroit cependant toujours encore trois termes qui, divisés par x^3, formeroient une équation du second degré, & on ne pourroit évidemment exprimer x que par une nouvelle quantité irrationnelle. Mais voulût-on supposer la racine $= k + px + qxx + rx^3$, son quarré monteroit à la sixieme puissance, & quand même, par conséquent, on détermineroit p, q & r de façon à retrancher les seconds, troisiemes & quatriemes termes, il n'en resteroit pas moins la quatrieme, la cinquieme & la sixieme puissance; & en divisant par x^4, on ne laisseroit pas d'avoir une équation du second degré, qu'on ne pourroit résoudre sans le secours d'un signe radical. On voit par-là qu'en effet nous avons épuisé ce qu'il y avoit à dire sur les formules qui doivent être transformées en des quarrés, & il ne nous reste qu'à passer aux quantités affectées du signe de la racine cubique.

CHAPITRE

CHAPITRE X.

De la Méthode de rendre rationnelle la for-
mule irrationnelle $\sqrt[3]{a+bx+cxx+dx^3}$.

147.

ON cherche donc à préfent des valeurs
de x, telles que la formule $a+bx+cxx$
$+dx^3$ devienne un cube, & qu'on en puiffe
extraire la racine cubique. Nous prévien-
drons auffi-tôt qu'on ne pourroit efpérer
aucune folution de cette efpece, fi la formule paffoit le troifieme degré ; & nous
ajouterons que fi elle n'étoit que du fecond
degré, c'eft-à-dire que le terme dx^3 dif-
parût, la folution n'en deviendroit cependant pas plus facile. Quant au cas où les
deux derniers termes difparoîtroient , &
dans lequel ce feroit la formule $a+bx$ qu'il
s'agiroit de réduire en cube, on voit affez
qu'il ne fouffre aucune difficulté, & qu'on
n'a qu'à faire $a+bx=p^3$, pour trouver fur
le champ $x=\dfrac{p^3-a}{b}$.

Tome II. M

148.

Nous devons remarquer de nouveau, avant que d'aller plus loin, que lorsque ni le premier ni le dernier terme nè font des cubes, on ne doit pas penfer à réfoudre la formule, à moins qu'on ne connoiffe déjà un cas où elle devient un cube, foit que ce cas fe préfente naturellement, foit qu'on ait été obligé de le chercher par le tâtonnement.

Ainfi nous avons d'abord trois efpeces de formules à confidérer : l'une a lieu quand le premier terme eft un cube ; & comme alors la formule s'exprime par $f^3 + bx + cxx + dx^3$, on s'apperçoit immédiatement que le cas connu eft celui de $x = 0$. La feconde efpece comprend la formule $a + bx + cxx + g^3 x^3$, c'eft-à-dire le cas où le dernier terme eft un cube. La troifieme efpece enfin eft compofée des deux premieres, & comprend les cas dans lefquels tant le premier terme que le dernier terme eft un cube.

I49.

Premier cas. Soit $f^3 + bx + cxx + dx^3$ la formule proposée qu'il s'agit de transformer en un cube.

Supposons que sa racine soit $= f + px$, & par conséquent que la formule soit égale au cube $f^3 + 3ffpx + 3fppxx + p^3x^3$; comme les premiers termes disparoissent d'eux-mêmes, nous déterminerons p de façon à faire disparoître aussi les seconds termes, savoir en faisant $b = 3ffp$, ou $p = \frac{b}{3ff}$; présentement les termes restans, étant divisibles par xx, donnent $c + dx = 3fpp + p^3x$, ainsi $x = \frac{c - 3fpp}{p^3 - d}$.

Si le dernier terme dx^3 ne s'étoit pas trouvé dans la formule, on auroit pu supposer simplement la racine cubique $= f$, & on auroit eu $f^3 = f^3 + bx + cxx$, ou $b + cx = 0$ & $x = -\frac{b}{c}$; mais cette valeur n'auroit pu servir à en trouver d'autres.

M ij

150.

Deuxieme cas. Si en second lieu l'expreffion propofée a cette forme, $a + bx + cxx$
$+ g^3 x^3$, on indiquera fa racine cubique par
$p + gx$, dont le cube eft $p^3 + 3gppx + 3ggpx$
$+ g^3 x^3$, de forte que les derniers termes
fe détruifent; maintenant qu'on détermine
p de façon qu'auffi les pénultiemes difparoiffent: cela fe fera en fuppofant $c = 3ggp$
ou $p = \frac{c}{3gg}$, & les autres termes donneront
enfuite $a + bx = p^3 + 3gp^2 x$, d'où l'on tire
$$x = \frac{a - p^3}{3gpp - b}.$$

Si le premier terme a avoit manqué, on
auroit pu fe contenter d'exprimer la racine
cubique par gx, & on auroit eu $g^3 x^3 = bx$
$+ cxx + g^3 x^3$, ou $o = b + cx$, donc $x = -\frac{b}{c}$;
mais cette valeur ordinairement ne fert de
rien pour en trouver d'autres.

151.

Troifieme cas. Soit enfin troifiémement
la formule $f^3 + bx + cxx + g^3 x^3$, dans la-

quelle le premier & le dernier terme font des cubes ; il eft clair qu'on pourra la traiter comme l'une & comme l'autre des deux efpeces précédentes, & par conféquent qu'on pourra obtenir deux valeurs de x.

Mais outre cela on peut auffi faire la racine $= f + gx$, puis égaler la formule au cube $f^3 + 3ffgx + 3fggxx + g^3x^3$, & à caufe que les premiers & les derniers termes fe détruifent, & que les autres font divifibles par x, parvenir à l'équation $b + cx = 3ffg + 3fggx$, qui donne $x = \frac{b - 3ffg}{3ffg - c}$.

152.

Lorfqu'au contraire la formule propofée n'appartient à aucune des trois efpeces ci-deffus, on n'a d'autre reffource que de chercher à trouver une valeur qui change cette formule en un cube ; enfuite ayant trouvé une telle valeur, par exemple, $x = h$, de forte que $a + bh + chh + dh^3 = k^3$, on fuppofe $x = h + y$, & fubftituant on trouve

$$\begin{aligned} & a \\ & bh + by \\ & chh + 2chy + cyy \\ & dh^3 + 3dhhy + 3dhyy + dy^3 \end{aligned}$$
$$\overline{\quad k^3 + (b+2ch+3dhh)y + (c+3dh)yy + dy^3.\quad}$$

Cette nouvelle formule appartenant à la premiere espece, on fait comment on doit déterminer y, & on trouvera par-là une nouvelle valeur de x, qu'on pourra faire servir ensuite à en trouver d'autres.

153.

Eclaircissons cette méthode par quelques exemples, & supposons d'abord qu'on demande que la formule $1 + x + xx$, qui appartient à la premiere espece, devienne un cube. Nous pourrions faire aussi-tôt la racine cubique $= 1$, & nous trouverions $x + xx = 0$, c'est-à-dire $x(1+x) = 0$, & par conséquent, ou $x = 0$ ou $x = -1$; mais nous ne pourrions rien conclure de-là. Ecrivons donc pour la racine cubique $1 + px$, & comme le cube en est $1 + 3px$

$+3ppx^2+p^3x^3$, nous aurons $1=3p$ ou $p=\frac{1}{3}$; moyennant quoi les autres termes étant divisés par xx, donnent $1=3pp$ $+p^3x$, ou $x=\frac{1-3pp}{p^3}$; or $p=\frac{1}{3}$; ainsi $x=\frac{\frac{2}{3}}{\frac{1}{27}}=18$, & notre formule est $1+18$ $+324=343$, & la racine cubique, $1+px$ $=7$. Si nous continuons à présent, en faisant $x=18+y$, notre formule prendra la forme $343+37y+yy$, & il faudra par la premiere regle en supposer la racine cubique $=7+py$; en la comparant après cela avec le cube $343+147py+21ppyy$ $+p^3y^3$, nous voyons qu'il faut faire 37 $=147p$, ou $p=\frac{37}{147}$; les autres termes donnent en ce cas l'équation $1=21pp+p^3y$, d'où nous tirons la valeur de $y=\frac{1-21pp}{p^3}$ $=-\frac{340.121.147}{37^3}=-\frac{1049580}{50653}$, qui peut conduire de la même maniere à de nouvelles valeurs.

154.

Soit propofé d'égaler à un cube cette autre formule $2 + xx$. Comme on trouve affez aifément le cas $x = 5$, nous ferons auffi-tôt $x = 5 + y$, & nous aurons $27 + 10y + yy$; nous en fuppoferons la racine cubique $= 3 + py$, ainfi la formule même $= 27 + 27py + 9ppyy + p^3y^3$, & nous aurons à faire $10 = 27p$, ou $p = \frac{10}{27}$; donc $1 = 9pp + p^3y$, & $y = \frac{1 - 9pp}{p^3} = -\frac{19 \cdot 9 \cdot 27}{1000} = -\frac{4617}{1000}$, & $x = \frac{383}{1000}$; par-là notre formule devient $2 + xx = \frac{2146689}{1000000}$, dont la racine cubique ne peut manquer d'être $3 + py = \frac{129}{100}$.

155.

Voyons auffi fi cette formule-ci, $1 + x^3$, peut devenir un cube hors des cas évidens de $x = 0$, & de $x = -1$. Nous remarquons d'abord que, quoique cette formule appartienne à la troifieme efpece, la racine $1 + x$ ne nous eft cependant d'aucun usage, parce que son cube $1+3x+3xx$ $+x^3$, étant égal à la formule, donne $3x$ $+3xx=0$, ou $x(1+x)=0$, c'est-à-dire de nouveau $x=0$, ou $x=-1$.

Que si nous voulions faire $x=-1+y$, nous aurions à transformer en cube la formule $3y-3yy+y^3$, qui appartient à la seconde espece; ainsi supposant sa racine cubique $=p+y$, ou la formule même égale au cube $p^3+3ppy+3pyy+y^3$, nous aurions $-3=3p$ ou $p=-1$, & de-là l'équation $3y=p^3+3ppy=-1+3y$, qui donne $y=\frac{1}{0}$, ou infini; de sorte qu'on ne tire aucun parti non plus de cette seconde supposition. Il ne faut pas s'en étonner, & c'est en vain qu'on chercheroit d'autres valeurs pour x; car il est démontré que la somme de deux cubes, comme t^3+x^3, ne peut jamais devenir un cube; ainsi, en faisant $t=1$, il est clair que la formule, $1+x^3$, ne peut devenir un cube que dans les cas que nous avons dit.

156.

On trouvera pareillement que la formule, $2 + x^3$, ne peut devenir un cube que dans le cas $x = -1$. Cette formule appartient à la seconde espece ; mais on ne peut y appliquer la regle donnée pour ce cas, parce que les termes moyens manquent. C'est en supposant $x = -1 + y$, ce qui donne $1 + 3y - 3yy + y^3$, qu'on peut traiter la formule suivant tous les trois cas, & qu'on peut se convaincre de la vérité de ce que nous avançons. En effet, si dans le premier cas on fait la racine $= 1 + y$, dont le cube est $1 + 3y + 3yy + y^3$, on a $-3yy = 3yy$, ce qui ne peut être vrai que lorsque $y = 0$. Qu'on suppose, d'après le second cas, la racine $= -1 + y$, ou la formule $= -1 + 3y - 3yy + y^3$, on aura $1 + 3y = -1 + 3y$, & $y = \frac{2}{0}$ ou une valeur infinie. Le troisieme cas enfin exigeroit qu'on supposât la racine $1 + y$, ce qu'on a déjà fait pour le premier.

157.

Soit proposée aussi la formule $3 + 3x^3$, qui doive devenir un cube : ce cas a lieu premiérement si $y = -1$, mais on n'en peut rien conclure, ensuite aussi quand $x = 2$. Qu'on suppose, à cause de ce second cas, $x = 2 + y$, on aura la formule $27 + 36y + 18yy + 3y^3$; & comme elle est de la premiere espece, on fera sa racine $= 3 + py$, dont le cube est $27 + 27py + 9ppyy + p^3y^3$; comparant maintenant, on trouve $36 = 27p$ ou $p = \frac{4}{3}$, & de-là résulte l'équation $18 + 3y = 9pp + p^3y = 16 + \frac{64}{27}y$, qui donne $y = \frac{-54}{17}$, & par conséquent $x = \frac{-20}{17}$. Donc notre formule $3 + 3x^3 = -\frac{9261}{4913}$, & sa racine cubique $3 + py = \frac{21}{17}$; & cette solution fournira de nouvelles valeurs, si l'on en souhaite.

158.

Considérons encore la formule $4 + xx$, qui devient un cube dans deux cas qu'on peut regarder comme connus, savoir $x = 2$ & $x = 11$. Si nous faisons d'abord $x = 2 + y$, ce sera la formule $8 + 4y + yy$ qui devra être un cube dont la racine soit $2 + \frac{1}{3}y$, & ce cube étant $8 + 4y + \frac{2}{3}yy + \frac{1}{27}y^3$, nous trouvons $1 = \frac{2}{3} + \frac{1}{27}y$; donc $y = 9$ & $x = 11$, c'est-à-dire le second cas donné.

Si nous supposons à présent $x = 11 + y$, nous avons $125 + 22y + yy$, ce qui étant égalé au cube de $5 + py$, ou à $125 + 75py + 15ppyy + p^3y^3$, donne $p = \frac{22}{75}$, & par-là $1 = 15pp + p^3y$, ou $p^3y = 1 - 15pp = -\frac{109}{375}$; & par conséquent $y = -\frac{122625}{10648}$, & $x = -\frac{5497}{10648}$.

Puisque x peut également être négatif & positif, supposons $x = \frac{2 + 2y}{1 - y}$, & notre formule deviendra $\frac{8 + 8yy}{(1 - y)^2}$, ce qui doit être un cube ; multiplions donc les deux termes par $1 - y$, afin que le dénominateur devienne un cube, & nous aurons $\frac{8 - 8y + 8yy - 8y^3}{(1 - y)^3}$, & ce ne sera plus que le numérateur $8 - 8y + 8yy - 8y^3$, ou, en divisant par 8, que la formule $1 - y + yy - y^3$ qu'il s'agira de transformer en un cube. Cette formule se rapportant à toutes les trois especes, conformons-nous d'abord à la premiere, en prenant pour racine $1 - \frac{1}{3}y$; le cube en est $1 - y + \frac{1}{3}yy - \frac{1}{27}y^3$; ainsi nous avons $1 - y = \frac{1}{3} - \frac{1}{27}y$, ou $27 - 27y = 9 - y$; donc $y = \frac{9}{13}$; donc $1 + y = \frac{22}{13}$ & $1 - y = \frac{4}{13}$; donc $x = 11$, comme auparavant.

On trouveroit le même résultat, en regardant la formule comme de la seconde espece.

Enfin, si on vouloit s'en tenir à la troisieme & prendre pour racine $1 - y$, dont le cube est $1 - 3y + 3yy - y^3$, on auroit $-1 + y = -3 + 3y$, & $y = 1$; ainsi $x = \frac{1}{0}$, ou infini, & par conséquent un résultat qui n'est de nul usage.

159.

Mais puisque nous connoissons déjà les deux cas, $x = 2$ & $x = 11$, nous pouvons auffi faire $x = \frac{2+11y}{1+y}$; car, moyennant cela, fi $y = 0$, on a $x = 2$; & fi $y = \infty$, on a $x = +11$.

Soit donc $x = \frac{2+11y}{1+y}$, & notre formule devient $4 + \frac{4+44y-121yy}{1+2y+yy}$, ou $\frac{8+52y+125yy}{(1+y)^2}$; multiplions les deux termes par $1+y$, afin que le dénominateur devienne un cube, & ce fera le numérateur $8+60y+177yy+125y^3$ qu'il s'agira de transformer en un cube. Si pour cet effet nous fuppofions la racine $= 2+5y$, nous verrions difparoître non-feulement les deux premiers termes, mais auffi les derniers. Ce fera donc à la feconde efpece que nous rapporterons notre formule, en prenant pour racine $p+5y$; le cube en eft $p^3+15ppy+75pyy+125y^3$; ainfi nous ferons $177 = 75p$, ou $p = \frac{59}{25}$, & il en réfulte $8+60y = p^3+15ppy$, ou $-\frac{2943}{125}y = \frac{80379}{15625}$, & $y = \frac{80379}{367875}$, d'où l'on pourroit tirer une valeur de x.

Mais on peut fuppofer auffi $x = \frac{2+11y}{1-y}$, & dans ce cas notre formule devient

$$4 + \frac{4 + 44y + 121yy}{1 - 2y + yy} = \frac{8 + 36y + 125yy}{(1 - y)^2};$$

de forte qu'en multipliant les deux termes par $1 - y$, on a $8 + 28y + 89yy - 125y^3$ à transformer en un cube. Si donc nous fuppofons, conformément au premier cas, la racine $= 2 + \frac{7}{3}y$, dont le cube eft $8 + 28y + \frac{98}{3}yy + \frac{343}{27}y^3$, nous avons $89 - 125y = \frac{98}{3} + \frac{343}{27}y$, ou $\frac{3718}{27}y = \frac{169}{3}$, & par conféquent $y = \frac{1521}{3718} = \frac{9}{22}$; d'où l'on tire $x = 11$, c'eft-à-dire une des valeurs déjà connues.

Mais confidérons plutôt notre formule relativement au troifieme cas, & fuppofons-en la racine $= 2 - 5y$; le cube de ce binome étant $8 - 60y + 150yy - 125y^3$, nous aurons $28 + 89y = -60 + 150y$; donc $y = \frac{88}{61}$, d'où l'on tire $x = -\frac{1090}{27}$; de forte que notre formule devient $= \frac{1191016}{729}$, ou égale au cube de $\frac{106}{9}$.

160.

Voilà donc les méthodes dont on eft en poffeffion quant à préfent, pour réduire des formules telles que celles que nous avons considérées, soit à un quarré, soit à un cube, pourvu que la plus haute puissance de l'inconnue ne passe pas le quatrieme degré dans le premier cas, ni le troisieme dans le second cas.

On pourroit ajouter encore la question de transformer une formule proposée en un quarré-quarré, dans le cas où l'inconnue ne passeroit pas le second degré. Mais on observera que si une formule, telle que $a + bx + cxx$, doit être un quarré-quarré, il faut premiérement qu'elle soit un quarré, après quoi il ne restera qu'à faire de la racine de ce quarré un nouveau quarré, par les regles que nous avons données pour cela. Que $xx + 7$, par exemple, doive être un bi-quarré, on fera d'abord un quarré, en prenant $x = \frac{7pp - qq}{2pq}$, ou bien aussi $x = \frac{qq - 7pp}{2pq}$; la formule alors devient égale au quarré $\frac{q^4 - 14qqpp + 49p^4}{4ppqq} + 7$

$$= \frac{q^4 + 14qqpp + 49p^4}{4ppqq},$$ dont il faut trans-

former

former la racine $\frac{7pp+qq}{2pq}$ pareillement en un quarré; qu'on multiplie dans ce deffein les deux termes par $2pq$, afin que le dénominateur devenant un quarré, on n'ait à traiter que le numérateur $2pq(7pp+qq)$. On ne peut faire un quarré de cette formule, qu'après avoir déjà trouvé un cas fatisfaifant; ainfi fuppofant $q=pz$, il faudra que la formule $2ppz(7pp+ppzz)=2p^4z(7+zz)$, & par conféquent auffi, en divifant par p^4, que la formule $2z(7+zz)$ devienne un quarré. Le cas connu eft ici $z=1$, c'eft pourquoi on fera $z=1+y$, & on aura $(2+2y)(8+2y+yy)=16+20y+6yy+2y^3$, dont on fuppofera la racine $=4+\frac{5}{2}y$; le quarré $16+20y+\frac{25}{4}y\,y$ étant égalé à la formule, donne $6+2y=\frac{25}{4}$; donc $y=\frac{1}{8}$ & $z=\frac{9}{8}$. Or $z=\frac{q}{p}$; ainfi $q=9$ & $p=8$, ce qui rend $x=\frac{367}{144}$, & la formule $7+xx=\frac{279841}{20735}$. Si enfin on extrait la racine quarrée de cette fraction, on trouve $\frac{529}{144}$, & tirant encore de celle-ci la racine quarrée, on trouve $\frac{23}{12}$; donc c'eft de $\frac{23}{12}$ que la formule proposée est le quarré-quarré.

161.

Enfin nous avons à remarquer encore dans ce Chapitre, qu'il est des formules dont on peut faire des cubes d'une maniere tout-à-fait générale ; car si, par exemple, cxx doit être un cube, on n'a qu'à faire sa racine $=px$, & on trouve $cxx=p^3x^3$, ou $c=p^3x$, c'est-à-dire $x=\dfrac{c}{p^3}$, ou $x=cq^3$, en écrivant $\frac{1}{q}$ au lieu de p.

La raison en est évidemment que la formule contient un quarré ; c'est pourquoi toutes les formules, comme $a(b+cx)^2$, ou $abb+2abcx+ac^2xx$, peuvent très-facilement se transformer en cubes. En effet, qu'on en suppose la racine cubique $=\dfrac{b+cx}{q}$, on aura l'équation $a(b+cx)^2=\dfrac{(b+cx)^3}{q^3}$, qui, divisée par $(b+cx)^2$, donne $a=\dfrac{b+cx}{q^3}$; d'où l'on tire $x=\dfrac{aq^3-b}{c}$, valeur dans laquelle q est arbitraire.

Il est bien clair par-là combien il est utile de résoudre les formules proposées en leurs facteurs toutes les fois que cela est possible; & c'est donc une matiere de laquelle nous croyons, avec raison, devoir traiter au long dans le Chapitre suivant.

CHAPITRE XI.

De la Résolution de la formule $axx + bxy + cyy$ en ses facteurs.

162.

LES lettres x & y ne signifieront ici que des nombres entiers; & nous avons vu suffisamment dans ce qui a précédé, & même lorsqu'il falloit se contenter de résultats fractionnaires, que la question peut toujours être ramenée à des nombres entiers. En effet si, par exemple, le nombre cherché x est une fraction, on n'a qu'à faire $x = \frac{t}{u}$, & on pourra toujours assigner t & u en nombres entiers; & comme cette

N ij

fraction peut fe réduire à fes moindres termes, on regardera les nombres t & u comme n'ayant aucun commun divifeur.

Suppofons donc que dans la formule préfente x & y ne foient que des nombres entiers, & tâchons de déterminer quelles valeurs on doit donner à ces lettres, pour que la formule obtienne deux ou plufieurs facteurs ; c'eft une recherche préliminaire très-néceffaire, avant que nous puiffions faire voir comment cette formule fe tranfforme en un quarré, un cube ou une puiffance plus haute.

163.

Trois cas fe préfentent à confidérer ici. Le premier, quand la formule fe décompofe réellement en deux facteurs rationnels, ce qui arrive, comme nous avons déjà vu plus haut, lorfque $bb - 4ac$ devient un quarré.

Le fecond cas eft celui où ces deux facteurs font égaux, & où par conféquent la formule eft un quarré.

Le troifieme cas a lieu, quand la formule n'a que des facteurs irrationnels, foit qu'ils foient fimplement irrationnels, foit qu'ils foient même imaginaires. Ils feront fimplement irrationnels, lorfque $bb - 4ac$ fera un nombre pofitif fans être un quarré ; ils feront imaginaires, fi $bb - 4ac$ eft négatif.

164.

Si, pour commencer par le premier cas, nous fuppofons que la formule foit réfoluble en deux facteurs rationnels, on pourra lui donner cette forme $(fx + gy)(hx + ky)$, qui renferme donc naturellement déjà deux facteurs. Voudra-t-on enfuite qu'elle contienne d'une maniere générale un plus grand nombre de facteurs, on n'aura qu'à faire $fx + gy = pq$, & $hx + ky = rf$; notre formule deviendra dans ce cas égale au produit $pqrf$, elle contiendra par conféquent quatre facteurs, & on pourra augmenter ce nombre à volonté. Or nous obtenons par ces deux équations-là pour x une double valeur, favoir $x = \frac{pa - gy}{f}$ & $x = \frac{rf - ky}{h}$, ce qui

donne $hpq - hgy = frs - fky$, & par con-
séquent $y = \frac{frs - hpq}{fk - hg}$, & $x = \frac{kpq - grs}{fk - hg}$; or si l'on
veut que x & y soient exprimés en nom-
bres entiers, il faudra donner aux lettres
p, q, r & s des valeurs telles que le numérateur soit réellement divisible par le
dénominateur; ce qui arrive lorsque soit
p & r, soit q & s sont divisibles par ce
dénominateur.

165.

Pour rendre tout cela plus clair, soit
donnée la formule $xx - yy$, qui est composée des facteurs $(x + y)(x - y)$. Si cette
formule doit être résolue en un plus grand
nombre de facteurs, on fera $x + y = pq$,
& $x - y = rs$, & on aura $x = \frac{pq + rs}{2}$, & y
$= \frac{pq - rs}{2}$; or il faudra donc pour que ces valeurs deviennent des nombres entiers, que
les deux nombres pq & rs soient ou tous
deux pairs ou tous deux impairs.

Soit, par exemple, $p = 7$, $q = 5$, $r = 3$
& $s = 1$, on aura $pq = 35$ & $rs = 3$; donc
$x = 19$ & $y = 16$; & de-là résulte $xx - yy$

$= 105$, lequel nombre est composé en effet des facteurs $7.5.3.1$, de sorte que ce cas ne souffre aucune difficulté.

166.

Le second en souffre encore moins, savoir celui où la formule renfermant deux facteurs égaux, peut se représenter de cette maniere, $(fx + gy)^2$, c'est-à-dire par un quarré, qui ne peut avoir d'autres facteurs que ceux qui proviennent de la racine $fx + gy$; car si l'on fait $fx + gy = pqr$, la formule devient $= ppqqrr$, & peut avoir par conséquent autant de facteurs que l'on veut. Il faut remarquer de plus que l'un seulement des deux nombres x & y est déterminé, & que l'autre peut se prendre à volonté; car $x = \frac{pqr - gy}{f}$, & il est facile de donner à y une valeur telle que la fraction disparoisse.

La formule de cette espece la plus aisée à traiter, est xx; si l'on fait $x = pqr$, le quarré xx renfermera trois facteurs quarrés, savoir pp, qq & rr.

N iv

167.

On rencontre bien plus de difficultés
en traitant le troisieme cas, qui eft celui
dans lequel notre formule ne peut fe décompofer en deux facteurs rationnels ; &
il faut ici des artifices particuliers, afin de
trouver pour x & y des valeurs telles que
la formule renferme deux ou plufieurs facteurs.

Nous rendrons cependant cette recherche moins difficile, en obfervant que notre
formule fe transforme facilement en une
autre, dans laquelle le terme moyen manque ; car en effet on n'a qu'à fuppofer x
$= \frac{\zeta - by}{2a}$, pour avoir la formule fuivante :
$$\frac{\zeta\zeta - 2by\zeta + bbyy}{4a} + \frac{by\zeta - bbyy}{2a} + cyy = \zeta\zeta + \frac{(4ac - bb)yy}{4a}.$$
Ainfi nous omettrons auffi-tôt le terme
moyen , nous confidérerons la formule
$axx + cyy$, & nous chercherons quelles
valeurs on doit donner à x & à y, pour que
cette formule fe décompofe en facteurs.
On jugera facilement que cela dépend de
la nature des nombres a & c ; auffi com-

mencerons-nous par quelques formules déterminées de cette espece.

168.

Soit donc proposée d'abord la formule
$xx+yy$, qui comprend tous les nombres
qui font la fomme de deux quarrés, & dont
nous allons mettre les plus petits fous les
yeux ; favoir ceux qui font compris entre
1 & 50 :

1, 2, 4, 5, 8, 9, 10, 13, 16, 17, 18,
20, 25, 26, 29, 32, 34, 36, 37,
40, 41, 45, 49, 50.

On voit qu'il fe trouve parmi ces nombres quelques nombres premiers qui n'ont
point de divifeurs ; ce font ceux-ci : 2, 5,
13, 17, 29, 37, 41. Les autres ont des
divifeurs, & ils rendent plus claire la queftion : Quelles valeurs on doit adopter pour
x & y, afin que la formule $xx+yy$ ait
des divifeurs ou des facteurs, & qu'elle ait
même autant de ces facteurs que l'on voudra ? Nous remarquerons de plus qu'on peut
faire abftraction des cas où x & y ont un

commun diviseur, parce qu'alors $xx + yy$ feroit divifible par le même diviseur, & même par fon quarré : par exemple, fi $x = 7p$ & $y = 7q$, la fomme des quarrés, ou $49pp + 49qq = 49(pp + qq)$, fera divifible non-feulement par 7, mais auffi par 49. C'eft pourquoi nous n'étendrons la queftion qu'à des formules où x & y n'ont aucun commun diviseur.

On voit facilement à préfent en quoi gît la difficulté ; car fi d'un côté il eft clair que, lorfque les deux nombres x & y font impairs, la formule $xx + yy$ devient un nombre pair, & par conféquent divifible par 2, il eft fouvent d'autant moins aifé de favoir fi la formule a des divifeurs ou fi elle n'en a pas, lorfque de l'autre côté un des nombres x & y étant pair & l'autre impair, la formule elle-même devient impaire. Nous ne parlons pas du cas où x & y feroient pairs, parce que nous avons déjà fait fentir que ces nombres ne doivent point avoir de commun diviseur.

169.

Que les deux nombres x & y soient donc premiers entr'eux, & que cependant la formule $xx+yy$ doive contenir deux ou plusieurs facteurs. La méthode précédente ne peut s'appliquer ici, parce que la formule n'est pas résoluble en deux facteurs rationnels ; mais les facteurs irrationnels qui composent la formule, & qu'on peut représenter par le produit $(x+y\sqrt{-1})(x-y\sqrt{-1})$, nous rendront le même service. En effet, on sent bien que si la formule $xx+yy$ a des facteurs réels, il faut que ces facteurs irrationnels soient composés d'autres facteurs ; parce que s'ils n'avoient pas aussi des diviseurs, leur produit ne pourroit pas non plus en avoir. Or comme ces facteurs sont irrationnels, & même imaginaires, & que de plus les nombres x & y ne doivent point avoir de commun diviseur, ils ne peuvent renfermer des facteurs rationnels, & il faut qu'ils soient pareillement irrationnels, & même imaginaires.

170.

Si l'on veut donc que la formule $xx+yy$ ait deux facteurs rationnels, il faudra décompofer chacun des deux facteurs irrationnels en deux autres facteurs ; c'eft pourquoi, fuppofons d'abord $x+y\sqrt{-1}=(p+q\sqrt{-1})(r+\int\sqrt{-1})$; & puifque $\sqrt{-1}$ peut fe prendre auffi bien en *moins* qu'en *plus*, nous aurons en même temps $x-y\sqrt{-1}=(p-q\sqrt{-1})(r-\int\sqrt{-1})$; prenons maintenant le produit de ces deux quantités, & nous verrons que notre formule $xx+yy=(pp+qq)(rr+\int\int)$, c'eft-à-dire qu'elle contient les deux facteurs rationnels $pp+qq$ & $rr+\int\int$.

Il nous refte à préfent à déterminer les valeurs de x & de y , qui doivent de même être rationnelles ; or la fuppofition que nous avons faite, donne $x+y\sqrt{-1}=pr-q\int+p\int\sqrt{-1}+qr\sqrt{-1}$, & $x-y\sqrt{-1}=pr-q\int-qr\sqrt{-1}-p\int\sqrt{-1}$; fi nous ajoutons ces formules, nous avons $x=pr-q\int$; fi nous les fouftrayons l'une de l'autre , nous trouvons $2y\sqrt{-1} = 2p\int\sqrt{-1} + 2qr\sqrt{-1}$, ou $y = p\int + qr$.

Il s'enfuit par conféquent de-là, qu'en faifant $x = pr - q\int$ & $y = p\int + qr$, notre formule $xx + yy$ ne peut manquer d'obtenir deux facteurs, puifqu'on trouve $xx + yy = (pp + qq)(rr + \int\int)$. Que fi l'on demandoit après cela un plus grand nombre de facteurs, on n'auroit qu'à donner de la même maniere à p & à q des valeurs telles que $pp + qq$ eût deux facteurs; on auroit alors trois facteurs en tout, & ce nombre pourroit être augmenté par la méthode autant qu'on voudroit.

171.

Comme nous n'avons rencontré dans cette folution que les fecondes puiffances de p, q, r & $\int$, on peut prendre auffi ces lettres en *moins*; que q, par exemple, foit négatif, on aura $x = pr + q\int$ & $y = p\int - qr$; mais la fomme des quarrés fera la même qu'auparavant, ce qui nous fait voir que quand un nombre eft égal à un produit tel que $(pp+qq)(rr+ss)$, on peut de deux façons le décompofer en deux quarrés ; car nous avons trouvé d'abord $x=pr-qs$ & $y=ps+qr$, & après cela auffi $x=pr+qs$ & $y=ps-qr$.

Soit, par exemple, $p=3$, $q=2$, $r=2$ & $s=1$, on aura le produit $13.5=65=xx+yy$, où $x=4$ & $y=7$, comme $x=8$ & $y=1$; puifque dans l'un & l'autre cas $xx+yy=65$. Si l'on multiplie plufieurs nombres de cette efpece, on aura auffi un produit qui pourra être d'un plus grand nombre de façons la fomme de deux quarrés. Qu'on multiplie, par exemple, $2^2+1^2=5$, $3^2+2^2=13$, & $4^2+1^2=17$, on trouvera 1105, lequel nombre peut fe décompofer en deux quarrés de quatre manieres, comme on va voir :

I.) 33^2+4^2, II.) 32^2+9^2, III.) 31^2+12^2, IV.) 24^2+23^2.

172.

Parmi les nombres qui font contenus dans la formule $xx+yy$, fe trouvent donc

premiérement ceux qui font, par la multiplication, le produit de deux ou de plu-
fieurs nombres ; en fecond lieu ceux qui font formés différemment. Nous nommerons ces derniers *facteurs fimples* de la formule $xx+yy$, & les premiers *facteurs compofés*. D'après cela les facteurs fimples feront des nombres tels que les fuivans :

$1, 2, 5, 9, 13, 17, 29, 37, 41, 49$, &c. & on diftinguera dans cette fuite deux efpeces de nombres ; les uns font les nombres premiers, $2, 5, 13, 17, 29, 37, 41$, qui n'ont aucun divifeur, & qui tous, excepté le nombre 2, font tels que fi l'on en ôte 1, le refte fe trouve divifible par 4 ; de forte que tous ces nombres font contenus dans l'expreffion $4n+1$. La feconde efpece comprend les nombres quarrés 9, 49, &c. & on remarquera que les racines de ces quarrés, favoir $3, 7$, &c. ne fe trouvent pas dans la fuite, & que ces racines font contenues dans la formule $4n-1$. Il eft clair d'ailleurs qu'aucun nombre de la forme $4n-1$ ne peut être la fomme de deux quarrés ; car puisque ces nombres font impairs, il faudroit que l'un des deux quarrés fût pair & que l'autre fût impair ; or nous avons vu plus haut que tous les quarrés pairs font divisibles par 4, & que les quarrés impairs font contenus dans l'expreſſion $4n+1$; ſi donc on ajoute un quarré pair & un quarré impair, la ſomme aura toujours la forme de $4n+1$, & jamais de $4n-1$. Que tout nombre premier au reſte qui appartient à la formule $4n+1$, eſt la ſomme de deux quarrés ; c'eſt une vérité indubitable, mais qui n'eſt pas tant aiſée à démontrer.

173.

Allons plus loin, & conſidérons la formule $xx+2yy$, dans le deſſein de voir quelles valeurs il faut donner à x & à y, afin qu'elle ait des facteurs. Comme cette formule s'exprime par les facteurs imaginaires $(x+y\sqrt{-2})(x-y\sqrt{-2})$, on voit, ainſi qu'auparavant, que ſi elle a des diviſeurs, ces facteurs imaginaires doivent

pareillement

pareillement en avoir. Qu'on suppose donc $x + y\sqrt{-2} = (p + q\sqrt{-2})(r + s\sqrt{-2})$, d'où s'enfuit de soi-même $x - y\sqrt{-2} = (p - q\sqrt{-2})(r - s\sqrt{-2})$, & on aura $xx + 2yy = (pp + 2qq)(rr + 2ss)$; ainsi cette formule a deux facteurs, desquels l'un & l'autre ont la même forme. Mais il reste à déterminer les valeurs de x & de y, qui produisent cette transformation; on considérera, pour y parvenir, que, puisque $x + y\sqrt{-2} = pr - 2qs + qr\sqrt{-2} + ps\sqrt{-2}$, & que $x - y\sqrt{-2} = pr - 2qs - qr\sqrt{-2} - ps\sqrt{-2}$, on a la somme $2x = 2pr - 4qs$, & par conséquent $x = pr - 2qs$, & qu'on a de plus la différence $2y\sqrt{-2} = 2qr\sqrt{-2} + 2ps\sqrt{-2}$; de sorte que $y = qr + ps$. Lors donc que notre formule $xx + 2yy$ doit avoir des facteurs, ils seront toujours des nombres de la même espece que la formule, c'est-à-dire que l'un aura la forme $pp + 2qq$, & l'autre la forme $rr + 2ss$; & afin que ce cas ait lieu, x & y pourront encore se déterminer de deux manieres différentes, à cause que q

peut être également négatif & pofitif ; car on aura d'abord $x = pr - 2qf$, & $y = pf + qr$, & en fecond lieu $x = pr + 2qf$ & $y = pf - qr$.

174.

Cette formule $xx + 2yy$ renferme donc tous les nombres qui réfultent de l'addition d'un quarré & du double d'un autre quarré ; & voici l'énumération de ces nombres pouffée jufqu'au nombre 50 :

1, 2, 3, 4, 6, 8, 9, 11, 12, 16, 17, 18, 19, 22, 24, 25, 27, 32, 33, 34, 36, 38, 41, 43, 44, 49, 50.

Nous diviferons, comme auparavant, ces nombres en fimples & compofés ; les fimples, ou ceux qui ne font pas compofés des nombres précédens, font ceux-ci : 1, 2, 3, 11, 17, 19, 25, 41, 43, 49, qui tous, excepté les quarrés 25 & 49, font des nombres premiers ; & il faut remarquer qu'en général, fi un nombre eft premier & ne fe trouve pas dans cette fuite, on eft fûr d'y rencontrer fon quarré. On

peut obferver auffi que tous les nombres
premiers qui font contenus dans notre formule, appartiennent tous foit à l'expreffion
$8n+1$, foit à $8n+3$, tandis que tous les
autres nombres premiers, favoir ceux qui
font compris dans les formules $8n+5$ &
$8n+7$, ne peuvent jamais former la fomme
d'un quarré & d'un double quarré ; il eft
de plus très-certain que tous les nombres
premiers qui font contenus dans une des
autres formules, $8n+1$ & $8n+3$, font
toujours réfolubles en un quarré joint au
double d'un quarré.

175.

Paffons à l'examen de la formule générale $xx+cyy$, & voyons moyennant quelles
valeurs de x & de y on peut la transformer en un produit de facteurs.

Nous procéderons comme ci-deffus ;
nous repréfenterons la formule par le produit $(x+y\sqrt{-c})(x-y\sqrt{-c})$, & nous
exprimerons pareillement chacun de ces
facteurs par deux facteurs de la même

efpece ; c'eft-à-dire que nous ferons $x+y$ $\sqrt{-c}=(p+qr\sqrt{-c})(r+f\sqrt{-c})$ & $x-y\sqrt{-c}=(p-q\sqrt{-c})(r-f\sqrt{-c})$; de-là réfulte $xx+cyy=(pp+cqq)(rr+cff)$, & l'on voit donc que de nouveau les facteurs font de la même efpece que la formule. Quant aux valeurs de x & de y, on trouvera de même facilement $x=pr$ $+cqf$ & $y=qr+pf$, ou bien auffi $x=pr$ $-cqf$, & $y=pf-qr$, & il eft aifé d'imaginer comment la formule peut fe réfoudre en un plus grand nombre de facteurs.

176.

Il fera facile maintenant de procurer auffi des facteurs à la formule $xx-cyy$; car d'abord on n'a qu'à écrire $-c$ au lieu de $+c$; mais de plus on peut les trouver immédiatement de la maniere fuivante : comme notre formule équivaut au produit $(x+y\sqrt{c})(x-y\sqrt{c})$, qu'on faffe $x+y\sqrt{c}$ $=(p+q\sqrt{c})(r+f\sqrt{c})$, & $x-y\sqrt{c}$ $=(p-q\sqrt{c})(r-f\sqrt{c})$, & on aura fur le champ $xx-cyy=(pp-cqq)(rr-cff)$;

en sorte que cette formule est, de même que les précédentes, égale à un produit dont les facteurs lui ressemblent par la forme. Pour ce qui regarde les valeurs de x & de y, elles se trouveront pareillement être doubles ; cela veut dire qu'on aura $x = pr + cqs$ & $y = qr + ps$, & qu'on aura aussi $x = pr - cqs$ & $y = ps - qr$. Que si on vouloit faire la preuve & voir si on obtiendroit par-là le produit qu'on a trouvé, on auroit, en essayant les premieres valeurs, $xx = pprr + 2cpqrs + ccqqss$, & $yy = ppss + 2pqrs + qqrr$, ou $cyy = cppss + 2cpqrs + cqqrr$; de sorte que $xx - cyy = pprr - cppss + ccqqss - cqqrr$, ce qui n'est autre chose que le produit trouvé, $(pp - cqq)(rr - css)$.

177.

Jusqu'à présent nous avons considéré le premier terme sans coefficient ; mais nous allons supposer à présent que ce terme soit pareillement multiplié par une autre lettre, & nous chercherons quels facteurs la formule $axx + cyy$ peut obtenir.

Il est évident ici que notre formule est égale au produit $(x\sqrt{a}+y\sqrt{-c})(x\sqrt{a}-y\sqrt{-c})$, & il s'agit par conséquent de donner de même des facteurs à ces deux facteurs. Or il se présente en ce point une difficulté ; car si l'on vouloit, d'après la méthode précédente, faire $x\sqrt{a}+y\sqrt{-c}$
$$=(p\sqrt{a}+q\sqrt{-c})(r\sqrt{a}+s\sqrt{-c})=apr$$
$$-cqs+ps\sqrt{-ac}+qr\sqrt{-ac}, \ \& \ x\sqrt{a}$$
$$-y\sqrt{-c}=(p\sqrt{a}-q\sqrt{-c})(r\sqrt{a}-s\sqrt{-c})=apr-cqs-ps\sqrt{-ac}-qr\sqrt{-ac},$$
on auroit $2x\sqrt{a}=2apr-2cqs$, & $2y\sqrt{-c}=2ps\sqrt{-ac}+2qr\sqrt{-ac}$; c'est-à-dire qu'on trouveroit tant pour x que pour y des valeurs irrationnelles, lesquelles ne peuvent être admises ici.

178.

Mais cette difficulté peut se lever, & voici comment: Qu'on fasse $x\sqrt{a}+y\sqrt{-c}$
$$=(p\sqrt{a}+q\sqrt{-c})(r+s\sqrt{-ac})=pr\sqrt{a}$$
$$-cqs\sqrt{a}+qr\sqrt{-c}+aps\sqrt{-c}, \ \& \ x\sqrt{a}$$
$$-y\sqrt{-c}=(p\sqrt{a}-q\sqrt{-c})(r-s\sqrt{-ac})$$
$$=pr\sqrt{a}-cqs\sqrt{a}-qr\sqrt{-c}-aps\sqrt{-c};$$

cette fuppofition donnera pour x & y les valeurs rationnelles fuivantes : $x = pr - cqf$ & $y = qr + apf$; & notre formule, $axx + cyy$, aura les facteurs $(app + cqq)(rr + acff)$, dont l'un feulement eft de la même efpece que la formule, l'autre ayant une forme différente.

179.

Il ne laiffe pas cependant d'y avoir une grande affinité entre ces deux formules, vu que tous les nombres qui font contenus dans la premiere formule, fi on les multiplie par un nombre compris dans la feconde, retombent dans la premiere. Nous avons auffi déjà vu que deux nombres de la feconde forme $xx + acyy$, laquelle revient à la formule $xx + cyy$ que nous avons confidérée, étant multipliés l'un par l'autre, redonnent un nombre de la même forme.

Il ne nous refte donc qu'à examiner à quelle formule appartient le produit de deux nombres de la premiere efpece, ou de la forme $axx + cyy$.

O iv

Multiplions, dans cette vue, les deux formules $(app + cqq)(arr + c\!f\!f)$, qui font de la premiere efpece ; il eft aifé à voir que ce produit pourra être repréfenté de cette maniere : $(apr + cq\!f)^2 + ac(p\!f - qr)^2$. Si donc nous fuppofons ici $apr + cq\!f = x$, & $p\!f - qr = y$, nous aurons la formule $xx + acyy$, qui eft de la derniere efpece. Il s'enfuit de-là que deux nombres de la premiere efpece $axx + cyy$, étant multipliés l'un par l'autre, le produit eft un nombre de la feconde efpece. Si nous indiquons les nombres de la premiere efpece par I, & ceux de la feconde par II, nous pouvons indiquer de la maniere abrégée qui fuit les conclufions auxquelles nous venons d'arriver :

I.I donne II ; I.II donne I ; II.II donne II.

Et on voit par-là d'autant mieux ce qui doit en réfulter, fi on multiplie plus de deux de ces nombres ; favoir que

I.I.I fait I ; que I.I.II fait II ; que I.II.II fait I.
Enfin que II.II.II fait II.

180.

Soit, pour éclaircir l'article précédent, $a = 2$ & $c = 3$, il en résultera deux especes de nombres, l'une contenue dans la formule $2xx + 3yy$, l'autre comprise dans la formule $xx + 6yy$. Or les nombres de la premiere poussés jusqu'à 50, font

I.) 2, 3, 5, 8, 11, 12, 14, 18, 20, 21,

27, 29, 30, 32, 35, 44, 45, 48, 50.

Et les nombres de la seconde espece, poussés de même jusqu'au nombre 50, font

II.) 1, 4, 6, 7, 9, 10, 15, 16, 22, 24,

25, 28, 31, 33, 36, 40, 42, 49.

Si donc nous multiplions maintenant un nombre de la premiere espece, par exemple 35, par un nombre de la seconde, suppofons par 31, le produit 1085 fera surement compris dans la formule $2xx + 3yy$; ou bien on peut trouver pour y un nombre tel que $1085 - 3yy$ foit le double d'un quarré, ou $= 2xx$; or cela arrive d'abord quand $y = 3$, dans lequel cas $x = 23$; en fecond lieu, quand $y=11$, en forte que $x=19$; en troifieme lieu, lorfque $y=13$, ce qui donne $x=17$; & enfin, en quatrieme lieu, quand $y=19$, d'où réfulte $x=1$.

On peut partager ces deux efpeces de nombres, comme les autres, en nombres fimples & en nombres compofés; on donnera ce dernier nom à ceux qui font compofés de deux ou de plufieurs des nombres plus petits de l'une ou de l'autre efpece; ainfi les nombres fimples de la premiere efpece feront ceux-ci: 2, 3, 5, 11, 29, & les nombres compofés de la même efpece, feront 8, 12, 14, 18, 20, 27, 30, 32, 35, 40, 45, 48, 50, &c.

Les nombres fimples de la feconde efpece feront 1, 7, 31, & tous les autres de cette efpece feront des nombres compofés, favoir 4, 6, 9, 10, 15, 16, 22, 24, 25, 28, 33, 36, 40, 42, 49.

CHAPITRE XII.

De la Transformation de la formule axx $+cyy$ *en des quarrés & en des puissances plus élevées.*

181.

$\mathbf{N}$ous avons déjà vu plus haut qu'il est souvent impossible de réduire à des quarrés des nombres de la forme $axx+cyy$; mais toutes les fois que cela est possible, on peut transformer cette formule en une autre, dans laquelle $a=1$.

Par exemple, la formule $2pp-qq$ peut devenir un quarré, & comme elle peut aussi se représenter par $(2p+q)^2-2(p+q)^2$, on n'a qu'à faire $2p+q=x$ & $p+q=y$, & on parvient à la formule $xx-2yy$, dans laquelle $a=1$ & $c=2$. C'est une semblable transformation qui a lieu toutes les fois que de telles formules peuvent devenir des quarrés. Ainsi quand il s'agit de transformer la formule $axx+cyy$ en un quarré, ou en une puissance plus haute, mais paire, on peut, sans balancer, supposer $a = 1$, & regarder les autres cas comme impossibles.

182.

Soit donc proposée la formule $xx + cyy$, & qu'il s'agisse d'en faire un quarré. Comme elle est composée des facteurs $(x + y\sqrt{-c})$ $(x - y\sqrt{-c})$, il faut que ces facteurs soient ou des quarrés ou des quarrés multipliés par un même nombre. Car si le produit de deux nombres, par exemple, pq, doit être un quarré, il faut que $p = rr$ & $q = ss$; c'est-à-dire que chaque facteur soit de soi-même un quarré, ou bien que $p = mrr$ & $q = nss$, & qu'ainsi ces facteurs soient des quarrés multipliés l'un & l'autre par un même nombre. C'est pourquoi nous ferons $x + y\sqrt{-c} = m(p + q\sqrt{-c})^2$; il s'ensuivra $x - y\sqrt{-c} = m(p - q\sqrt{-c})^2$, & nous aurons $xx + cyy = mm(pp + cqq)^2$, ce qui est un quarré. Nous avons de plus, pour déterminer x & y, les équations $x + y\sqrt{-c}$

$$= mpp + 2mpq \sqrt{-c} - mcqq, \ \& \ x - y$$
$$\sqrt{-c} = mpp - 2mpq \sqrt{-c} - mcqq, \text{ dans}$$
lesquelles naturellement x équivaut à la partie rationnelle, $\& \ y\sqrt{-c}$ à la partie irrationnelle; ainsi $x = mpp - mcqq$, $\& \ y$ $\sqrt{-c} = 2mpq\sqrt{-c}$, ou $y = 2mpq$, $\&$ ce font ces valeurs de x $\&$ de y qui transforment l'expreffion $xx + cyy$ en un quarré $mm(pp + cqq)^2$, dont la racine eft mpp $+ mcqq$.

183.

Si les nombres x $\&$ y ne doivent point avoir de divifeur commun, il faut fuppofer $m = 1$. Alors, pour faire que $xx + cyy$ devienne un quarré, on fe contente de prendre $x = pp - cqq$ $\&$ $y = 2pq$, ce qui rend la formule égale au quarré $pp + cqq$.

On peut auffi, au lieu de faire $x = pp - cqq$, fuppofer $x = cqq - pp$, vu que le quarré xx ne laiffe pas d'être le même.

Les mêmes formules, au refte, ayant été trouvées plus haut par des voies tout-à-fait différentes, il ne peut y avoir de-

doute fur la juftefſe de la méthode que nous venons d'employer. En effet, ſi on veut que $xx + cyy$ devienne un quarré, par la méthode précédente on ſuppoſe la racine $= x + \frac{py}{q}$, & on trouve $xx + cyy = xx + \frac{2pxy}{q} + \frac{ppyy}{qq}$; on efface les xx, on diviſe les autres termes par y, on multiplie par qq, & on a $cqqy = 2pqx + ppy$, ou $cqqy - ppy = 2pqx$; diviſant enfin par $2pq$ & par y, il en réſulte $\frac{x}{y} = \frac{cqq - pp}{2pq}$. Or x & y devant, ainſi que p & q, n'avoir point de diviſeur commun, il faut égaler x au numérateur & y au dénominateur, & on obtient par-là les mêmes réſultats que nous venons de trouver, ſavoir $x = cqq - pp$, & $y = 2pq$.

184.

Cette ſolution eſt bonne, que le nombre c ſoit poſitif ou qu'il ſoit négatif; mais ſi de plus ce nombre a lui-même des facteurs, comme ſi c'étoit, par exemple, la formule $xx + acyy$ qui dût devenir un quarré, on auroit non-ſeulement la ſolution précédente, qui donne $x = acqq - pp$ & $y = 2pq$, mais encore cette autre, $x = cqq - app$ & $y = 2pq$; car dans ce dernier cas on a, de même que dans l'autre, $xx + acyy = ccq^4 + 2acppqq + aap^4 = (cqq + app)^2$; ce qui a lieu aussi, quand on prend $x = app - cqq$, parce que le quarré xx reste le même.

Cette nouvelle solution se trouve aussi par la derniere méthode, de la façon suivante.

Qu'on fasse $x + y \sqrt{-ac} = (p\sqrt{a} + q\sqrt{-c})^2$, & $x - y\sqrt{-ac} = (p\sqrt{a} - q\sqrt{-c})^2$, on aura $xx + acyy = (app + cqq)^2$, & par conséquent $= \square$; de plus, à cause de $x + y\sqrt{-ac} = app + 2pq\sqrt{-ac} - cqq$, & de $x - y\sqrt{-ac} = app - 2pq\sqrt{-ac} - cqq$, on trouve $x = app - cqq$ & $y = 2pq$.

Il est clair aussi que si le nombre ac est résoluble en deux facteurs d'un plus grand nombre de manieres, on pourra trouver aussi un plus grand nombre de solutions.

185.

Eclaircissons tout cela au moyen de quelques formules déterminées ; & d'abord, si c'est la formule $xx+yy$ qui doit devenir un quarré, nous avons $ac=1$; ainsi $x=pp-qq$, & $y=2pq$, d'où s'ensuit $xx+yy=(pp+qq)^2$.

Si on veut que $xx-yy=\square$; on a $ac=-1$; ainsi on prendra $x=pp+qq$ & $y=2pq$, & il en résultera $xx-yy=(pp-qq)^2$.

Veut-on que la formule $xx+2yy=\square$, on a $ac=2$; qu'on prenne donc $x=pp-2qq$, ou $x=2pp-qq$ & $y=2pq$, & on aura $xx+2yy=(pp+2qq)^2$, ou $xx+2yy=(2pp+qq)^2$.

Si, en quatrieme lieu, on veut que $xx-2yy=\square$, où $ac=-2$, on aura $x=pp+2qq$ & $y=2pq$; donc $xx-2yy=(pp-2qq)^2$.

Qu'on veuille enfin que $x+6yy=\square$, on aura $ac=6$, & par conséquent ou $a=1$ & $c=6$, ou $a=2$ & $c=3$; dans le premier

cas

cas $x = pp - 6qq$, & $y = 2pq$; de sorte que $xx + 6yy = (pp + 6qq)^2$; dans le second cas $x = 2pp - 3qq$, & $y = 2pq$; d'où résulte $xx + 6yy = (2pp + 3qq)^2$.

186.

Mais si c'est maintenant la formule $axx + cyy$ qu'on doit transformer en un quarré; comme nous avons prévenu que cela ne peut se faire que quand on connoît déjà un cas dans lequel cette formule devient réellement un quarré, nous supposerons que ce cas donné ait lieu, quand $x = f$ & $y = g$; de sorte qu'alors $aff + cgg = hh$; & nous remarquerons que cette formule peut se transformer en une autre de la forme $tt + acuu$, si l'on fait $t = \frac{afx - cgy}{h}$ & $u = \frac{gx - fy}{h}$; car en effet, si $tt = \frac{aaffxx + 2acfgxy + ccggyy}{hh}$, & que $uu = \frac{ggxx - 2fgxy + ffyy}{hh}$, on a $tt + acuu$

$= \frac{aaffxx + ccggyy + acggxx + acffyy}{hh} = \frac{axx(aff + cgg) + cyy(aff + cgg)}{hh}$;

ainsi, puisque $aff + cgg = hh$, on a $tt + acuu = axx + cyy$; or nous avons donné des regles faciles pour transformer en un quarré l'expreſſion $tt + acuu$, à laquelle nous venons de réduire la formule propoſée $axx + cyy$.

187.

Allons à préſent plus loin, & voyons comment la formule $axx + cyy$, dans laquelle x & y ſont ſuppoſés n'avoir aucun diviſeur commun, peut ſe réduire à un cube. Les regles données plus haut ne ſuffiſent aucunement pour cela, au lieu que la méthode que nous avons indiquée en dernier lieu s'applique ici avec le plus grand ſuccès; & ce qui eſt ſur-tout digne de remarque, c'eſt que la formule peut toujours être transformée en un cube, quelques nombres que ſoient a & c; ce qui n'avoit point lieu pour les quarrés, à moins qu'on n'eût déjà un cas connu, & ce qui n'a de même point lieu pour aucune des autres puiſſances paires; la ſolution au contraire eſt toujours poſſible pour les puiſſances impaires, telles que la troiſieme, la cinquieme, la ſeptieme, &c.

188.

Lors donc qu'il s'agira de réduire en cube la formule $axx + cyy$, on supposera d'une maniere analogue à celle qu'on a employée $x\sqrt{a} + y\sqrt{-c} = (p\sqrt{a} + q\sqrt{-c})^3$, & $x\sqrt{a} - y\sqrt{-c} = (p\sqrt{a} - q\sqrt{-c})^3$; le produit $(app + cqq)^3$, qui est un cube, sera égal à la formule $axx + cyy$. Mais on cherche aussi à déterminer pour x & y des valeurs rationnelles, & heureusement on y réussit. En effet, si l'on prend réellement les deux cubes indiqués, on a les deux équations $x\sqrt{a} + y\sqrt{-c} = ap^3\sqrt{a} + 3appq\sqrt{-c} - 3cpqq\sqrt{a} - cq^3\sqrt{-c}$, & $x\sqrt{a} - y\sqrt{-c} = ap^3\sqrt{a} - 3appq\sqrt{-c} - 3cpqq\sqrt{a} + cq^3\sqrt{-c}$, desquelles il suit évidemment que $x = ap^3 - 3cpqq$, & $y = 3appq - cq^3$.

Qu'on cherche, par exemple, deux quarrés xx & yy, dont la somme $xx + yy$ fasse un cube. Puisqu'ici $a = 1$ & $c = 1$, on aura $x = p^3 - 3pqq$, & $y = 3ppq - q^3$, ce qui donne $xx + yy = (pp + qq)^3$. Maintenant si $p = 2$ & $q = 1$, on trouve $x = 2$ & $y = 11$; donc $xx + yy = 125 = 5^3$.

189.

Considérons aussi la formule $xx + 3yy$ dans le dessein de la faire égale à un cube: comme nous avons pour cet effet $a = 1$ & $c = 3$, nous trouvons $x = p^3 - 9pqq$, & $y = 3ppq - 3q^3$, d'où résulte $xx + 3yy = (pp + 3qq)^3$. Cette formule se présente assez souvent: c'est une raison pour en donner ici du moins les cas les plus faciles.

p	q	x	y	$xx + 3yy$	
1	1	8	0	64 $=$	4^3
2	1	10	9	343 $=$	-7^3
1	2	35	18	2197 $=$	13^3
3	1	0	24	1728 $=$	12^3
1	3	80	72	21952 $=$	28^3
3	2	81	30	9261 $=$	21^3
2	3	154	45	29791 $=$	31^3

190.

Sans la condition que les deux nombres x & y ne doivent point avoir de commun diviſeur, la queſtion ne ſeroit ſujette à aucune difficulté ; car ſi $axx + cyy$ devoit être un cube, on n'auroit qu'à faire $x = tz$ & $y = uz$, & la formule deviendroit $attz + cuuzz$; on l'égaleroit au cube $\dfrac{z^3}{v^3}$, & on trouveroit auſſi-tôt $z = v^3(att + cuu)$; par conſéquent les valeurs cherchées de x & de y ſeroient $x = tv^3(att + cuu)$, & $y = uv^3 (att + cuu)$, leſquelles ont, outre le cube v^3, auſſi la quantité $att + cuu$ pour commun diviſeur ; de ſorte donc que cette ſolution donne ſur le champ $axx + cyy = v^6(att + cuu)^2(att + cuu) = v^6(att + cuu)^3$, ce qui eſt évidemment le cube de $v^2(att + cuu)$.

191.

La méthode dont nous avons fait uſage en dernier lieu, eſt d'autant plus remarquable, que c'eſt par le moyen de quantités irrationnelles & même imaginaires, que nous ſommes parvenus à des ſolutions qui demandoient abſolument des nombres rationnels & même entiers. Mais ce qui eſt encore plus digne d'attention , c'est que dans les cas où l'irrationnalité s'évanouit, notre méthode ne peut plus avoir lieu. En effet lorsque , par exemple , la formule $xx + cyy$ doit être un cube, on ne peut qu'en inférer que ses deux facteurs irrationnels, $x + y\sqrt{-c}$ & $x - y\sqrt{-c}$, doivent pareillement être des cubes, vu que x & y n'ayant point de diviseur commun, ces facteurs ne peuvent pas non plus en avoir. Mais si les radicaux disparoissoient, comme, par exemple, dans le cas de $c = -1$, ce principe n'auroit plus lieu ; parce qu'il se pourroit très-bien que les deux facteurs, qui seroient alors $x + y$ & $x - y$, eussent des diviseurs communs, quand même x & y n'en auroient pas ; ce qui arriveroit, par exemple, si ces deux lettres exprimoient des nombres impairs.

Ainsi, lorsque $xx - yy$ doit devenir un cube, il n'est pas nécessaire que tant $x + y$ que $x - y$ soient d'eux-mêmes des cubes ; mais on pourra supposer $x + y = 2p^3$, & $x - y = 4q^3$; & la formule $xx - yy$ ne

laiffera pas de devenir un cube incontef-
tablement, puifqu'on la trouvera $= 8p^3q^3$,
dont la racine cubique eft $2pq$. On aura
de plus $x = p^3 + 2q^3$, & $y = p^3 - 2q^3$. Lorfqu'au contraire la formule $axx + cyy$ n'eft
pas réfoluble en deux facteurs rationnels,
on ne pourra trouver d'autres folutions que
celles qui ont été données.

192.

Nous éclaircirons les recherches qui précedent par quelques queftions curieufes.

Queftion premiere. On demande un quarré xx en nombres entiers, & tel qu'en y
ajoutant 4, la fomme foit un cube ; le cas
a lieu pour $xx = 121$, mais on veut favoir
s'il y a d'autres cas femblables ?

Comme 4 eft un quarré, on cherchera
d'abord les cas où $xx + yy$ devient un cube ;
or nous en avons trouvé un qui a lieu,
fi $x = p^3 - 3pqq$, & $y = 3ppq - q^3$. Puis
donc que $yy = 4$, on a $y = \pm 2$, & par
conféquent ou $3ppq - q^3 = +2$, ou $3ppq$
$- q^3 = -2$: dans le premier cas on a donc

$q(3pp - qq) = 2$; ainsi q est un diviseur de 2.

Cela posé, supposons premiérement $q = 1$, nous aurons $3pp - 1 = 2$; donc $p = 1$, d'où se dérivent $x = 2$ & $xx = 4$.

Si nous supposons en second lieu $q = 2$, nous avons $6pp - 8 = \pm 2$; que si nous admettons le signe $+$, nous trouvons $6pp = 10$ & $pp = \frac{5}{3}$, d'où résulteroit une valeur de p irrationnelle, & qui ne peut avoir lieu ici; mais si nous considérons le signe $-$, nous avons $6pp = 6$ & $p = 1$; donc $x = 11$. Voilà les seuls cas possibles, & ce ne sont donc que les deux quarrés 4 & 121 qui, ajoutés à 4, donnent des cubes.

193.

Question deuxieme. On cherche en nombres entiers d'autres quarrés que 25, qui, ajoutés à 2, donnent des cubes.

Puis donc que $xx + 2$ doit devenir un cube, & puisque 2 est le double d'un quarré, déterminons d'abord les cas où la formule $xx + 2yy$ devient un cube; nous avons pour cet effet, par l'article 188, où $a=1$ & $c=2$; nous avons, dis-je, $x=p^3-6pqq$ & $y=3ppq-2q^3$; il faut donc, à cause de $y=\pm 1$, que $3ppq-2q^3$, ou $q(3pp-2qq)=\pm 1$, & par conséquent que q soit un diviseur de 1.

Soit donc $q=1$, & nous aurons $3pp-2=\pm 1$; si nous prenons le signe supérieur, nous trouvons $3pp=3$ & $p=1$, d'où résulte $x=5$; & si nous adoptons l'autre signe, nous parvenons à une valeur de p, qui étant irrationnelle, ne nous est d'aucun usage; il s'ensuit donc qu'il n'y a pas de quarré, hors 25, qui ait la propriété désirée.

194.

Question troisieme. On cherche des quarrés qui, multipliés par 5 & ajoutés à 7, produisent des cubes; ou bien on demande que $5xx+7$ soit un cube.

Qu'on cherche premiérement les cas où $5xx+7yy$ devient un cube; on trouvera par l'article 188, où $a=5$ & $c=7$, qu'il faut pour cela que $x=5p^3-21pqq$, &

que $y = 15ppq - 7q^3$; ainsi comme dans notre exemple $y = \pm 1$, on a $15ppq - 7q^3 = q(15pp - 7qq) = \pm 1$, il faut donc que q foit un divifeur de 1, c'eft-à-dire que $q = 1$; on aura par conféquent $15pp - 7 = \pm 1$, d'où réfultent, dans l'un & l'autre cas, des valeurs de p qui font irrationnelles; mais d'où il ne faut pas conclure cependant que la quéftion eft impoffible, vu que p & q pourroient être des fractions telles que $y = 1$ & que x devînt un nombre entier; & c'eft ce qui arrive réellement; car fi $p = \frac{1}{2}$ & $q = \frac{1}{2}$, on trouve $y = 1$ & $x = 2$; mais il eft vrai qu'il n'y a pas d'autres fractions qui rendent la folution poffible.

195.

Queftion quatrieme. On demande en nombres entiers des quarrés dont le double, diminué de 5, foit un cube; ou bien on veut que $2xx - 5$ foit un cube.

Si nous commençons par chercher les cas qui fatisfont pour la formule $2xx - 5yy$, nous avons dans le 188e. article $a = 2$, &

$c=-5$; ainsi $x=2p^3+15pqq$, & $y=6ppq$ $+5q^3$. Préfentement il faut ici que $y=\pm1$, & par conféquent $6ppq+5q^3=q(6pp+5qq)$ $=\pm1$; & comme cela ne fe peut ni en nombres entiers ni même en fractions , ce cas devient très-remarquable , parce qu'il y a néanmoins une valeur de x qui fatisfait , favoir $x=4$; en effet dans ce cas $2xx$ $-5=27$, ou égal au cube de 3. Il eft important de rechercher la raifon de cette fingularité.

196.

Non-feulement il eft poffible , comme nous voyons, que la formule $2xx-5yy$ foit un cube ; mais ce qui plus eft , la racine de ce cube a la forme $2pp-5qq$, comme on peut s'en convaincre en faifant $x=4$, $y=1$, & $p=2$, $q=1$; ainfi nous connoiffons un cas où $2xx-5yy=(2pp-5qq)^3$, quoique les deux facteurs de $2xx-5yy$, favoir $x\sqrt{2}+y\sqrt{5}$, & $x\sqrt{2}-y\sqrt{5}$, qui, fuivant notre méthode, dévroient être les cubes de $p\sqrt{2}+q\sqrt{5}$, & de $p\sqrt{2}-q\sqrt{5}$, ne soient pas des cubes ; car dans notre cas $x\sqrt{2}+y\sqrt{5}=4\sqrt{2}+\sqrt{5}$, au lieu que $(p\sqrt{2}+q\sqrt{5})^3=(2\sqrt{2}+\sqrt{5})^3=46\sqrt{2}+29\sqrt{5}$, ce qui n'est nullement identique avec $4\sqrt{2}+\sqrt{5}$.

Mais il faut remarquer que la formule $rr-10ff$ peut devenir 1 ou —1 en un nombre infini de cas ; par exemple, si $r=3$ & $f=1$, si $r=19$ & $f=6$; & cette formule multipliée par $2pp-5qq$ reproduit un nombre de cette derniere forme.

Soit donc $ff-10gg=1$, & au lieu de supposer, comme nous avons fait ci-devant, $2xx-5yy=(2pp-5qq)^3$, nous pourrons supposer d'une façon plus générale $2xx-5yy=(ff-10gg)(2pp-5qq)^3$; de sorte que prenant les facteurs, nous aurons $x\sqrt{2}\pm y\sqrt{5}=(f\pm g\sqrt{10})(p\sqrt{2}\pm q\sqrt{5})^3$. Or $(p\sqrt{2}\pm q\sqrt{5})^3=(2p^3+15pqq)\sqrt{2}\pm(6ppq+5q^3)\sqrt{5}$; & si, pour abréger, nous écrivons $A\sqrt{2}+B\sqrt{5}$ à la place de cette quantité, & que nous multipliions par $f+g\sqrt{10}$, nous aurons $Af\sqrt{2}+Bf\sqrt{5}+2Ag\sqrt{5}+fBg\sqrt{2}$ à égaler à $x\sqrt{2}$

$+y\sqrt5$, d'où résulte $x=Af+5Bg$, & $y=Bf+2Ag$; or, puisqu'il faut que $y=\pm1$, il n'est pas absolument nécessaire que $6ppq+5q^3=1$; au contraire il suffit que la formule $Bf+2Ag$, c'est-à-dire que $f(6ppq+5q^3)+2g(2p^3+15pqq)$ devienne $=\pm1$; de sorte que f & g peuvent avoir plusieurs valeurs. Soit, par exemple, $f=3$ & $g=1$, il faudra que la formule $18ppq+15q^3+4p^3+30pqq$ devienne $=\pm1$, ou bien que $4p^3+18ppq+30pqq+15q^3=\pm1$.

<h2 style="text-align:center">197.</h2>

Cette difficulté de déterminer tous les cas possibles de cette espece, n'a lieu cependant que lorsque dans la formule $axx+cyy$ le nombre c est négatif; & la cause en est qu'alors cette formule, ou bien cette autre $xx-acyy$, qui en dépend, peut devenir $=1$; ce qui n'arrive jamais quand c est un nombre positif, parce que $axx+cyy$, ou $xx+acyy$, donne toujours de plus grands nombres, plus on donne de grandes valeurs à x & à y. C'est pourquoi la méthode que nous venons d'expliquer, ne peut s'employer avec avantage que dans les cas où les deux nombres a & c ont des valeurs positives.

198.

Passons maintenant au quatrieme degré, & commençons par observer que, si la formule $axx + cyy$ doit devenir un bi-quarré, il faut que $a = 1$; car si ce nombre n'étoit pas un quarré, il ne seroit pas même possible de transformer la formule en un quarré ; & si cela étoit possible, on pourroit aussi lui donner la forme $tt + acuu$; c'est pourquoi nous n'étendrons la question qu'à cette derniere formule, qui revient à la précédente $xx + cyy$, dans la supposition de $a = 1$. Cela posé, il s'agit de voir quelle doit être la nature des valeurs de x & de y, pour que la formule $xx + cyy$ devienne un quarré-quarré. Or comme elle est composée des deux facteurs $(x + y \sqrt{-c})$ $(x - y \sqrt{-c})$, il faut que chacun de ces facteurs foit auffi un quarré-quarré de la même efpece ; & on doit faire $x + y \sqrt{-c}$ $= (p + q \sqrt{-c})^4$, & $x - y \sqrt{-c} = (p - q \sqrt{-c})^4$, d'où il réfulte que la formule propofée devient égale au bi-quarré $(pp + cqq)^4$. Quant aux valeurs de x & de y, elles fe déterminent facilement par le développement qui fuit :

$$x + y \sqrt{-c} = p^4 + 4p^3 q \sqrt{-c} - 6cppqq + ccq^4$$
$$- 4cpq^3 \sqrt{-c},$$

$$x - y \sqrt{-c} = p^4 - 4p^3 q \sqrt{-c} - 6cppqq + ccq^4$$
$$+ 4cpq^3 \sqrt{-c};$$

donc $x = p^4 - 6cppqq + ccq^4$, & $y = 4p^3 q$
$$- 4cpq^3.$$

199.

Ainfi, lorfque $xx + yy$ doit être un bi-quarré, comme actuellement $c = 1$, nous avons $x = p^4 - 6ppqq + q^4$, & $y = 4p^3 q - 4pq^3$; en forte que $xx + yy = (pp + qq)^4$.

Suppofons, par exempl. $p = 2$ & $q = 1$, & nous trouverons $x = 7$ & $y = 24$, d'où réfulte $xx + yy = 625 = 5^4$.

Si $p = 3$ & $q = 2$, nous obtenons $x = 119$ & $y = 120$, ce qui donne $xx + yy = 13^4$.

200.

Quelle que soit la puissance paire dans laquelle il s'agisse de transformer la formule $axx + cyy$, il est toujours absolument nécessaire que cette formule puisse être réduite à un quarré ; mais il suffit pour cet effet qu'on connoisse un seul cas où cela arrive ; car on pourra transformer la formule ensuite, comme nous avons vu, en une quantité de la forme $tt + acuu$, dans laquelle le premier terme tt n'est multiplié que par 1 ; de sorte qu'on peut la regarder comme étant contenue dans l'expression $xx + cyy$; & c'est d'une maniere toujours semblable qu'on peut donner à cette derniere expression la forme d'une sixieme puissance ou d'une puissance paire plus haute quelconque.

201.

Cette condition n'est pas requise pour les puissances impaires ; & quels que soient les

nombres

nombres a & c, on pourra toujours transformer la formule $axx + cyy$ en une puiſſance impaire quelconque. Qu'on demande, par exemple, la cinquieme; on n'aura qu'à faire $x\sqrt{a} + y\sqrt{-c} = (p\sqrt{a} + q\sqrt{-c})^5$, & $x\sqrt{a} - y\sqrt{-c} = (p\sqrt{a} - q\sqrt{-c})^5$, & on obtiendra évidemment $axx + cyy = (app + cqq)^5$; de plus, comme la cinquieme puiſſance de $p\sqrt{a} + q\sqrt{-c}$ eſt $aap^5\sqrt{a} + 5aap^4 q\sqrt{-c} - 10acp^3 qq\sqrt{a} - 10acppq^3 \sqrt{-c} + 5ccpq^4\sqrt{a} + ccq^5\sqrt{-c}$, on trouvera avec la même facilité $x = aap^5 - 10acp^3 qq + 5ccpq^4$, & $y = 5aap^4 q - 10acppq^3 + ccq^5$.

Si donc on demande que la ſomme de deux quarrés, ou $xx + yy$, ſoit en même temps une cinquieme puiſſance, on aura $a = 1$ & $c = 1$; donc $x = p^5 - 10p^3 qq + 5pq^4$, & $y = 5p^4 q - 10ppq^3 + q^5$; & en faiſant de plus $p = 2$ & $q = 1$, on trouvera $x = 38$ & $q = 41$; par conſéquent $xx + yy = 3125 = 5^5$.

CHAPITRE XIII.

De quelques Expreſſions de la forme ax^4 *+* by^4, *qui ne ſont pas réduċtibles à des quarrés.*

202.

ON s'eſt donné beaucoup de peine pour trouver deux bi-quarrés, dont la ſomme ou la différence fût un quarré; mais inutilement, & même on eſt parvenu à la fin à démontrer que ni la formule $x^4 + y^4$, ni la formule $x^4 - y^4$, ne peuvent devenir des quarrés, ſi ce n'eſt dans les cas évidens où, dans la premiere, x ou $y = 0$, & où, dans la ſeconde, $y = 0$ ou $y = x$. La choſe eſt d'autant plus remarquable, qu'on peut trouver, comme on l'a vu, une infinité de ſolutions, lorſqu'il ne s'agit que de ſimples quarrés.

203.

Nous allons donner la démonſtration dont nous venons de parler, & afin de procéder par ordre, nous remarquerons avant toutes chofes que les deux nombres x & y peuvent être regardés comme premiers entr'eux. En effet, fi ces nombres avoient un commun divifeur, de façon qu'on pût faire $x = dp$ & $y = dq$, nos formules deviendroient $d^4 p^4 + d^4 q^4$ & $d^4 p^4 - d^4 q^4$; ces formules, fi elles étoient des quarrés, refteroient des quarrés étant divifées par d^4; donc auffi les formules $p^4 + q^4$ & $p^4 - q^4$, dans lefquelles p & q n'ont plus de commun divifeur, feroient des quarrés; par conféquent il fuffira de prouver que nos formules, dans le cas où x & y font des nombres premiers entr'eux, ne peuvent devenir des quarrés, & notre démonftration s'étendra d'elle-même à tous les cas où x & y auroient des divifeurs communs.

204.

Nous commencerons donc par la fomme de deux bi-quarrés, favoir par la formule $x^4 + y^4$, & en confidérant x & y comme des nombres qui font premiers entr'eux. Il s'agit de prouver que cette formule ne peut devenir un quarré que dans les cas mentionnés ci-deſſus ; on va voir les raiſonnemens que cette demonſtration exige.

Si quelqu'un nioit la propoſition, ce ſeroit ſoutenir qu'il peut y avoir des valeurs de x & de y telles que $x^4 + v^4$ fût un quarré, quelque grandes qu'elles fuſſent, puiſqu'il n'y en a pas de petites.

Or on peut faire voir clairement que ſi x & y avoient des valeurs ſatisfaiſantes, on pourroit, quelque grandes que fuſſent ces valeurs, en déduire de moindres pareillement ſatisfaiſantes, tirer de celles-ci des valeurs encore plus petites, & ainſi de ſuite. Puis donc qu'on ne connoît aucune valeur en petits nombres, excepté les deux cas ci-deſſus qui ne menent pas plus loin, on peut auſſi conclure avec aſſurance qu'il n'exiſte point de valeurs de x & de y de la nature de celles qu'on cherche, & pas même dans les plus grands nombres. La propoſition avancée à l'égard de la différence de deux bi-quarrés, $x^4 - y^4$, ſe démontrera par le même principe, comme on le verra plus bas.

205.

Ce font les points fuivans qu'il faut confidérer maintenant, fi on veut fe convaincre que x^4+y^4 ne peut devenir un quarré que dans les cas évidens dont nous avons parlé.

I.) Puifque nous fuppofons que x & y font des nombres premiers entr'eux, c'eft-à-dire, qui n'ont point de commun divifeur, il faut qu'ils foient ou impairs tous les deux, ou que l'un foit pair & que l'autre foit impair.

II.) Mais ils ne pourroient être impairs tous deux, à caufe que la fomme de deux quarrés impairs ne peut jamais être un quarré ; car un quarré impair eft toujours contenu dans la formule $4n+1$, & par conféquent la fomme de deux quarrés impairs aura la forme $4n+2$, ce qui étant divifible par 2, mais non par 4, ne peut être un quarré. Or ce que nous venons de dire doit s'entendre aussi de deux bi-quarrés impairs.

III.) Si donc $x^4 + y^4$ doit être un quarré, il faut qu'un des termes soit pair, & que l'autre soit impair. Or nous avons vu plus haut que, pour que la somme de deux quarrés soit un quarré, il faut que la racine de l'un puisse être exprimée par $pp - qq$, & celle de l'autre par $2pq$; donc il faudroit que $xx = pp - qq$ & $yy = 2pq$, & on auroit $x^4 + y^4 = (pp + qq)^2$.

IV.) Ici par conséquent y feroit pair & x feroit impair; mais puisque $xx = pp - qq$, il faut aussi que des nombres p & q l'un soit pair & l'autre impair. Or le premier p ne peut être pair, parce que s'il l'étoit, $pp - qq$ feroit un nombre de la forme $4n - 1$ ou $4n + 3$, & ne pourroit devenir un quarré. Donc il faudroit que p fût impair & que q fût pair, & en ce cas il est clair que ces nombres feront premiers entr'eux.

V.) Pour que $pp - qq$ devienne un quarré ou $= xx$, il faut, comme nous avons vu plus haut, que $p = rr + ss$ & $q = 2rs$; car en ce cas $xx = (rr - ss)^2$ & $x = rr - ss$.

VI.) Or il faut que yy foit pareillement un quarré; & puifque nous avions $yy=2pq$, nous aurons à préfent $yy=4rf(rr+ff)$; de forte que cette formule doit être un quarré; donc il faut auffi que $rf(rr+ff)$ foit un quarré: & remarquons que r & f font des nombres premiers entr'eux, de façon que les trois facteurs de cette formule, favoir r, f & $rr+ff$, n'ont point de commun divifeur.

VII.) Or, quand un produit de plufieurs facteurs qui n'ont point de divifeur commun, doit être un quarré, il faut que chaque facteur foit de lui-même un quarré; ainfi on fera $r=tt$ & $f=uu$, & il faudra que $t^4+u^4=\square$.

Si donc x^4+u^4 étoit un $\square$, notre formule, t^4+u^4, qui eft pareillement la fomme de deux bi-quarrés, feroit de même un $\square$. Et il eft bon d'obferver ici que puifque $xx=t^4-u^4$ & $yy=4ttuu(t^4+u^4)$, les nombres t & u feront évidemment bien plus petits que x & y, vu que x & y fe déterminent même par les quatriemes puiffances de t & de u, & ne peuvent par consé-quent que devenir bien plus grands que ces nombres.

VIII.) Il s'enfuit de-là que si on pouvoit assigner, quand même ce seroit en nombres très-grands, deux bi-quarrés, comme x^4 & y^4, dont la somme fût un quarré, on pourroit en déduire une somme de deux bi-quarrés beaucoup plus petits, qui seroit pareillement un quarré ; cette nouvelle somme en feroit trouver ensuite une autre de la même nature & encore plus petite, & ainsi de suite jusqu'à ce qu'on parvînt à des nombres très-petits. Or une telle somme, en nombres très-petits, n'étant pas possible, il s'enfuit évidemment qu'il n'y en a aucune qu'on puisse exprimer par des nombres très-grands.

IX.) On pourroit objecter, à la vérité, qu'il existe une somme de l'espece dont nous parlons, en nombres très-petits, savoir dans le cas dont nous avons fait mention, où l'un des deux bi-quarrés devient zéro ; mais nous répondons qu'on n'arrivera certainement pas à ce cas, en revenant des nombres très-grands aux plus petits, suivant la méthode indiquée; car si dans la petite somme ou dans la somme réduite $-t^4+u^4$, on avoit $t=0$ ou $u=0$, on auroit nécessairement $yy=0$ dans la grande somme; or c'est un cas qui n'entre point ici en considération.

206.

Passons à la seconde proposition, & prouvons aussi que la différence de deux biquarrés, ou x^4-y^4, ne peut jamais devenir un quarré que dans les cas où $y=0$ & $y=x$.

I.) On peut regarder les nombres x & y comme premiers entr'eux, & par conséquent comme étant ou impairs tous les deux, ou l'un pair & l'autre impair. Or comme dans l'un & l'autre cas la différence de deux quarrés peut redevenir un quarré, il faudra considérer ces deux cas séparément.

II.) Supposons d'abord les deux nombres x & y impairs, & que $x=p+q$ & $y=p-q$, il faudra nécessairement que l'un des deux nombres p & q soit impair, & que l'autre soit pair. Or nous avons $xx - yy = 4pq$, & $xx + yy = 2pp + 2qq$; donc notre formule $x^4 - y^4 = 4pq(2pp + 2qq)$; & ceci devant être un quarré, il faut aussi que sa quatrieme partie, $pq(2pp + 2qq) = 2pq(pp + qq)$, soit un quarré; & puisque les facteurs de cette formule n'ont point de commun diviseur, à cause que si p est pair q est impair, chacun de ces facteurs, $2p$, q & $pp + qq$, doit être de soi un quarré. Afin donc de faire en sorte que les deux premiers deviennent des quarrés, qu'on suppose $2p = 4rr$ ou $p = 2rr$, & $q = ff$, où f doit être impair, & il faudra que le troisieme facteur, $4r^4 + f^4$, soit pareillement un quarré.

III.) Or, puisque $f^4 + 4r^4$ est la somme de deux quarrés, dont le premier, f^4, est impair, & dont l'autre, $4r^4$, est pair, qu'on fasse la racine du premier $ff = tt - uu$, où t soit impair & u pair; & la racine du second, $2rr = 2tu$, ou $rr = tu$, où t & u sont premiers entr'eux.

IV.) Puis donc que $tu = rr$ doit être un quarré, il faut que tant t que u soient des quarrés. Qu'on suppose donc $t = mm$ & $u = nn$, en entendant par m un nombre impair, & par n un nombre pair, on aura $ff = m^4 - n^4$; de sorte qu'il faudroit de nouveau qu'une différence de deux bi-quarrés, savoir $m^4 - n^4$, fût un quarré. Or il est clair que ces nombres seroient bien plus petits que x & y, puisqu'ils sont moindres que r & f, qui sont eux-mêmes évidemment plus petits que x & y. Si donc une solution étoit possible dans de grands nombres, & que $x^4 - y^4$ fût un quarré, il faudroit qu'il y en eût une aussi qui fût possible pour des nombres beaucoup plus petits; celle-ci devroit faire parvenir à une autre pour des nombres encore plus petits, & ainsi de suite.

V.) Or les nombres les plus petits, pour lesquels un tel quarré peut se trouver, ont lieu dans le cas où un des bi-quarrés est $= 0$, ou qu'il est égal à l'autre bi-quarré. Dans le premier cas il faudroit que $n = 0$; donc $u = 0$, & de même $r = 0$, $p = 0$,

& enfin $x^4 - y^4 = 0$, ou $x^4 = y^4$; ce qui
eſt un cas, duquel il n'eſt pas queſtion ici;
que ſi $n = m$, on trouveroit $t = u$, enſuite
$ſ = 0$, $q = 0$, & enfin auſſi $x = y$, ce qui
n'entre point ici en conſidération.

207.

On pourroit faire ici l'objeĉtion que,
puiſque m eſt impair & que n eſt pair, la
derniere différence n'eſt plus ſemblable à
la premiere, & qu'ainſi on ne peut en tirer
des concluſions analogues pour des nombres plus petits. Mais il ſuffit que la premiere
différence nous ait fait arriver à la ſeconde,
& nous allons faire voir que $x^4 - y^4$ ne peut
non plus devenir un quarré, quand l'un des
bi-quarrés eſt pair & que l'autre eſt impair.

I.) D'abord ſi le premier x^4 étoit pair,
& que y^4 fût impair, la choſe ſeroit claire
d'elle-même, puiſqu'on auroit un nombre
de la forme $4n + 3$, qui ne peut être un
quarré. Soit donc x impair & y pair, il
faudra que $xx = pp + qq$, & $y = 2pq$,
d'où réſulte $x^4 - y^4 = p^4 - 2ppqq + q^4$

$= (pp - qq)^2$, où des deux nombres p & q l'un doit être pair & l'autre impair.

II.) Or $pp + qq = xx$ devant être un quarré, on a $p = rr - ss$ & $q = 2rs$; donc $x = rr + ss$. Mais de-là résulte $yy = 2(rr - ss) : 2rs$, ou $yy = 4rs(rr - ss)$, ce qui devant être un quarré, le quart $rs(rr - ss)$, dont les facteurs sont premiers entr'eux, doit pareillement être un quarré.

III.) Qu'on fasse donc $r = t$ & $s = uu$, on aura le troisieme facteur $rr - ss = t^4 - u^4$, qui devra de même être un quarré; or comme ce facteur équivaut à la différence de deux bi-quarrés, qui sont beaucoup moindres que les premiers, la démonstration précédente est pleinement confirmée; & il est évident que si la différence de deux bi-quarrés pouvoit devenir égale au quarré d'un nombre, quelque grand qu'on veuille le supposer, on pourroit, moyennant ce cas connu, parvenir à des différences de plus en plus petites, qui seroient de même réductibles à des quarrés, sans cependant retomber dans les deux cas évidens, dont

nous avons parlé au commencement ; donc
il est impossible que la chose puisse avoir
lieu même pour les plus grands nombres.

208.

La premiere partie de la démonstration
précédente, savoir où x & y sont supposés
impairs, peut s'abréger de la maniere suivante : si $x^4 - y^4$ étoit un quarré, il faudroit
qu'on eût $xx = pp + qq$ & $yy = pp - qq$,
en entendant par p & q des nombres dont
l'un soit pair & l'autre impair ; moyennant
cela on auroit $xxyy = p^4 - q^4$, & il faudroit
par conséquent que $p^4 - q^4$ fût un quarré ;
or c'est-là une différence de deux bi-quarrés
dont l'un est pair & dont l'autre est impair ;
& il a été prouvé dans la seconde partie
de la démonstration, qu'une différence de
cette nature ne peut devenir un quarré.

209.

Nous avons donc prouvé ces deux propositions capitales, que ni la somme ni la
différence de deux bi-quarrés ne peut de-

venir un nombre quarré, fi ce n'eft dans un petit nombre de cas tout-à-fait évidens.

Quelques formules donc qu'on veuille transformer en des quarrés, fi ces formules demandent qu'on réduife à un quarré la fomme ou la différence de deux bi-quarrés, on peut prononcer que ces formules propofées font pareillement impoffibles. C'eft ce qui arrive à l'égard de celles que nous allons indiquer.

I.) Il n'eft pas poffible que la formule $x^4 + 4y^4$ devienne un quarré; car puifque cette formule eft la fomme de deux quarrés, il faudroit que $xx = pp - qq$, & $2yy = 2pq$ ou $yy = pq$; or p & q étant des nombres premiers entr'eux, il faudroit que l'un & l'autre fût un $\square$. Si donc on fait $p = rr$ & $q = ff$, on aura $xx = r^4 - f^4$; c'eft-à-dire qu'il faudroit que la différence de deux bi-quarrés fût un quarré, ce qui eft impoffible.

II.) Il n'eft pas poffible non plus que la formule $x^4 - 4y^4$ devienne un quarré; car il faudroit dans ce cas que $xx = pp + qq$, & $2yy = 2pq$, afin qu'on eût $x^4 - 4y^4$

$=(pp-qq)^2$; or pour que $yy=pq$, il faut que tant p que q soit un quarré; & si on fait en conséquence $p=rr$ & $q=ss$, on a $xx=r^4+s^4$; c'est-à-dire qu'il faudroit que la somme de deux bi-quarrés pût devenir un quarré, ce qui est impossible.

III.) Il est impossible aussi que la formule $4x^4-y^4$ devienne un quarré, parce qu'il faudroit en ce cas nécessairement que y fût un nombre pair; or si l'on fait $y=2z$, on trouve que $4x^4-16z^4$, & par conséquent aussi la quatrieme partie x^4-4z^4, devroit pouvoir se réduire à un quarré; ce que nous venons de voir n'être pas possible.

IV.) La formule $2x^4+2y^4$ ne peut pas non plus se transformer en un quarré; car, puisqu'il faudroit que ce quarré fût pair, & par conséquent $2x^4+2y^4=4zz$, on auroit $x^4+y^4=2zz$, ou $2zz+2xxyy=x^4+2xxyy+y^4=\square$, ou pareillement $2zz-2xxyy=x^4-2xxyy+y^4=\square$. Ainsi, comme tant $2zz+2xxyy$ que $2zz-2xxyy$ deviendroient des quarrés, il faudroit que leur

leur produit $4z^4 - 4x^4y^4$, aussi bien que le quart de ce produit, ou $z^4 - x^4y^4$, fût un quarré. Mais ce quart est la différence de deux bi-quarrés ; donc, &c.

V.) Enfin je dis aussi que la formule $2x^4 - 2y^4$ ne peut être un quarré ; car les deux nombres x & y ne peuvent être pairs tous deux, puisque s'ils l'étoient, ils auroient un diviseur commun ; ils ne peuvent être non plus pair l'un & impair l'autre, puisqu'autrement une partie de la formule seroit divisible par 4, & l'autre seulement par 2, & qu'ainsi la formule entiere ne seroit divisible que par 2 ; donc il faut que ces nombres x & y soient impairs tous les deux. Or si l'on fait à présent $x = p + q$, & $y = p - q$, un des nombres p & q sera pair, & l'autre sera impair ; & puisque $2x^4 - 2y^4 = 2(xx + yy)(xx - yy)$, & que $xx + yy = 2pp + 2qq = 2(pp + qq)$, & que $xx - yy = 4pq$, notre formule se trouvera exprimée par $16pq(pp + qq)$, dont la seizieme partie, ou $pq(pp + qq)$, devra être pareillement un quarré. Mais ces facteurs sont premiers entre eux ; ainsi chacun doit de son côté être un quarré. Qu'on fasse donc les deux premiers $p = rr$ & $q = ss$, & le troisieme devenant $= r^4 + s^4$, ce qui ne peut être un quarré, prouvera que la formule proposée ne peut pas non plus devenir un quarré.

210.

On peut démontrer de même que la formule $x^4 + 2y^4$ ne devient jamais un quarré ; voici l'ordre de cette démonstration :

I.) Le nombre x ne peut être pair, parce qu'il faudroit en ce cas que y fût impair ; & la formule ne seroit divisible que par 2 & non par 4 ; donc x doit être impair.

II.) Qu'on suppose donc la racine quarrée de notre formule $= xx + \frac{2pyy}{q}$, afin qu'elle devienne impaire, on aura $x^4 + 2y^4 = x^4 + \frac{4pxxyy}{q} + \frac{4ppy^4}{qq}$, où les x^4 se détruisent ; en sorte qu'en divisant les autres termes par yy & multipliant par qq, on trouve $4pqxx + 4ppyy = 2qqyy$, ou $4pqxx = 2qqyy$

— $4ppyy$, d'où l'on tire $\frac{xx}{yy} = \frac{qq-2pp}{2pq}$; c'est-à-dire $xx = qq - 2pp$ & $yy = 2pq$, qui font les mêmes formules que nous avons déjà données plus haut.

III.) Ainsi $qq - 2pp$ devroit être un quarré, & c'est ce qui ne peut arriver, à moins qu'on ne fasse $q = rr + 2ss$ & $p = 2rs$, afin d'avoir $xx = (rr - 2ss)^2$; or on auroit alors $4rs(rr + 2ss) = yy$; & il faudroit qu'aussi le quart $rs(rr + 2ss)$ fût un quarré, & par conséquent que r & s fussent chacun en particulier des quarrés. Si donc on suppose $r = t$ & $s = uu$, on trouvera le troisieme facteur $rr + 2ss = t^4 + 2u^4$, qui devroit être un quarré.

IV.) Par conséquent si $x^4 + 2y^4$ étoit un quarré, il faudroit aussi que $t^4 + 2u^4$ fût un quarré ; & comme les nombres t & u seroient beaucoup moindres que x & y, on pourroit parvenir de la même maniere à des nombres toujours plus petits. Or il est facile de se convaincre, par quelques essais, que la formule proposée n'est pas un quarré de quelque petit nombre ; donc elle ne l'eft pas non plus d'un nombre même très-grand.

2 1 1.

Pour ce qui regarde au contraire la formule $x^4 - 2y^4$, il n'eft pas poffible de prouver qu'elle ne peut devenir un quarré, & on trouve même par un raifonnement femblable au précédent, qu'il y a une infinité de cas où cette formule devient réellement un quarré.

En effet, que $x^4 - 2y^4$ dóive être un quarré, nous venons de voir qu'en faifant $xx = pp + 2qq$ & $yy = 2pq$, on trouve $x^4 - 2y^4 = (pp - 2qq)^2$. Or $pp + 2qq$ doit donc devenir pareillement un quarré, & c'eft ce qui arrive, lorfque $p = rr - 2ff$ & $q = 2rf$, vu qu'on a dans ce cas $xx = (rr + 2ff)^2$. De plus il eft à remarquer qu'on pourroit prendre pour le même effet $p = 2ff - rr$ & $q = 2rf$: nous ferons attention à l'un & à l'autre cas.

I.) Soit d'abord $p = rr - 2ff$ & $q = 2rf$, on aura $x = rr + 2ff$; & à caufe de $yy = 2pq$, on aura maintenant $yy = 4rf(rr$

$-2ff$) ; de sorte que r & f doivent être des quarrés. Qu'on fasse donc $r = tt$ & $f = uu$, on trouvera $yy = 4ttuu(t^4 - 2u^4)$. Ainsi $y = 2tu\sqrt{t^4 - 2u^4}$ & $x = t^4 + 2u^4$; donc, lorsque $t^4 - 2u^4$ est un quarré, on trouvera aussi $x^4 - 2y^4 = \square$; mais quoique t & u soient des nombres plus petits que x & y, on ne peut conclure cependant, comme auparavant, que $x^4 - 2y^4$ ne peut être un quarré, de ce qu'on parvient à une formule semblable en de moindres nombres; car $x^4 - 2y^4$ peut devenir un quarré, sans qu'on parvienne à la formule $t^4 - 2u^4$, comme on le verra en considérant le second cas.

II.) Soit donc $p = 2ff - rr$ & $q = 2rf$, on aura à la vérité, comme ci-devant, $xx = rr + 2ff$; mais on trouvera $yy = 2pq = 4rf(2ff - rr)$. Si l'on suppose maintenant $r = tt$ & $f = uu$, on obtient $yy = 4ttuu(2u^4 - t^4)$, par conséquent $y = 2tu\sqrt{2u^4 - t^4}$ & $x = t^4 + 2u^4$, moyennant quoi il est clair que notre formule $x^4 - 2y^4$ peut devenir àuffi un quarré, quand la formule $2u^4 - t^4$ devient un quarré. Or ce cas a lieu évidemment, quand $t = 1$ & $u = 1$; & nous obtenons par-là $x = 3$ & $y = 2$, & enfin $x^4 - 2y^4 = 81 - 2.16 = 49$.

III.) Nous avons auffi vu plus haut que $2u^4 - t^4$ devient un quarré, lorfque $u = 13$ & $t = 1$, puifqu'alors $\sqrt{2u^4 - t^4} = 239$. Si nous fubftituons donc ces valeurs au lieu de t & de u, nous trouvons un nouveau cas pour notre formule, favoir $x = 1 + 2$ $.13^4 = 57123$, & $y = 2.13.239 = 6214$.

IV.) De plus, dès qu'on a trouvé des valeurs de x & de y, on peut les fubftituer à t & à u dans les formules du n°. 1, & on obtiendra par ce moyen de nouvelles valeurs de x & de y.

Or nous venons de trouver $x = 3$ & $y = 2$; faifons donc, dans les formules n°. 1, $t = 3$ & $u = 2$, de forte que $\sqrt{t^4 - 2u^4} = 7$, & nous aurons les nouvelles valeurs fuivantes, $x = 81 + 2.16 = 113$ & $y = 2$ $.3.2.7 = 84$; ainfi $xx = 12769$, & x^4

$=163047361$; de plus $yy=7056$, & y^4
$=49787136$; donc $x^4 - 2y^4 = 63473089$:
la racine quarrée de ce nombre est 7967,
& elle s'accorde parfaitement avec la formule adoptée au commencement, $pp - 2qq$;
car puisque $t = 3$ & $u = 2$, on a $r = 9$ &
$s = 4$; donc $p = 81 - 32 = 49$ & $q = 72$,
d'où résulte $pp - 2qq = 2401 - 10368$
$= -7967$.

CHAPITRE XIV.

*Solutions de quelques Questions qui appar-
tiennent à cette partie de l'Analyse.*

212.

Nous avons expliqué jusqu'ici les artifices qui se présentent dans cette partie de
l'analyse, & qui peuvent être nécessaires
pour résoudre quelque question que ce soit
qui appartienne à cette partie ; il nous reste
à les mettre dans un plus grand jour, en
joignant ici quelques-unes de ces questions
avec leurs solutions.

213.

Premiere question. Trouver un nombre tel que, si on y ajoute ou qu'on en retranche l'unité, on obtienne dans l'un & l'autre cas un nombre quarré.

Soit le nombre cherché $= x$, il faut que tant $x + 1$ que $x - 1$ soit un quarré. Supposons pour le premier cas $x + 1 = pp$, nous aurons $x = pp - 1$ & $x - 1 = pp - 2$, ce qui devra pareillement être un $\square$. Que la racine en soit donc $p - q$, nous aurons $pp - 2 = pp - 2pq + qq$, & par conséquent $p = \frac{qq + 2}{2q}$, au moyen de quoi on obtient $x = \frac{q^4 + 4}{4qq}$, où l'on peut donner à q une valeur quelconque même fractionnaire.

Si nous faisons donc $q = \frac{r}{f}$, en sorte que $x = \frac{r^4 + 4f^4}{4rrff}$, nous aurons pour quelques petits nombres les valeurs qui suivent :

Si $r =$	1	2	1	3
& $f =$	1	1	2	1
on a $x =$	$\frac{5}{4}$	$\frac{5}{4}$	$\frac{65}{16}$	$\frac{85}{36}$.

214.

Seconde question. Trouver un nombre x tel que, si on y ajoute deux nombres quelconques, par exemple 4 & 7, on obtienne dans l'un & l'autre cas un quarré.

Il faut d'après cet énoncé que les deux formules, $x + 4$ & $x + 7$, deviennent des quarrés. Qu'on suppose donc la premiere $x + 4 = pp$, on aura $x = pp - 4$, & la seconde deviendra $x + 7 = pp + 3$; or cette formule devant aussi être un quarré, soit sa racine $= p + q$, & on aura $pp + 3 = pp + 2pq + qq$, d'où l'on tirera $p = \frac{3 - qq}{2q}$, & par conséquent $x = \frac{9 - 22qq + q^4}{4qq}$. Si de plus on prend pour q une fraction $\frac{r}{s}$, on trouve pour x la valeur $\frac{9s^4 - 22rrss + r^4}{4rrss}$, dans laquelle on peut substituer à r & à s tous les nombres entiers qu'on veut.

Si l'on fait $r = 1$ & $s = 1$, on trouve $x = -3$; donc $x + 4 = 1$ & $x + 7 = 4$.

Que si l'on demandoit que x fût un

nombre poſitif, on pourroit faire $f=2$ & $3=1$, & on auroit $x=\frac{57}{16}$, moyennant quoi $x+4=\frac{121}{16}$, & $x+7=\frac{169}{16}$.

Si l'on fait $f=3$ & $r=1$, on a $x=\frac{133}{9}$, d'où réſultent $x+4=\frac{169}{9}$ & $x+7=\frac{196}{9}$.

Veut-on que le dernier terme de la formule qui exprime x, ſurpaſſe le moyen, qu'on faſſe $r=5$ & $f=1$, on aura $x=\frac{21}{25}$, & par conſéquent $x+4=\frac{121}{25}$ & $x+7=\frac{196}{25}$.

215.

Troiſieme queſtion. On cherche une valeur fraƈtionnaire de x, telle qu'ajoutée à 1 ou ſouſtraite de 1, elle donne dans l'un & l'autre cas un quarré.

Puiſque ce ſont les deux formules $1+x$ & $1-x$ qui doivent devenir des quarrés, qu'on ſuppoſe la premiere $1+x=pp$, on aura $x=pp-1$, & la ſeconde formule $1-x=2-pp$. Or comme cette formule-ci doit devenir un quarré, & que ni le premier terme ni le dernier n'eſt un quarré, il faudra tâcher de trouver un cas où la formule devienne un $\square$; on ne tarde pas à en appercevoir un, c'est celui de $p = 1$. Qu'on fasse donc $p = 1 - q$, de sorte que $x = qq - 2q$, notre formule $2 - pp$ sera $= 1 + 2q - qq$; & en supposant la racine $= 1 - qr$, on aura $1 + 2q - qq = 1 - 2qr + qqrr$; ainsi $2 - q = -2r + qrr$, & $q = \frac{2r+2}{rr+1}$; de-là résulte $x = \frac{4r - 4r^3}{(rr+1)^2}$; & puisque r est une fraction, qu'on fasse $r = \frac{t}{u}$, on aura $x = \frac{4tu^3 - 4t^3u}{(tt+uu)^2} = \frac{4tu(uu-tt)}{(tt+uu)^2}$, & il est clair que u doit être plus grand que t.

Soit donc, par exemple, $u = 2$ & $t = 1$, on trouvera $x = \frac{24}{25}$.

Soit $u = 3$ & $t = 2$, on aura $x = \frac{120}{169}$, & les formules $1 + x = \frac{289}{169}$ & $1 - x = \frac{49}{169}$, feront toutes deux des quarrés.

216.

Quatrieme question. Trouver des nombres x tels que, soit qu'on les ajoute à 10, soit qu'on les soustraie de 10, il en résulte des quarrés.

Il s'agit donc de transformer en quarrés les formules $10+x$ & $10-x$, & on pourroit le faire par la méthode qu'on vient d'employer ; mais indiquons une autre voie pour y parvenir. On remarquera d'abord que le produit de ces deux formules, ou $100-xx$, doit pareillement devenir un quarré ; or son premier terme étant déjà un quarré, il faut en supposer la racine $=10-px$, moyennant quoi on aura $100-xx=100-20px+ppxx$; donc $x=\frac{20p}{pp+1}$; or par-là ce n'est encore que le produit des deux formules qui devient un quarré, & non pas chacune en particulier. Mais pourvu que l'une devienne un quarré, l'autre sera nécessairement aussi un quarré ; or $10+x=\frac{10pp+20p+10}{pp+1}=\frac{10(pp+2p+1)}{pp+1}$, & puisque $pp+2p+1$ est déjà un quarré, tout se réduit à ce qu'aussi la fraction $\frac{10}{pp+1}$, ou bien celle-ci $\frac{10pp+10}{(pp+1)^2}$, soit un quarré. Il faut pour cela seulement que $10pp+10$ soit un quarré, & on a de nouveau besoin ici de trouver un cas où cela ait lieu. On remar-

quera qu'un tel cas est $p=3$; c'est pourquoi on fera $p=3+q$, & on aura 100
$+60q+10qq$. Que la racine de ceci soit
$10+qt$, on aura l'équation finale $100+60q$
$+10qq=100+20qt+qqtt$, qui donne q
$=\frac{60-20t}{tt-10}$, au moyen de quoi on déterminera $p=3+q$, & $x=\frac{20p}{pp+1}$.

Soit $t=3$, on trouvera $q=0$ & $p=3$;
donc $x=6$, & nos formules $10+x=16$
& $10-x=4$.

Mais si $t=1$, on a $q=-\frac{40}{9}$ & $p=-\frac{13}{9}$,
ainsi $x=-\frac{234}{25}$; or il est indifférent de faire
aussi $x=+\frac{234}{25}$, donc $10+x=\frac{484}{25}$ & 10
$-x=\frac{16}{25}$, quantités qui sont toutes deux des
quarrés.

217.

Remarque. Si on vouloit généraliser cette
question en demandant pour un nombre
quelconque a des nombres x, tels que tant
$a+x$ que $a-x$ fussent des quarrés, la solution deviendroit souvent impossible, savoir dans tous les cas où a ne seroit pas la
somme de deux quarrés. Or nous avons

déjà vu plus haut que depuis 1 jusqu'à 50 ce ne font que les nombres fuivans qui font les fommes de deux quarrés, ou qui font contenus dans la formule $xx + yy$:

1, 2, 4, 5, 8, 9, 10, 13, 16, 17, 18, 20, 25, 26, 29, 32, 34, 36, 37, 40, 41, 45, 49, 50.

Ainfi les autres nombres compris entre 1 & 50, & qui font:

3, 6, 7, 11, 12, 14, 15, 19, 21, 22, 23, 24, 27, 28, 30, 31, 33, 35, 38, 39, 42, 43, 44, 46, 47, 48,

ne peuvent fe décompofer en deux quarrés; par conféquent toutes les fois que a feroit un de ces derniers nombres, la queftion feroit impoffible. La démonftration en eft facile. Soit $a + x = pp$ & $a - x = qq$, l'addition des deux formules donnera $2a = pp + qq$; donc il faut que $2a$ foit la fomme de deux quarrés; or fi $2a$ eft une fomme de cette efpece, a en fera une femblable; par conféquent, lorfque a n'eft pas la fomme de deux quarrés, il fera toujours impoffible que $a + x$ & $a - x$ foient en même temps des quarrés.

218.

Comme 3 n'est pas la somme de deux quarrés, il suit de ce que nous avons dit, que, si $a = 3$, la question est impossible. Mais on pourroit objecter qu'il y a peut-être deux quarrés fractionnaires, dont la somme est $= 3$; nous répondons que cela n'est pas possible non plus ; car si 3 étoit $= \frac{pp}{qq} + \frac{rr}{ss}$, & qu'on multipliât par $qqss$, on auroit $3qqss = ppss + qqrr$, où le second membre, qui est la somme de deux quarrés, seroit divisible par 3 ; or nous avons vu plus haut qu'une somme de deux quarrés ne peut avoir pour diviseurs que des nombres qui soient eux-mêmes des sommes de cette espece.

Il est vrai que les nombres 9 & 45 sont divisibles par 3 , mais ils sont divisibles aussi par 9 , & même chacun des deux quarrés qui composent tant l'un que l'autre, est divisible par 9 , vu que $9 = 3^2 + 0^2$, & $45 = 6^2 + 3^2$; c'est donc un cas différent & duquel il n'est pas question ici ; & nous pouvons donc nous en tenir à la conclusion, que si un nombre *a* n'est pas en nombres entiers la somme de deux quarrés, il ne le sera pas non plus en fractions. Lorsqu'au contraire le nombre *a* est en nombres entiers la somme de deux quarrés, il peut être d'une infinité de manieres la somme de deux quarrés en nombres fractionnaires; c'est ce que nous allons faire voir.

219.

Cinquieme question. Décomposer en autant de manieres qu'on voudra un nombre, qui est la somme de deux quarrés, en une autre somme de deux quarrés.

Soit $ff + gg$ le nombre proposé, & qu'on cherche deux autres quarrés, par exemple xx & yy, dont la somme $xx + yy$ soit égale au nombre $ff + gg$. Il est clair d'abord que si x est ou plus grand ou plus petit que f, il faut qu'au contraire y soit ou plus petit ou plus grand que g. Qu'on fasse donc $x = f + pz$ & $y = g - qz$, on aura $ff + 2fpz + ppzz + gg - 2gqz + qqzz$
$$= ff$$

$=ff+gg$, où les deux termes ff & gg fe détruifent; après quoi il ne refte que des termes qui font divifibles par z. Ainfi on aura $2fp+ppz-2gq+qqz=0$, ou $ppz+qqz=2gq-2fp$; donc $z=\frac{2gq-2fp}{pp-qq}$, d'où l'on tire pour x & y les valeurs fuivantes, $x=\frac{2gpq+f(qq-pp)}{pp+qq}$ & $y=\frac{2fpq+g(pp-qq)}{pp-qq}$, dans lefquelles on peut adopter pour p & q tous les nombres poffibles à volonté.

Que, par exemple, 2 foit le nombre propofé, en forte que $f=1$ & $g=1$, on aura $xx+yy=2$; & à caufe de $x=\frac{2pq+qq-pp}{pp+qq}$ & de $y=\frac{2pq+pp-qq}{pp+qq}$, fi on fait $p=2$ & $q=1$, on trouve $x=\frac{1}{5}$ & $y=\frac{7}{5}$.

220.

Sixieme queftion. Si a eft la fomme de deux quarrés, trouver des nombres x, tels que $a+x$ & $a-x$ deviennent des quarrés.

Soit $a=13=9+4$, & qu'on faffe $13+x=pp$ & $13-x=qq$, on aura d'abord par l'addition $26=pp+qq$, enfuite par la fouftraction, $2x=pp-qq$; il faut par conféquent que p & q foient tels que pp

$+ qq$ devienne égal au nombre 26, qui eſt auſſi la ſomme de deux quarrés, ſavoir de $25 + 1$. Or puiſqu'il s'agit en effet de décompoſer 26 en deux quarrés, dont le plus grand puiſſe exprimer pp, & le plus petit qq, on aura ſur le champ $p = 5$ & $q = 1$, de ſorte que $x = 12$; mais l'on peut réſoudre le nombre 26 encore d'une infinité de manieres en deux quarrés. Car puiſque $f = 5$ & $q = 1$, ſi nous écrivons dans les formules de ci-deſſus t & u au lieu de p & q, & p & q au lieu de x & y, nous trouvons $p = \frac{2tu + 5(uu - tt)}{tt + uu}$ & $q = \frac{10tu + tt - uu}{tt + uu}$. Maintenant nous pouvons ſubſtituer à t & u des nombres quelconques, & déterminer par-là p & q, & par conſéquent auſſi la valeur de $x = \frac{pp - qq}{2}$.

Soit, par exemple, $t = 2$ & $u = 1$, on aura $p = \frac{11}{5}$ & $q = \frac{23}{5}$; donc $pp - qq = \frac{408}{25}$ & $x = \frac{204}{25}$.

221.

Mais afin de réſoudre cette queſtion d'une maniere générale, ſoit $a = cc + dd$, &

l'inconnue $=\zeta$; c'est-à-dire que ce soient les formules $a+\zeta$ & $a-\zeta$ qui doivent devenir des quarrés.

Faisons $a+\zeta=xx$ & $a-\zeta=yy$, nous aurons d'abord $2a=2(cc+dd)=xx+yy$, ensuite $2\zeta=xx-yy$. Donc il faut que les quarrés xx & yy soient tels que $xx+yy=2(cc+dd)$, où en effet $2(cc+dd)$ est la somme de deux quarrés, savoir $=(c+d)^2+(c-d)^2$. Supposons, pour abréger, $c+d=f$, & $c-d=g$, il faudra que $xx+yy=ff+gg$, & cela arrivera, d'après ce qui a été dit ci-dessus, quand $x=\frac{2gpq+f(qq-pp)}{pp+qq}$ & $y=\frac{2fpq+g(pp-qq)}{pp+qq}$. On obtient par-là une solution très-facile, en faisant $p=1$ & $q=1$; car on trouve $x=\frac{2g}{2}=g=c-d$, & $y=f=c+d$; par conséquent $\zeta=2cd$; & il est clair que $a+\zeta=cc+dd+2cd=(c+d)^2$, & $a-\zeta=cc+dd-2cd=(c-d)^2$.

Cherchons une autre solution, en faisant $p=2$ & $q=1$; nous aurons $x=\frac{c-7d}{5}$ & $y=\frac{7c+d}{5}$, où tant c & d que x & y peuvent se prendre en moins, parce qu'il n'est queftion que de leurs quarrés. Or puifque x doit être plus grand que y, qu'on faffe d négatif, on aura $x = \frac{c+7d}{5}$ & $y = \frac{7c-d}{5}$. De-là réfulte $z = \frac{24dd + 14cd - 24cc}{25}$, & cette valeur étant ajoutée à $a = cc + dd$, donne $\frac{cc - 14cd + 49dd}{25}$, dont la racine quarrée eft $\frac{c+7d}{5}$; fi l'on fouftrait enfuite z de a, il refte $\frac{49cc - 14cd + dd}{25}$, le quarré de $\frac{7c-d}{5}$; & on voit qu'en effet de ces deux racines quarrées la premiere eft $= x$ & la feconde $= y$.

222.

Septieme queftion. On cherche un nombre x tel que, foit qu'on ajoute 1 à ce nombre même, foit qu'on ajoute 1 à fon quarré xx, on obtienne un quarré.

Il s'agit de transformer en quarrés les deux formules $x + 1$ & $xx + 1$. Qu'on fuppofe donc la premiere $x + 1 = pp$, & à caufe de $x = pp - 1$, la feconde $xx + 1 = p^4 - 2pp + 2$, devra être un quarré. Cette derniere formule eft de nature à ne point admettre de folution, à moins qu'on ne connoisse d'avance un cas satisfaisant ; mais un tel cas se présente aussi-tôt, c'est celui de $p = 1$. Soit donc $p = 1 + q$, on aura $xx + 1 = 1 + 4qq + 4q^3 + q^4$, ce qui peut devenir un quarré en bien des manieres.

I.) Qu'on en suppose d'abord la racine $= 1 + qq$, on aura $1 + 4qq + 4q^3 + q^4 = 1 + 2qq + q^4$; ainsi $4q + 4qq = 2q$, ou $4 + 4q = 2$ & $q = -\frac{1}{2}$; donc $p = \frac{1}{2}$ & $x = -\frac{3}{4}$.

II.) Soit la racine $= 1 - qq$, on trouvera $1 + 4qq + 4q^3 + q^4 = 1 - 2qq + q^4$; par conséquent $q = -\frac{3}{2}$ & $p = -\frac{1}{2}$, ce qui donne $x = -\frac{3}{4}$, comme auparavant.

III.) Si l'on fait la racine $= 1 + 2q + qq$, afin de retrancher le premier & les deux derniers termes, on a $1 + 4qq + 4q^3 + q^4 = 1 + 4q + 6qq + 4q^3 + q^4$, d'où l'on tire $q = -2$ & $p = -1$; donc $x = 0$.

IV.) On peut adopter aussi $1 - 2q - qq$ pour la racine, & on a dans ce cas $1 + 4qq + 4q^3 + q^4 = 1 - 4q + 2qq + 4q^3 + q^4$; mais on trouve comme auparavant $q = -2$.

V.) On peut, si l'on veut, retrancher les

deux premiers termes, en faisant la racine $= 1 + 2qq$; car on aura $1 + 4qq + 4q^3 + q^6 = 1 + 4qq + 4q^4$; alors $q = \frac{4}{3}$ & $p = \frac{7}{3}$; par conséquent $x = \frac{40}{9}$; enfin $x + 1 = \frac{49}{9} = \left(\frac{7}{3}\right)^2$, & $xx + 1 = \frac{1681}{81} = \left(\frac{41}{9}\right)^2$.

On trouvera un plus grand nombre de valeurs pour q, en faisant usage pour cela d'une de celles qu'on vient de déterminer, par exemple de celle·ci, $q = -\frac{1}{2}$; car soit à présent $q = -\frac{1}{2} + r$, on a $p = \frac{1}{2} + r$; $pp = \frac{1}{4} + r + rr$, & $p^4 = \frac{1}{16} + \frac{1}{2} r + \frac{3}{2} rr + 2 r^3 + r^4$; donc l'expression $\frac{25}{16} - \frac{3}{2} r - \frac{1}{2} rr + 2 r^3 + r^4$, à laquelle notre formule se réduit, devra être un quarré, & elle devra l'être aussi étant multipliée par 16, dans lequel cas on a $25 - 24 r - 8 rr + 32 r^3 + 16 r^4$. C'est pourquoi faisons à présent:

I.) La racine $= 5 + fr \pm 4 rr$; en sorte que $25 - 24 r - 8 rr + 32 r^3 + 16 r^4 = 25 + 10 fr \pm 40 rr + ffrr \pm 8 fr^3 + 16 r^4$. Les premiers & les derniers termes se détruisent, & nous ôterons aussi les seconds, en faisant $-24 = 10 f$, & par conséquent

$f=-\frac{12}{5}$; divifant enfuite les termes reftans par rr, nous avons $-8+32r=\pm40+ff\pm8fr$; & en admettant le figne fupérieur, nous trouvons $r=\frac{48-ff}{32-8f}$. Or, à caufe de $f=-\frac{12}{5}$, nous avons $r=\frac{21}{20}$; donc $p=\frac{31}{20}$, & $x=\frac{561}{400}$; ainfi $x+1=\left(\frac{31}{20}\right)^2$, & $xx+1=\left(\frac{689}{400}\right)^2$.

II.) Que fi nous adoptons le figne inférieur, nous avons $-8+32r=-40+ff-8fr$, d'où fe conclut $r=\frac{ff-32}{32+8f}$; & puifque $f=-\frac{12}{5}$, on a $r=-\frac{41}{20}$; donc $p=\frac{31}{20}$, ce qui conduit à l'équation précédente.

III.) Soit $4rr+4r\pm5$ la racine de la formule; de forte que $16r^4+32r^3-8rr-24r+25=16r^4+32r^3\pm40rr\pm40r+25$. Comme $+16rr$ de part & d'autre les deux premiers termes & le dernier fe détruifent, nous aurons $-8r-24=\pm40r+16r\pm40$, ou $-24r-24=\pm40r\pm40$. Si nous admettons le figne fupérieur, nous avons par conféquent $-24r-24=40r+40$, ou $o=64r+64$, ou $o=r+1$, c'eft-à-dire $r=-1$ & $p=-\frac{1}{2}$;

mais c'est un cas qui nous est déjà connu, & on n'en auroit pas trouvé un différent en faisant usage de l'autre signe.

IV.) Que la racine soit $5 + fr + grr$, & qu'on détermine f & g, de façon à faire évanouir les trois premiers termes. Puisque actuellement

$$25 - 24r - 8rr + 32r^3 + 16r^4 = 25 + 10fr + 10grr + 2fgr^3 + ggr^4 \;(+ ffrr)\text{, on}$$

aura d'abord $-24 = 10f$, ainsi $f = -\frac{12}{5}$; ensuite $-8 = 10g + ff$, ou $g = -\frac{8 - ff}{10} = -\frac{344}{250} = -\frac{172}{125}$. Quand on aura donc substitué & divisé les termes restans par r^3, on aura $32 + 16r = 2fg + ggr$, & $r = \frac{2fg - 32}{16 - gg}$. Or le numérateur $2fg - 32$ devient ici $= \frac{+24.172 - 32.625}{5.125} = \frac{-32.496}{625} = \frac{-16\,32.31}{625}$, & le dénominateur $16 - gg = (4 - g)(4 + g) = \frac{328}{125} \cdot \frac{672}{125} = \frac{8.32.41\,21}{25.625}$; ainsi $r = -\frac{1550}{861}$; & on en conclut $p = -\frac{2239}{1722}$, moyennant quoi on obtient une nouvelle valeur de x à cause de $x = pp - 1$.

223.

Huitieme queſtion. Trouver un nombre x qui, ajouté à chacun des nombres donnés a, b & c, produiſe un quarré.

Puiſqu'il faut que les trois formules $x+a$, $x+b$ & $x+c$ ſoient des quarrés, qu'on faſſe la premiere $x+a=zz$, on aura $x=zz-a$, & les deux autres formules ſe changeront en $zz+b-a$, & $zz+c-a$. Il faudroit préſentement que chacune de celles-ci fût un quarré; mais c'eſt ce qui n'admet point de ſolution générale; ſouvent la choſe eſt impoſſible, & ſa poſſibilité dépend uniquement de la nature des nombres $b-a$ & $c-a$. Car ſi, par exemple, $b-a=1$ & $c-a=-1$, c'eſt-à-dire $b=a+1$ & $c=a-1$, il faudroit que $zz+1$ & $zz-1$ fuſſent des quarrés, & que z par conſéquent fût une fraction; ainſi on feroit $z=\frac{p}{q}$, & il faudroit que les deux formules $pp+qq$ & $pp-qq$ fuſſent des quarrés, & que par conſéquent auſſi leur produit p^4-q^4 fût un quarré; or nous avons fait voir plus haut que cela eſt impoſſible.

Voulût-on faire $b - a = 2$, & $c - a = -2$, c'est-à-dire $b = a + 2$ & $c = a - 2$, on auroit, en faisant encore $z = \frac{p}{q}$, les deux formules $pp + 2qq$ & $pp - 2qq$ a transformer en quarrés ; par conséquent il faudroit aussi que leur produit $p^4 - 4q^4$ devînt un quarré ; or c'est ce que nous avons de même fait voir être impossible.

Soit en général $b - a = m$ & $c - a = n$; de plus $z = \frac{p}{q}$, il faudra que les formules $pp + mqq$ & $pp + nqq$ deviennent des quarrés ; & nous venons de voir que cela est impossible, tant lorsque $m = +1$ & $n = -1$, que lorsque $m = +2$ & $n = -2$.

Cela est impossible aussi, lorsque $m = ff$ & $n = -ff$; car on auroit dans ce cas deux formules, dont le produit seroit $= p^4 - f^4 q^4$, c'est-à-dire la différence de deux bi-quarrés, & nous savons qu'une telle différence ne peut jamais devenir un quarré.

De même, quand $m = 2ff$ & $n = -2ff$, on a les deux formules $pp + 2ffqq$ & $pp - 2ffqq$ qui ne peuvent devenir toutes les deux des quarrés, parce qu'il faudroit que leur produit $p^4 - 4f^4q^4$ pût devenir un quarré ; or si l'on fait $fq = r$, ce produit se change en $p^4 - 4r^4$, qui est une formule dont l'impossibilité a été démontrée plus haut.

Que si l'on suppose $m = 1$ & $n = 2$, en sorte qu'il s'agisse de réduire en quarrés les formules $pp + qq$ & $pp + 2qq$, on fera $pp + qq = rr$ & $pp + 2qq = ff$; la premiere équation donnera $pp = rr - qq$, & la seconde donnera $rr + qq = ff$; donc il faudroit que tant $rr - qq$ que $rr + qq$ pût être un quarré ; or l'impossibilité en est prouvée, puisque le produit de ces formules, ou $r^4 - q^4$, ne peut devenir un quarré.

Les exemples que nous venons de donner suffisent pour faire voir qu'il n'est pas facile de choisir pour m & n les nombres qui rendent la solution possible. L'unique moyen de trouver de telles valeurs de m & de n, c'est de les imaginer, ou bien de les déterminer par la méthode qui suit.

On fait $ff + mgg = hh$ & $ff + ngg = kk$; on a par la premiere équation $m = \dfrac{hh - ff}{gg}$,

& par la seconde $n = \frac{kk - ff}{bg}$; cela posé, on n'a qu'à prendre pour f, g, h & k des nombres quelconques à volonté, & on aura des valeurs de m & de n qui rendront la solution possible.

Soit, par exemp. $h = 3$, $k = 5$, $f = 1$ & $g = 2$, on aura $m = 2$ & $n = 6$; & on peut être certain maintenant qu'il est possible de réduire en quarrés les formules $pp + 2qq$ & $pp + 6qq$, puisque cela arrive quand $p = 1$ & $q = 2$. Mais la premiere formule devient en général un quarré, si $p = rr - 2ff$ & $q = 2rf$; car il en résulte $pp + 2qq = (rr + 2ff)^2$. La seconde formule devient alors $pp + 6qq = r^4 + 20rrff + 4f^4$, & nous connoissons un cas où elle devient un quarré, savoir le cas de $p = 1$ & $q = 2$, qui donne $r = 1$ & $f = 1$, ou en général $r = f$; de sorte que la formule est $= 25f^4$. Connoissant donc ce cas, nous ferons $r = f + t$; nous aurons $rr = ff + 2ft + tt$, & $r^4 = f^4 + 4f^3 t + 6fftt + 4ft^3 + t^4$, notre formule deviendra $25f^4 + 44f^3 t + 26fftt + 4ft^3 + t^4$; & supposant que sa racine soit $5ff$

$+ffft+tt$, nous l'égalerons au quarré $25f^4$ $+10ff^3t+10fftt+2fft^3+t^4$, au moyen $+fffftt$ de quoi les premiers & les derniers termes se détruiront. Faisons de plus $4=2f$, ou $f=2$, afin de chaſſer les termes pénultiemes, & nous parviendrons à l'équation $44f+26t=10ff+10t+fft=20f+14t$, ou $2f=-t$, & $\frac{f}{t}=-\frac{1}{2}$; donc $f=-1$ & $t=2$, ou $t=-2f$, & par conſéquent $r=-f$ & $rr=ff$, ce qui n'eſt autre choſe que le cas déjà connu.

Mais déterminons donc plutôt f, de façon que les ſeconds termes s'évanouiſſent: il faudra faire $44=10f$, ou $f=\frac{22}{5}$; & en diviſant enſuite les autres termes par ftt, nous aurons $26f+4t=10f+fff+2ft$, c'eſt-à-dire $-\frac{84}{25}f=\frac{24}{5}t$; ce qui donne $t=-\frac{7}{10}f$ & $r=f+t=\frac{3}{10}f$, ou $\frac{r}{f}=\frac{3}{10}$; ainſi $r=3$ & $f=10$; moyennant cela nous trouvons $p=2ff-rr=191$ & $q=2rf=60$, & nos formules ſeront $pp+2qq=43681=(209)^2$ & $pp+6qq=58081=241^2$.

224.

Remarque. On peut trouver de la même maniere encore d'autres nombres pour m & n, qui fassent que nos formules deviennent des quarrés ; & il est bon de remarquer que le rapport de m à n est arbitraire.

Soit ce rapport, comme a à b, & qu'on ait $m = a z$ & $n = b z$, il sera question de savoir comment on doit déterminer z, afin que les deux formules $pp + a z qq$ & $pp + b z qq$ puissent être transformées en quarrés. Nous en indiquerons les moyens dans la solution du probleme suivant.

225.

Neuvieme question. Si a & b sont des nombres donnés, trouver le nombre z, tel que les deux formules $pp + a z qq$ & $pp + b z qq$ deviennent des quarrés, & déterminer en même temps les plus petites valeurs possibles de p & de q.

Qu'on fasse $pp + a z qq = rr$ & $pp + b z qq = ss$, & qu'on multiplie la premiere équation par b & la seconde par a, la différence des deux produits fournira l'équation $(b-a)$ $pp=brr-a\!f\!f$, & par conséquent $pp=\frac{brr-a\!f\!f}{b-a}$, & il faudra que cette formule soit un quarré; or c'est ce qui arrive, quand $r=f$. Qu'on suppose donc, afin de faire sortir les fractions, $r=f+(b-a)t$, on aura $pp=\frac{brr-a\!f\!f}{b-a}$

$$=\frac{b\!f\!f+2b(b-a)ft+b(b-a)^2tt-a\!f\!f}{b-a}.$$

$$=\frac{(b-a)f\!f+2b(b-a)ft+b(b-a)^2tt}{b-a}$$

$$=f\!f+2bft+b(b-a)tt.$$

Qu'on fasse maintenant $p=f+\frac{x}{y}t$, on aura $pp=f\!f+\frac{2x}{y}ft+\frac{xx}{yy}tt=f\!f+2bft+b$ $(b-a)tt$, où les $f\!f$ se détruisent; de sorte que les autres termes étant divisés par t, & multipliés par yy, donnent $2bfyy+b$ $(b-a)tyy=2fxy+txx$, d'où résulte $t=\frac{2fxy-2bfyy}{b(b-a)yy-xx}$ & $\frac{t}{f}=\frac{2xy-2byy}{b(b-a)yy-xx}$. Ainsi $t=2xy$ $-2byy$, & $f=b(b-a)yy-xx$; de plus $r=2(b-a)xy-b(b-a)yy-xx$, & par conséquent $p=f+\frac{x}{y}t=b(b-a)yy+xx$ $-2bxy=(x-by)^2-abyy$.

Ayant donc trouvé p, r & f, il nous

reste à déterminer z. Soustrayons pour cet effet la premiere équation $pp + azqq = rr$ de la seconde $pp + bzqq = ss$, le reste fera $zqq(b-a) = ss - rr = (s+r)(s-r)$.

Or $s + r = 2(b-a)xy - 2xx$, & $s - r = 2b$ $(b-a)yy - 2(b-a)xy$, ou $s + r = 2x((b-a)y - x)$, & $s - r = 2(b-a)y(by - x)$; ainsi $(b-a)zqq = 2x((b-a)y - x) \cdot 2(b-a)y(by - x)$, ou $zqq = 2x((b-a)y - x)2y(by - x)$, ou $zqq = 4xy((b-a)y - x)(by - x)$; par conséquent $z = \dfrac{4xy((b-a)y - x)(by - x)}{qq}$.

Il s'agit donc de prendre pour qq le plus grand quarré, par lequel le numérateur soit divisible; mais remarquons premiérement que nous avons déjà trouvé $p = b(b-a)yy + xx - 2bxy = (x - by)^2 - abyy$, & qu'ainsi on peut simplifier en faisant $x = v + by$, ou $x - by = v$, vu qu'alors $p = vv - abyy$, & $z = \dfrac{4(v+by)y \cdot v(v + ay)}{qq}$, ou $z = \dfrac{4vy(v + ay)(v + by)}{qq}$. Moyennant cela on pourra prendre pour v & y des nombres quelconques, & adoptant pour qq le plus grand quarré contenu dans le numérateur, on déterminera facilement

lement la valeur de z ; après quoi on reviendra aux équations $m = az$, $n = bz$, & $p = vv - abyy$, & on obtiendra les formules qu'on cherchoit.

I.) $pp + azqq = (vv - abyy)^2 + 4avy(v+ay)(v+by)$, qui eſt un quarré dont la racine eſt $r = -vv - 2avy - abyy$.

II.) La ſeconde formule devient $pp + bzqq = (vv - abyy)^2 + 4bvy(v+ay)(v+by)$, ce qui eſt auſſi un quarré dont la racine $f = -vv - 2bvy - abyy$; & on peut prendre les valeurs tant de r que de f poſitives. Développons ces réſultats dans quelques exemples.

226.

Exemple premier. Soit $a = -1$ & $b = +1$, & qu'on cherche des nombres z, tels que les deux formules $pp - zqq$ & $pp + zqq$ deviennent des quarrés ; ſavoir la premiere $= rr$, & la ſeconde $= ff$.

Nous avons donc $p = vv + yy$, & nous n'aurons, afin de trouver z, qu'à conſidérer la formule $z = \dfrac{4vy(v-y)(v+y)}{qq}$; nous donnerons

290 *ELÉMENS*

à v & à y différentes valeurs, & nous verrons celles qui en résultent pour z.

	I.	II.	III.	IV.	V.	VI.
v	2	3	4	5	16	8
y	1	2	1	4	9	1
$v-y$	1	1	3	1	7	7
$v+y$	3	5	5	9	25	9
zqq	4.6	4.30	16.15	9.16.5	36.25.16 7	16.9.14
qq	4	4	16	9.16	36.25.16	16.9
z	6	30	15	5	7	14
p	5	13	17	41	337	65

Nous sommes en état, moyennant ces
valeurs, de résoudre les formules suivantes, & d'en faire des quarrés.

I.) On peut transformer en quarrés les
formules $pp-6qq$ & $pp+6qq$: cela se fait
en supposant $p=5$ & $q=2$; car la premiere devient $=25-24=1$, & la seconde $=25+24=49$.

II.) Aussi les deux formules $pp-30qq$
& $pp+30qq$: savoir en faisant $p=13$ &
$q=2$; car la premiere devient $=169-120$
$=49$, & la seconde $=169+120=289$.

III.) De même les deux formules $pp-15qq$
& $pp+15qq$: car si l'on fait $p=17$ &

$q=4$, on a la premiere $=289-240$ $=49$, & la seconde $=289+240=529$.

IV.) Les deux formules $pp-5qq$ & $pp+5qq$ deviennent pareillement des quarrés : favoir quand $p=41$ & $q=12$; car alors $pp-5qq=1681-720=961=31^2$, & $pp+5qq=1681+720=2401=49^2$.

V.) Les deux formules $pp-7qq$ & $pp+7qq$ font des quarrés, fi $p=337$ & $q=120$; car la premiere alors eft $=113569-100800=12769=113^2$, & la feconde eft $=113569+100800=214369=463^2$.

VI.) Les formules $pp-14qq$ & $pp+14qq$ deviennent des quarrés dans le cas de $p=65$ & de $q=12$; car alors $pp-14qq=4225-2016=2209=47^2$, & $pp+14qq=4225+2016=6241=79^2$.

227.

Exemple fecond. Lorfque les deux nombres m & n font dans le rapport de $1:2$, c'eft-à-dire que $a=1$ & $b=2$, & qu'ainfi $m=z$ & $n=2z$, trouver pour z des valeurs telles, que les formules $pp + zqq$ & $pp + 2zqq$ puissent être transformées en quarrés.

Il seroit superflu ici de faire usage des formules générales que nous avons données plus haut, cet exemple pouvant se réduire immédiatement au précédent. En effet, si $pp + zqq = rr$ & $pp + 2zqq = ss$, on a par la premiere équation $pp = rr - zqq$, ce qui étant substitué dans la seconde, donne $rr + zqq = ss$; ainsi la question est uniquement que les deux formules $rr - zqq$ & $rr + zqq$ puissent devenir des quarrés, & c'est, comme on voit, le cas de l'exemple précédent. On aura par conséquent pour z les valeurs suivantes, 6, 30, 15, 5, 7, 14, &c.

On peut faire aussi en général une transformation semblable. Car supposons que les deux formules $pp + mqq$ & $pp + nqq$ puissent devenir des quarrés, & faisons $pp + mqq = rr$ & $pp + nqq = ss$; la premiere équation donnant $pp = rr - mqq$, la seconde deviendra $ss = rr - mqq + nqq$, ou $rr + (n - m) qq = ss$; si donc les premieres formules font poffibles, ces dernieres rr $-mqq$ & $rr+(n-m)qq$ le feront de même, & comme m & n peuvent être mis l'un à la place de l'autre, les formules $rr-nqq$ & $rr+(m-n)qq$ feront poffibles pareillement; & au contraire, fi les premieres font impoffibles, les autres ne le feront pas moins.

228.

Exemple troifieme. Que m foit à n comme $1:3$, ou bien que $a=1$ & $b=3$, de forte que $m=z$ & $n=3z$, & qu'il s'agiffe de transformer en quarrés les formules $pp+zqq$ & $pp+3zqq$.

Puifque $a=1$ & $b=3$, la queftion fera poffible dans tous les cas où $zqq=4vy$ $(v+y)(v+3y)$, & $p=vv-3yy$. Ainfi adoptons pour v & y les valeurs fuivantes:

T iij

	I.	II.	III.	IV.	V.
v	1	3	4	1	16
y	1	2	1	8	9
$v+y$	2	5	5	9	25
$v+3y$	4	9	7	25	43
ζqq	16.2	4.9.30	4.4.35	4.9.25.4.2	4.9.16.25.43
qq	16	4.9	4.4	4.4.9.25	4.9.16.25
ζ	2	30	35	2	43
p	2	3	13	191	13

Or nous avons ici deux cas pour $\zeta = 2$, ce qui fait que nous pouvons transformer de deux manieres les formules $pp + 2qq$ & $pp + 6qq$.

La premiere eſt de faire $p = 2$ & $q = 4$, & par conſéquent auſſi $p = 1$ & $q = 2$; car nous avons alors $pp + 2qq = 9$ & $pp + 6qq = 25$.

La ſeconde maniere eſt de ſuppoſer $p = 191$ & $q = 60$, moyennant quoi nous aurons $pp + 2qq = (209)^2$ & $pp + 6qq = 241^2$. Il eſt difficile de décider ſi on ne pourroit pas faire auſſi $\zeta = 1$; ce qui auroit lieu, quand ζqq ſeroit un quarré. Mais quant à la queſtion, ſi les deux formules $pp + qq$ & $pp + 3qq$ peuvent devenir des quarrés, voici le procédé qu'elle exige.

229.

Il s'agit de rechercher fi on peut tranf-
former en quarrés, ou non, les formules
$pp+qq$ & $pp+3qq$: qu'on fuppofe $pp+qq$
$=rr$ & $pp+3qq=ff$, & qu'on confidere
les points fuivans :

I.) Les nombres p & q peuvent être
regardés comme premiers entr'eux ; car
s'ils avoient un commun divifeur, les deux
formules ne laifferoient pas de refter des
quarrés, après qu'on auroit divifé p & q
par ce divifeur.

II.) p ne peut être un nombre pair ; car
en ce cas q feroit impair, & par conféquent
la feconde formule feroit un nombre de
l'efpece $4n+3$, qui ne peut devenir un
quarré ; donc p eft néceffairement impair,
& pp eft un nombre de l'efpece $8n+1$.

III.) Puis donc que p eft impair, il faut
que, dans la premiere formule, q foit non-
feulement pair, mais qu'il foit même divifible par 4, afin que qq devienne un nombre de l'efpece $16n$, & que $pp+qq$ foit
de l'efpece $8n+1$.

T iv

IV.) De plus p ne peut être divisible par 3 ; car si cela étoit, pp seroit divisible par 9, & qq ne le seroit pas ; ainsi $3qq$ ne seroit divisible que par 3 & non par 9 ; par conséquent aussi $pp + 3qq$ ne pourroit être divisé que par 3 & non par 9, & ne pourroit donc être un quarré ; ainsi p ne peut être divisé par 3, & pp sera un nombre de l'espece $3n + 1$.

V.) Puisque p n'est pas divisible par 3, il faut que q le soit ; car autrement qq seroit un nombre de l'espece $3n + 1$, & par conséquent $pp + qq$ un nombre de l'espece $3n + 2$, qui ne peut être un quarré ; donc q doit pouvoir se diviser par 3.

VI.) p n'est pas divisible non plus par 5 ; car si cela étoit, q ne le seroit pas, & qq seroit un nombre de l'espece $5n + 1$ ou $5n + 4$; par conséquent $3qq$ seroit de l'espece $5n + 3$ ou $5n + 2$, & comme $pp + 3qq$ appartiendroit aux mêmes especes, cette formule ne pourroit devenir un quarré ; donc il faut nécessairement que p ne soit pas divisible par 5, & que pp soit un nombre de l'efpece $5n+1$, ou de l'efpece $5n+4$.

VII.) Mais puifque p n'eft pas divifible par 5, voyons fi q eft divifible par 5 ou non; que fi q n'étoit pas divifible par 5, qq feroit de l'efpece $5n+2$ ou $5n+3$, comme nous avons vu; & puifque pp eft $5n+1$ ou $5n+4$, il faudroit que $pp+3qq$ fût de même, ou $5n+1$ ou $5n+4$.

Qu'on s'imagine $pp=5n+1$, on aura $qq=5n+4$, parce qu'autrement $pp+qq$ ne pourroit être un quarré; mais on auroit alors $3qq=5n+2$ & $pp+3qq=5n+3$, ce qui ne peut être un quarré.

Soit en fecond lieu $pp=5n+4$, on a dans ce cas $qq=5n+1$ & $3qq=5n+3$; donc $pp+3qq=5n+2$, ce qui ne peut être non plus un quarré. Il s'enfuit de-là que qq doit être divifible par 5.

VIII.) Or q étant divifible d'abord par 4, enfuite par 3 & en troifieme lieu auffi par 5, il faut que ce foit un nombre tel que $4.3.5\,m$, ou que $q=60m$; ainfi nos formules deviendroient $pp+3600mm=rr$,

& $pp + 10800 mm = \int\int$; cela posé, la premiere, étant souſtraite de la ſeconde, donnera $7200 mm = \int\int - rr = (\int + r)(\int - r)$; de ſorte qu'il faudra que $\int + r$ & $\int - r$ ſoient des facteurs de $7200 mm$; & on doit faire attention en même temps qu'il faut que $\int$ & r ſoient des nombres impairs, & de plus premiers entr'eux.

IX.) Soit de plus $7200 mm = 4fg$, ou que les facteurs en ſoient $2f$ & $2g$, & qu'on ſuppoſe $\int + r = 2f$ & $\int - r = 2g$, on aura $\int = f + g$ & $r = f - g$; & il faudra que f & g ſoient premiers entr'eux, & que l'un ſoit pair & l'autre impair. Or comme $fg = 1800 mm$, il faudra donc décompoſer $1800 mm$ en deux facteurs, dont l'un ſoit pair & l'autre impair, & qui n'aient aucun commun diviſeur.

X.) Il eſt à remarquer en outre, que puiſque $rr = pp + qq$, & qu'ainſi r eſt un diviſeur de $pp + qq$, il faut que $r = f - g$ ſoit pareillement la ſomme de deux quarrés, & comme ce nombre eſt impair, il faut qu'il ſoit contenu dans la formule $4n + 1$.

XI.) Si nous commençons maintenant par supposer $m=1$, nous aurons $fg=1800=8.9.25$, & de-là résulteront les décompositions suivantes : $f=1800$ & $g=1$, ou $f=200$ & $g=9$, ou $f=72$ & $g=25$, ou $f=225$ & $g=8$. La premiere donne $r=f-g=1799=4n+3$; la seconde donne $r=f-g=191=4n+3$; la troisieme donne $r=f-g=47=4n+3$; mais la quatrieme donne $r=f-g=217=4n+1$. Ainsi les trois premieres décompositions devront être exclues, & il ne nous restera que la quatrieme ; nous pouvons en conclure en général, que le plus grand facteur doit être impair, & que le plus petit doit être pair ; mais au reste la valeur $r=217$ ne peut même avoir lieu ici, parce que ce nombre est divisible par 7, ce qui n'est pas la somme de deux quarrés.

XII.) Soit $m=2$, on aura $fg=7200=32.225$; c'est pourquoi l'on fera $f=225$ & $g=32$, en sorte que $r=f-g=193$; & ce nombre étant la somme de deux quarrés, il vaudra la peine de l'essayer.

Or comme $q=120$ & $r=193$, & que $pp=rr-qq=(r+q)(r-q)$, on aura $r+q=313$, & $r-q=73$; mais puisque ces facteurs ne sont pas des quarrés, on voit bien que pp ne devient pas un quarré. On perdroit de même sa peine à substituer au lieu de m d'autres nombres, c'est ce que nous allons encore faire voir.

230.

Théoreme. Il est impossible que les deux formules $pp+qq$ & $pp+3qq$ soient l'une & l'autre un quarré en même temps; de sorte que dans les cas où l'une est un quarré, il est sûr que l'autre n'en est pas un.

Démonstration. Puisque p est impair & que q est pair, ainsi que nous l'avons vu, $pp+qq$ ne peut être un quarré que lorsque $q=2rs$ & $p=rr-ss$; & $pp+3qq$ ne peut être $=\square$, que lorsque $q=2tu$ & $p=tt-3uu$, ou $p=3uu-tt$. Or comme dans les deux cas q doit être un double produit, qu'on suppose pour l'un & l'autre $q=2abcd$, & qu'on fasse pour la premiere formule

$r = ab$ & $s = cd$, & pour la seconde $t = ac$ & $u = bd$, on aura pour celle-là $p = aabb - ccdd$, & pour celle-ci $p = aacc - 3bbdd$, ou $p = 3bbdd - aacc$, & ces deux valeurs doivent être égales ; ainsi l'on a ou $aabb - ccdd = aacc - 3bbdd$, ou bien $aabb - ccdd = 3bbdd - aacc$, & on observera que les nombres a, b, c & d sont généralement plus petits que p & q. Il faudra maintenant considérer chaque cas séparément : le premier donne $aabb + 3bbdd = ccdd + aacc$, ou $bb(aa + 3dd) = cc(aa + dd)$, d'où résulte $\frac{bb}{cc} = \frac{aa + dd}{aa + 3dd}$, fraction qui doit être un quarré. Or le numérateur & le dénominateur ne peuvent avoir ici d'autre commun diviseur que 2, parce qu'ils ont pour différence $2dd$. Si donc 2 étoit un commun diviseur, il faudroit que tant $\frac{aa + dd}{2}$ que $\frac{aa + 3dd}{2}$ fût un quarré ; mais les nombres a & d sont dans ce cas impairs l'un & l'autre, ainsi leurs quarrés sont de la forme $8n + 1$, & la formule $\frac{aa + 3dd}{2}$ est comprise dans l'expression $4n + 2$, & ne peut être un quarré ; donc 2 ne peut être un diviseur commun ;

le numérateur $aa + dd$ & le dénominateur $aa + 3dd$ font premiers entr'eux, & il faut que chacun foit de foi-même un quarré. Or ces formules font femblables aux premieres, & fi celles-ci étoient des quarrés, il faudroit que des formules femblables, mais compofées des plus petits nombres, fuffent auffi des quarrés; ainfi on peut conclure réciproquement de ce qu'on n'a pas trouvé des quarrés dans les petits nombres, qu'il n'y en a point dans les grands.

Cette conclufion cependant n'eft admiffible qu'autant que le fecond cas $aabb - ccdd = 3bbdd - aacc$, nous en fournira une pareille. Or cette équation donne $aabb + aacc = 3bbdd + ccdd$, ou $aa(bb+cc) = dd(3bb+cc)$, & par conféquent $\frac{aa}{dd} = \frac{bb+cc}{3bb+cc} = \frac{cc-bb}{cc+3bb}$; ainfi cette fraction devant être un quarré, la conclufion précédente fe trouve pleinement confirmée; car fi dans de grands nombres il y avoit des cas où $pp+qq$ & $pp+3qq$ fuffent des quarrés, il faudroit que de tels cas exiftaffent auffi pour des nombres plus petits, & c'eft ce qui n'a pas lieu.

231.

Douzieme question. Déterminer trois nombres, x, y & z, tels qu'en les multipliant ensemble deux à deux, & ajoutant 1 au produit, on obtienne chaque fois un quarré; c'est-à-dire qu'il s'agit de transformer en quarrés les trois formules suivantes:

I.) $xy + 1$, II.) $xz + 1$, & III.) $yz + 1$.

Qu'on suppose des deux dernieres l'une $xz + 1 = pp$, & l'autre $yz + 1 = qq$, & on aura $x = \frac{pp - 1}{z}$ & $y = \frac{qq - 1}{z}$. La premiere formule se trouve transformée par-là en celle-ci, $\frac{(pp-1)(qq-1)}{zz} + 1$, qui doit par conséquent être un quarré, & qui ne le fera pas moins si on la multiplie par zz; de sorte que la formule $(pp - 1)(qq - 1) + zz$, doit être un quarré, ce qu'il est facile d'obtenir. En effet, que la racine en soit $= z + r$, on aura $(pp - 1)(qq - 1) = 2rz + rr$, & $z = \frac{(pp-1)(qq-1)-rr}{2r}$, où l'on peut substituer à p, q & r des nombres quelconques.

Soit, par exemple, $r = pq - 1$, on

aura $rr = ppqq + 2pq + 1$, & $z = \dfrac{-2pq - pp - qq}{-2pq - 2}$

$= \dfrac{pp - 2pq + qq}{2pq - 2}$; donc $x = \dfrac{(pp-1)(2pq+2)}{pp + 2pq + qq}$

$= \dfrac{2(pq+1)(pp-1)}{(p+q)^2}$, & $y = \dfrac{2(pq+1)(qq-1)}{(p+q)^2}$.

Mais fi l'on demande des nombres entiers, il faudra faire la premiere formule $xy + 1 = pp$, & fuppofer $z = x + y + q$; alors la feconde formule devient $xx + xy + xq + 1 = xx + qx + pp$, & la troifieme fera $xy + yy + qy + 1 = yy + qy + pp$, & elles deviennent évidemment des quarrés, fi l'on fait $q = \pm 2p$, vu que dans ce cas la feconde eft $= xx \pm 2px + pp$, dont la racine eft $x \pm p$, & la troifieme eft $= yy \pm 2py + pp$, dont la racine eft $y \pm p$. Nous avons par conféquent cette folution très-élégante : $xy + 1 = pp$ ou $xy = pp - 1$, qui a lieu facilement pour une valeur quelconque de p; & de plus le troifieme nombre fe trouve moyennant cela de deux manieres, puifqu'on a ou $z = x + y + 2p$, ou $z = x + y - 2p$. Eclairciffons ces réfultats par quelques exemples.

I.) Soit

I.) Soit $p=3$, on aura $pp-1=8$; & si l'on fait $x=2$ & $y=4$, on aura ou $z=12$, ou $z=0$; ainsi les trois nombres cherchés sont 2, 4 & 12.

II.) Soit $p=4$, on a $pp-1=15$; maintenant si $x=5$ & $y=3$, on trouve $z=16$ ou $z=0$; donc les trois nombres cherchés sont 3, 5 & 16.

III.) Soit $p=5$, on aura $pp-1=24$; & si de plus on fait $x=3$ & $y=8$, on trouve $z=21$, ou bien aussi $=1$; d'où résultent les nombres suivans: 1, 3 & 8, ou 3, 8 & 21.

232.

Treizieme question. On cherche trois nombres entiers, x, y, & z, tels que si on ajoute à chaque produit de ces nombres multipliés deux à deux, un nombre donné a, on obtienne chaque fois un quarré.

Puisque les trois formules suivantes doivent être des quarrés, I.) $xy+a$, II.) $xz+a$, III.) $yz+a$, qu'on suppose la premiere $xy+a=pp$, & qu'on fasse $z=x+y+q$, on aura pour la seconde formule $xx + xy + xq + a = xx + xq + pp$, & pour la troisieme $xy + yy + yq + a = yy + qy + pp$, & elles deviennent toutes deux des quarrés, si $= \pm 2p$; ainsi $z = x + y \pm 2p$, c'est-à-dire qu'on peut trouver pour z deux valeurs différentes.

233.

Quatorzieme question. On demande quatre nombres entiers, x, y, z & v, tels que si on ajoute aux produits de ces nombres pris deux à deux, un nombre donné a, il en résulte des quarrés.

Il faut donc que les six formules suivantes deviennent des quarrés :

I.) $xy + a$, II.) $xz + a$, III.) $yz + a$,
IV.) $xv + a$, V.) $yv + a$, VI.) $zv + a$.

Qu'on commence par supposer la premiere $xy + a = pp$, & qu'on prenne $z = x + y + 2p$, la seconde & la troisieme formule deviendront des quarrés. Si de plus on suppose $v = x + y - 2p$, la quatrieme & la cinquieme formules deviendront pareillement des quarrés ; il ne reste donc que la sixieme formule qui sera $xx+2xy+yy-4pp+a$, & qui devra de même devenir un quarré. Or comme $pp=xy+a$, cette derniere formule devient $xx-2xy+yy-3a$, & par conséquent il s'agit de transformer en quarrés les deux formules suivantes :

I.) $xy+a=pp$, & II.) $(x-y)^2-3a$.

Que la racine de la derniere soit $(x-y)-q$, on aura $(x-y)^2-3a=(x-y)^2-2q(x-y)+qq$; ainsi $-3a=-2q(x-y)+qq$, & $x-y=\frac{qq+3a}{2q}$, ou $x=y+\frac{qq+3a}{2q}$; par conséquent $pp=yy+\frac{qq+3a}{2q}y+a$.

Soit à présent $p=y+r$, il en résultera $2ry+rr=\frac{qq-3a}{2q}y+a$, ou $4qry+2qrr=(qq+3a)y+2aq$, ou $2qrr-2aq=(qq+3a)y-4qry$, & $y=\frac{2qrr-2aq}{qq+3a-4qr}$, où q & r sont arbitraires, pourvu que x & y deviennent des nombres entiers ; car puisque $p=y+r$, les nombres z & v seront entiers pareillement. Le tout dépend principalement de la nature du nombre a, & il est vrai que la condition par laquelle on exige des nombres entiers, pourroit caufer quelques difficultés; mais il faut remarquer que la folution eſt déjà fort reſtreinte d'un autre côté, parce qu'on a donné aux lettres z & v les valeurs $x + y \pm 2p$, tandis qu'elles pourroient en avoir évidemment un grand nombre d'autres. Voici donc quelques confidérations fur cette queſtion, qui peuvent avoir leur utilité auſſi dans d'autres cas.

I.) Lorſque $xy + a$ doit être un quarré, ou $xy = pp - a$, il faut toujours que les nombres x & y aient la forme $rr - aſſ$; ſi donc nous fuppoſons $x = bb - acc$ & $y = dd - aee$, nous trouvons $xy = (bd - ace)^2 - a(be - cd)^2$.

Soit maintenant $be - cd = \pm 1$, nous aurons $xy = (bd - ace)^2 - a$, & par conféquent $xy + a = (bd - ace)^2$.

II.) Si de plus nous fuppoſons $z = ff - agg$, & que nous donnions à f & à g des valeurs telles que $bg - cf = \pm 1$, & que auſſi $dg - ef = \pm 1$, les formules $xz + a$ & $yz + a$ deviendront pareillement des quarrés. Ainſi tout ſe réduit à donner tant à b,

c, d & e qu'à f & à g, des valeurs telles que la propriété que nous avons suppofée ait lieu.

III.) Repréfentons ces trois couples de lettres par les fraĉtions $\frac{b}{c}$, $\frac{d}{e}$ & $\frac{f}{g}$; elles devront être telles que chaque différence de deux d'entr'elles foit exprimée par une fraction, dont le numérateur $= 1$. Car puifque $\frac{b}{c} - \frac{d}{e} = \frac{be-dc}{ce}$, il faut, ainfi que nous l'avons vu, que ce numérateur foit $= \pm 1$. Une de ces fraĉtions au refte eft arbitraire, & il eft facile d'en trouver une autre, de façon que la condition prefcrite ait lieu. Soit, par exemple, la premiere $\frac{b}{c} = \frac{3}{2}$, il faudra que la feconde $\frac{d}{e}$ lui foit à peu près égale; qu'on faffe donc $\frac{d}{e} = \frac{4}{3}$, on aura la différence $\frac{1}{6} = \frac{1}{6}$. On peut auffi déterminer cette feconde fraĉtion par le moyen de la premiere, d'une maniere générale; car puifque $\frac{3}{2} - \frac{d}{e} = \frac{3e-2d}{2e}$, il faut que $3e - 2d = 1$, & par conféquent $2d = 3e - 1$, & $d = e + \frac{e-1}{2}$. Ainfi faifant $\frac{e-1}{2} = m$, ou $e = 2m + 1$, nous aurons $d = 3m + 1$, & notre feconde fraĉtion fera

$\frac{d}{e} = \frac{3m+1}{2m+1}$. C'eſt de la même maniere qu'on pourra déterminer la ſeconde fraction pour telle premiere que l'on voudra, comme on le voit par les exemples ſuivans :

$\frac{b}{c} =$	$\frac{3}{2}$	$\frac{5}{3}$	$\frac{7}{3}$	$\frac{8}{5}$	$\frac{11}{4}$	$\frac{12}{8}$	$\frac{17}{7}$
$\frac{d}{e} =$	$\frac{3m-1}{2m-1}$	$\frac{5m+1}{3m-1}$	$\frac{7m+2}{3m+1}$	$\frac{8m+3}{5m+2}$	$\frac{11m+3}{4m+1}$	$\frac{13m+5}{8m+3}$	$\frac{17m+5}{7m+2}$

IV.) Quand on a déterminé de la façon requiſe les deux fractions $\frac{b}{c}$ & $\frac{d}{e}$, il eſt facile d'en trouver auſſi une troiſieme analogue à celles-là. On n'a qu'à ſuppoſer $f = b+d$ & $g = c+e$, de ſorte que $\frac{f}{g} = \frac{b+d}{c+e}$; car les deux premieres donnant $be - cd = \pm 1$, on a $\frac{f}{g} - \frac{b}{c} = \frac{\mp 1}{cc+ce}$; & en ſouſtrayant de même la ſeconde de la troiſieme, on aura $\frac{f}{g} - \frac{d}{e} = \frac{be-cd}{ee+ce} = \frac{\pm 1}{ce+ee}$.

V.) Après avoir déterminé de cette maniere les trois fractions $\frac{b}{c}$, $\frac{d}{e}$ & $\frac{f}{g}$, il eſt facile de réſoudre notre queſtion pour trois nombres x, y & z, en faiſant que les trois formules $xy + a$, $xz + a$ & $yz + a$, deviennent des quarrés : on n'a qu'à faire

$x = bb - acc$, $y = dd - aee$ & $z = ff - agg$.
Qu'on prenne, par exemple, dans la table du n°. III, $\frac{b}{c} = \frac{5}{3}$ & $\frac{d}{e} = \frac{7}{4}$, on aura $\frac{f}{g} = \frac{12}{7}$; d'où résulte $x = 25 - 9a$, $y = 49 - 16a$ & $z = 144 - 49a$; & au moyen de quoi on a d'abord $xy + a = 1225 - 840a + 144a^2 = (35 - 12a)^2$; ensuite $xz + a = 3600 - 2520a + 441a^2 = (60 - 21a)^2$; enfin $yz + a = 7056 - 4704a + 784aa = (64 - 28a)^2$.

234.

Qu'il s'agisse maintenant de déterminer, conformément à notre question, quatre lettres, x, y, z & v, il faudra joindre une quatrieme fraction aux trois précédentes. Soient donc les trois premieres $\frac{b}{c}$, $\frac{d}{e}$, $\frac{f}{g} = \frac{b+d}{c+e}$, & qu'on suppose la quatrieme fraction $\frac{h}{k} = \frac{d+f}{e+g} = \frac{2d+b}{2e+c}$, de façon qu'elle ait avec la troisieme & la seconde le rapport prescrit; si l'on fait après cela $x = bb - aacc$, $y = dd - aee$, $z = ff - agg$ & $v = hh - akk$, on aura rempli déjà les conditions suivantes : I.) $xy + a = \square$, II.) $xz + a = \square$, III.) yz

$+a=\square$, IV.) $yv+a=\square$, V.) $zv+a$ $=\square$; & il ne reste donc qu'à faire en forte qu'aussi $xv+a$ devienne un quarré, ce qui ne résulte pas des suppositions précédentes, parce que la premiere fraction n'a pas avec la quatrieme le rapport prescrit. Cela nous oblige à conserver dans les trois premieres fractions le nombre indéterminé m; c'est par ce moyen, & en déterminant m, que nous parviendrons à transformer aussi en quarré la formule $xv+a$.

VI.) Qu'on tire donc de notre petite table le premier cas, & qu'on fasse $\frac{b}{c}=\frac{3}{2}$ & $\frac{d}{e}=\frac{3m+1}{2m+1}$; on aura $\frac{f}{g}=\frac{3m+4}{2m+3}$ & $\frac{h}{k}=\frac{6m+5}{4m+4}$, d'où résulte $x=9-4a$ & $v=(6m+5)^2$ $-a(4m+4)^2$; ainsi $xv+a=9(6m+5)^2$ $-4a(6m+5)^2-9a(4m+4)^2+4aa(4m+4)^2$, ou $xv+a=9(6m+5)^2-a(288m^2+538m+243)+4aa(4m+4)^2$, de quoi on peut facilement faire un quarré, vu que mm se trouve multiplié par un quarré; mais c'est à quoi nous ne nous arrêterons pas.

VII.) On peut aussi indiquer d'une maniere plus générale les fractions dont nous

avons fait voir qu'on avoit befoin ; car foit
$\frac{b}{c} = \frac{1}{I}$, $\frac{d}{e} = \frac{nI-1}{n}$, on aura $\frac{f}{g} = \frac{nI+I-1}{n+1}$, & $\frac{g}{h}$
$= \frac{2nI+I-2}{2n+1}$; qu'on fuppofe dans cette der-
niere fraction $2n+1 = m$, elle deviendra
$= \frac{Im-2}{m}$; par conféquent la premiere donne
$x = II - a$, & la derniere fournit $v = (Im-2)^2$
$-amm$. La queftion eft donc feulement que
$xv+a$ devienne un quarré. Or à caufe de
$v = (II-a).mm - 4Im + 4$, on a $xv+a$
$= (II-a)^2 mm - 4(II-a)Im + 4II - 3a$; &
puis donc que ceci doit être un quarré,
qu'on en fuppofe la racine $= (II-a)m - p$;
le quarré de cette quantité étant $(II-a)^2$
$mm - 2(II-a)mp + pp$, on aura $-4(II-a)$
$Im + 4II - 3a = -2(II-a)mp + pp$; donc
$m = \frac{pp - 4II + 3a}{(II-a)(2p - 4I)}$. Soit $p = 2I + q$, on trouvera $m = \frac{4Iq + qq + 3a}{2q(II-a)}$, où l'on peut adopter
pour I & q tels nombres que l'on voudra.

Si, par exemple, $a = 1$, qu'on faffe I
$= 2$, on aura $m = \frac{4q + qq + 3}{6q}$; & en faifant q
$= 1$, on trouvera $m = \frac{4}{3}$, de plus $m = 2n$
$+ 1$; mais ne nous arrêtons pas à cette
queftion plus long-temps, & paffons à une
autre.

Quinzieme question. On cherche trois nombres x, y & z, tels que les sommes & les différences de ces nombres pris deux à deux, soient des quarrés.

La question exigeant qu'on transforme en quarrés les six formules suivantes : I.)$x + y$, II.) $x + z$, III.)$y + z$, IV.) $x - y$, V.) $x - z$, VI.) $y - z$, on commencera par les trois dernieres, & on suppofera $x - y = pp$, $x - z = qq$ & $y - z = rr$; les deux dernieres fourniront $x = qq + z$ & $y = rr + z$; de forte qu'on aura $qq = pp + rr$, à caufe de $x - y = qq - rr = pp$; ainfi $pp + rr$, ou la fomme de deux quarrés, doit équivaloir à un quarré qq ; or c'eft ce qui arrive, quand $p = 2ab$ & $r = aa - bb$, puifqu'alors $q = aa + bb$. Mais confervons encore les lettres p, q & r, & confidérons auffi les trois premieres formules, nous aurons 1°.$x + y = qq + rr + 2z$; 2°. $x + z = qq + 2z$; 3°. $y + z = rr + 2z$. Soit la premiere $qq + rr + 2z = tt$, moyennant quoi $2z = tt - qq - rr$; il faudra encore que $tt - rr = \square$ & $tt - qq = \square$, c'eft-à-dire $tt - (aa - bb)^2$

$=\square$ & $tt-(aa+bb)^2=\square$; ou bien nous aurons à traiter les deux formules $tt-a^4-b^4+2aabb$ & $tt-a^4-b^4-2aabb$; or comme tant $cc+dd+2cd$ que $cc+dd-2cd$ font des quarrés, il est aisé de voir que nous atteindrons notre but, en comparant $tt-a^4-b^4$ avec $cc+dd$ & $2aabb$ avec $2cd$. Suppofons dans ce deffein $cd=aabb=ffgghhkk$, & prenons $c=ffgg$ & $d=hhkk$; $aa=ffhh$ & $bb=ggkk$, ou $a=fh$ & $b=gk$; la premiere équation $tt-a^4-b^4=cc+dd$, prendra la forme $tt-f^4h^4-g^4k^4=f^4g^4+h^4k^4$; donc $tt=f^4g^4+f^4h^4+h^4k^4+g^4k^4$, ou $tt=(f^4+k^4)(g^4+h^4)$; il faudra par conféquent que ce produit foit un quarré ; mais comme la réfolution en feroit difficile, reprenons les chofes d'une autre maniere.

Si nous déterminons par les trois premieres équations $x-y=pp$, $x-z=qq$, $y-z=rr$, les lettres y & z ; nous trouvons $y=x-pp$ & $z=x-qq$, d'où s'enfuit $qq=pp+rr$. Or nos premieres formules deviennent maintenant $x+y=2x-pp$, $x+z=2x-qq$, & $y+z=2x-pp-qq$. Faifons ·

cette derniere $2x - pp - qq = tt$, de forte que $2x = tt + pp + qq$, il ne nous reftera à transformer en quarrés que les formules $tt + qq$ & $tt + pp$. Mais puifqu'il faut que $qq = pp + rr$, foit $q = aa + bb$, & $p = aa - bb$, nous aurons $r = 2ab$, & par conféquent nos formules feront :

$$\text{I.)} \; tt + (aa + bb)^2 = tt + a^4 + b^4 + 2aabb = \square$$
$$\text{II.)} \; tt + (aa - bb)^2 = tt + a^4 + b^4 - 2aabb = \square.$$

Nous n'avons à préfent, pour arriver à notre but, qu'à comparer de nouveau $tt + a^4 + b^4$ avec $cc + dd$ & $2aabb$ avec $2cd$. Soit donc, comme ci-deffus, $c = ffgg$, $d = hhkk$, & $a = fh$, $b = gk$, nous aurons $cd = aabb$, & il faudra encore que $tt + f^4 h^4 + g^4 k^4 = cc + dd = f^4 g^4 + h^4 k^4$; d'où réfulte $tt = f^4 g^4 - f^4 h^4 + h^4 k^4 - g^4 k^4 = (f^4 - k^4)(g^4 - h^4)$. Ainfi tout fe réduit à trouver deux différences de deux bi-quarrés, favoir $f^4 - k^4$ & $g^4 - h^4$, qui, multipliées l'une par l'autre, produifent un quarré.

Confidérons pour cet effet la formule $m^4 - n^4$, voyons quels nombres elle fournit, fi l'on fubftitue à m & à n des nombres donnés, & faifons attention aux quarrés qui fe trouveront parmi ces nombres; la propriété de $m^4 - n^4 = (mm + nn)(mm - nn)$, nous fervira à conftruire pour notre deffein la table qui fuit:

TABLE des Nombres compris dans la Formule $m^4 - n^4$.

mm	nn	$mm - nn$	$mm + nn$	$m^4 - n^4$
4	1	3	5	3.5
9	1	8	10	16.5
9	4	5	13	5.13
16	1	15	17	3.5.17
16	9	7	25	25.7
25	1	24	26	16.3.13
25	9	16	34	16.2.17
49	1	48	50	25.16.2.3
49	16	33	65	3.5.11.13
64	1	63	65	9.5.7.13
81	49	32	130	64.5.13
121	4	117	125	25.9.5.13
121	9	112	130	16.2.5.7.13
121	49	72	170	144.5.17
144	25	119	169	169.7.17
169	1	168	170	16.3.5.7.17
169	81	88	250	25.16.5.11
225	64	161	289	289.7.23

Nous pouvons déjà déduire de-là quelques solutions. En effet, soit $ff=9$ & $kk=4$, nous avons $f^4-k^4=13.5$; soit de plus $gg=81$ & $hh=49$, nous aurons $g^4-h^4=64.5.13$; donc alors $tt=64.25.169$, & $t=520$. Or puisque $tt=270400$, $f=3$, $g=9$, $k=2$, $h=7$, nous aurons $a=21$, $b=18$; ainsi $p=117$, $q=765$, & $r=756$; de tout cela résulte $2x=tt+pp+qq=869314$, & par conséquent $x=434657$; ensuite $y=x-pp=420968$, & enfin $z=x-qq=-150568$; & ce dernier nombre peut aussi se prendre positif; la différence alors devient la somme, & réciproquement la somme devient la différence. Puis donc que les trois nombres cherchés sont :

$$x=434657$$
$$y=420968$$
$$z=150568$$

nous avons $x+y=855625=(925)^2$
$$x+z=585225=(765)^2$$
$$y+z=571536=(756)^2$$

& de plus $x-y=13689=(117)^2$
$$x-z=284089=(533)^2$$
$$y-z=270400=(520)^2.$$

La table que nous avons donnée, feroit trouver encore d'autres nombres, en fuppofant $ff=9$, $kk=4$, & $gg=121$, $hh=4$; car alors $tt=13.5.5.13.9.25=9.25.25.169$, & $t=3.5.5.13=975$. Or comme $f=3$, $g=11$, $k=2$ & $h=2$, on a $a=fh=6$ & $b=gk=22$; par conféquent $p=aa-bb=-448$, $q=aa+bb=520$, & $r=2ab=264$; de-là provient $2x=tt+pp+qq=950625+200704+270400=1421729$, & $x=\frac{1421729}{2}$; donc $y=x-pp=\frac{1020321}{2}$, & $z=x-qq=\frac{880929}{2}$. Or il faut obferver que fi ces nombres ont la propriété qu'on exige, ils la conferveront par quelque quarré qu'on les multiplie. Si donc on les prend quatre fois plus grands, il faut que les nombres fuivans fatisfaffent également: $x=2843458$, $y=2040642$ & $z=1761858$; & comme ces nombres font plus grands que les précédens, on peut regarder ceux-ci comme les plus petits que la queftion admette.

236.

Seizieme question. On demande trois quarrés, tels que la différence de chaque couple de ces quarrés soit un quarré.

La solution précédente peut servir à résoudre aussi cette nouvelle question. En effet, si x, y & z sont des nombres tels que les formules suivantes deviennent des quarrés : I.) $x+y$, II.) $x-y$, III.) $x+z$, IV.) $x-z$, V.) $y+z$, VI.) $y-z$; il est clair que pareillement le produit $xx-yy$ de la premiere & de la seconde, le produit $xx-zz$ de la troisieme & de la quatrieme, & le produit $yy-zz$ de la cinquieme & de la sixieme feront des quarrés, & par conséquent xx, yy & zz feront trois quarrés tels qu'on les demande. Mais ces nombres feroient fort grands, & il y en a sans doute de moindres qui satisfont, vu qu'il n'est pas nécessaire, pour que $xx-yy$ devienne un quarré, que $x+y$ & $x-y$ soient des quarrés; car, par exemple, $25-9$ est un quarré, quoique ni $5+3$ ni $5-3$ ne soient

pas

pas des quarrés. Ainfi réfolvons la queſtion indépendamment de cette confidération, & remarquons d'abord qu'on peut prendre 1 pour l'un des quárrés cherchés : la raifon en eſt que fi les formules $xx-yy$, $xx-zz$ & $yy-zz$ font des quarrés, elles ne le feront pas moins, fi on les divife par zz; par conféquent on peut fuppofer qu'il s'agit de transformer $\frac{xx}{zz}-\frac{yy}{zz}$, $\frac{xx}{zz}-1$, & $\frac{yy}{zz}-1$, & la queſtion ne roule à préfent que fur les deux fractions $\frac{x}{z}$ & $\frac{y}{z}$.

Or fi nous fuppofons $\frac{x}{z}=\frac{pp+1}{pp-1}$ & $\frac{y}{z}=\frac{qq+1}{qq-1}$, les deux dernieres conditions fe trouveront remplies, puifque de cette façon $\frac{xx}{zz}-1$ $=\frac{4pp}{(pp-1)^2}$ & $\frac{yy}{zz}-1=\frac{4qq}{(qq-1)^2}$. Par ce moyen-là il ne nous reſte à traiter que la premiere formule $\frac{xx}{zz}-\frac{yy}{zz}=\frac{(pp+1)^2}{(pp-1)^2}$ $-\frac{(qq+1)^2}{(qq-1)^2}=\left(\frac{pp+1}{pp-1}+\frac{qq+1}{qq-1}\right)\times\left(\frac{pp+1}{pp-1}-\frac{qq+1}{qq-1}\right)$; or le premier facteur eſt ici $=\frac{2(ppqq-1)}{(pp-1)(qq-1)}$, le fecond eſt $=\frac{2(qq-pp)}{(pp-1)(qq-1)}$, & le produit de ces deux facteurs est $= \dfrac{4(ppqq-1)(qq-pp)}{(pp-1)^2(qq-1)^2}$.

On voit que dans ce produit le dénominateur est déjà un quarré, & que le numérateur renferme le quarré 4 ; donc il ne s'agit que de transformer en quarré la formule $(ppqq-1)(qq-pp)$, ou bien celle-ci, $(ppqq-1)(\frac{qq}{pp}-1)$, & on y parvient en faisant $pq=\frac{ff+gg}{2fg}$ & $\frac{q}{p}=\frac{hh+kk}{2hk}$, puisque dans ce cas chaque facteur devient séparément un quarré. Pour s'en convaincre, on remarquera que $qq=\frac{ff+gg}{2fg}\times\frac{hh+kk}{2hk}$, que par conséquent le produit de ces deux fractions doit être un quarré, qu'il doit l'être aussi étant multiplié par $4ffgg.hhkk$, moyennant quoi il devient $=fg(ff+gg)$ $hk(hh+kk)$; ensuite, que cette formule devient tout-à-fait semblable à celle qu'on a trouvée précédemment, si l'on fait $f=a$ $+b$, $g=a-b$, $h=c+d$ & $k=c-d$; puisqu'alors on a $2(a^4-b^4).2(c^4-d^4)=4$ $(a^4-b^4)(c^4-d^4)$, ce qui a lieu, comme nous avons vu, quand $aa=9$, $bb=4$, cc $=81$ & $dd=49$, ou $a=3$, $b=2$, $c=9$

& $d=7$. Ainſi $f=5$, $g=1$, $h=16$ & $k=2$, d'où réſulte $pq=\frac{13}{5}$ & $\frac{q}{p}=\frac{260}{64}=\frac{65}{16}$; le produit de ces deux équations donne $qq=\frac{65.13}{16.5}=\frac{13.13}{16}$; donc $q=\frac{13}{4}$, & il s'enſuit que $p=\frac{4}{5}$, moyennant cela nous avons $\frac{x}{\zeta}=\frac{pp+1}{pp-1}=-\frac{41}{9}$, & $\frac{y}{\zeta}=-\frac{qq+1}{qq-1}=\frac{185}{153}$; puis donc que $x=-\frac{41\zeta}{9}$ & $y=\frac{185\zeta}{153}$, faiſons, à l'effet d'obtenir des nombres entiers, $\zeta=153$, & nous aurons $x=-697$ & $y=185$. Donc enfin les trois nombres quarrés cherchés ſont

$$xx=485809, \quad \text{\& en effet } xx-yy=451584=(672)^2$$
$$yy=34225, \qquad\qquad yy-\zeta\zeta=10816=(104)^2$$
$$\zeta\zeta=23409, \qquad\qquad xx-\zeta\zeta=462400=(680)^2.$$

Il eſt évident de plus que ces quarrés ſont beaucoup plus petits que ceux que nous euſſions trouvés, en quarrant les trois nombres x, y & ζ de la ſolution précédente.

237.

On nous objectera ſans doute ici que cette ſolution n'a été trouvée que par un ſimple tâtonnement, puiſque nous avons fait uſage de la table de l'art. 235. Mais nous répondrons que nous ne nous ſommes fervi de ce moyen, qu'afin de parvenir aux plus petits nombres poffibles; car fi on vouloit ne pas avoir égard à la briéveté, il feroit facile, moyennant les regles données ci-deffus, de trouver une infinité de folutions. En effet, ayant trouvé $\frac{x}{z} = \frac{pp+1}{pp-1}$ & $\frac{y}{z} = \frac{qq+1}{qq-1}$, nous avons réduit la queftion à celle de transformer en quarré le produit $(ppqq - 1)(\frac{qq}{pp} - 1)$; fi donc nous faifons $\frac{q}{p} = m$ ou $q = mp$, notre formule deviendra $(mmp^4 - 1)(mm - 1)$, ce qui eft évidemment un quarré, quand $p = 1$; mais de plus nous allons voir que cette valeur nous en fera connoître d'autres, fi nous écrivons $p = 1 + f$; nous avons, en conféquence de cette fuppofition, à transformer la formule $(mm - 1).(mm - 1 + 4mmf + 6mmff + 4mmf^3 + mmf^4)$; elle ne fera pas moins un quarré, fi on la divife par $(mm - 1)^2$; cette divifion nous donne $1 + \frac{4mmf}{mm-1} + \frac{6mmff}{mm-1} + \frac{4mmf^3}{mm-1} + \frac{mmf^4}{mm-1}$; & fi pour abréger nous faifons $\frac{mm}{mm-1} = a$, nous aurons à réduire en quarré la formule $1 + 4af + 6aff + 4af^3 + af^4$. Que la racine en soit $1 + ff + gff$, dont le quarré est $1 + 2ff + 2gff + ffff + 2fgf^3 + ggf^4$, & qu'on détermine f & g de maniere que les trois premiers termes s'évanouiffent, favoir en faifant $4a = 2f$ ou $f = 2a$, & $6a = 2g + ff$ ou $g = \frac{6a - ff}{2} = 3a - 2aa$, les deux derniers termes fourniront l'équation $4a + af = 2fg + ggf$, d'où réfulte $f = \frac{4a - 2fg}{gg - a}$

$$= \frac{4a - 12aa + 8a^3}{4a^4 - 12a^3 + 9aa - a} = \frac{4 - 12a + 8aa}{4a^3 - 12aa + 9a - 1},$$

ou $f = \frac{4(2a - 1)}{4aa - 8a + 1}$, fi on divife la fraction précédente par $a - 1$. Cette valeur eft déjà fuffifante pour nous donner une infinité de folutions, parce que le nombre m, dans la valeur de a, $= \frac{mm}{mm - 1}$, peut fe prendre à volonté: c'eft ce qu'il eft à propos d'éclaircir par quelques exemples.

I.) Soit $m = 2$, on aura $a = \frac{4}{3}$; ainfi f

$$= 4 \cdot \frac{\frac{5}{3}}{\frac{-23}{9}} = -\frac{60}{23}; \text{ donc } p = -\frac{37}{23}, \& q$$

$$= -\frac{74}{23}; \text{ enfin } \frac{x}{z} = \frac{949}{420}, \& \frac{y}{z} = \frac{6005}{4947}.$$

II.) Soit $m = \frac{3}{2}$, on aura $a = \frac{9}{5}$ & $f = 4$

$\dfrac{\frac{13}{5}}{-\frac{11}{25}} = -\frac{260}{11}$; par conséquent $p = -\frac{249}{11}$, &

$q = \frac{747}{22}$; au moyen de quoi l'on peut déterminer les fractions $\frac{x}{z}$ & $\frac{y}{z}$.

Il est un cas particulier qui mérite que nous y fassions attention ; c'est celui où a est un quarré, & il a lieu, par exemple, quand $m = \frac{5}{3}$, puisqu'alors $a = \frac{25}{16}$. Si nous faisons encore ici, pour abréger, $a = bb$, en sorte que notre formule soit $1 + 4bbf + 6bbff + 4bbf^3 + bbf^4$, nous pourrons la comparer avec le quarré de $1 + 2bbf + bff$, c'est-à-dire avec $1 + 4bbf + 2bff + 4b^4ff + 4b^3f^3 + bbf^4$; & effaçant de part & d'autre les deux premiers termes & le dernier, & divisant les autres par ff, nous aurons $6bb + 4bbf = 2b + 4b^4 + 4b^3f$, d'où résulte $f = \dfrac{6bb - 2b - 4b^4}{4b^3 - 4bb} = \dfrac{3b - 1 - 2b^3}{2bb - 2b}$; ou bien cette fraction étant divisible encore par $b - 1$, nous aurons enfin $f = \dfrac{1 - 2b - 2bb}{2b}$ & $p = \dfrac{1 - 2bb}{2b}$.

Remarquons que nous aurions auffi pu adopter $1+2bf+bff$ pour la racine de notre formule ; le quarré du trinome étant $1+4bf+2bff+4bbff+4bbf^3+bbf^4$, nous aurions effacé le premier & les deux derniers termes ; & divifant les autres par f, nous ferions parvenus à l'équation $4bb+6bbf=4b+2bf+4bbf$. Mais comme $bb=\frac{25}{16}$ & $b=\frac{5}{4}$, cette équation nous auroit donné $f=-2$ & $p=-1$; par conféquent $pp-1=0$, & nous n'aurions pu tirer de-là aucune conclufion, puifque z deviendroit $=0$.

Pour revenir donc à la folution précédente, qui a donné $p=\frac{1-2bb}{2b}$, comme $b=\frac{5}{4}$, elle nous indique que fi $m=\frac{5}{3}$, on a $p=\frac{17}{20}$ & $q=mp=\frac{17}{12}$, par conféquent $\frac{x}{z}=\frac{689}{111}$ & $\frac{y}{z}=\frac{433}{143}$.

238.

Dix-feptieme queftion. On cherche trois nombres quarrés, tels que la fomme de chaque couple foit un quarré.

Puifque ce font les trois formules $xx+yy$, $xx+zz$ & $yy+zz$, qu'il s'agit de tranf-

X iv

former, divifons-les par zz, afin d'avoir ces trois autres :

$$\text{I.)}\ \frac{xx}{zz} + \frac{yy}{zz} = \square\ ,\ \text{II.)}\ \frac{xx}{zz} + 1 = \square\ ,$$
$$\text{III.)}\ \frac{yy}{zz} + 1 = \square\ .$$

On fatisfait aux deux dernieres, en faifant $\frac{x}{z} = \frac{pp-1}{2p}$ & $\frac{y}{z} = \frac{qq-1}{2q}$, & la premiere formule fe change par-là en celle-ci, $\frac{(pp-1)^2}{4pp} + \frac{(qq-1)^2}{4qq}$, qui doit auffi être un quarré, fi on la multiplie par $4ppqq$, c'eft-à-dire qu'il faut que $qq(pp-1)^2 + pp(qq-1)^2 = \square$; or c'eft ce qui ne peut guere s'obtenir, à moins qu'on ne connoiffe d'ailleurs un cas où cette formule devient un quarré ; & comme il eft difficile auffi de trouver un femblable cás, il faudra avoir recours à d'autres artifices, dont nous allons rapporter quelques-uns.

I.) Comme la formule en queftion peut s'exprimer ainfi, $qq(p+1)^2(p-1)^2 + pp(q+1)^2(q-1)^2 = \square$, qu'on faffe en forte qu'elle foit divifible par le quarré $(p+1)^2$; on l'obtient en faifant $q-1 = p+1$, ou $q = p+2$; car alors $q+1 = p+3$, & la formule devient $(p+2)^2(p+1)^2(p-1)^2$ $+pp(p+3)^2(p+1)^2=\square$; de forte qu'en divifant par $(p+1)^2$, on a $(p+2)^2(p-1)^2$ $+pp(p+3)^2$, ce qui doit être un quarré, & à quoi on peut donner la forme $2p^4+8p^3$ $+6pp-4p+4$. Or le dernier terme étant ici un quarré, fuppofons que la racine de la formule foit $2+fp+gpp$ ou $gpp+fp+2$, dont le quarré eft ggp^4+2fgp^3+4gpp $+ffpp+4fp+4$, & nous chafferons les trois derniers termes, en faifant $-4=4f$ ou $f=-1$, & $g=4g+1$ ou $g=\frac{5}{4}$; les premiers termes étant divifés par p^3, donneront enfuite $2p+8=ggp+2fg=\frac{25}{16}p$ $-\frac{5}{2}$; nous trouvons par-là $p=-24$ & $q=-22$; donc enfin $\frac{x}{z}=\frac{pp-1}{2p}=-\frac{575}{48}$, ou $x=-\frac{575}{48}z$, & $\frac{y}{z}=\frac{qq-1}{2q}=-\frac{483}{44}$, ou y $=-\frac{483}{44}z$.

Faifons maintenant $z=16.3.11$, nous aurons $x=575.11$ & $y=483.12$, & par conféquent les racines des trois quarrés que nous cherchons, feront :

$$x = 6325 = 11.23.25 ; \ y = 5796 = 12.21.23 ;$$
$$z = 528 = 3.11.16 ;$$

car il en résulte :

$$xx + yy = 23 \ (275^2 + 252^2) = 23^2.373^2.$$
$$xx + zz = 11^2 (575^2 + \ 48^2) = 11^2.577^2.$$
$$yy + zz = 12^2 (483^2 + \ 44^2) = 12^2.485^2.$$

II.) On peut obtenir encore d'une infinité de manieres, que notre formule foit divifible par un quarré ; qu'on fuppofe, par exemple, $(q + 1)^2 = 4 (p + 1)^2$, ou $q + 1 = 2 (p + 1)$, c'eft-à-dire $q = 2p + 1$ & $q - 1 = 2p$, la formule deviendra $(2p + 1)^2 (p + 1)^2 (p - 1)^2 + pp.4.(p + 1)^2 (4pp) = \square$, ce qu'on peut divifer par $(p + 1)^2$, moyennant quoi l'on a $(2p + 1)^2 (p - 1)^2 + 16p^4 = \square$, ou $20p^4 - 4p^3 - 3pp + 2p + 1 = \square$, mais de quoi on ne peut tirer aucun parti.

III.) Faifons donc plutôt $(q - 1)^2 = 4 (p + 1)^2$, ou $q - 1 = 2 (p + 1)$, nous aurons $q = 2p + 3$ & $q + 1 = 2p + 4$, ou $q + 1 = 2 (p + 2)$, & nous obtiendrons, après avoir divifé notre formule par $(p + 1)^2$, cette autre formule : $(2p + 3)^2 (p - 1)^2 + 16pp$

$(p+2)^2$ ou $9-6p+53pp+68p^3+20p^4$;
que la racine en foit $3-p+gpp$, dont le
quarré eft $9-6p+6gpp+pp-2gp^3+ggp^4$;
les deux premiers termes s'évanouiffent,
& nous chaffons le troifieme en faifant 53
$=6g+1$, ou $g=\frac{26}{3}$; ainfi les autres termes fe divifent par p & donnent $20p+68$
$=ggp-2g$, ou $\frac{256}{3}=\frac{496}{9}p$; donc $p=\frac{48}{31}$
& $q=\frac{189}{31}$, au moyen de quoi nous obte-
nons une nouvelle folution.

IV.) Si l'on veut faire $q-1=\frac{4}{3}(p-1)$,
on a $q=\frac{4}{3}p-\frac{1}{3}$ & $q+1=\frac{4}{3}p+\frac{2}{3}=\frac{2}{3}$
$(2p+1)$, & la formule après avoir été di-
vifée par $(p-1)^2$, devient $\left(\frac{4p-1}{9}\right)^2(p+1)^2$
$+\frac{64}{81}pp(2p+1)^2$; multipliant par 81, on
a $9(4p-1)^2(p+1)^2+64pp(2p+1)^2$
$=400p^4+472p^3+73pp-54p+9$, où le
premier & le dernier terme font l'un &
l'autre des-quarrés. Qu'on fuppofe donc
la racine $=20pp-9p+3$, dont le quarré
eft $400p^4-360p^3+120pp+81pp-54p$
$+9$, on aura $472p+73=-360p+201$;
donc $p=\frac{2}{13}$, & $q=\frac{8}{39}-\frac{1}{3}$.

On auroit aussi pu prendre pour racine $20pp + 9p - 3$, ce qui est celle de $400p^4 + 360p^3 - 120pp + 81pp - 54p + 9$; mais en comparant ce quarré avec notre formule, on auroit trouvé $472p + 73 = 360p - 39$, & par conséquent $p = -1$, valeur qui ne peut nous servir.

V.) On peut faire aussi que notre formule soit même divisible par les deux quarrés $(p+1)^2$ & $(p-1)^2$ en même tems. Qu'on fasse pour cet effet $q = \frac{pt+1}{p+t}$, de sorte que $q + 1 = \frac{pt+p+t+1}{p+t} = \frac{(p+1)(t+1)}{p+t}$, & $q - 1 = \frac{pt-p-t+1}{p+t} = \frac{(p-1)(t-1)}{p+t}$, la formule se divisera par $(p+1)^2(p-1)^2$, & se réduira à $\frac{(pt+1)^2}{(p+t)^2} + pp\frac{(t+1)^2(t-1)^2}{(p+t)^4}$; si on multiplie par $(p+t)^4$, il faudra, comme auparavant, que la formule puisse devenir un quarré, & on aura $(pt+1)^2(p+t)^2 + pp(t+1)^2(t-1)^2$, ou $ttp^4 + 2t(tt+1)p^3 + 2ttpp + (tt+1)^2pp + (tt-1)^2pp + 2t(tt+1)p + tt$, où le premier & le dernier termes sont des quarrés. Qu'on prenne donc pour racine $tpp + (tt+1)p - t$, ce qui est celle du quarré $ttp^4 + 2t(tt+1)p^3$ $- 2ttpp + (tt+1)^2pp - 2t(tt+1)p + tt$, on aura, en comparant, $2ttp + (tt+1)^2p$ $+ (tt-1)^2p + 2t(tt+1) = -2ttp + (tt+1)^2p$ $- 2t(tt+1)$, ou $4ttp + (tt-1)^2p + 4t(tt+1)$ $= 0$, ou $(tt+1)^2p + 4t(tt+1) = 0$, c'est-à-dire $tt+1 = \frac{-4t}{p}$; de-là résulte $p = \frac{-4t}{tt+1}$; par conséquent $pt+1 = \frac{-3tt+1}{tt+1}$, & $p+t$ $= \frac{t^3-3t}{tt+1}$; enfin aussi $q = \frac{-3tt+1}{t^3-3t}$, & la lettre t est arbitraire.

Soit, par exemple, $t = 2$, on aura p $= \frac{-8}{5}$ & $q = \frac{-11}{2}$; ainsi $\frac{x}{z} = \frac{pp-1}{2p} = +\frac{39}{80}$, & $\frac{y}{z} = \frac{qq-1}{2q} = -\frac{117}{44}$, ou $x = \frac{3.13}{4.4.5}z$ & $y = \frac{9.13}{4.11}z$. Si de plus $z = 4.4.5.11$, on a $x = 3.13.11$ & $y = 4.5.9.13$, & les racines des trois quarrés cherchés sont $x = 3.11.13 = 429$, $y = 4.5.9.13 = 2340$, & $z = 4.4.5.11 = 880$. On voit qu'elles sont encore plus petites que celles que nous avons trouvées ci-dessus, & il en résulte

$$xx + yy = 3^2.13^2(121 + 3600) = 3^2.13^2.61^2,$$
$$xx + zz = 11^2.(1521 + 6400) = 11^2.89^2,$$
$$yy + zz = 20^2.(13689 + 1936) = 20^2.125^2.$$

VI.) Une derniere remarque que nous ferons au sujet de cette question, c'est que chaque solution en fournit aisément une nouvelle ; car lorsqu'on a trouvé trois valeurs, $x = a$, $y = b$ & $z = c$, de sorte que $aa + bb = \Box$, $aa + cc = \Box$, & $bb + cc = \Box$, les trois valeurs suivantes satisferont pareillement, savoir $x = ab$, $y = bc$ & $z = ac$. Il faut que

$$xx + yy = aabb + bbcc = bb(aa + cc) = \Box,$$
$$xx + zz = aabb + aacc = aa(bb + cc) = \Box,$$
$$yy + zz = aacc + bbcc = cc(aa + bb) = \Box.$$

Or, comme nous venons de trouver $x = a = 3.11.13$, $y = b = 4.5.9.13$ & $z = c = 4.4.5.11$, nous avons d'après la nouvelle solution,

$$x = ab = 3.4.5.9.11.13.13,$$
$$y = bc = 4.4.4.5.5.9.11.13,$$
$$z = ac = 3.4.4.5.11.11.13.$$

Et toutes ces trois valeurs étant divisibles par $3.4.5.11.13$, se réduisent aux suivantes, $x = 9.13$, $y = 3.4.4.5$ & $z = 4.11$, ou $x = 117$, $y = 240$ & $z = 44$, qui sont encore moindres que celles qu'a données la solution précédente, & il en résulte

$$xx + yy = 71289 = 267^2,$$
$$xx + zz = 15625 = 125^2,$$
$$yy + zz = 59536 = 244^2.$$

239.

Dix-huitieme question. On cherche deux nombres x & y, tels que l'un ajouté au quarré de l'autre, produise un quarré; c'est-à-dire que $xx + y$ & $yy + x$ soient des quarrés.

Si on vouloit commencer par supposer $xx + y = pp$, & en déduire $y = pp - xx$, on auroit pour l'autre formule $p^4 - 2ppxx + x^4 + x = \square$, & on auroit de la peine à la résoudre.

Qu'on suppose donc en même tems l'une des deux formules $xx + y = (p - x)^2 = pp - 2px + xx$, & l'autre $yy + x = (q - y)^2 = qq - 2qy + yy$, on obtiendra par-là les deux équations suivantes, I.) $y + 2px = pp$, & II.) $x + 2qy = qq$, desquelles on tire aisément $x = \frac{2qpp - qq}{4pq - 1}$ & $y = \frac{2pqq - qq}{4pq - 1}$, où p & q sont indéterminés. Qu'on suppose donc, par exemple, $p = 2$ & $q = 3$, on aura les

deux nombres cherchés $x = \frac{15}{23}$ & $y = \frac{32}{23}$,
moyennant quoi $xx + y = \frac{225}{529} + \frac{32}{23} = \frac{961}{529}$
$= \left(\frac{31}{23}\right)^2$, & $yy + x = \frac{1024}{529} + \frac{15}{23} = \frac{1369}{529} = \left(\frac{37}{23}\right)^2$.

Si on faisoit $p = 1$ & $q = 3$, on auroit
$x = -\frac{3}{11}$ & $y = \frac{17}{11}$, solution qu'on pourroit
ne pas admettre, parce que l'un des nombres cherchés se trouve négatif.

Mais soit $p = 1$ & $q = \frac{3}{2}$, nous aurons
$x = \frac{3}{20}$ & $y = \frac{7}{10}$, d'où nous dérivons xx
$+ y = \frac{9}{400} + \frac{7}{10} = \frac{289}{400} = \left(\frac{17}{20}\right)^2$, & $yy + x$
$= \frac{49}{100} + \frac{3}{20} = \frac{64}{100} = \left(\frac{8}{10}\right)^2$.

240.

Dix-neuvieme question. Trouver deux
nombres dont la somme soit un quarré,
& dont les quarrés ajoutés ensemble produisent un bi-quarré.

Nommons ces nombres x & y; & puisque $xx + yy$ doit devenir un bi-quarré,
commençons par en faire un quarté, en
supposant $x = pp - qq$ & $y = 2pq$, au
moyen de quoi $xx + yy = (pp + qq)^2$. Or,
pour

pour que ce quarré devienne un bi-quarré, il faut que $pp + qq$ soit un quarré; continuons donc en faisant $p = rr - ss$ & $q = 2rs$, afin que $pp + qq = (rr + ss)^2$; & présentement nous avons $xx + yy = (rr + ss)^4$, ce qui est un bi-quarré. Or, suivant ces suppositions, nous avons $x = r^4 - 6rrss + s^4$ & $y = 4r^3s - 4rs^3$; il nous reste par conséquent à transformer en un quarré la formule $x + y = r^4 + 4r^3s - 6rrss - 4rs^3 + s^4$.

Imaginons que sa racine soit $rr + 2rs + ss$, ou la formule égale au quarré $r^4 + 4r^3s + 6rrss + 4rs^3 + s^4$, nous pourrons effacer de part & d'autre les deux premiers & le dernier terme, & diviser les autres par rss, ainsi nous aurons $6r + 4s = -6r - 4s$, ou $12r + 8s = 0$; de sorte que $s = -\frac{12r}{8} = -\frac{3}{2}r$. Nous pourrions aussi supposer la racine $= rr - 2rs + ss$, en égalant la formule au quarré $r^4 - 4r^3s + 6rrss - 4rs^3 + s^4$; de cette maniere le premier & les deux derniers termes se détruisant des deux côtés, nous aurions, en divisant par rrs,

les autres termes, $4r-6f=-4r+6f$,
ou $8r=12f$; par conséquent $r=\frac{3}{2}f$; ainsi
dans cette seconde supposition si $r=3$ &
$f=2$, nous trouverions $x=-119$, ou
une valeur négative.

Mais faisons à présent $r=\frac{3}{2}f+t$, nous
aurons pour notre formule

$$rr=\tfrac{9}{4}ff+3ft+tt; \quad r^3=\tfrac{27}{8}f^3+\tfrac{27}{4}fft+\tfrac{9}{2}ftt+t^3.$$

Donc

$$r^4=\tfrac{81}{16}f^4+\tfrac{27}{2}f^3t+\tfrac{27}{2}fftt+6ft^3+t^4$$
$$+4r^3f=\tfrac{27}{2}f^4+27f^3t+18fftt+4ft^3$$
$$-6rrff=-\tfrac{27}{2}f^4-18f^3t-6fftt$$
$$-4rf^3=-6f^4-4f^3t$$
$$+f^4=+f^4;$$

& par conséquent la formule

$$\tfrac{1}{16}f^4+\tfrac{37}{2}f^3t+\tfrac{51}{2}fftt+10ft^3+t^4.$$

Cette formule doit aussi être un quarré,
si on la multiplie par 16, moyennant quoi
elle devient $f^4+296f^3t+408fftt+160ft^3$
$+16t^4$. Egalons-la au quarré de $ff+148ft$
$-4tt$, c'est-à-dire à $f^4+296f^3t+21896fftt$
$-1184ft^3+16t^4$; nous voyons les deux
premiers termes & le dernier se détruire
des deux côtés, & nous parvenons par-là

à l'équation $21896f - 1184t = 408f + 160t$, qui fournit $\frac{f}{t} = \frac{1344}{21488} = \frac{336}{5372} = \frac{84}{1343}$. Puis donc que $f = 84$ & $t = 1343$, nous aurons $r = \frac{1}{2}f + t = 1469$, & par conséquent $x = r^4 - 6rrff + f^4 = 4565486027761$, & $y = 4r^3f - 4rf^3 = 1061652293520$.

CHAPITRE XV.

Solutions de quelques Questions où l'on demande des Cubes.

241.

Nous avons traité dans le Chapitre précédent quelques questions où il s'agissoit de faire en sorte que certaines formules devinssent des quarrés, & elles nous ont donné occasion de développer différens artifices que demande l'application des regles que nous avions données plus haut. Il nous reste à présent à considérer des questions qui roulent sur la transformation de certaines formules en cubes; les solutions qui vont suivre répandront du jour fur les regles que nous avons auffi indiquées plus haut pour les transformations de cette efpece.

242.

Queftion premiere. On demande que la fomme de deux cubes, x^3 & y^3, foit un cube.

Puifque $x^3 + y^3$ doit être un cube, il faut qu'en divifant cette formule par le cube y^3, le quotient foit pareillement un cube, ou que $\frac{x^3}{y^3} + 1 = C$. Soit donc $\frac{x}{y} = z - 1$, nous aurons $z^3 - 3zz + 3z = C$. Si nous voulions maintenant, en fuivant les regles données plus haut, fuppofer ici la racine cubique $= z - u$, & en comparant la formule avec le cube $z^3 - 3uzz + 3uuz - u^3$, déterminer u de façon que le fecond terme auffi s'évanouît, nous aurions $u = 1$ & les autres termes, formant l'équation $3z = 3uuz - u^3 = 3z - 1$; nous trouverions $z = \infty$, d'où nous ne pourrions rien conclure. Laiffons donc plutôt u indéterminé, & tirons z de l'équa-

tion quarrée $-3zz+3z = -3uzz+3uuz$
$-u^3$, ou $3uzz-3zz=3uuz-3z-u^3$, ou
$3(u-1)zz=3(uu-1)z-u^3$, ou $zz=(u+1)$
$z-\dfrac{u^3}{3(u-1)}$; nous trouverons

$$z=\frac{u+1}{2}\pm\sqrt{\frac{uu+2u+1}{4}-\frac{u^3}{3(u-1)}}$$

ou $z=\dfrac{u+1}{2}\pm\sqrt{\dfrac{-u^3+3uu-3u-3}{12(u-1)}}$; la
question se réduit par conséquent à transformer en quarré la fraction qui est sous
ce signe radical. Multiplions d'abord pour
cet effet les deux termes par $3(u-1)$,
afin que le dénominateur devenant un
quarré, savoir $36(u-1)^2$, nous n'ayons
à traiter que le numérateur $-3u^4+12u^3$
$-18uu+9$. Comme le dernier terme est
un quarré, nous supposerons la formule,
conformément à la regle, égale au quarré
de $guu+fu+3$, c'est-à-dire à ggu^4+2fgu^3
$+6guu+6fu+9$, nous ferons disparoître
$+ffuu$
les trois derniers termes, en faisant $o=6f$
ou $f=o$, & $6g+ff=-18$, ou $g=-3$;

& l'équation qui reste, savoir $-3u+12$ $=ggu+2fu=9u$, donnera $u=1$. Mais cette valeur ne nous apprend encore rien ; ainsi nous continuerons en écrivant $u=1$ $+t$; or notre formule devenant dans ce cas $-12t-3t^4$, ce qui ne peut être un quarré, à moins que t ne soit négatif, faisons aussi-tôt $t=-f$; nous avons par ce moyen la formule $12f-3f^4$, qui devient un quarré dans le cas de $f=1$. Mais nous voici arrêtés de nouveau ; car dans ce cas de $f=1$, on a $t=-1$ & $u=0$, d'où l'on ne peut conclure autre chose, si ce n'est que de quelque maniere qu'on s'y prenne, on ne trouvera jamais une valeur qui fasse parvenir au but qu'on se propose ; & l'on peut en inférer déjà avec assez de confiance, qu'il est impossible de trouver deux cubes dont la somme soit un cube ; on s'en convaincra entiérement par la démonstration suivante.

243.

Théoreme. Il n'eft pas poffible de trouver deux cubes dont la fomme ou bien la différence foit un cube.

Nous commencerons par faire obferver que fi l'impoffibilité dont nous parlons a lieu pour la fomme, elle a lieu auffi pour la différence de deux cubes. En effet, s'il eft impoffible que $x^3 + y^3 = z^3$, il eft impoffible auffi que $z^3 - y^3 = x^3$; or $z^3 - y^3$ eft la différence de deux cubes; donc, &c. Cela pofé, il fuffira de démontrer l'impoffibilité en queftion, foit de la fomme feulement, foit de la différence; or voici la fuite des raifonnemens que cette démonftration exige.

I.) On peut regarder les nombres x & y comme premiers entr'eux; car s'ils avoient un commun divifeur, les cubes feroient auffi divifibles par le cube de ce divifeur. Par exemple, foit $x = 2a$ & $y = 2b$, on auroit $x^3 + y^3 = 8a^3 + 8b^3$; or fi cette formule eft un cube, $a^3 + b^3$ en eft auffi un.

II.) Puis donc que x & y n'ont point de facteur commun, ces deux nombres font ou impairs tous les deux, ou bien l'un eft pair & l'autre eft impair. Dans le premier cas il faudroit que z fût pair, & dans l'autre ce nombre feroit impair. Par conféquent de ces trois nombres x, y & z, il y en a toujours un qui eft pair & deux qui font impairs; & il nous fuffira donc pour notre démonftration de confidérer le cas où x & y font tous deux impairs, parce qu'il eft indifférent de prouver l'impoffibilité dont il s'agit pour la fomme ou pour la différence, & qu'il arrive feulement que la fomme devient la différence, lorfqu'une des racines eft négative.

III.) Si donc x & y font impairs, il eft clair que tant leur fomme que leur différence fera un nombre pair. Soit donc $\frac{x+y}{2} = p$ & $\frac{x-y}{2} = q$, nous aurons $x = p + q$ & $y = p - q$, d'où il fuit que l'un des deux nombres p & q doit être pair & que l'autre doit être impair. Or nous avons $x^3 + y^3 = 2p^3 + 6pqq = 2p(pp + 3qq)$; de forte qu'il

s'agit de prouver que ce produit $2p(pp$
$+3qq)$ ne peut devenir un cube ; & si la
démonſtration devoit ſe rapporter à la différence , on auroit $x^3 - y^3 = 6ppq + 2q^3$
$= 2q(qq+3pp)$, formule tout-à-fait la même que la précédente , ſi on met p & q
à la place l'un de l'autre. Par conſéquent
il ſuffit pour notre queſtion de démontrer
l'impoſſibilité de la formule $2p(pp+3qq)$,
puiſqu'il s'enſuivra néceſſairement que ni
la ſomme ni la différence de deux cubes
ne peut devenir un cube.

IV.) Si donc $2p(pp+3qq)$ étoit un cube ,
ce cube ſeroit pair , & par conſéquent
diviſible par 8 ; donc il faudroit que la
huitieme partie de notre formule , ou $\frac{1}{4}p$
$(pp+3qq)$, fût un nombre entier & outre
cela un cube. Or nous ſavons que l'un des
nombres p & q eſt pair , & l'autre impair ;
ainſi $pp+3qq$ doit être un nombre impair ,
qui n'étant point diviſible par 4 , il faut que
p le ſoit , ou que $\frac{p}{4}$ ſoit un nombre entier.

V.) Mais afin que le produit $\frac{p}{4}(pp+3qq)$
ſoit un cube , il faut que chacun de ces

facteurs, s'ils n'ont point de diviseur commun, soit un cube séparément; car si un produit de deux facteurs qui sont premiers entr'eux, doit être un cube, il faut nécessairement que chacun soit de soi-même un cube; le cas est différent & demande une considération particuliere, si ces facteurs ont un diviseur commun. Ainsi la question est ici de savoir si les deux facteurs p & $pp+3qq$ ne pourroient pas avoir un diviseur commun? Pour y répondre, il faut considérer que si ces facteurs ont un diviseur commun, les nombres pp & $pp+3qq$ auront le même diviseur; que la différence aussi de ces nombres, qui est $3qq$, aura le même diviseur commun avec pp, & que, puisque p & q sont premiers entre eux, ces nombres pp & $3qq$ ne peuvent avoir d'autre commun diviseur que 3, ce qui a lieu quand p est divisible par 3.

VI.) Nous avons par conséquent deux cas à examiner: l'un est celui où les facteurs p & $pp+3qq$ n'ont point de commun diviseur, ce qui arrive toujours, lorsque

p n'est pas divisible par 3 ; l'autre cas est celui où ces facteurs ont un diviseur commun, & il a lieu quand p peut se diviser par 3 ; parce qu'alors les deux nombres font divisibles par 3. Nous avons besoin de distinguer soigneusement ces deux cas l'un de l'autre, parce qu'ils exigent chacun une démonstration particuliere.

VII.) *Premier cas.* Que p ne soit pas divisible par 3, & que par conséquent nos deux facteurs $\frac{p}{4}$ & $pp + 3qq$ soient premiers entr'eux, de forte que chacun en particulier doive être un cube. Pour faire d'abord que $pp + 3qq$ devienne un cube, il n'y a, comme nous l'avons vu plus haut, qu'à supposer $p + q\sqrt{-3} = (t + u\sqrt{-3})^3$ & $p - q\sqrt{-3} = (t - u\sqrt{-3})^3$, ce qui donne $pp + 3qq = (tt + 3uu)^3$ ou un cube. Or par-là $p = t^3 - 9tuu = t(tt - 9uu)$, & $q = 3ttu - 3u^3 = 3u(tt - uu)$. Puis donc que q est un nombre impair, il faut que u aussi soit impair, & par conséquent que t soit pair, parce que fans cela $tt - uu$ feroit pair.

· VIII.) Maintenant que nous avons tranf-
formé $pp + 3qq$ en cube, & que nous
avons trouvé $p = t(tt - 9uu) = t(t + 3u)$
$(t - 3u)$, il s'agit auffi que $\frac{p}{4}$, & par conféquent auffi que $2p$ foit un cube; ou, ce
qui revient au même, que la formule
$2t(t + 3u)(t - 3u)$ foit un cube. Or nous
avons à obferver ici que t eft un nombre
pair & non divifible par 3; puifqu'autrement p feroit divifible par 3, ce qu'on a
expreffément fuppofé n'être pas; ainfi les
trois facteurs, $2t$, $t + 3u$ & $t - 3u$, font
premiers entr'eux, & il faudroit que chacun d'eux fût un cube en particulier. Si
donc nous faifons $t + 3u = f^3$ & $t - 3u = g^3$,
nous aurons $2t = f^3 + g^3$. Si donc $2t$ eft
un cube, nous aurons deux cubes f^3 & g^3,
dont la fomme feroit un cube, & qui feroient évidemment beaucoup plus petits
que les cubes x^3 & y^3 adoptés au commencement; car comme nous avons d'abord
fait $x = p + q$ & $y = p - q$, & que nous
venons à préfent de déterminer p & q par
les lettres t & u, il faut néceffairement que

les nombres x & y soient beaucoup plus grands que t & u.

IX.) Si donc il existoit dans de grands nombres deux cubes tels que nous les demandons, on pourroit aussi assigner en de moindres nombres deux cubes dont la somme feroit un cube, & on pourroit parvenir de la même maniere à des cubes toujours plus petits. Or comme il est très-certain qu'il n'y a point de ces cubes dans les petits nombres, il s'ensuit qu'il n'y en a point non plus dans les plus grands. Cette conclusion se confirme par celle que fournit le second cas & qui est la même, comme on va voir.

X.) *Second cas.* Supposons à présent que p soit divisible par 3, & que q ne le soit pas, & faisons $p = 3r$, notre formule deviendra $\frac{3r}{4} \cdot (9rr + 3qq)$, ou $\frac{9}{4} r (3rr + qq)$; & ces deux facteurs sont premiers entr'eux, vu que $3rr + qq$ n'est divisible ni par 2 ni par 3, & que r doit être pair aussi bien que p; c'est pourquoi chacun de ces deux facteurs doit être un cube en particulier.

XI.) Or en transformant le second facteur $3rr + qq$ ou $qq + 3rr$, nous trouvons de la même maniere que ci-dessus $q = t$ $(tt - 9uu)$ & $r = 3u(tt - uu)$; & il faut remarquer que puisque q étoit impair, t doit être ici pareillement un nombre impair, & que u doit être pair.

XII.) Mais il faut aussi que $\frac{2r}{4}$ soit un cube; ou en multipliant par le cube $\frac{8}{27}$, que $\frac{2r}{8}$ ou $2u(tt - uu) = 2u(t+u)(t-u)$, soit un cube; & comme ces trois facteurs sont des nombres premiers entr'eux, il faut que chacun par lui-même soit un cube. Supposons donc $t+u = f^3$ & $t-u = g^3$, il s'ensuivra $2u = f^3 - g^3$, c'est-à-dire que si $2u$ étoit un cube, $f^3 - g^3$ seroit un cube. On auroit par conséquent deux cubes f^3 & g^3 beaucoup plus petits que les premiers, dont la différence seroit un cube, & par-là même on connoîtroit aussi deux cubes dont la somme feroit un cube, puisqu'on n'auroit qu'à faire $f^3 - g^3 = h^3$ pour avoir $f^3 = h^3 + g^3$, ou un cube égal à la somme de deux cubes. Voilà donc la conclusion précédente pleinement

confirmée ; c'eſt-à-dire qu'on ne peut aſſigner même par les plus grands nombres
deux cubes tels, que leur ſomme ou leur
différence ſoit un cube, & cela par la raiſon
qu'on ne rencontre point de cubes de cette
eſpece dans les plus petits nombres.

244.

Puis donc qu'il eſt impoſſible de trouver
deux cubes dont la ſomme ou la différence
ſoit un cube, notre premiere queſtion tombe
d'elle-même ; auſſi a-t-on coutume plutôt
de commencer dans cette matiere par la
queſtion de déterminer trois cubes, dont
la ſomme faſſe un cube ; mais en ſuppoſant
que deux de ces cubes ſoient arbitraires,
de ſorte qu'il ne s'agît que de trouver le
troiſieme ; ainſi nous paſſerons immédiatement à cette queſtion.

245.

Queſtion deuxieme. Deux cubes a^3 & b^3
étant donnés, on demande un troiſieme
cube, tel que ces trois cubes ajoutés enſemble faſſent un cube.

Il s'agit de transformer en cube la formule $a^3 + b^3 + x^3$; cela ne peut se faire à moins qu'on ne connoisse d'avance un cas satisfaisant; mais un cas de cette espece se présente aussi-tôt, c'est celui de $x = -a$; qu'on fasse donc $x = y - a$, on aura $x^3 = y^3 - 3ayy + 3ayy - a^3$; c'est par conséquent la formule $y^3 - 3ayy + 3aay + b^3$ qui doit devenir un cube; or le premier & le dernier terme étant ici des cubes, on trouve aussi-tôt deux solutions.

I.) La premiere demande qu'on fasse la racine de la formule $= y + b$, dont le cube est $y^3 + 3byy + 3bby + b^3$; on a de cette maniere $-3ay + 3aa = 3by + 3bb$; & par conséquent $y = \frac{aa - bb}{a + b} = a - b$; mais $x = -b$; de sorte que cette solution ne nous est d'aucun usage.

II.) Mais on peut aussi prendre pour racine $b + fy$, dont le cube est $f^3 y^3 + 3bffyy + 3bbfy + b^3$, & déterminer f de façon qu'aussi les troisiemes termes se détruisent, savoir en faisant $3aa = 3bbf$, ou $f = \frac{aa}{bb}$; car alors on parvient à l'équation $y - 3a = f^3 y$

$$= f^3 y + 3bff = \frac{a^6 y}{b^6} + \frac{3a^4}{b^3},$$ qui, multi-

pliée par b^6, devient $b^6 y - 3ab^6 = a^6 y + 3a^4 b^3$,

& donne $y = \dfrac{3a^4 b^3 + 3ab^6}{b^6 - a^6} = \dfrac{3ab^3(a^3 + b^3)}{b^6 - a^6}$

$= \dfrac{3ab^3}{b^3 - a^3}$, & par conséquent $x = y - a$

$= \dfrac{2ab^3 + a^4}{b^3 - a^3} = a \cdot \dfrac{2b^3 + a^3}{b^3 - a^3}$. Ainsi les deux

cubes a^3 & b^3 étant donnés, nous connoiſ-
ſons auſſi la racine du troiſieme cubé cherché; & ſi nous voulons que cette racine
ſoit poſitive, nous n'avons qu'à ſuppoſer
le cube b^3 plus grand que l'autre a^3 : faiſons-
en l'application à quelques exemples.

I.) Soient 1 & 8 les deux cubes donnés,
en ſorte que $a = 1$ & $b = 2$; la formule
$9 + x^3$ deviendra un cube, ſi $x = \frac{17}{7}$; car
on aura $9 + x^3 = \frac{8000}{343} = \left(\frac{20}{7}\right)^3$.

II.) Soient les cubes donnés 8 & 27,
de ſorte que $a = 2$ & $b = 3$; la formule
$35 + x^3$ ſera un cube dans le cas de $x = \frac{124}{19}$.

III.) Que 27 & 64 ſoient les cubes
donnés, c'eſt-à-dire que $a = 3$ & $b = 4$;

la formule $91 + x^3$ deviendra un cube, si $x = \frac{465}{37}$.

Si l'on vouloit déterminer pour deux cubes donnés d'autres troisiemes cubes, il faudroit pourſuivre en ſubſtituant $\frac{2ab^3 + a^4}{b^3 - a^3} + \gamma$ au lieu de x, dans la formule $a^3 + b^3 + x^3$; car on parviendroit par ce moyen à une formule ſemblable à la précédente, & qui fourniroit enſuite de nouvelles valeurs de γ; mais on voit aſſez qu'on s'engageroit dans des calculs très-prolixes.

246.

Il ſe préſente au reſte dans cette queſtion un cas remarquable, celui où les deux cubes donnés ſont égaux, où $a = b$; car dans ce cas on a $x = \frac{3\,a^4}{0} = \infty$; c'eſt-à-dire qu'on n'a aucune ſolution; & voilà la raiſon pour laquelle on n'a pu encore réſoudre le probleme de transformer en cube la formule $2a^3 + x^3$. Soit, par exemple $a = 1$, ou que cette formule ſoit $2 + x^3$, on trou-

vera que quelques formes qu'on lui donne ,
ce fera toujours inutilement , & qu'on cherchera en vain une valeur de x qui fatisfafte.
On conclut de-là avec affez de certitude,
qu'il eft impoffible de trouver un cube égal
à la fomme d'un cube & d'un double cube,
ou bien que l'équation $2a^3 + x^3 = y^3$ eft impoffible ; & comme cette équation donne
$2a^3 = y^3 - x^3$, il feroit impoffible auffi de
trouver deux cubes dont la différence fût
égale au double d'un autre cube ; cette
conféquence s'étend de même à la fomme
de deux cubes ; & tout cela va être porté
jufqu'à une évidence complette par la démonftration qui fuit.

247.

Théoreme. Ni la fomme ni la différence
de deux cubes ne peut devenir égale au
double d'un autre cube ; cela veut dire que
la formule $x^3 \pm y^3 = 2z^3$ eft toujours impoffible , fi ce n'eft dans le cas évident $y = x$.

On peut encore ici regarder x & y comme premiers entr'eux ; car fi ces nombres
avoient un divifeur commun, il faudroit

que z eût le même diviseur, & que toute l'équation, par conséquent, fût divisible par le cube de ce diviseur. Cela posé, comme $x^3 \pm y^3$ doit être un nombre pair, il faut que les nombres x & y soient impairs tous les deux, moyennant quoi tant leur somme que leur différence sera paire. Ainsi faisons $\frac{x+y}{2} = p$ & $\frac{x-y}{2} = q$, nous aurons $x = p + q$ & $y = p - q$, & il faudra que des deux nombres p & q l'un soit pair & l'autre impair. Or de-là il suit $x^3 + y^3 = 2p^3 + 6pqq = 2p(pp + 3qq)$, & $x^3 - y^3 = 6ppq + 2q^3 = 2q(3pp + qq)$, c'est-à-dire deux formules tout-à-fait semblables. Par conséquent il suffira de prouver que la formule $2p(pp + 3qq)$ ne peut devenir le double d'un cube, ou que $p(pp + 3qq)$ ne peut être un cube. On va voir comment nous nous y prendrons pour cette démonstration.

I.) Il se présente de nouveau deux cas différens à considérer : l'un où les deux facteurs p & $pp + 3qq$ n'ont point de commun diviseur, & doivent être un cube chacun séparément ; l'autre où ces facteurs ont un diviseur commun, lequel diviseur cependant, comme nous avons vu, ne peut être autre que 3.

II.) *Premier cas.* En supposant donc que p ne soit pas divisible par 3, & qu'ainsi les deux facteurs soient premiers entr'eux, nous réduirons d'abord $pp + 3qq$ en cube, en faisant $p = t(tt - 9uu)$ & $q = 3u(tt - 9uu)$; moyennant cela il faudra seulement encore que p devienne un cube. Or t n'étant pas divisible par 3, puisqu'autrement p seroit aussi divisible par 3, les deux facteurs t & $tt - 9uu$ sont premiers entr'eux, & par conséquent il faut que chacun en particulier soit un cube.

III.) Mais le dernier facteur à son tour a deux facteurs, savoir $t + 3u$ & $t - 3u$, qui sont des nombres premiers entr'eux, d'abord parce que t n'est pas divisible par 3, & en second lieu, parce que l'un des nombres t & u est pair, tandis que l'autre est impair; car si ces nombres étoient impairs tous les deux, il faudroit que non-seulement p, mais aussi que q fût impair, ce qui ne se peut; donc il faut que chacun de ces deux facteurs, $t + 3u$ & $t - 3u$ en particulier soit un cube. Z iij

IV.) Soit donc $t + 3u = f^3$ & $t - 3u = g^3$, nous aurons $2t = f^3 + g^3$. Or t doit être un cube que nous désignerons par h^3, moyennant quoi il faudroit que $f^3 + g^3 = 2h^3$; par conséquent nous aurions deux cubes beaucoup moindres, savoir f^3 & g^3, dont la somme feroit le double d'un cube.

V.) *Second cas.* Suppofons à préfent p divifible par 3, & conféquemment que q ne le foit pas.

Si nous faifons $p = 3r$, notre formule devient $3r(9rr + 3qq) = 9r(3rr + qq)$, & ces facteurs étant maintenant des nombres premiers entr'eux, il faut que l'un & l'autre foient un cube.

VI.) Afin donc de transformer en cube le fecond, $qq + 3rr$, nous ferons $q = t(tt - 9uu)$ & $r = 3u(tt - uu)$, & il faudra encore que l'un des nombres t & u foit impair & l'autre pair, vu qu'autrement les deux nombres q & r feroient pairs. Or nous obtenons par-là le premier facteur $9r = 27u(u - uu)$; & comme il doit être un cube, il faut auffi qu'en le divifant par 27, la formule $u(tt - uu)$, ou $u(t + u)(t - u)$, foit un cube.

VII.) Mais ces trois facteurs étant premiers entr'eux, il faut qu'ils foient tous eux-mêmes des cubes. Ainfi fuppofons pour les deux derniers $t+u=f^3$ & $t-u=g^3$, nous aurons $2u=f^3-g^3$; mais u devant être un cube, nous aurions de cette maniere, en de bien plus petits nombres, deux cubes dont la différence feroit égale au double d'un autre cube.

VIII.) Puis donc qu'on ne peut affigner en petits nombres des cubes tels que leur fomme ou leur différence foit un cube doublé, il eft clair qu'il n'y a point de cubes de cette efpece, même parmi les plus grands nombres.

IX.) On objectera peut-être que notre conclufion pourroit induire en erreur; parce qu'il exifte dans ces moindres nombres un cas fatisfaifant, favoir celui de $f=g$. Mais on doit confidérer que lorfque $f=g$, on a dans le premier cas $t+3u=t-3u$, & ainfi $u=0$; que par conféquent auffi $q=0$, & que comme nous avions fuppofé $x=p+q$ & $y=p-q$, il faudroit que les deux premiers cubes x^3 & y^3 euffent déjà été égaux l'un & l'autre, lequel cas a été expreſſément excepté. De même, dans le ſecond cas, ſi $f = g$, il faut que $t + u = t - u$, & pareillement $u = 0$; donc auſſi $r = 0$ & $p = 0$; donc les deux premiers cubes x^3 & y^3 deviendroient encore égaux, de quoi il n'eſt pas queſtion dans le probleme.

248.

Queſtion troiſieme. On demande en général trois cubes, x^3, y^3 & z^3, dont la ſomme ſoit égale à un cube.

Nous venons de voir qu'on peut ſuppoſer deux de ces cubes connus, & qu'on peut déterminer par-là le troiſieme, pourvu qu'il n'y en ait pas deux d'égaux; mais la méthode précédente ne fournit dans chaque cas qu'une ſeule valeur pour le troiſieme cube, & il ſeroit difficile d'en déduire de nouvelles.

Nous regarderons donc à préſent les trois cubes comme inconnus; & afin de donner une ſolution générale, nous ferons $x^3 + y^3 + z^3 = v^3$; nous tranſpoſerons un des premiers pour avoir $x^3 + y^3 = v^3 - z^3$; & voici comment nous satisferons à cette équation.

I.) Soit $x = p + q$ & $y = p - q$, nous aurons, comme nous avons vu, $x^3 + y^3 = 2p(pp + 3qq)$. Soit de plus $v = r + s$ & $z = r - s$, nous aurons aussi $v^3 - z^3 = 2s(ss + 3rr)$; donc il faut que $2p(pp + 3qq) = 2s(ss + 3rr)$, ou $p(pp + 3qq) = s(ss + 3rr)$.

II.) Nous avons vu plus haut qu'un nombre, tel que $pp + 3qq$, ne peut avoir pour diviseurs que des nombres de la même forme. Puis donc que ces deux formules $pp + 3qq$ & $ss + 3rr$, doivent avoir nécessairement un diviseur commun, soit ce diviseur $= tt + 3uu$.

III.) Faisons en conséquence $pp + 3qq = (ff + 3gg)(tt + 3uu)$ & $ss + 3rr = (hh + 3kk)(tt + 3uu)$, & nous aurons $p = ft + 3gu$ & $q = gt - fu$; par conséquent $pp = fftt + 6fgtu + 9gguu$ & $qq = ggtt - 2fgtu + ffuu$, d'où résulte $pp + 3qq = (ff + 3gg)tt + (3ff + 9gg)uu$, ou bien $pp + 3qq = (ff + 3gg)(tt + 3uu)$.

IV.) Nous tirons de la même maniere de l'autre formule, $s = ht + 3ku$ & $r = kt$

$—hu$; d'où résulte l'équation $(ft+3gu)$ $(ff+3gg)(tt+3uu)=(ht+3ku)(hh+3kk)$ $(tt+3uu)$, qui, divisée par $tt+3uu$, donne $ft(ff+3gg)+3gu(ff+3gg)=ht(hh+3kk)$ $+3ku(hh+3kk)$, ou $ft(ff+3gg)—ht(hh$ $+3kk)=3ku(hh+3kk)—3gu(ff+3gg)$, moyennant quoi $t=\frac{3k(hh+3kk)-3g(ff+3gg)}{f(ff+3gg)-h(hh+3kk)}u$.

V.) Chassons encore les fractions, en faisant $u=f(ff+3gg)—h(hh+3kk)$, & nous aurons $t=3k(hh+3kk)—3g$ $(ff+3gg)$, où l'on peut donner telles valeurs qu'on veut aux lettres f, g, h & k.

VI.) Lors donc que nous aurons déterminé par ces quatre nombres les valeurs de t & de u, nous aurons I.) $p=ft+3gu$, II.) $q=gt—fu$, III.) $f=ht+3ku$, IV.) $r=kt—hu$; de-là nous parviendrons enfin à la solution de la question, $x=p+q$, $y=p—q$, $z=r—f$ & $v=r+f$; & cette solution est générale, au point qu'elle renferme tous les cas possibles, vu que dans tout ce calcul on n'a admis aucune limitation arbitraire. Tout l'artifice consistoit à rendre notre équation divisible par tt $+3uu$, moyennant quoi nous avons pu déterminer les lettres t & u par une équation du premier degré. On peut faire des applications sans nombre de nos formules : nous en donnerons quelques-unes pour exemples.

I.) Soit $k=0$ & $h=1$, on aura $t=-3g(ff+3gg)$, & $u=f(ff+3gg)-1$; ainsi $p=-3fg(ff+3gg)+3fg(ff+3gg)-3g=-3g$, & $q=-(ff+3gg)^2+f$; de plus $s=-3g(ff+3gg)$, & $r=-f(ff+3gg)+1$; par conséquent

$$x=-3g-(ff+3gg)^2+f,$$
$$y=-3g+(ff+3gg)^2-f,$$
$$z=(3g-f)(ff+3gg)+1;$$

enfin $v=-(3g+f)(ff+3gg)+1$.

Si outre cela nous supposons $f=-1$ & $g=+1$, nous aurons $x=-20$, $y=14$, $z=17$ & $v=-7$; & de-là résulte l'équation finale $-20^3+14^3+17^3=-7^3$, ou $14^3+17^3+7^3=20^3$.

II.) Soit $f=2$, $g=1$, & par conséquent $ff+3gg=7$; de plus $h=0$ & $k=1$; ainsi $hh+3kk=3$; on aura $t=-12$ & $u=14$; de sorte que $p=2t+3u=18$, $q=t-2u=-40$, $r=t=-12$, & $s=3u=42$;

il en réſultera $x = p + q = -22$, $y = p - q = 58$, $z = r - ſ = -54$, & $v = r + ſ = 30$; donc $-22^3 + 58^3 - 54^3 = 30^3$, ou $58^3 = 30^3 + 54^3 + 22^3$; & comme toutes les racines ſont diviſibles par 2, on aura auſſi $29^3 = 15^3 + 27^3 + 11^3$.

III.) Soit $f = 3$, $g = 1$, $h = 1$ & $k = 1$; en ſorte que $ff + 3gg = 12$, & $hh + 3kk = 4$; & qu'ainſi $t = -24$ & $u = 32$, ces deux valeurs ſont diviſibles par 8; & comme il ne s'agit ici que de leurs rapports, nous pouvons faire $t = -3$ & $u = 4$. Nous obtenons par-là $p = 3t + 3u = +3$, $q = t - 3u = -15$, $r = t - u = -7$ & $ſ = t + 3u = +9$; par conſéquent $x = -12$ & $y = 18$, $z = -16$ & $v = 2$, d'où provient $-12^3 + 18^3 - 16^3 = 2^3$, ou $18^3 = 16^3 + 12^3 + 2^3$, ou bien auſſi, en diviſant par le cube de 2, $9^3 = 8^3 + 6^3 + 1^3$.

IV.) Suppoſons auſſi $g = 0$ & $k = h$, au moyen de quoi nous laiſſons f & h indéterminées. Nous aurons $ff + 3gg = ff$ & $hh + 3kk = 4hh$; ainſi $t = 12h^3$ & $u = f^3 - 4h^3$; de plus $p = ſt = 12fh^3$, $q = -f^4 + 4fh^3$, $r = 12h^4 - hf^3 + 4h^4 = 16h^4 - hf^3$, & $ſ$

$= 3hf^3$; donc enfin $x = p + q = 16fh^3 - f^4$, $y = p - q = 8fh^3 + f^4$, $z = r - s = 16h^4 - 4hf^3$, & $v = r + s = 16h^4 + 2hf^3$. Si nous faisons maintenant $f = h = 1$, nous avons $x = 15$, $y = 9$, $z = 12$, & $v = 18$, ou bien, en divisant tout par 3, $x = 5$, $y = 3$, $z = 4$ & $v = 6$; de façon que $3^3 + 4^3 + 5^3 = 6^3$. La progression de ces trois racines 3, 4, 5, augmentant de l'unité, est digne d'attention ; c'est pourquoi nous rechercherons s'il y en a encore d'autres de la même espece.

249.

Question quatrieme. On demande trois nombres qui forment une progression arithmétique, dont la différence soit 1, & qui soient tels que leurs cubes ajoutés ensemble reproduisent un cube.

Soit x le nombre ou le terme moyen, $x - 1$ sera le plus petit & $x + 1$ le plus grand ; la somme des cubes de ces trois nombres est $3x^3 + 6x = 3x(xx + 2)$, & elle doit être un cube. Il nous faut ici d'avance un cas où cette propriété ait lieu, & nous trouvons après quelques essais que ce cas est $x=4$.

Ainsi nous pouvons, d'après les regles établies plus haut, faire $x=4+y$; en forte que $xx=16+8y+yy$ & $x^3=64+48y+12yy+y^3$, & moyennant quoi notre formule devient $216+150y+36yy+3y^3$, où le premier terme est un cube, mais où le dernier ne l'est pas.

Supposons donc la racine $=6+fy$, ou la formule $=216+108fy+18ffyy+f^3y^3$, & faisons évanouir les deux seconds termes, en écrivant $150=108f$, ou $f=\frac{25}{18}$; les autres termes, divisés par yy, donneront

$$36+3y=18ff+f^3y=\frac{25^2}{18}+\frac{25^3}{18^3}y, \text{ ou}$$

$$18^3.36+18^3.3y=18^2.25^2+25^3y, \text{ ou } 18^3$$

$$.36-18^2.25^2=25^3y-18^3.3y \; ; \text{ donc } y$$

$$=\frac{18^3.36-18^2.25^2}{25^3-3.18^3}=\frac{18^2.(18.36-25^2)}{25^3-3.18^2},$$

c'est-à-dire $y=\frac{-324.23}{1871}=\frac{-7452}{1871}$, & par con-séquent $x=\frac{32}{1871}$.

Comme on pourroit trouver embarras-sant de poursuivre cette réduction en cubes, il est bon d'observer que la question peut toujours se réduire à des quarrés. En effet, puisque $3x(xx+2)$ doit être un cube, qu'on suppose cette formule $=x^3y^3$, & on aura $3xx+6=xxy^3$, & par conséquent $xx=\dfrac{6}{y^3-3}=\dfrac{36}{6y^3-18}$. Or le numérateur de cette fraction étant déjà un quarré, nous n'avons besoin de transformer en quarré que le dénominateur $6y^3-18$, ce qui exige aussi qu'on ait trouvé un cas. Considérons pour cet effet que 18 est divisible par 9, mais que 6 est seulement divisible par 3, & qu'ainsi y pourra se diviser par 3 ; si nous faisons donc $y=3z$, notre dénominateur deviendra $=162z^3-18$, ce qui étant divisé par 9 & devenant $18z^3-2$, doit encore être un quarré ; or c'est ce qui a lieu évidemment dans le cas de $z=1$. Ainsi nous ferons $z=1+v$, & il faudra que $16+54v+54vv+18v^3=\square$; que la racine en soit $4+\frac{27}{4}v$, dont le quarré est $16+54v+\frac{729}{16}vv$, il faudra que $54+18v=\frac{729}{16}$; ou $18v=-\frac{135}{16}$, ou $2v=-\frac{15}{16}$, & par conséquent $v=-\frac{15}{32}$; ce qui produit $z=1+v=\frac{17}{32}$, & après cela $y=\frac{51}{32}$.

Reprenons à préfent le dénominateur $6y^3$ $-18 = 162z^3 - 18 = 9(18z^3 - 2)$; puifque la racine quarrée du facteur $18z^3 - 2$ eft $4 + \frac{27}{4}v = \frac{107}{128}$, celle du dénominateur total eft $\frac{321}{128}$; mais la racine du numérateur eft 6; donc $x = \frac{6}{\frac{321}{128}} = \frac{256}{107}$, valeur tout-à-fait différente de celle que nous avons trouvée précédemment. Il s'enfuit que les racines de nos trois cubes cherchés font I.) $x - 1 = \frac{149}{107}$, II.) $x = \frac{256}{107}$, III.) $x + 1 = \frac{363}{107}$; & la fomme des cubes de ces trois nombres fera un cube dont la racine $xy = \frac{256}{107} \cdot \frac{51}{32} = \frac{408}{107}$.

250.

Nous terminerons ici ce traité de l'Analyfe indéterminée, ayant eu fuffifamment occafion dans les queftions que nous avons réfolues, d'expliquer les principaux artifices qu'on a imaginés jufqu'à préfent dans cette partie de l'Analyfe.

Fin des Élémens d'Algebre.

ADDITIONS.

ADDITIONS.

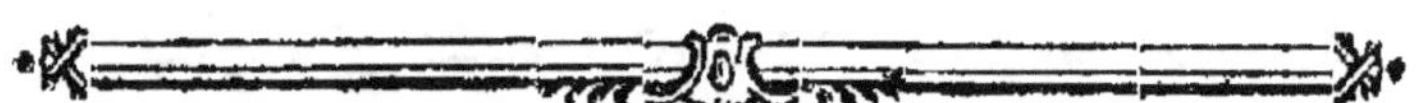

AVERTISSEMENT.

LES Géometres du siecle passé se font beaucoup occupés de l'Analyse indéterminée, qu'on appelle vulgairement *Analyse de Diophante*; mais il n'y a proprement que Messieurs *Bachet* & *Fermat* qui aient ajouté quelque chose à ce que *Diophante* lui-même nous a laissé sur cette matiere.

On doit sur-tout au premier une Méthode complette pour résoudre en nombres entiers tous les problemes indéterminés du premier degré [a];

[a] Voyez plus bas le paragraphe III. Au reste je ne parle point ici de son Commentaire sur *Diophante*, parce que cet Ouvrage, excellent dans son genre, ne renferme à proprement parler aucune découverte.

le second eft l'Auteur de quelques Méthodes pour la réfolution des équations indéterminées qui paffent le fecond degré [*b*] ; de la Méthode finguliere , par laquelle on démontre qu'il eft impoffible que la fomme ou la différence de deux carrés-carrés , puiffe jamais être un carré [*c*] ; de la folution d'un grand nombre de problemes très - difficiles & de plufieurs beaux théoremes fur les nombres entiers, qu'il a laiffés fans démonftration , mais dont la plupart

[*b*] Ce font celles qui font expofées dans les chapitres 8, 9 & 10 du Traité précédent. Le P. *Billi* les a recueillies dans différens écrits de M. *Fermat*, & les a publiées à la tête de la nouvelle édition de *Diophante*, donnée par M. *Fermat* le fils.

[*c*] Cette méthode eft détaillée dans le chapit. 13 du Traité précédent ; on en trouve les principes dans la *Remarque* de M. *Fermat*, qui eft après la Queftion **XXVI** du Livre **VI** de *Diophante*.

ont été enfuite démontrés par M[r].
Euler dans les Commentaires de Pétersbourg [*d*].

Cette branche de l'Analyfe a été prefque abandonnée dans ce fiecle ; & fi on en excepte M[r]. *Euler*, je ne connois perfonne qui s'y foit appliqué ; mais les belles & nombreufes découvertes que ce grand Géometre y a faites, nous ont bien dédommagé de l'efpece d'indifférence que les autres Géometres paroiffent avoir eue jufqu'ici pour ces fortes de recher-

[*d*] Les problemes & les théoremes dont nous parlons, font répandus dans les *Remarques* de M. *Fermat* fur les Queftions de *Diophante*, & dans fes Lettres imprimées dans les *Opera Mathematica*, *&c.* & dans le fecond volume des Œuvres de *Wallis*.

On trouvera auffi dans les Mémoires de l'Académie de Berlin, pour les années 1770 & fuiv. les démonftrations de quelques théoremes de cet Auteur, qui n'avoient pas encore été démontrés.

A a iij

ches. Les Commentaires de Péters-bourg font pleins des travaux de M^r. *Euler* dans ce genre, & l'Ouvrage qu'il vient de donner eſt un nouveau ſervice qu'il rend aux Amateurs de l'Analyſe de *Diophante*. On n'avoit point encore d'Ouvrage où cette ſcience fût traitée d'une maniere mé-thodique, & qui renfermât & ex-pliquât clairement les principales regles connues juſqu'ici pour la ſo-lution des problemes indéterminés. Le Traité précédent réunit ce double avantage; mais pour le rendre encore plus complet, j'ai cru devoir y faire pluſieurs additions dont je vais ren-dre compte en peu de mots.

La théorie des fraĉtions continues eſt une des plus utiles de l'Arithmétique , où elle fert à réfoudre avec facilité des problemes qui , fans fon fecours , feroient prefqu'intraitables ; mais elle eſt d'un plus grand ufage encore dans la folution des problemes indéterminés , lorfqu'on ne demande que des nombres entiers. Cette raifon m'a engagé à expofer cette théorie avec toute l'étendue néceffaire pour la faire bien entendre ; comme elle manque dans les principaux Ouvrages d'Arithmétique & d'Algebre, elle doit être peu connue des Géometres ; je ferai fatisfait , fi je puis contribuer à la leur rendre un peu plus familiere. A la fuite de cette théorie qui occupe le §. 1 , viennent différens problemes curieux & entiérement nouveaux , qui dépendent à la vérité de la même théorie, mais que j'ai cru devoir traiter d'une maniere directe, pour en rendre la solution plus intéressante; on y remarquera principalement une méthode très-simple & très-facile pour réduire en fractions continues les racines des équations du second degré, & une démonstration rigoureuse que ces fractions doivent toujours être nécessairement périodiques.

Les autres Additions concernent sur-tout la résolution des équations indéterminées du premier & du second degré; je donne pour celles-ci des méthodes générales & nouvelles, tant pour le cas où l'on ne demande que des nombres rationnels, que pour celui où l'on exige que les nombres cherchés foient entiers ; & je traite d'ailleurs quelques autres matieres importantes & relatives au même objet.

Enfin le dernier paragraphe renferme des recherches fur les fonctions qui ont la propriété, que le produit de deux ou de plufieurs fonctions femblables , eft auffi une fonction femblable ; j'y donne une méthode générale pour trouver ces fortes de fonctions , & j'en fais voir l'ufage pour la réfolution de différens problemes indéterminés , fur lefquels les méthodes connues n'auroient aucune prife.

Tels font les principaux objets de ces Additions, auxquelles j'aurois pu donner beaucoup plus d'étendue, fi je n'avois craint de passer de justes bornes; je souhaite que les matieres que j'y ai traitées puissent mériter l'attention des Géometres, & réveiller leur goût pour une partie de l'Analyse, qui me paroît très-digne d'exercer leur sagacité.

ADDITIONS.

PARAGRAPHE PREMIER.

SUR

LES FRACTIONS CONTINUES.

1. COMME la théorie des Fractions continues manque dans les livres ordinaires d'Arithmétique & d'Algebre, & que par cette raison elle doit être peu connue des Géometres, nous croyons devoir commencer ces Additions par une expofition abrégée de cette théorie, dont nous aurons fouvent lieu de faire l'application dans la fuite.

On appelle en général *fraction continue* toute expreffion de cette forme,

$$a + \cfrac{b}{\beta + \cfrac{c}{\gamma + \cfrac{d}{\delta +}}}, \&c.$$

où les quantités $\alpha, \beta, \gamma, \delta, \&c. \, \& \, b, c, d,$ $\&c.$ font des nombres entiers pofitifs ou négatifs; mais nous ne confidérerons ici que les fractions continues, où les numérateurs $b, c, d, \&c.$ font égaux à l'unité, c'eft-à-dire celles qui font de la forme

$$a + \cfrac{1}{\beta + \cfrac{1}{\gamma + \cfrac{1}{\delta +}}}, \&c.$$

$\alpha, \beta, \gamma, \&c.$ étant d'ailleurs des nombres quelconques entiers pofitifs ou négatifs; car celles-ci font, à proprement parler, les feules qui foient d'un grand ufage dans l'Analyfe, les autres n'étant prefque que de pure curiofité.

2. Milord Brouncker eft, je crois, le premier qui ait imaginé les fractions continues; on connoît celle qu'il a trouvée pour exprimer le rapport du carré circonfcrit, à l'aire du cercle, & qui eft

$$1 + \cfrac{1}{2 + \cfrac{9}{2 + \cfrac{25}{2 +}}}, \&c.$$

Mais on ignore le chemin qui l'y a conduit. On trouve feulement dans l'*Arithmetica infinitorum* quelques recherches fur ce fujet, dans lefquelles Wallis démontre d'une maniere affez indirecte, quoique fort ingénieufe, l'identité de l'expreffion de Brouncker avec la fienne, qui eft, comme l'on fait, $\frac{3.3.5.5.5\cdots}{2.4.4.6.6\cdots}$; il y donne auffi la méthode de réduire en général toutes fortes de fractions continues à des fractions ordinaires. Au refte il ne paroît pas que l'un ou l'autre de ces deux grands Géometres ait connu les principales propriétés & les avantages finguliers des fractions continues ; nous verrons ci-après que la découverte en eft principalement due à Huyghens.

3. Les fractions continues fe préfentent naturellement toutes les fois qu'il s'agit d'exprimer en nombres des quantités fractionnaires ou irrationnelles. En effet, fuppofons qu'on ait à évaluer une quantité quelconque donnée a, qui ne foit pas exprimable par un nombre entier ; la voie la plus fimple eft de commencer par chercher

le nombre entier qui fera le plus proche de la valeur de a, & qui n'en différera que par une fraction moindre que l'unité. Soit ce nombre α, & l'on aura $a - \alpha$ égal à une fraction plus petite que l'unité ; de forte que $\frac{1}{a-\alpha}$ fera au contraire un nombre plus grand que l'unité ; foit donc $\frac{1}{a-\alpha} = b$, & comme b doit être un nombre plus grand que l'unité, on pourra chercher de même le nombre entier qui approchera le plus de la valeur de b ; & ce nombre étant nommé β, on aura de nouveau $b - \beta$ égal à une fraction plus petite que l'unité, & par conféquent $\frac{1}{b-\beta}$ fera égal à une quantité plus grande que l'unité, qu'on pourra défigner par c ; ainfi, pour évaluer c, il n'y aura qu'à chercher pareillement le nombre entier le plus proche de c, lequel étant défigné par γ, on aura $c - \gamma$ égal à une quantité plus petite que l'unité, & par conféquent $\frac{1}{c-\gamma}$ fera égal à une quantité d plus grande que l'unité, & ainfi de fuite. Par ce moyen il eft clair qu'on doit épuifer peu à peu la valeur de a, & cela de la maniere la plus simple & la plus prompte qu'il est possible, puisqu'on n'emploie que des nombres entiers dont chacun approche, autant qu'il est possible, de la valeur cherchée.

Maintenant, puisque $\frac{1}{a-\alpha}=b$, on aura $a-\alpha=\frac{1}{b}$, & $a=\alpha+\frac{1}{b}$; de même, à cause de $\frac{1}{b-\beta}=c$, on aura $b=\beta+\frac{1}{c}$; &, à cause de $\frac{1}{c-\gamma}=d$, on aura pareillement $c=\gamma+\frac{1}{d}$, & ainsi de suite; de sorte qu'en substituant successivement ces valeurs, on aura

$$a=\alpha+\frac{1}{b},$$

$$=\alpha+\frac{1}{\beta}+\frac{1}{c},$$

$$=\alpha+\frac{1}{\beta}+\frac{1}{\gamma+\frac{1}{\delta}},$$

& en général

$$a=\alpha+\frac{1}{\beta}+\frac{1}{\gamma+\frac{1}{\delta}+},\ \&c.$$

Il est bon de remarquer ici que les nombres α, β, γ, &c. qui représentent, comme nous venons de le voir, les valeurs entieres approchées des quantités a, b, c, &c. peuvent être pris chacun de deux manieres différéntes, puifqu'on peut prendre également pour la valeur entiere approchée d'une quantité donnée, l'un ou l'autre des deux nombres entiers, entre lefquels fe trouve cette quantité; il y a cependant une différence effentielle entre ces deux manieres de prendre les valeurs approchées par rapport à la fraction continue qui en réfulte; car fi on prend toujours les valeurs approchées plus petites que les véritables, les dénominateurs β, γ, δ, &c. feront tous pofitifs; au lieu qu'ils feront tous négatifs, fi on prend les valeurs approchées toutes plus grandes que les véritables, & ils feront en partie pofitifs & en partie négatifs, fi les valeurs approchées font prifes tantôt trop petites & tantôt trop grandes.

En effet, fi α eft plus petit que a, $a - \alpha$ fera une quantité pofitive; donc b fera pofitive, & β le fera auffi; au contraire $a - \alpha$ fera négative, fi α eft plus grand que a;

donc

donc *b* fera négative, & *β* le fera auffi. De même fi *β* eft plus petit que *b*, *b—β* fera toujours une quantité pofitive ; donc *c* le fera auffi, & par conféquent auffi *γ* ; mais fi *β* eft plus grand que *b*, *b—β* fera une quantité négative ; de forte que *c*, & par conféquent auffi *γ*, feront négatifs, & ainfi de fuite.

Au refte, lorfqu'il s'agit de quantités négatives, j'entends par quantités plus petites celles qui, prifes pofitivement, feroient plus grandes ; nous aurons cependant quelquefois dans la fuite occafion de comparer entr'elles des quantités purement par rapport à leur grandeur abfolue ; mais nous aurons foin d'avertir alors qu'il faudra faire abftraction des fignes.

Je dois remarquer encore que fi, parmi les quantités *b*, *c*, *d*, &c. il s'en trouve une qui foit égale à un nombre entier, alors la fraction continue fera terminée, parce qu'on pourra y conferver cette quantité même ; par exemple, fi *c* eft un nombre entier, la fraction continue qui donne la valeur de *a*, fera

$$a = \alpha + \cfrac{1}{\beta + \cfrac{1}{c}}.$$

En effet, il eft clair qu'il faudroit prendre $\gamma = c$, ce qui donneroit $d = \dfrac{1}{c - \gamma} = \dfrac{1}{0} = \infty$, & par conféquent $\delta = \infty$; de forte que l'on auroit

$$a = \alpha + \cfrac{1}{\beta + \cfrac{1}{\gamma + \cfrac{1}{\infty}}},$$

les termes fuivans évanouiffant vis-à-vis de la quantité infinie ∞; or $\dfrac{1}{\infty} = 0$; donc on aura fimplement

$$a = \alpha + \cfrac{1}{\beta + \cfrac{1}{c}}.$$

Ce cas arrivera toutes les fois que la quantité a fera commenfurable, c'eft-à-dire qu'elle fera exprimée par une fraction rationnelle; mais lorfque a fera une quantité irrationnelle ou tranfcendante, alors la fraction continue ira néceffairement à l'infini.

4. Suppofons que la quantité a foit une fraction ordinaire $\dfrac{A}{B}$, A & B étant des nombres entiers donnés; il eft d'abord évident

que le nombre entier α qui approchera le plus de $\frac{A}{B}$, fera le quotient de la divifion de A par B; ainfi fuppofant la divifion faite à la maniere ordinaire, & nommant α le quotient & C le refte, on aura $\frac{A}{B} - \alpha = \frac{C}{B}$; donc $b = \frac{B}{C}$; pour avoir de même la valeur entiere approchée β de la fraction $\frac{B}{C}$, il n'y aura qu'à divifer B par C, & prendre pour β le quotient de cette divifion; alors nommant D le refte, on aura $b - \beta = \frac{D}{C}$, & par conféquent $c = \frac{C}{D}$; on continuera donc à divifer C par D, & le quotient fera la valeur du nombre γ, & ainfi de fuite; d'où réfulte cette regle fort fimple pour réduire les fractions ordinaires en fractions continues.

Divifez d'abord le numérateur de la fraction propofée par fon dénominateur, & nommez le quotient α; divifez enfuite le dénominateur par le refte, & nommez le quotient β; divifez après cela le premier refte par le fecond refte, & foit le quotient γ; continuez ainfi en divifant toujours l'avant-dernier refte *par le dernier, jusqu'à ce qu'on parvienne à une division qui se fasse sans reste, ce qui doit nécessairement arriver, puisque les restes sont tous des nombres entiers qui vont en diminuant; vous aurez la fraction continue*

$$\alpha + \cfrac{1}{\beta + \cfrac{1}{\gamma + \cfrac{1}{\delta +}}}, \&c.$$

qui sera égale à la fraction donnée.

5. Soit proposé de réduire en fraction continue la fraction $\frac{1103}{887}$; on divisera donc 1103 par 887, on aura le quotient 1 & le reste 216; on divisera 887 par 216, on aura le quotient 4 & le reste 23; on divisera 216 par 23, ce qui donnera le quotient 9 & le reste 9; on divisera encore 23 par 9, on aura le quotient 2 & le reste 5; on divisera 9 par 5, on aura le quotient 1 & le reste 4; on divisera 5 par 4, on aura le quotient 1 & le reste 1; enfin, divisant 4 par 1, on aura le quotient 4 & le reste nul, de sorte que l'opération sera terminée. Rassemblant donc par ordre tous les quotiens trouvés, on aura cette série 1, 4, 9, 2, 1, 1, 4, d'où l'on formera la fraction continue

$$\frac{1103}{887} = 1 + \cfrac{1}{4 + \cfrac{1}{9 + \cfrac{1}{2 + \cfrac{1}{1 + \cfrac{1}{1 + \cfrac{1}{4}}}}}}.$$

6. Comme dans la maniere ordinaire de faire les divisions, on prend toujours pour quotient le nombre entier qui est égal ou moindre que la fraction proposée, il s'enfuit que par la méthode précédente on n'aura que des fractions continues, dont tous les dénominateurs feront des nombres positifs.

Or on peut aussi prendre pour quotient le nombre entier, qui est immédiatement plus grand que la valeur de la fraction, lorsque cette fraction n'est pas réductible à un nombre entier, & pour cela il n'y a qu'à augmenter d'une unité la valeur du quotient trouvé à la maniere ordinaire; alors le reste fera négatif, & le quotient suivant fera nécessairement négatif. Ainsi on pourra à volonté rendre les termes de la fraction continue positifs ou négatifs.

Dans l'exemple précédent, au lieu de prendre 1 pour le quotient de 1103 divisé par 887, je puis prendre 2 ; mais j'aurai le reste négatif —671 , par lequel il faudra maintenant diviser 887 ; on divisera donc 887 par —671 , & l'on aura ou le quotient —1 & le reste 216, ou le quotient —2 & le reste —455. Prenons le quotient plus grand —1 , & alors il faudra diviser le reste —671 par le reste 216 , d'où l'on aura ou le quotient —3 & le reste —23 , ou le quotient —4 & le reste 193. Je continue la division en adoptant le quotient plus grand —3 ; j'aurai à diviser le reste 216 par le reste —23, ce qui me donnera ou le quotient —9 & le reste 9, ou le quotient —10 & le reste —14, & ainsi de suite.

De cette maniere on aura

$$\frac{1103}{887} = 2 + \cfrac{1}{-1 + \cfrac{1}{-3 + \cfrac{1}{-9 +}}}, \&c.$$

où l'on voit que tous les dénominateurs font négatifs.

7. On peut au reste rendre positif chaque dénominateur négatif, en changeant le

figne du numérateur ; mais il faut alors changer auffi le figne du numérateur fui-vant ; car il eft clair qu'on a

$$\mu + \cfrac{1}{-\nu + \cfrac{1}{\pi +, \&c.}} \qquad = \mu - \cfrac{1}{\nu - \cfrac{1}{\pi +, \&c.}}$$

Enfuite on pourra, fi l'on veut, faire difparoître tous les fignes — de la fraction continue, & la réduire à une autre, où tous les termes foient pofitifs ; car on a en général

$$\mu - \cfrac{1}{\nu +, \&c.} = \mu - 1 + \cfrac{1}{1 + \cfrac{1}{\nu - 1 +, \&c.}}$$

comme on peut s'en convaincre aifément, en réduifant ces deux quantités en fractions ordinaires.

On pourroit auffi par un moyen fem-blable introduire des termes négatifs à la place des pofitifs, car on a

$$\mu + \cfrac{1}{\nu +, \&c.} = \mu + 1 - \cfrac{1}{1 + \cfrac{1}{\nu - 1 +, \&c.}}$$

D'où l'on voit que par ces fortes de tranf-formations on peut quelquefois fimplifier une fraction continue, & la réduire à un moindre nombre de termes ; ce qui aura lieu toutes les fois qu'il y aura des dénominateurs égaux à l'unité positive ou négative.

En général il est clair que pour avoir la fraction continue la plus convergente qu'il est possible vers la valeur de la quantité donnée, il faut toujours prendre pour α, β, γ, &c. les nombres entiers qui approchent le plus des quantités a, b, c, &c. soit qu'ils soient plus petits ou plus grands que ces quantités; or il est facile de voir que si, par exemple, on ne prend pas pour α le nombre entier qui approche le plus, soit en excès ou en défaut, de a, le nombre suivant β sera nécessairement égal à l'unité; en effet la différence entre a & α sera alors plus grande que $\frac{1}{2}$, par conséquent on aura $b = \frac{1}{a-\alpha}$ plus petit que 2; donc β ne pourra être qu'égal à l'unité.

Ainsi toutes les fois que dans une fraction continue on trouvera des dénominateurs égaux à l'unité, ce sera une marque que l'on n'a pas pris les dénominateurs précédens aussi approchans qu'il est possible,

& que par conséquent la fraction peut se simplifier en augmentant ou en diminuant ces dénominateurs d'une unité, ce qu'on pourra exécuter par les formules précédentes, sans être obligé de refaire en entier le calcul.

8. La méthode de l'art. 4 peut servir aussi à réduire en fraction continue toute quantité irrationnelle ou transcendante, pourvu qu'elle soit auparavant exprimée en décimales ; mais comme la valeur en décimales ne peut être qu'approchée, & qu'en augmentant d'une unité le dernier caractere on a deux limites, entre lesquelles doit se trouver la vraie valeur de la quantité proposée, il faudra, pour ne pas sortir de ces limites, faire à la fois le même calcul sur les deux fractions dont il s'agit, & n'admettre ensuite dans la fraction continue que les quotiens qui résulteront également des deux opérations.

Soit, par exemple, proposé d'exprimer par une fraction continue le rapport de la circonférence du cercle au diametre.

Ce rapport exprimé en décimales eft, par le calcul de Viete, 3,1415926535....; de forte qu'on aura la fraction $\frac{3141592653 5}{10000000000}$ à réduire en fraction continue par la méthode ci-deffus; or fi on ne prend que la fraction $\frac{314159}{100000}$, on trouve les quotiens 3, 7, 15, 1, &c. & fi on prenoit la fraction plus grande $\frac{314160}{100000}$, on trouveroit les quotiens 3, 7, 16, &c. de forte que le troifieme quotient demeureroit incertain; d'où l'on voit que, pour, pouvoir pouffer feulement la fraction continue au-delà de trois termes, il faudra néceffairement adopter une valeur de la périférie qui ait plus de fix caracteres.

Or fi on prend la valeur donnée par Ludolph en trente-cinq caracteres, & qui eft 3, 14159, 26535, 89793, 23846, 26433, 83279, 50288; & qu'on opere en même temps fur cette fraction & fur la même, en y augmentant le dernier caractere 8 d'une unité, on trouvera cette suite de quotiens, 3, 7, 15, 1, 292, 1, 1, 1, 2, 1, 3, 1, 14, 2, 1, 1, 2, 2, 2, 2,

1, 84, 2, 1, 1, 15, 3, 13, 1, 4, 2, 6, 6, 1; de sorte que l'on aura

$$\frac{\textit{Périph.}}{\textit{diamétr.}} = 3 + \frac{1}{7} + \frac{1}{15} + \frac{1}{1} + \frac{1}{292} + \frac{1}{1} + \frac{1}{1} + \&c.$$

Comme il y a ici des dénominateurs égaux à l'unité, on pourra simplifier la fraction, en y introduisant des termes négatifs, par les formules de l'art. 7, & l'on trouvera

$$\frac{\textit{Périph.}}{\textit{diamétr.}} = 3 + \frac{1}{7} + \frac{1}{16} - \frac{1}{294} - \frac{1}{3} - \frac{1}{3} +, \&c.$$

ou bien

$$\frac{\textit{Périph.}}{\textit{diamétr.}} = 3 + \frac{1}{7} + \frac{1}{16} + \frac{1}{-294} + \frac{1}{3} + \frac{1}{-3} + \&c.$$

9. Nous avons montré ailleurs comment on peut appliquer la théorie des fractions continues à la résolution numérique des équations, pour laquelle on n'avoit encore que des méthodes imparfaites & insuffi-

fantes. (*Voyez les Mémoires de l'Académie de Berlin pour les années 1767 & 1768.*) Toute la difficulté confifte à pouvoir trouver dans une équation quelconque la valeur entiere la plus approchée, foit en excès ou en défaut de la racine cherchée, & c'eft fur quoi nous avons donné les premiers des regles fures & générales, par lefquelles on peut non-feulement reconnoître combien de racines réeiles pofitives ou négatives, égales ou inégales, contient la propofée, mais encore trouver facilement les limites de chacune de ces racines, & même les limites dès quantités réelles qui compofent les racines imaginaires. Suppofant donc que x foit l'inconnue de l'équation propofée, on cherchera d'abord le nombre entier qui approchera le plus de la racine cherchée, & nommant ce nombre α, il n'y aura qu'à faire, comme on l'a vu dans l'art. 3, $x = \alpha + \frac{1}{y}$; (je nomme ici x, y, z, &c. ce que j'ai dénoté dans l'art. cité par a, b, c, &c.) & fubftituant cette valeur à la place de x, on aura, après avoir fait évanouir les fractions, une équation du même degré en y, qui devra avoir au moins une racine poſitive ou négative plus grande que l'unité. On cherchera donc de nouveau la valeur entiere approchée de cette racine, & nommant cette valeur β, on fera enſuite $y = \beta + \frac{1}{\zeta}$, ce qui donnera de même une équation en ζ, qui aura auſſi néceſſairement une racine plus grande que l'unité, & dont on cherchera pareillement la valeur entiere approchée γ, & ainſi de ſuite. De cette maniere la racine cherchée ſe trouvera exprimée par la fraction continue

$$a + \cfrac{1}{\beta + \cfrac{1}{\gamma + \cfrac{1}{\delta +}}}, \ \textit{\&c.}$$

qui ſera terminée ſi la racine eſt commenſurable, mais qui ira néceſſairement à l'infini, ſi elle eſt incommenſurable.

On trouvera dans les Mémoires cités tous les principes & les détails néceſſaires pour ſe mettre au fait de cette méthode & de ſes uſages, & même différens moyens pour abréger ſouvent les opérations qu'elle demande ; nous croyons n'y avoir presque rien laissé à désirer sur ce sujet si important.

Au reste, pour ce qui regarde les racines des équations du second degré , nous donnerons plus bas , (art. 33 & suiv.) une méthode particuliere & très-simple pour les convertir en fractions continues.

10. Après avoir expliqué la génération des fractions continues, nous allons en montrer les usages & les principales propriétés.

Il est d'abord évident que plus on prend de termes dans une fraction continue, plus on doit approcher de la vraie valeur de la quantité qu'on a exprimée par cette fraction ; de sorte que si on s'arrête successivement à chaque terme de la fraction, on aura une suite de quantités qui seront nécessairement convergentes vers la quantité proposée.

Ainsi ayant réduit la valeur de a à la fraction continue

$$\alpha + \cfrac{1}{\beta + \cfrac{1}{\gamma + \cfrac{1}{\delta +}}}, \&c.$$

on aura les quantités

$$\alpha, \ \alpha+\frac{1}{\beta}, \ \alpha+\frac{1}{\beta}+\frac{1}{\gamma}, \ \&c.$$

ou bien, en réduisant,

$$\alpha, \ \frac{\alpha\beta+1}{\beta}, \ \frac{\alpha\beta\gamma+\alpha+\gamma}{\beta\gamma+1}, \ \&c.$$

qui approcheront de plus en plus de la valeur de a.

Pour pouvoir mieux juger de la loi & de la convergence de ces quantités, nous remarquerons que par les formules de l'article 3 on a

$$a=\alpha+\frac{1}{b}, \ b=\beta+\frac{1}{c}, \ c=\gamma+\frac{1}{d}, \ \&c.$$

d'où l'on voit d'abord que α est la premiere valeur approchée de a; qu'ensuite si on prend la valeur exacte de a, qui est $\frac{\alpha b+1}{b}$, & qu'on y substitue pour b sa valeur approchée β, on aura cette valeur plus approchée $\frac{\alpha\beta+1}{\beta}$; qu'on aura de même une troisieme valeur plus approchée de a, en mettant d'abord pour b sa valeur exacte $\frac{\beta c+1}{c}$, ce qui donne $a=\frac{(\alpha\beta+1)c+\alpha}{\beta c+1}$, & prenant ensuite pour c la valeur approchée γ; par ce moyen la nouvelle valeur approchée de *a* fera

$$\frac{(\alpha\beta+1)\gamma+\alpha}{\beta\gamma+1}$$

continuant le même raifonnement , on pourra approcher davantage , en mettant , dans l'expreffion de *a* trouvée ci-deffus , à la place de *c* fa valeur exacte $\frac{\gamma d+1}{d}$, ce qui donnera

$$a=\frac{((\alpha\beta+1)\gamma+\alpha)\,d+\alpha\beta+1}{(\beta\gamma+1)\,d+\beta}$$

& prenant enfuite pour *d* fa valeur approchée δ ; de forte qu'on aura pour la quatrieme approximation la quantité

$$\frac{((\alpha\beta+1)\gamma+\alpha)\,\delta+\alpha\beta+1}{(\beta\gamma+1)\,\delta+\beta}$$

& ainfi de fuite.

De-là il eft facile de voir que fi par le moyen des nombres α, β, γ, δ, *&c.* on forme les expreffions fuivantes ,

$$A = \alpha \qquad\qquad A^{\scriptscriptstyle\mathrm{I}} = 1$$
$$B = \beta A + 1 \qquad\qquad B^{\scriptscriptstyle\mathrm{I}} = \beta$$
$$C = \gamma B + A \qquad\qquad C^{\scriptscriptstyle\mathrm{I}} = \gamma B^{\scriptscriptstyle\mathrm{I}} + A^{\scriptscriptstyle\mathrm{I}}$$
$$D = \delta C + B \qquad\qquad D^{\scriptscriptstyle\mathrm{I}} = \delta C^{\scriptscriptstyle\mathrm{I}} + B^{\scriptscriptstyle\mathrm{I}}$$
$$E = \epsilon D + C \qquad\qquad E^{\scriptscriptstyle\mathrm{I}} = \epsilon D^{\scriptscriptstyle\mathrm{I}} + C^{\scriptscriptstyle\mathrm{I}}$$
$$\textit{&c.} \qquad\qquad\qquad \textit{&c.}$$

on

on aura cette suite de fractions convergentes vers la quantité a,

$$\frac{A}{A\prime},\ \frac{B}{B\prime},\ \frac{C}{C\prime},\ \frac{D}{D\prime},\ \frac{E}{E\prime},\ \frac{F}{F\prime},\ \&c.$$

Si la quantité a est rationnelle, & représentée par une fraction quelconque $\frac{V}{V\prime}$,
il est évident que cette fraction sera toujours la derniere dans la série précédente ;
puisque dans ce cas la fraction continue
sera terminée, & que la derniere fraction
de la série ci-dessus doit toujours équivaloir à toute la fraction continue.

Mais si la quantité a est irrationnelle ou
transcendante, alors la fraction continue
allant nécessairement à l'infini, on pourra
aussi pousser à l'infini la série des fractions
convergentes.

11. Examinons maintenant la nature de
ces fractions ; & d'abord il est visible que
les nombres A, B, C, &c. doivent aller
en augmentant, aussi bien que les nombres
$A\prime$, $B\prime$, $C\prime$, &c. car 1°. si les nombres
α, β, γ, &c. sont tous positifs, les nombres

A, B, C, &c. $A^{\scriptscriptstyle\mathrm{I}}$, $B^{\scriptscriptstyle\mathrm{I}}$, $C^{\scriptscriptstyle\mathrm{I}}$, &c. feront auffi tous pofitifs, & l'on aura évidemment $B > A$, $C > B$, $D > C$, &c. & $B^{\scriptscriptstyle\mathrm{I}} =$ ou $> A^{\scriptscriptstyle\mathrm{I}}$, $C^{\scriptscriptstyle\mathrm{I}} > B^{\scriptscriptstyle\mathrm{I}}$, $D^{\scriptscriptstyle\mathrm{I}} > C^{\scriptscriptstyle\mathrm{I}}$, &c.

2°. Si les nombres α, β, γ, &c. font tous ou en partie négatifs, alors parmi les nombres A, B, C, &c. & $A^{\scriptscriptstyle\mathrm{I}}$, $B^{\scriptscriptstyle\mathrm{I}}$, $C^{\scriptscriptstyle\mathrm{I}}$, il y en aura de pofitifs & de négatifs ; mais dans ce cas on confidérera que l'on a en général par les formules précédentes

$$\frac{B}{A} = \beta + \frac{1}{\alpha}, \quad \frac{C}{B} = \gamma + \frac{A}{B}, \quad \frac{D}{C} = \delta + \frac{B}{C}, \quad \&c.$$

d'où l'on voit d'abord que fi les nombres α, β, γ, &c. font différens de l'unité, quels que foient d'ailleurs leurs fignes, on aura néceffairement, en faifant abftraction des fignes, $\frac{B}{A}$ plus grand que l'unité ; donc $\frac{A}{B}$ moindre que l'unité, par conféquent $\frac{C}{B}$ plus grand que l'unité, & ainfi de fuite ; donc B plus grand que A, C plus grand que B, &c.

Il n'y aura d'exception que lorfque parmi les nombres α, β, γ, &c. il s'en trouvera d'égaux à l'unité ; fuppofons, par exemple, que le nombre γ soit le premier qui soit égal à ± 1 ; on aura d'abord B plus grand que A, mais C sera moindre que B, s'il arrive que la fraction $\frac{A}{B}$ soit de signe différent de γ ; ce qui est clair par l'équation $\frac{C}{B} = \gamma + \frac{A}{B}$; parce que dans ce cas $\gamma + \frac{A}{B}$ sera un nombre moindre que l'unité ; or je dis qu'alors on aura nécessairement D plus grand que B ; car puisque $\gamma = \pm 1$, on aura, (art. 10), $c = \pm 1 + \frac{1}{d}$, & $c - \frac{1}{d} = \pm 1$; or comme c & d sont des quantités plus grandes que l'unité, (art. 3), il est clair que cette équation ne pourra subsister, à moins que c & d ne soient de même signe ; donc, puisque γ & δ sont les valeurs entieres approchées de c & d, ces nombres γ & δ devront être aussi de même signe ; mais la fraction $\frac{C}{B} = \gamma + \frac{A}{B}$ doit être de même signe que γ, à cause que γ est un nombre entier, & $\frac{A}{B}$ une fraction moindre que l'unité ; donc $\frac{C}{B}$ & δ seront des quantités de même signe ; par conséquent $\frac{\delta C}{B}$ sera une quantité positive. Or on a $\frac{D}{C}$

$=\delta+\frac{B}{C}$; donc multipliant par $\frac{C}{B}$, on aura $\frac{D}{B}=\delta\frac{C}{B}+1$; donc $\frac{\delta C}{B}$ étant une quantité positive, il est clair que $\frac{D}{B}$ sera plus grande que l'unité ; donc D plus grand que B.

De-là on voit que s'il arrive que dans la série A, B, C, &c. il se trouve un terme qui soit moindre que le précédent, le terme suivant sera nécessairement plus grand ; de sorte qu'en mettant à part ces termes plus petits, la série ne laissera pas d'aller en augmentant.

Au reste on pourra toujours éviter, si l'on veut, cet inconvénient, soit en prenant les nombres α, β, γ, &c. tous positifs, soit en les prenant tous différens de l'unité, ce qui est toujours possible.

On fera les mêmes raisonnemens par rapport à la série A^{ι}, B^{ι}, C^{ι}, &c. dans laquelle on a pareillement

$$\frac{B^{\iota}}{A^{\iota}}=\beta, \quad \frac{C^{\iota}}{B^{\iota}}=\gamma+\frac{A^{\iota}}{B^{\iota}}, \quad \frac{D^{\iota}}{C^{\iota}}=\delta+\frac{B^{\iota}}{C^{\iota}}, \quad \&c.$$

d'où l'on déduira des conclusions semblables aux précédentes.

12. Maintenant, fi on multiplie en croix les termes des fractions voifines dans la férie $\frac{A}{A^i}$, $\frac{B}{B^i}$, $\frac{C}{C^i}$, &c. on trouvera $BA^i - AB^i = 1$, $CB^i - BC^i = AB^i - BA^i$, $DC^i - CD^i = BC^i - CB^i$, &c. d'où je conclus qu'on aura en général

$$BA^i - AB^i = 1$$
$$CB^i - BC^i = -1$$
$$DC^i - CD^i = 1$$
$$ED^i - DE^i = -1, \&c.$$

Cette propriété eft très-remarquable, & donne lieu à plufieurs conféquences importantes.

D'abord on voit que les fractions $\frac{A}{A^i}$, $\frac{B}{B^i}$, $\frac{C}{C^i}$, &c. doivent être déjà réduites à leurs moindres termes; car fi, par exemple, C & C^i avoient un commun divifeur autre que l'unité, le nombre entier $CB^i - BC^i$ feroit auffi divifible par ce même divifeur, ce qui ne fe peut, à caufe de $CB^i - BC^i = -1$.

Ensuite si on met les équations précédentes sous cette forme

$$\frac{B}{B^{\scriptscriptstyle 1}} - \frac{A}{A^{\scriptscriptstyle 1}} = \frac{1}{A^{\scriptscriptstyle 1} B^{\scriptscriptstyle 1}}$$

$$\frac{C}{C^{\scriptscriptstyle 1}} - \frac{B}{B^{\scriptscriptstyle 1}} = -\frac{1}{C^{\scriptscriptstyle 1} B^{\scriptscriptstyle 1}}$$

$$\frac{D}{D^{\scriptscriptstyle 1}} - \frac{C}{C^{\scriptscriptstyle 1}} = \frac{1}{C^{\scriptscriptstyle 1} D^{\scriptscriptstyle 1}}$$

$$\frac{E}{E^{\scriptscriptstyle 1}} - \frac{D}{D^{\scriptscriptstyle 1}} = -\frac{1}{D^{\scriptscriptstyle 1} E^{\scriptscriptstyle 1}}, \ \&c.$$

il est aisé de voir que les différences entre les fractions voisines de la série $\dfrac{A}{A^{\scriptscriptstyle 1}}$, $\dfrac{B}{B^{\scriptscriptstyle 1}}$, $\dfrac{C}{C^{\scriptscriptstyle 1}}$ &c. vont continuellement en diminuant, de sorte que cette série est nécessairement convergente.

Or je dis que la différence entre deux fractions consécutives est aussi petite qu'il est possible ; en sorte qu'entre ces mêmes fractions il ne sauroit tomber aucune autre fraction quelconque, à moins qu'elle n'ait un dénominateur plus grand que ceux de ces fractions-là.

Car prenons, par exemple, les deux fractions $\frac{C}{C'}$ & $\frac{D}{D'}$, dont la différence est $\frac{1}{C'D'}$, & supposons, s'il est possible, qu'il existe une autre fraction $\frac{m}{n}$, dont la valeur tombe entre celles de ces deux fractions, & dans laquelle le dénominateur n soit moindre que C' ou que D'; donc puisque $\frac{m}{n}$ doit se trouver entre $\frac{C}{C'}$ & $\frac{D}{D'}$, il faudra que la différence entre $\frac{m}{n}$ & $\frac{C}{C'}$, qui est $\frac{mC'-nC}{nC'}$ ou $\frac{nC-mC'}{nC'}$, soit plus petite que $\frac{1}{C'D'}$, différence entre $\frac{D}{D'}$ & $\frac{C}{C'}$; mais il est clair que celle-là ne sauroit être moindre que $\frac{1}{nC'}$; donc, si $n < D'$, elle sera nécessairement plus grande que $\frac{1}{C'D'}$; de même la différence entre $\frac{m}{n}$ & $\frac{D}{D'}$ ne pouvant être plus petite que $\frac{1}{nD'}$, sera nécessairement plus grande que $\dfrac{1}{C^i D^i}$, si $n < C_i$, au lieu qu'elle devroit en être plus petite.

13. Voyons présentement de combien chaque fraction de la série $\dfrac{A}{A^i}$, $\dfrac{B}{B^i}$, &c. approchera de la valeur de la quantité a. Pour cela on remarquera que les formules trouvées dans l'art. 10 donnent

$$a = \frac{Ab + 1}{A^i b}$$

$$a = \frac{Bc + A}{B^i c + A^i}$$

$$a = \frac{Cd + B}{C^i d + B^i}$$

$$a = \frac{De + C}{D^i e + C^i}$$

& ainsi de suite.

Donc si on veut savoir de combien la fraction $\dfrac{C}{C^i}$, par exemple, approche de la quantité, on cherchera la différence entre $\dfrac{C}{C^i}$ & a; en prenant pour a la quantité

$\dfrac{C\,d + B}{C'\,d + B'}$, on aura $a - \dfrac{C}{C'} = \dfrac{C\,d + B}{C'\,d + B'}$

$- \dfrac{C}{C'} = \dfrac{B\,C' - C\,B'}{C'\,(C'\,d + B')} = \dfrac{1}{C'\,(C'\,d + B')}$, à

cause de $B\,C' - C\,B' = 1$, (art. 12.); or comme on suppose que δ soit la valeur approchée de d, en sorte que la différence entre d & δ soit moindre que l'unité, (art. 3), il est clair que la valeur de d sera renfermée entre les deux nombres δ & $\delta \pm 1$, (le signe supérieur étant pour le cas où la valeur approchée δ est moindre que la véritable d, & le signe inférieur pour le cas où δ est plus grand que d), & que par conséquent la valeur de $C'\,d + B'$, sera aussi renfermée entre ces deux-ci, $C'\,\delta + B'$ & $C'\,(\delta \pm 1) + B'$, c'est-à-dire entre D' & $D' \pm C'$; donc la différence $a - \dfrac{C}{C'}$ sera

renfermée entre ces deux limites $\dfrac{1}{C'\,D'}$,

$\dfrac{1}{C'\,(D' \pm C')}$; d'où l'on pourra juger de la quantité de l'approximation de la fraction $\dfrac{C}{C'}$.

14. En général on aura

$$a = \frac{A}{A^\iota} + \frac{1}{A^\iota b}$$

$$a = \frac{B}{B^\iota} - \frac{1}{B^\iota (B^\iota c + A^\iota)}$$

$$a = \frac{C}{C^\iota} + \frac{1}{C^\iota (C^\iota d + B^\iota)}$$

$$a = \frac{D}{D^\iota} - \frac{1}{D^\iota (D^\iota e + C^\iota)}$$

& ainsi de suite.

Or si on suppose que les valeurs approchées α, β, γ, &c. soient toujours prises moindres que les véritables, ces nombres seront tous positifs, aussi bien que les quantités b, c, d, &c. (art. 3); donc les nombres A^ι, B^ι, C^ι, &c. seront aussi tous positifs; d'où il s'ensuit que les différences entre la quantité a & les fractions $\frac{A}{A^\iota}$, $\frac{B}{B^\iota}$, $\frac{C}{C^\iota}$, &c. seront alternativement positives & négatives; c'est-à-dire que ces fractions seront alternativement plus petites & plus grandes que la quantité a.

De plus, comme $b > \beta$, $c > \gamma$, $d > \delta$, &c. (*hyp.*) on aura $b > B'$, $B'c + A' > B'\gamma + A' > C'$, $C'd + B' > C'\delta + B' > D'$, &c. & comme $b < \beta + 1$, $c < \gamma + 1$, $d < \delta + 1$, on aura $b < B' + 1$, $B'c + A' < B'(\gamma + 1) + A' < C' + B'$, $C'd + B' < C'(\delta + 1) + B' < D' + C'$, &c. de sorte que les erreurs qu'on commettroit en prenant les fractions $\dfrac{A}{A'}$, $\dfrac{B}{B'}$, $\dfrac{C}{C'}$, &c. pour la valeur de a, seroient respectivement moindres que $\dfrac{1}{A'B'}$, $\dfrac{1}{B'C'}$, $\dfrac{1}{C'D'}$, &c. mais plus grandes que $\dfrac{1}{A'(B'+A')}$, $\dfrac{1}{B'(C'+B')}$, $\dfrac{1}{C'(D'+C')}$, &c. d'où l'on voit combien ces erreurs sont petites, & combien elles vont en diminuant d'une fraction à l'autre.

Mais il y a plus : puisque les fractions $\dfrac{A}{A'}$, $\dfrac{B}{B'}$, $\dfrac{C}{C'}$, &c. sont alternativement plus petites & plus grandes que la quantité a, il est clair que la valeur de cette quantité se trouvera toujours entre deux fractions consécutives quelconques ; or nous avons vu ci-dessus, (art. 12), qu'il est impossible qu'entre deux telles fractions puisse se trouver une autre fraction quelconque qui ait un dénominateur moindre que l'un de ceux de ces deux fractions ; d'où l'on peut conclure que chacune des fractions dont il s'agit, exprime la quantité a plus exacte-ment que ne pourroit faire toute autre frac-tion quelconque, dont le dénominateur seroit plus petit que celui de la fraction suivante ; c'est-à-dire que la fraction $\frac{C}{C'}$, par exemple, exprimera la valeur de a plus exactement que toute autre fraction $\frac{m}{n}$, dans laquelle n seroit moindre que D.

15. Si les valeurs approchées α, β, γ, &c. sont toutes ou en partie plus grandes que les véritables, alors parmi ces nom-bres il y en aura nécessairement de négatifs, (art. 3), ce qui rendra aussi négatifs quel-ques-uns des termes des séries A, B, C, &c. A', B', C', &c. par conséquent les

différences entre les fractions $\dfrac{A}{A^{\text{\tiny I}}}$, $\dfrac{B}{B^{\text{\tiny I}}}$, $\dfrac{C}{C^{\text{\tiny I}}}$,

&c. & la quantité a, ne feront plus alternativement pofitives & négatives, comme dans le cas de l'article précédent ; de forte que ces fractions n'auront plus l'avantage de donner toujours des limites en *plus* & en *moins* de la quantité a, avantage qui me paroît d'une très-grande importance, & qui doit par conféquent faire préférer toujours dans la pratique les fractions continues où les dénominateurs feront tous pofitifs. Ainfi nous ne confidérerons plus dans la fuite que des fractions de cette efpece.

16. Confidérons donc la férie $\dfrac{A}{A^{\text{\tiny I}}}$, $\dfrac{B}{B^{\text{\tiny I}}}$, $\dfrac{C}{C^{\text{\tiny I}}}$, $\dfrac{D}{D^{\text{\tiny I}}}$, &c. dans laquelle les fractions font alternativement plus petites & plus grandes que la quantité a, & il eft clair qu'on pourra partager cette férie en ces deux-ci:

$$\frac{A}{A^{\text{\tiny I}}},\ \frac{C}{C^{\text{\tiny I}}},\ \frac{E}{E^{\text{\tiny I}}},\ \&c.$$

$$\frac{B}{B^{\text{\tiny I}}},\ \frac{D}{D^{\text{\tiny I}}},\ \frac{F}{F^{\text{\tiny I}}},\ \&c.$$

donc la premiere fera compofée de fractions toutes plus petites que a, & qui iront
en augmentant vers la quantité a; donc
la feconde fera compofée de fractions toutes
plus grandes que a, mais qui iront en diminuant vers cette même quantité. Examinons maintenant chacune de ces deux
féries en particulier : dans la premiere on
aura, (art. 10 & 12),

$$\frac{C}{C^{\iota}} - \frac{A}{A^{\iota}} = \frac{\gamma}{A^{\iota} C^{\iota}}$$

$$\frac{E}{E^{\iota}} - \frac{C}{C^{\iota}} = \frac{\varepsilon}{C^{\iota} E^{\iota}}, \&c.$$

& dans la feconde on aura

$$\frac{B}{B^{\iota}} - \frac{D}{D^{\iota}} = \frac{\delta}{B^{\iota} D^{\iota}}$$

$$\frac{D}{D^{\iota}} - \frac{F}{F^{\iota}} = \frac{\zeta}{D^{\iota} F^{\iota}}, \&c.$$

Or fi les nombres $\gamma, \delta, \varepsilon, \&c.$ étoient
tous égaux à l'unité, on pourroit prouver,
comme dans l'art. 12, qu'entre deux fractions confécutives quelconques de l'une ou
de l'autre des féries précédentes, il ne pourroit jamais fe trouver aucune autre fraction

dont le dénominateur feroit moindre que ceux de ces deux fractions ; mais il n'en fera pas de même , lorfque les nombres γ, δ, ϵ, *&c.* feront différens de l'unité ; car dans ce cas on pourra inférer entre les fractions dont il s'agit autant de fractions *intermédiaires* qu'il y aura d'unités dans les nombres $\gamma - 1$, $\delta - 1$, $\epsilon - 1$, *&c.* & pour cela il n'y aura qu'à mettre fucceffivement dans les valeurs de C & C', (art. 10), les nombres 1 , 2, 3, &c. γ à la place de γ ; & de même dans les valeurs de D & D', les nombres 1 , 2 , 3 , &c. δ à la place de δ, & ainfi de fuite.

17. Suppofons , par exemple , que γ foit $= 4$, on aura $C = 4B + A$ & $C' = 4B' + A'$, & on pourra inférer entre les fractions $\frac{A}{A'}$ & $\frac{C}{C'}$ trois fractions *intermédiai-* res , qui feront $\frac{B+A}{B'+A'}$, $\frac{2B+A}{2B'+A'}$, $\frac{3B+A}{3B'+A'}$.

Or il eft clair que les dénominateurs de

ces fractions forment une suite croiſſante arithmétiquement depuis A' juſqu'à C'; & nous allons voir que les fractions elles-mêmes croiſſent auſſi continuellement depuis $\dfrac{A}{A'}$ juſqu'à $\dfrac{C}{C'}$, en ſorte qu'il ſeroit maintenant impoſſible d'inférer dans la ſérie

$$\frac{A}{A'}, \ \frac{B+A}{B'+A'}, \ \frac{2B+A}{2B'+A'}, \ \frac{3B+A}{3B'+A'}, \ \frac{4B+A}{4B'+A'} \ \text{ou}$$

$\dfrac{C}{C'}$, aucune fraction dont la valeur tombât entre celles de deux fractions conſécutives, & dont le dénominateur ſe trouvât auſſi entre ceux des mêmes fractions. Car ſi on prend les différences entre les fractions précédentes, on aura, à cauſe de $BA' - AB' = 1$,

$$\frac{B+A}{B'+A'} - \frac{A}{A'} = \frac{1}{A'(B'+A')}$$

$$\frac{2B+A}{2B'+A'} - \frac{B+A}{B'+A'} = \frac{1}{(B'+A')(2B'+A')}$$

$$\frac{3B+A}{3B'+A'} - \frac{2B+A}{2B'+A'} = \frac{1}{(2B'+A')(3B'+A')}$$

$$\frac{C}{C'} - \frac{3B+A}{3B'+A'} = \frac{1}{(3B'+A')C'};$$

d'où l'on voit d'abord que les fractions $\dfrac{A}{A'}$

$\frac{A}{A^{\iota}}$, $\frac{B+A}{B^{\iota}+A^{\iota}}$, &c. vont en augmentant, puifque leurs différences font toutes pofitives; enfuite, comme ces différences font égales à l'unité divifée par le produit des deux dénominateurs, on pourra prouver par un raifonnement analogue à celui que nous avons fait dans l'art. 12, qu'il eft impoffible qu'entre deux fractions confécutives de la férie précédente, il puiffe tomber une fraction quelconque $\frac{m}{n}$, fi le dénominateur n tombe entre les dénominateurs de ces fractions, ou en général s'il eft plus petit que le plus grand des deux dénominateurs.

De plus, comme les fractions dont nous parlons font toutes plus grandes que la vraie valeur de a, & que la fraction $\frac{B}{B^{\iota}}$ en eft plus petite, il eft évident que chacune de ces fractions approchera de la quantité a, en forte que la différence en fera plus petite que celle de la même fraction & de la fraction $\frac{B}{B^{\iota}}$; or on trouve

$$\frac{A}{A^{\text{\tiny I}}} - \frac{B}{B^{\text{\tiny I}}} = \frac{1}{A^{\text{\tiny I}} B^{\text{\tiny I}}}$$

$$\frac{B+A}{B^{\text{\tiny I}}+A^{\text{\tiny I}}} - \frac{B}{B^{\text{\tiny I}}} = \frac{1}{(B^{\text{\tiny I}}+A^{\text{\tiny I}})B^{\text{\tiny I}}}$$

$$\frac{2B+A}{2B^{\text{\tiny I}}+A^{\text{\tiny I}}} - \frac{B}{B^{\text{\tiny I}}} = \frac{1}{(2B^{\text{\tiny I}}+A^{\text{\tiny I}})B^{\text{\tiny I}}}$$

$$\frac{3B+A}{3B^{\text{\tiny I}}+A^{\text{\tiny I}}} - \frac{B}{B^{\text{\tiny I}}} = \frac{1}{(3B^{\text{\tiny I}}+A^{\text{\tiny I}})B^{\text{\tiny I}}}$$

$$\frac{C}{C^{\text{\tiny I}}} - \frac{B}{B^{\text{\tiny I}}} = \frac{1}{C^{\text{\tiny I}} B^{\text{\tiny I}}}.$$

Donc, puisque ces différences font auſſi égales à l'unité, diviſée par le produit des dénominateurs, on y pourra appliquer le même raiſonnement de l'article 12, pour prouver qu'aucune fraction $\frac{m}{n}$ ne ſauroit tomber entre une quelconque des fractions

$$\frac{A}{A^{\text{\tiny I}}}, \ \frac{B+A}{B^{\text{\tiny I}}+A^{\text{\tiny I}}}, \ \frac{2B+A}{2B^{\text{\tiny I}}+A^{\text{\tiny I}}},$$

&c. & la fraction $\frac{B}{B^{\text{\tiny I}}}$, ſi le dénominateur n eſt plus petit que celui de la même fraction ; d'où il ſuit que chacune de ces fractions approche plus de la quantité a que ne pourroit faire toute autre fraction plus petite que a, & qui auroit un dénominateur plus petit, c'eſt-à-dire, qui feroit conçue en termes plus ſimples.

18. Nous n'avons conſidéré dans l'article précédent que les fractions *intermédiaires* entre $\frac{A}{A^{\text{I}}}$ & $\frac{C}{C^{\text{I}}}$, il en ſera de même des fractions *intermédiaires* entre $\frac{C}{C^{\text{I}}}$ & $\frac{E}{E^{\text{I}}}$, entre $\frac{E}{E^{\text{I}}}$ & $\frac{G}{G^{\text{I}}}$, &c. ſi ι, η, &c. ſont des nombres plus grands que l'unité.

On peut auſſi appliquer à l'autre férie $\frac{B}{B^{\text{I}}}$, $\frac{D}{D^{\text{I}}}$, $\frac{F}{F^{\text{I}}}$, &c. tout ce que nous venons de dire relativement à la premiere férie $\frac{A}{A^{\text{I}}}$, $\frac{C}{C^{\text{I}}}$, &c. de forte que ſi les nombres δ, ζ, &c. ſont plus grands que l'unité, on pourra inférer entre les fractions $\frac{B}{B^{\text{I}}}$ & $\frac{D}{D^{\text{I}}}$, entre $\frac{D}{D^{\text{I}}}$ & $\frac{F}{F^{\text{I}}}$, &c. différentes fractions *intermédiaires* toutes plus grandes que a, mais qui iront continuellement en diminuant, & qui feront telles qu'elles exprimeront la quantité a plus exactement que ne pourroit faire aucune autre fraction plus grande que a, & qui seroit conçue en termes plus simples.

De plus, si β est aussi un nombre plus grand que l'unité, on pourra pareillement placer avant la fraction $\dfrac{B}{B^{\text{I}}}$ les fractions

$$\frac{A+1}{1}, \quad \frac{2A+1}{2}, \quad \frac{3A+1}{3}, \quad \&c. \text{ jusqu'à}$$

$$\frac{\beta A+1}{\beta}, \quad \text{savoir } \frac{B}{B^{\text{I}}}, \quad \& \text{ ces fractions auront}$$

les mêmes propriétés que les autres fractions *intermédiaires*.

De cette maniere on aura donc ces deux suites complettes de fractions convergentes vers la quantité a.

Fractions croissantes & plus petites que a.

$$\frac{A}{A^{\text{I}}}, \quad \frac{B+A}{B^{\text{I}}+A^{\text{I}}}, \quad \frac{2B+A}{2B^{\text{I}}+A^{\text{I}}}, \quad \frac{3B+A}{3B^{\text{I}}+A^{\text{I}}} \&c.$$

$$\frac{\gamma B+A}{\gamma B^{\text{I}}+A^{\text{I}}}, \quad \frac{C}{C^{\text{I}}}, \quad \frac{D+C}{D^{\text{I}}+C^{\text{I}}}, \quad \frac{2D+C^{\text{I}}}{2D^{\text{I}}+C^{\text{II}}}, \quad \frac{3D+C}{3D^{\text{I}}+C^{\text{I}}}$$

$$\&c.$$

$$\frac{\varepsilon D+C}{\varepsilon D^{\text{I}}+C^{\text{I}}}, \quad \frac{E}{E^{\text{I}}}, \quad \frac{F+E}{F^{\text{I}}+E^{\text{I}}}, \quad \&c. \ \&c. \ \&c.$$

Fractions décroiſſantes & plus grandes que a.

$$\frac{A+1}{1}, \ \frac{2A+1}{2}, \ \frac{3A+1}{3}, \ \&c.$$

$$\frac{\beta A+1}{\beta}, \ \frac{B}{B^{\iota}}, \ \frac{C+B}{C^{\iota}+B^{\iota}}, \ \frac{2C+B}{2C^{\iota}+B^{\iota}}, \ \&c.$$

$$\frac{\delta C+B}{\delta C^{\iota}+B^{\iota}}, \ \frac{D}{D^{\iota}}, \ \frac{E+D}{E^{\iota}+D^{\iota}}, \ \&c. \ \&c. \ \&c.$$

Si la quantité a eſt irrationnelle ou tranſcendante, les deux féries précédentes iront à l'infini, puiſque la férie des fractions $\frac{A}{A^{\iota}}$, $\frac{B}{B^{\iota}}$, $\frac{C}{C^{\iota}}$, &c. que nous nommerons dans la ſuite fractions *principales*, pour les diſtinguer des fractions *intermédiaires*, va d'elle-même à l'infini (art. 10).

- Mais ſi la quantité a eſt rationnelle & égale à une fraction quelconque $\frac{V}{V^{\iota}}$, nous avons vu dans l'article cité, que la férie dont il s'agit ſera terminée, & que la derniere fraction de cette férie ſera la fraction même $\frac{V}{V^{\iota}}$, donc cette fraction terminera auſſi néceſſairement une des deux ſéries ci-deſſus, mais l'autre ſérie pourra toujours aller à l'infini.

En effet, ſuppoſons que δ ſoit le dernier dénominateur de la fraction continue, alors $\frac{D}{D^\iota}$ ſera la derniere des fractions *princi-pales*, & la ſérie des fractions plus grandes que a ſera terminée par cette même frac-tion $\frac{D}{D}$; or l'autre ſérie des fractions plus petites que a, ſe trouvera naturellement arrêtée à la fraction $\frac{C}{C^\iota}$, qui précede $\frac{D}{D^\iota}$; mais pour la continuer, il n'y a qu'à con-ſidérer que le dénominateur ς, qui devroit ſuivre le dernier dénominateur δ ſera $= \infty$, (art. 3); de ſorte que la fraction $\frac{E}{E^\iota}$, qui ſuivroit $\frac{D}{D^\iota}$ dans la ſuite des fractions *prin-cipales*, ſeroit $\frac{\infty D + C}{\infty D^\iota + C^\iota} = \frac{D}{D^\iota}$; or par la loi des fractions *intermédiaires*, il eſt clair qu'à caufe de $\cdot = \infty$, on pourra inférer entre les fractions $\dfrac{C}{C^{\iota}}$ & $\dfrac{E}{E^{\iota}}$ une infinité de fractions *intermédiaires*, qui feront

$$\frac{D+C}{D^{\iota}+C^{\iota}}, \quad \frac{2D+C}{2D^{\iota}+C^{\iota}}, \quad \frac{3D+C}{3D^{\iota}+C^{\iota}}, \quad \&c.$$

Ainfi dans ce cas on pourra, après la fraction $\dfrac{C}{C^{\iota}}$ dans la premiere fuite de fractions, placer encore les fractions *intermédiaires* dont nous parlons, & les continuer à l'infini.

PROBLEME.

19. *Une fraction exprimée par un grand nombre de chiffres étant donnée, trouver toutes les fractions en moindres termes qui approchent fi près de la vérité, qu'il foit impoffible d'en approcher davantage fans en employer de plus grandes.*

Ce probleme fe réfoudra facilement par la théorie que nous venons d'expliquer.

On commencera par réduire la fraction propofée en fraction continue par la méthode de l'art. 4, en ayant foin de prendre toutes les valeurs approchées plus petites que les véritables, pour que les nombres β, γ, δ, &c. soient tous positifs; ensuite, à l'aide des nombres trouvés α, β, γ, &c. on formera, d'après les formules de l'art. 10, les fractions $\frac{A}{A^{\text{i}}}$, $\frac{B}{B^{\text{i}}}$, $\frac{C}{C^{\text{i}}}$, &c. dont la derniere sera nécessairement la même que la fraction proposée, parce que dans ce cas la fraction continue est terminée. Ces fractions feront alternativement plus petites & plus grandes que la fraction donnée, & feront fucceffivement conçues en termes plus grands; & de plus elles feront telles que chacune de ces fractions approchera plus de la fraction donnée, que ne pourroit faire toute autre fraction quelconque qui feroit conçue en termes moins fimples. Ainfi on aura par ce moyen toutes les fractions conçues en moindres termes que la propofée, qui pourront fatisfaire au probleme.

Que fi on veut confidérer en particulier les fractions plus petites & les fractions plus grandes que la propofée, on inférera entre les fraċtions précédentes autant de fraċtions *intermédiaires* que l'on pourra , & on en formera deux fuites de fraċtions convergentes, les unes toutes plus petites & les autres toutes plus grandes que la fraċtion donnée, (art. 16, 17 & 18); chacune de ces fuites aura en particulier les mêmes propriérés que la fuite des fraċtions principales $\frac{A}{A^{\scriptscriptstyle\prime}}$, $\frac{B}{B^{\scriptscriptstyle\prime}}$, $\frac{C}{C^{\scriptscriptstyle\prime}}$, &c. car les fraċtions dans chaque fuite feront fucceſſivement conçues en plus grands termes, & chacune d'elles approchera plus de la fraċtion propofée, que ne pourroit faire aucune autre fraċtion qui feroit pareillement plus petite ou plus grande que la propofée, mais qui feroit conçue en termes plus fimples.

Au refte il peut arriver qu'une des fractions *intermédiaires* d'une férie n'approche pas fi près de la fraċtion donnée, qu'une des fraċtions de l'autre férie, quoique conçue en termes moins fimples que celle-ci ; c'eft pourquoi il ne convient d'employer les fraċtions *intermédiaires*, que lorfqu'on veut que les fractions cherchées foient toutes plus petites ou toutes plus grandes que la fraction donnée.

EXEMPLE I.

20. Suivant M. de la Caille, l'année folaire eft de $365^j\ 5^h\ 48'\ 49''$, & par conféquent plus longue de $5^h\ 48'\ 49''$ que l'année commune de 365^j; fi cette différence étoit exactement de 6 heures, elle donneroit un jour au bout de quatre années communes; mais fi on veut favoir au jufte au bout de combien d'années communes cette différence peut produire un certain nombre de jours, il faut chercher le rapport qu'il y a entre 24^h & $5^h\ 48'\ 49''$, & on trouve ce rapport $= \frac{86400}{20929}$; de forte qu'on peut dire qu'au bout de 86400 années communes, il faudroit intercaler 20929 jours pour les réduire à des années tropiques.

Or comme le rapport de 86400 à 20929 eft exprimé en termes fort grands, on propofe de trouver en de termes plus petits des rapports auffi approchés de celui-ci qu'il eft poffible.

On réduira donc la fraction $\frac{86400}{20929}$ en fraction continue par la regle donnée dans l'art. 4, qui eſt la même que celle qui ſert à trouver le plus grand commun diviſeur de deux nombres donnés : on aura

$$
\begin{array}{rl}
20929\,|\,86400\,|\,4 = \alpha \\
\quad\,|\,83716| \\
\hline
2684\,|\,20929\,|\,7 = \beta \\
\quad|\,18788| \\
\hline
2141\,|\,2684\,|\,1 = \gamma \\
\quad|\,2141| \\
\hline
543\,|\,2141\,|\,3 = \delta \\
\quad|\,1629| \\
\hline
512\,|\,543\,|\,1 = \varepsilon \\
\quad|\,512| \\
\hline
31\,|\,512\,|\,16 = \zeta \\
\quad|\,496| \\
\hline
16\,|\,31\,|\,1 = \eta \\
\quad|\,16| \\
\hline
15\,|\,16\,|\,1 = \theta \\
\quad|\,15| \\
\hline
1\,|\,15\,|\,15 = \iota \\
\quad|\,15| \\
\hline
0.
\end{array}
$$

Connoiſſant ainſi tous les quotiens α, β, γ, &c. on en formera aiſément la ſérie $\frac{A}{A^{i}}$, $\frac{B}{B^{i}}$, &c. de la maniere ſuivante :

$$
4, \; 7, \; 1, \; 3, \; 1, \; 16, \; 1, \; 1, \; 15.
$$

$$
\frac{4}{1}, \; \frac{29}{7}, \; \frac{33}{8}, \; \frac{128}{31}, \; \frac{161}{39}, \; \frac{2704}{655}, \; \frac{2865}{694}, \; \frac{5569}{1349}, \; \frac{86400}{20929},
$$

où l'on voit que la derniere fraction est la même que la proposée.

Pour faciliter la formation de ces fractions, on écrira d'abord, comme je viens de le faire, la suite des quotiens 4, 7, 1, &c. & on placera au-dessous de ces coefficiens les fractions $\frac{4}{1}$, $\frac{29}{7}$, $\frac{33}{8}$, &c. qui en résultent.

La premiere fraction aura toujours pour numérateur le nombre qui est au-dessus, & pour dénominateur l'unité.

La seconde aura pour numérateur le produit du nombre qui y est au-dessus par le numérateur de la premiere, plus l'unité, & pour dénominateur le nombre même qui est au-dessus.

La troisieme aura pour numérateur le produit du nombre qui y est au-dessus par le numérateur de la seconde, plus celui de la premiere; & de même pour dénominateur, le produit du nombre qui est au-dessus par le dénominateur de la seconde, plus celui de la premiere.

Et en général chaque fraction aura pour

numérateur le produit du nombre qui y est au-dessus par le numérateur de la fraction précédente, plus celui de l'avant-précédente; & pour dénominateur le produit du même nombre par le dénominateur de la fraction précédente, plus celui de l'avant-précédente.

Ainsi $29 = 7.4 + 1$, $7 = 7$, $33 = 1.29 + 4$, $8 = 1.7 + 1$, $128 = 3.33 + 29$, $31 = 3.8 + 7$, & ainsi de suite; ce qui s'accorde avec les formules de l'art. 10.

Maintenant on voit par les fractions $\frac{4}{1}$, $\frac{29}{7}$, $\frac{33}{8}$, &c. que l'intercalation la plus simple est celle d'un jour dans quatre années communes, ce qui est le fondement du calendrier Julien; mais qu'on approcheroit plus de l'exactitude en n'intercalant que sept jours dans l'espace de vingt-neuf années communes, ou huit dans l'espace de trente-trois ans, & ainsi de suite.

On voit de plus que comme les fractions $\frac{4}{1}$, $\frac{29}{7}$, $\frac{33}{8}$ sont alternativement plus petites & plus grandes que la fraction $\frac{86400}{20929}$ ou

$\dfrac{24^{h}}{5^{h}\,48'\,49''}$, l'intercalation d'un jour fur quatre ans fera trop forte, celle de fept jours fur vingt-neuf ans trop foible, celle de huit jours fur trente-trois ans trop forte, & ainfi de fuite ; mais chacune de ces intercalations fera toujours la plus exacte qu'il eft poffible dans le même efpace de temps.

Or, fi on range dans deux féries particulieres les fractions plus petites & les fractions plus grandes que la fraction donnée, on y pourra encore inférer différentes fractions fecondaires pour compléter les féries ; & pour cela on fuivra le même procédé que ci-deffus, mais en prenant fucceffivement à la place de chaque nombre de la férie fupérieure tous les nombres entiers moindres que ce nombre, (lorfqu'il y en a).

Ainfi, confidérant d'abord les fractions croiffantes

$$1, \quad 1, \quad 1, \quad 15.$$

$$\frac{4}{1}, \quad \frac{33}{8}, \quad \frac{161}{39}, \quad \frac{2865}{694}, \quad \frac{86400}{20929},$$

on voit qu'à caufe que l'unité eft au-deffus

de la seconde, de la troisieme & de la quatrieme, on ne pourra placer aucune fraction *intermédiaire*, ni entre la premiere & la seconde, ni entre la seconde & la troisieme, ni entre la troisieme & la quatrieme ; mais comme la derniere fraction a au-dessus d'elle le nombre 15, on pourra entre cette fraction & la précédente, placer quatorze fractions *intermédiaires*, dont les numérateurs formeront la progression arithmétique $2865 + 5569$, $2865 + 2.5569$, $2865 + 3.5569$ &c. & dont les dénominateurs formeront aussi la progression arithmétique $694 + 1349$, $694 + 2.1349$, $694 + 3.1349$, &c.

Par ce moyen la suite complette des fractions croissantes sera

$$\frac{4}{1}, \ \frac{32}{8}, \ \frac{161}{39}, \ \frac{2865}{694}, \ \frac{8434}{2043}, \ \frac{14003}{3392}, \ \frac{19572}{4741}, \ \frac{25141}{6090},$$

$$\frac{30710}{7439}, \ \frac{36279}{8788}, \ \frac{41848}{10137}, \ \frac{47417}{11486}, \ \frac{52986}{12835}, \ \frac{58555}{14184}, \ \frac{64124}{15533},$$

$$\frac{69693}{16882}, \ \frac{75262}{18231}, \ \frac{80831}{19580}, \ \frac{86400}{20929}.$$

Et comme la derniere fraction est la même que la fraction donnée, il est clair que cette férie ne peut pas être pouffée plus loin.

De-là on voit que si on ne veut admettre que des intercalations qui pechent par excès, les plus simples & les plus exactes seront celles d'un jour sur quatre années, ou de huit jours sur trente-trois ans, ou de trente-neuf sur cent soixante-un ans, & ainsi de suite. ‑

Considérons maintenant les fractions décroissantes

$$7, \quad 3, \quad 16, \quad 1.$$
$$\frac{29}{7}, \quad \frac{128}{31}, \quad \frac{2704}{655}, \quad \frac{5569}{1349},$$

& d'abord, à cause du nombre 7 qui est au-dessus de la premiere fraction, on pourra en placer six autres avant celle-ci, dont les numérateurs formeront la progression arithmétique $4+1$, $2.4+1$, $3.4+1$, *&c.* & dont les dénominateurs formeront la progression 1, 2, 3, *&c.* de même, à cause du nombre 7, on pourra placer entre la premiere & la seconde fraction deux fractions *intermédiaires* ; & entre la seconde & la troisieme on en pourra placer 15, à cause du nombre 16 qui est au-dessus de la troisieme ;

troifieme ; mais entre celle-ci & la derniere on n'en pourra inférer aucune, à caufe que le nombre qui y eft au-deffus eft l'unité.

De plus, il faut remarquer que comme la férie précédente n'eft pas terminée par la fraction donnée, on peut encore la continuer auffi loin que l'on veut, comme nous l'avons fait voir dans l'art. 18. Ainfi on aura cette férie de fractions croiffantes

$$\frac{5}{1}, \frac{9}{2}, \frac{13}{3}, \frac{17}{4}, \frac{21}{5}, \frac{25}{6}, \frac{29}{7}, \frac{62}{15}, \frac{95}{23}, \frac{128}{31},$$

$$\frac{289}{70}, \frac{450}{109}, \frac{611}{148}, \frac{772}{187}, \frac{933}{226}, \frac{1094}{265}, \frac{1255}{304}, \frac{1416}{343},$$

$$\frac{1577}{382}, \frac{1738}{421}, \frac{1899}{460}, \frac{2060}{499}, \frac{2221}{538}, \frac{2382}{577}, \frac{2543}{616},$$

$$\frac{2704}{655}, \frac{5569}{1349}, \frac{91969}{22278}, \frac{178369}{43207}, \frac{264769}{64136}, \frac{351169}{85065},$$

$$\frac{437569}{105994}, \text{&c.}$$

lefquelles font toutes plus petites que la fraction propofée, & en approchent plus que toutes autres fractions qui feroient conçues en termes moins fimples.

On peut conclure de-là, que fi on ne vouloit avoir égard qu'aux intercalations qui pécheroient par défaut, les plus fimples & les plus exactes feroient celles d'un jour fur cinq ans, ou de deux jours fur neuf ans, ou de trois jours fur treize ans, &c.

Dans le calendrier grégorien on intercale feulement quatre-vingt dix-fept jours dans quatre cents années; on voit par la table précédente qu'on approcheroit beaucoup plus de l'exactitude, en intercalant cent neuf jours en quatre cents cinquante années.

Mais il faut remarquer que dans la réformation grégorienne on s'eft fervi de la détermination de l'année donnée par Copernic, laquelle eft de $365^i \, 5^h \, 49' \, 20''$. En employant cet élément on auroit, au lieu de la fraction $\frac{86400}{20929}$, celle-ci $\frac{86400}{20960}$, ou bien $\frac{540}{131}$; d'où l'on trouveroit par la méthode précédente les quotiens 4, 8, 5, 3, & de-là ces fractions *principales*

$$\underline{4}, \, \overset{8}{}, \, 5, \, 3.$$

$$\frac{4}{1}, \, \frac{33}{8}, \, \frac{169}{41}, \, \frac{540}{131},$$

qui font, à l'exception des deux premieres, aflez différentes de celles que nous avons trouvées ci-deflus. Cependant on ne trouve pas parmi ces fractions la fraction $\frac{400}{97}$ adop-

·tée dans le calendrier grégorien ; & cette fraction ne peut pas même se trouver parmi les fractions *intermédiaires* qu'on pourroit insérer dans les deux séries $\frac{4}{1}$, $\frac{169}{41}$, & $\frac{33}{8}$, $\frac{540}{131}$; car il est clair qu'elle ne pourroit tomber qu'entre ces deux dernieres fractions, entre lesquelles, à cause du nombre 3 qui est au-dessus de la fraction $\frac{540}{131}$, il peut tomber deux fractions *intermédiaires*, qui seront $\frac{202}{49}$ & $\frac{371}{90}$; d'où l'on voit qu'on auroit approché plus de l'exactitude, si dans la réformation grégorienne on avoit prescrit de n'intercaler que quatre-vingt-dix jours dans l'espace de trois cents soixante & onze ans.

Si on réduit la fraction $\frac{400}{97}$ à avoir pour numérateur le nombre 86400, elle deviendra $\frac{86400}{20952}$, ce qui supposeroit l'année tropique de 365^j 5^h $49'$ $12''$.

Dans ce cas l'interpolation grégorienne feroit tout-à-fait exacte ; mais comme les observations donnent l'année plus courte de plus de $20''$, il est clair qu'il faudra nécessairement, au bout d'un certain espace

de temps , introduire une nouvelle intercalation.

Si on vouloit s'en tenir à la détermination de M. de la Caille , comme le déno-
minateur 97 de la fraction $\frac{400}{97}$ se trouve entre
les dénominateurs de la cinquieme & de
la sixieme des fractions principales trouvées
ci-devant , il s'enfuit de ce que nous avons
démontré , (art. 14) , que la fraction $\frac{161}{39}$ approcheroit plus de la vérité que la fraction
$\frac{400}{97}$; au reste , comme les Astronomes sont
encore partagés sur la véritable longueur
de l'année , nous nous abstiendrons de prononcer sur ce sujet ; aussi n'avons-nous eu
d'autre objet dans les détails que nous venons de donner , que de faciliter les moyens
de se mettre au fait des fractions continues
& de leurs usages ; dans cette vue nous ajouterons encore l'exemple suivant.

EXEMPLE II.

21. Nous avons déjà donné , (art. 8) ,
la fraction continue qui exprime le rapport
de la circonférence du cercle au diametre ,

en tant qu'elle réfulte de la fraction de Ludolph ; ainfi il n'y aura qu'à calculer, de la
maniere enfeignée dans l'exemple précédent, la férie des fractions convergentes
vers ce même rapport, laquelle fera

$$3, \quad 7, \quad 15, \quad 1, \quad 292, \quad 1, \quad 1, \quad 1,$$

$$\frac{3}{1}, \quad \frac{22}{7}, \quad \frac{333}{106}, \quad \frac{355}{113}, \quad \frac{103993}{33102}, \quad \frac{104348}{33215}, \quad \frac{208341}{66317}, \quad \frac{312689}{99532},$$

$$2, \quad 1, \quad 3, \quad 1, \quad 14,$$

$$\frac{833719}{265381}, \quad \frac{1146408}{364913}, \quad \frac{4272943}{1360120}, \quad \frac{5419351}{1725033}, \quad \frac{80143857}{25510582},$$

$$2, \quad 1, \quad 1, \quad 2,$$

$$\frac{165707065}{52746197}, \quad \frac{245850922}{78256779}, \quad \frac{411557987}{131002976}, \quad \frac{1068966896}{340262731},$$

$$2, \quad 2, \quad 2, \quad 1,$$

$$\frac{2549491779}{811528438}, \quad \frac{6167950454}{1963319607}, \quad \frac{14885392687}{4738167652}, \quad \frac{21053343141}{6701487259},$$

$$84, \quad 2, \quad 1,$$

$$\frac{1783366216531}{567663097408}, \quad \frac{3587785776203}{1142027682075}, \quad \frac{5371151992734}{1709690779483},$$

$$1, \quad 15, \quad 3,$$

$$\frac{8958937768937}{2851718461558}, \quad \frac{139755218526789}{44485467702853}, \quad \frac{428224593349304}{136308121570117},$$

$$13, \quad 1, \quad 4,$$

$$\frac{5706674932067741}{1816491048114374}, \quad \frac{6134899525417045}{1952799169684491}, \quad \frac{30246273033735921}{9627687726852338},$$

E e iij

$$2, \qquad\qquad 6,$$

$$\frac{66627445592888887}{21208.74623389167}, \qquad \frac{43001094659106 9243}{1368767354671873 40},$$

$$6, \qquad\qquad I.$$

$$\frac{2646693125139304345}{842468587426513207}, \qquad \frac{30767040717303735 88}{979345322893700547}.$$

Ces fractions feront donc alternativement plus petites & plus grandes que la
vraie raifon de la circonférence au diametre, c'eft-à-dire que la premiere $\frac{3}{1}$ fera
plus petite, la feconde $\frac{22}{7}$ plus grande, &
ainfi de fuite ; & chacune d'elles approchera plus de la vérité que ne pourroit faire
toute autre fraction qui feroit exprimée en
termes plus fimples ; ou, en général, qui
auroit un dénominateur moindre que le dénominateur de la fraction fuivante ; de forte
que l'on peut affurer que la fraction $\frac{3}{1}$ approche plus de la vérité que ne peut faire
aucune autre fraction dont le dénominateur
feroit moindre que 7 ; de même la fraction
$\frac{22}{7}$ approchera plus de la vérité que toute
autre fraction dont le dénominateur feroit
moindre que 106, & ainfi des autres.

Quant à l'erreur de chaque fraction, elle sera toujours moindre que l'unité divisée par le produit du dénominateur de cette fraction par celui de la fraction suivante. Ainsi l'erreur de la fraction $\frac{3}{1}$ sera moindre que $\frac{1}{7}$, celle de la fraction $\frac{22}{7}$ sera moindre que $\frac{1}{7 \cdot 106}$, & ainsi de suite. Mais en même temps l'erreur de chaque fraction sera plus grande que l'unité divisée par le produit du dénominateur de cette fraction, par la somme de ce dénominateur, & du dénominateur de la fraction suivante ; de sorte que l'erreur de la fraction $\frac{3}{1}$ sera plus grande que $\frac{1}{8}$, celle de la fraction $\frac{22}{7}$ plus grande que $\frac{1}{7 \cdot 113}$, & ainsi de suite, (art. 14).

Si on vouloit maintenant séparer les fractions plus petites que le rapport de la circonférence au diametre, d'avec les plus grandes, on pourroit, en insérant les fractions *intermédiaires* convenables, former deux suites de fractions, les unes croissantes & les autres décroissantes vers le vrai rapport dont il s'agit ; on auroit de cette maniere

Fractions plus petites que $\frac{périph.}{diam.}$.

$$\frac{3}{1} , \frac{25}{8} , \frac{47}{15} , \frac{69}{22} , \frac{91}{29} , \frac{113}{36} , \frac{135}{43} , \frac{157}{50} , \frac{179}{57} , \frac{201}{64} , \frac{223}{71} ,$$

$$\frac{245}{78} , \frac{267}{85} , \frac{289}{92} , \frac{311}{99} , \frac{333}{106} , \frac{688}{219} , \frac{1043}{332} , \frac{1398}{445} , \frac{1753}{558} ,$$

$$\frac{2108}{671} , \frac{2463}{784} , \&c.$$

Fractions plus grandes que $\frac{périph.}{diam.}$.

$$\frac{4}{1} , \frac{7}{2} , \frac{10}{3} , \frac{13}{4} , \frac{16}{5} , \frac{19}{6} , \frac{22}{7} , \frac{355}{113} , \frac{104348}{33215} , \frac{312689}{99532} ,$$

$$\frac{1146408}{364913} , \frac{5419351}{1725033} , \frac{85563208}{27235615} , \frac{165707065}{52746197} , \frac{411557987}{131002976} ,$$

$$\frac{1480524883}{471265707} , \&c.$$

Chaque fraction de la premiere férie approche plus de la vérité que ne peut faire aucune autre fraction exprimée en termes plus fimples, & qui pécheroit auffi par défaut ; & chaque fraction de la feconde férie approche auffi plus de la vérité que ne peut faire aucune autre fraction exprimée en termes plus fimples & péchant par excès.

Au refte ces féries deviendroient fort prolixes, fi on vouloit les pouffer auffi loin que nous avons fait celle des fractions

principales donnée ci-deſſus. Les bornes
de cet Ouvrage ne nous permettent pas de
les inférer ici dans toute leur étendue ; mais
on peut les trouver au beſoin dans le chap.
XI de l'Algebre de Wallis, (*Operum Ma-
themat.* vol. II.)

REMARQUE.

22. La premiere ſolution de ce probleme
a été donnée par Wallis dans un petit Traité
qu'il a joint aux Œuvres poſthumes d'Hor-
rocius, & on la retrouve dans l'endroit
cité de ſon Algebre ; mais la méthode de
cet Auteur eſt indirecte & fort laborieuſe.
Celle que nous venons de donner eſt due
à Huyghens, & on doit la regarder comme
une des principales découvertes de ce grand
Géometre. La conſtruction de ſon auto-
mate planétaire, paroît en avoir été l'oc-
caſion. En effet il eſt clair que pour pouvoir
repréſenter exactement les mouvemens &
les périodes des planetes, il faudroit employer des roues où les nombres des dents

fuſſent préciſément dans les mêmes rapports que les périodes dont il s'agit ; mais comme on ne peut pas multiplier les dents au-delà d'une certàine limite dépendante de la grandeur de la roue , & que d'ailleurs les périodes des planetes ſont incommenſurables , ou du moins ne peuvent être repréſentées avec une certàine exactitude que par de très-grands nombres , on eſt obligé de ſe contenter d'un *à-peu-près* , & la difficulté ſe réduit à trouver des rapports exprimés en plus petits nombres , qui approchent autant qu'il eſt poſſible de la vérité , & plus que ne pourroient faire d'autres rapports quelconques qui ne ſeroient pas conçus en termes plus grands.

M. Huyghens réſout cette queſtion par le moyen des fractions continues , comme nous l'avons fait ci-deſſus ; il donne la maniere de former ces fractions par des diviſions continuelles , & il démontre enſuite les principales propriétés des fractions convergentes qui en réſultent , ſans oublier même les fractions *intermédiaires*. Voyez dans ses *Opera posthuma* le Traité intitulé *Descriptio automati planetarii*.

D'autres grands Géometres ont ensuite considéré les fractions continues d'une maniere plus générale. On trouve sur-tout dans les Commentaires de Pétersbourg, (tom. IX & XI des anciens, & tom. IX & XI des nouveaux), des Mémoires de M[r]. Euler remplis des recherches les plus savantes & les plus ingénieuses sur ce sujet; mais la théorie de ces fractions, envisagée du côté arithmétique qui en est le plus intéressant, n'avoit pas encore été, ce me semble, autant cultivée qu'elle le méritoit; c'est ce qui m'a engagé à en composer ce petit Traité pour la rendre plus familiere aux Géometres. Voyez aussi les Mémoires de Berlin pour les années 1767 & 1768.

Au reste cette théorie est d'un usage très-étendu dans toute l'Arithmétique, & il y a peu de problemes de cette science, au moins parmi ceux pour lesquels les regles ordinaires ne fuffifent pas, qui n'en dépendent directement ou indirectement. M^r. Jean Bernoulli vient d'en faire une application heureufe & utile dans une nouvelle efpece de calcul qu'il a imaginé pour faciliter la conftruction des tables de parties proportionnelles. Voyez le tome I de fon *Recueil pour les Aftronomes.*

PARAGRAPHE II.

Solutions de quelques Problemes curieux &
nouveaux d'Arithmétique.

QUOIQUE les problemes dont nous
allons nous occuper aient un rapport im-
médiat avec le précédent, & dépendent
des mêmes principes, nous croyons cependant devoir les traiter d'une maniere directe, & fans rien fuppofer de ce qui a
été démontré jufqu'ici.

On aura par ce moyen la fatisfaction de
voir comment dans ces fortes de matieres
on eft néceffairement conduit à la théorie
des fractions continues ; d'ailleurs cette
théorie en deviendra beaucoup plus lumi-
neufe, & recevra par-là de nouveaux degrés de perfection.

PROBLEME I.

23. *Etant donnée une quantité pofitive* a,
rationnelle ou non, & fuppofant que p *&* q
ne puiffent être que des nombres entiers po-

fitifs & premiers entr'eux, on demande de trouver des valeurs de p *&* q, *telles que la valeur de* p—aq, *(abſtraction faite du ſigne), ſoit plus petite qu'elle ne ſeroit, ſi on donnoit à* p *&* q *des valeurs moindres quelconques.*

Pour pouvoir réſoudre ce probleme directement, nous commencerons par ſuppoſer que l'on ait en effet déjà trouvé des valeurs de p & q qui aient les conditions requiſes ; donc prenant pour r & $ſ$ des nombres quelconques entiers poſitifs moindres que p & q, il faudra que la valeur de p —aq ſoit moindre que celle de r—$aſ$, abſtraction faite des ſignes de ces deux quantités, c'eſt-à-dire en les prenant toutes déux poſitivement. Or je remarque d'abord que ſi les nombres r & $ſ$ ſont tels que $pſ$—qr =±1, le ſigne ſupérieur ayant lieu lorſque p—aq eſt un nombre poſitif ; & l'inférieur, lorſque p—aq eſt un nombre négatif, on en peut conclure en général que la valeur de toute expreſſion y—$a\zeta$ ſera toujours plus grande, (abſtraction faite du ſigne), que celle de p—aq, tant qu'on ne donnera à z & à y que des valeurs entieres, moindres que celles de p & q.

En effet, il est clair qu'on peut supposer en général

$$y = pt + ru, \quad \& \quad z = qt + ru,$$

t & u étant deux inconnues ; or par la résolution de ces équations on a

$$t = \frac{sy - rz}{ps - qr}, \quad u = \frac{qy - pz}{qr - ps};$$

donc, à cause de $ps - qr = \pm 1$, $t = \pm(sy - rz)$, & $u = \pm(qy - pz)$; d'où l'on voit que t & u seront toujours des nombres entiers, puisque p, q, r, s & y, z sont supposés entiers.

Donc, t & u étant des nombres entiers, & p, q, r, s des nombres entiers positifs, il est clair que pour que les valeurs de y & z soient moindres que celles de p & q, il faudra nécessairement que les nombres t & u soient de signes différens.

Maintenant je remarque que la valeur de $r - as$ sera aussi de différent signe que celle de $p - aq$; car faisant $p - aq = P$, & $r - as = R$, on aura $\frac{p}{q} = a + \frac{P}{q}$, $\frac{r}{s} = a$

$+\frac{R}{f}$; mais l'équation $pf-qr=\pm 1$, donne $\frac{p}{q}-\frac{r}{f}=\pm\frac{1}{qf}$; donc $\frac{P}{q}-\frac{R}{f}=\pm\frac{1}{qf}$; donc, puisqu'on suppose que le signe ambigu soit pris conformément à celui de la quantité $p-aq$ ou P, il faudra que la quantité $\frac{P}{q}-\frac{R}{f}$ soit positive, si P est positif, & négative, si P est négatif; or comme f est $< q$, & que R est plus grand que P, (*hyp.*), il est clair que $\frac{R}{f}$ sera à plus forte raison plus grand que $\frac{P}{q}$, (abstraction faite du signe); donc la quantité $\frac{P}{q}-\frac{R}{f}$ sera toujours de signe différent de $\frac{R}{f}$, c'est-à-dire de R, puisque f est positif; donc P & R seront nécessairement de signes différens.

Cela posé, on aura, en substituant les valeurs ci-dessus de y & z, $y-az=(p-aq)t+(r-af)u=Pt+Ru$; or t & u étant de signes différens, aussi bien que P & R, il est clair que Pt & Ru seront des quantités de mêmes signes; donc puisque t & u sont d'ailleurs des nombres entiers, il est visible que la valeur de $y-az$ sera toujours plus grande que P, c'est-à-dire

que

que la valeur de $p-\alpha q$, abstraction faite des signes.

Mais il reste maintenant à savoir si, les nombres p & q étant donnés, on peut toujours trouver des nombres r & f moindres que ceux-là, & tels que $pf-qr=\pm 1$, les signes ambigus étant à volonté; or cela suit évidemment de la théorie des fractions continues; mais on peut aussi le démontrer directement & indépendamment de cette théorie. Car la difficulté se réduit à prouver qu'il existe nécessairement un nombre entier positif & moindre que p, lequel étant pris pour r, rendra $qr\pm 1$ divisible par p; or supposons qu'on substitue successivement à la place de r les nombres naturels 1, 2, 3, &c. jusqu'à p, & qu'on divise les nombres $q\pm 1$, $2q\pm 1$, $3q\pm 1$, &c. $pq\pm 1$ par p, on aura p, restes moindres que p, qui seront nécessairement tous différens les uns des autres; car si, par exemple, $mq\pm 1$ & $nq\pm 1$, (m & n étant des nombres entiers différens qui ne surpassent pas p), étant divisés par p, donnoient un même reste, il est clair que leur différence, $(m - n)q$, devroit être divisible par p; or c'est ce qui ne se peut, à cause que q est premier à p, & que $m - n$ est un nombre moindre que p. Donc, puisque tous les restes dont il s'agit, sont des nombres entiers positifs moindres que p & différens entr'eux, & que ces restes sont au nombre de p, il est clair qu'il faudra nécessairement que le zéro se trouve parmi ces restes, & conséquemment qu'il y ait un des nombres $q \pm 1$, $2q \pm 1$, $3q \pm 1$, &c. $pq \pm 1$, qui soit divisible par p; or il est clair que ce ne peut être le dernier; ainsi il y aura sûrement une valeur de r moindre que p, laquelle rendra $rq \pm 1$ divisible par p; & il est clair en même temps que le quotient sera moindre que q; donc il y aura toujours une valeur entiere & positive de r moindre que p, & une autre valeur pareille de s & moindre que q, lesquelles satisferont à l'équation $s = \frac{qr \pm 1}{p}$, ou $ps - qr = \pm 1$.

24. La question est donc réduite maintenant à trouver quatre nombres entiers & positifs, p, q, r, s, dont les deux derniers

foient moindres que les premiers, c'est-à-dire $r < p$ & $f < q$, & qui foient tels que $pf - qr = \pm 1$, que de plus les quantités $p - aq$ & $r - af$ foient de fignes différens, & qu'en même temps $r - af$ foit une quantité plus grande que $p - aq$, abftraction faite des fignes.

Défignons, pour plus de fimplicité, r par p' & f par q', en forte que l'on ait $pq' - qp' = \pm 1$; & comme $q > q'$, (*hyp:*), foit μ le quotient qui proviendroit de la divifion de q par q', & foit le refte q'', qui fera par conféquent $< q'$; foit de même μ' le quotient de la divifion de q' par q'', & q''' le refte, qui fera $< q''$; pareillement foit μ'' le quotient de la divifion de q'' par q''', & q^{iv} le refte $< q'''$, & ainfi de fuite, jufqu'à ce qu'on parvienne à un refte nul ; on aura de cette maniere

$$q = \mu q' + q''$$
$$q' = \mu' q'' + q'''$$
$$q'' = \mu'' q''' + q^{iv}$$
$$q''' = \mu''' q^{iv} + q^{v}, \&c.$$

où les nombres μ, μ', μ'', *&c.* feront tous entiers & pofitifs, & où les nombres q, q',

q'', q''', &c. feront auffi entiers pofitifs, & formeront une fuite décroiffante jufqu'à zéro.

Suppofons pareillement

$$p = \mu p' + p''$$
$$p' = \mu' p'' + p'''$$
$$p'' = \mu'' p''' + p^{IV}$$
$$p''' = \mu''' p^{IV} + p^{V}, \ \&c.$$

Et comme les nombres p & p' font regardés ici comme donnés, auffi bien que les nombres μ, μ', μ'', &c. on pourra déterminer par ces équations les nombres p'', p''', p^{IV}, &c. qui feront évidemment tous entiers.

Maintenant, comme on doit avoir $pq' - qp' = \pm 1$, on aura auffi, en fubftituant les valeurs précédentes de p & q, & effaçant ce qui fe détruit, $p'' q' - q'' p' = \pm 1$; & fubftituant de nouveau dans cette équation les valeurs de p' & q', il viendra $p'' q''' - q'' p''' = \pm 1$, & ainfi de fuite ; de forte qu'on aura en général

$$p q' - q p' = \pm 1$$
$$p' q'' - q' p'' = \mp 1$$
$$p'' q''' - q'' p''' = \pm 1$$
$$p''' q^{IV} - q''' p^{IV} = \mp 1, \ \&c.$$

Donc, fi q''', par exemple, étoit nul, on auroit $-q'' p''' = \pm 1$; donc $q'' = 1$ & $p''' = \mp 1$; mais fi q^{iv} étoit $= 0$, on auroit $-q''' p^{iv} = \mp 1$; donc $q''' = 1$ & $p^{iv} = \pm 1$; donc en général, fi $q^p = 0$, on aura $q^{p-1} = 1$; & enfuite $p^p = \pm 1$, fi p eft pair, & $p^p = \mp 1$, fi p eft impair.

Or, comme on ne fait pas d'avance fi c'eft le figne fupérieur ou l'inférieur qui doit avoir lieu, il faudroit fuppofer fucceffivement $p^p = 1$ & $= -1$; mais je remarque que l'on peut toujours ramener l'un de ces cas à l'autre; & pour cela il eft clair qu'il fuffit de prouver qu'on peut toujours faire en forte que le p du terme q^p qui doit être nul, foit pair ou impair à volonté. En effet, fuppofons, par exemple, que q^{iv} foit $= 0$, on aura donc $q''' = 1$ & $q'' > 1$, c'eft-à-dire $q'' = 2$ ou > 2, à caufe que les nombres $q, q', q'', \&c.$ forment naturellement une férie décroiffante; donc, puifque $q'' = \mu'' q''' + q^{iv}$, on aura $q'' = \mu''$, de forte que μ'' fera $=$ ou > 2; ainfi on pourra, fi l'on veut, diminuer μ'' d'une unité, fans que ce nombre devienne nul, & alors q^{iv}, qui étoit $= 0$, deviendra $= 1$, & q^v fera $= 0$; car mettant $\mu^{ii} - 1$ à la place de μ^{ii}, on aura $q^{ii} = (\mu^{ii} - 1) q^{iii} + q^{iv}$; mais $q^{ii} = \mu^{ii}$, $q^{iii} = 1$; donc $q^{iv} = 1$; enfuite ayant $q^{iii} = \mu^{iii} q^{iv} + q^v$, c'eft-à-dire $1 = \mu^{iii} + q^v$, on aura néceffairement $\mu^{iii} = 1$ & $q^v = 0$.

De-là on peut donc conclure en général que, fi $q^t = 0$, on aura $q^{t-1} = 1$ & $p^t = \pm 1$, le figne ambigu étant à volonté.

Maintenant, fi on fubftitue les valeurs de p & q données par les formules précédentes dans $p - aq$, celles de p^i & q^i dans $p^i - aq^i$, & ainfi des autres, on aura

$$p \ - aq = \mu \ (p^i \ - aq^i \ ) + p^{ii} - aq^{ii}$$
$$p^i \ - aq^i \ = \mu^i \ (p^{ii} \ - aq^{ii} \ ) + p^{iii} - aq^{iii}$$
$$p^{ii} \ - aq^{ii} = \mu^{ii} \ (p^{iii} - aq^{iii}) + p^{iv} \ - aq^{iv}$$
$$p^{iii} - aq^{iii} = \mu^{iii} (p^{iv} \ - aq^{iv} \ ) + p^v \ - aq^v,$$
$$\&c.$$

d'où l'on tire

$$\mu = \frac{aq^{ii} - p^{ii}}{p^i - aq^i} + \frac{p - aq}{p^i - aq^i}$$

$$\mu^{\text{I}} = \frac{aq''' - p'''}{p'' - aq''} + \frac{p' - aq'}{p'' - aq''}$$

$$\mu^{\text{II}} = \frac{aq^{\text{IV}} - p^{\text{IV}}}{p''' - aq'''} + \frac{p'' - aq''}{p''' - aq'''}$$

$$\mu^{\text{III}} = \frac{aq^{\text{V}} - p^{\text{V}}}{p^{\text{IV}} - aq^{\text{IV}}} + \frac{p''' - aq'''}{p^{\text{IV}} - aq^{\text{IV}}}, \ \&c.$$

Or comme, (*hyp.*), les quantités $p - aq$ & $p' - aq'$ font de fignes différens, & que de plus $p' - aq'$ doit être, (abftraction faite des fignes) $> p - aq$, il s'enfuit que $\dfrac{p - aq}{p' - aq'}$ fera une quantité négative & plus petite que l'unité. Donc, pour que μ foit un nombre entier pofitif, comme il le faut ; il eft clair que $\dfrac{aq'' - p''}{p' - aq'}$ doit être une quantité pofitive plus grande que l'unité ; & il eft vifible en même temps que μ ne peut être que le nombre entier, qui eft immédiatement moindre que $\dfrac{aq'' - p''}{p' - aq'}$, c'eft-à-dire, qui eft contenu entre ces limites $\dfrac{aq'' - p''}{p' - aq'}$ & $\dfrac{aq'' - p''}{p' - aq'} - 1$; car puifque $- \dfrac{p - aq}{p' - aq'}$

> 0 & < 1, on aura $\mu < \dfrac{a q'' - p''}{p' - a q'}$, &

$> \dfrac{a q'' - p''}{p' - a q'} - 1.$

De même, puisque nous venons de voir que $\dfrac{a q'' - p''}{p' - a q'}$ doit être une quantité positive plus grande que l'unité, il s'enfuit que $\dfrac{p' - a q'}{p'' - a q''}$ fera une quantité négative plus petite que l'unité, (je dis plus petite que l'unité, en faifant abftraction du figne). Donc, pour que μ' foit un nombre entier pofitif, il faudra que $\dfrac{a q''' - p'''}{p'' - a q''}$ foit une quantité pofitive plus grande que l'unité, & le nombre μ' ne pourra être par conféquent que le nombre entier, qui fera immédiatement au-deffus de la quantité $\dfrac{a q''' - p'''}{p'' - a q''}.$

On prouvera de la même maniere & par la confidération, que μ'' doit être un nombre entier pofitif, que la quantité $\dfrac{a q^{iv} - p^{iv}}{p''' - a q'''}$

fera néceffairement pofitive & au-deffus de l'unité, & que μ^{II} ne poutra être que le nombre entier, qui fera immédiatement au-deffous de la même quantité, & ainfi de fuite.

Il s'enfuit de-là, 1°. que les quantités $p - aq$, $p^{\text{I}} - aq^{\text{I}}$, $p^{\text{II}} - aq^{\text{II}}$, &c. feront fucceffivement de fignes différens, c'eft-à-d. alternativement pofitives & négatives, & qu'elles formeront une fuite continuellement croiffante; 2°. que fi on défigne par le figne $<$ le nombre entier, qui eft immédiatement moindre que la valeur de la quantité placée après ce figne, on aura pour la détermination des nombres μ, μ^{I}, μ^{II}, &c.

$$\mu < \frac{aq^{\text{II}} - p^{\text{II}}}{p^{\text{I}} - aq^{\text{I}}}$$

$$\mu^{\text{I}} < \frac{aq^{\text{III}} - p^{\text{III}}}{p^{\text{II}} - aq^{\text{II}}}$$

$$\mu^{\text{II}} < \frac{aq^{\text{IV}} - p^{\text{IV}}}{p^{\text{III}} - aq^{\text{III}}}, \ \&c.$$

Or nous avons vu plus haut que la férie q, q^{I}, q^{II}, &c. doit fe terminer par zéro, & qu'alors le terme précédent fera $= 1$, &

le terme correspondant à zéro dans l'autre
férie p, p', p'', &c. fera $= \pm 1$ à volonté.

Ainfi fuppofons, par exemple, que l'on
ait $q^{iv} = o$, on aura donc $q''' = 1$ & $p^{iv} = 1$;
donc $p''' - aq''' = p''' - a$, & $p^{iv} - aq^{iv} = 1$;
donc il faudra que $p''' - a$ foit une quantité
négative & moindre que 1, abftraction
faite du figne ; c'eft-à-dire que $a - p'''$ devra
être $> o$ & < 1 ; de forte que p''' ne pourra
être que le nombre entier, qui fera immédiatement au-deffous de a ; on connoîtra
donc les valeurs de ces quatre termes

$$p^{iv} = 1 \qquad q^{iv} = o$$
$$p''' < a \qquad q''' = 1 \,,$$

à l'aide defquelles on pourra, en remontant
par les formules ci-deffus, trouver tous les
termes précédens. En effet on aura d'abord
la valeur de μ'', enfuite on aura p'' & q'' par
les formules $p'' = \mu'' p''' + p^{iv}$ & $q'' = \mu''' q'''$
$+ q^{iv}$; de-là on trouvera μ' & enfuite p' & q',
& ainfi du refte.

En général foit $q^\rho = o$, on aura $q^{\rho-1}$ &
$p^\rho = 1$; & on prouvera, comme ci-deffus,
que $p^{\rho-1}$ ne pourra être que le nombre entier

qui eſt immédiatement au-deſſous de a; de ſorte qu'on aura ces quatre termes

$$p^\rho = 1 \qquad q^\rho = 0$$
$$p^{\rho-1} < a \qquad q^{\rho-1} = 1 \,;$$

enſuite on aura

$$\mu^{\rho-2} < \frac{a\,q^\rho - p^\rho}{p^{\rho-1} - a\,q^{\rho-1}} < \frac{1}{a - p^{\rho-1}}$$
$$p^{\rho-2} = \mu^{\rho-2}\,p^{\rho-1} + p^\rho, \quad q^{\rho-2} = \mu^{\rho-2}\,q^{\rho-1} + q^\rho$$
$$\mu^{\rho-3} < \frac{a\,q^{\rho-1} + p^{\rho-1}}{p^{\rho-2} + a\,q^{\rho-2}}$$
$$p^{\rho-3} = \mu^{\rho-3}\,p^{\rho-2} + p^{\rho-1}, \quad q^{\rho-3} = \mu^{\rho-3}\,q^{\rho-2} + q^{\rho-1},$$

& ainſi de ſuite.

On pourra donc remonter de cette maniere aux premiers termes p & q; mais nous remarquerons que tous les termes ſuivans, p', q', p'', q'', &c. jouiſſent des mêmes propriétés que ceux-là, & réſolvent également le probleme propoſé. Car il eſt viſible par les formules précédentes que les nombres p, p', p'', &c. & q, q', q'', &c. ſont tous entiers poſitifs, & forment deux ſéries continuellement décroiſſantes, dont la premiere ſe termine par l'unité, & la ſeconde par zéro.

De plus, on a vu que ces nombres font tels, que $pq'-qp'=\pm 1$, $p'q''-q'p''=\mp 1$, &c. & que les quantités $p-aq$, $p'-aq'$, $p''-aq''$, &c. font alternativement pofitives & négatives, & forment en même temps une fuite continuellement croiffante. D'où il fuit que les mêmes conditions qui ont lieu entre les quatre nombres p, q, r, f, ou p, q, p', q', & d'où dépend la folution du probleme, comme on l'a vu plus haut, ont lieu également entre les nombres p', q', p'', q'', & entre ceux-ci, p'', q'', p''', q''', & ainfi de fuite.

Donc, en commençant par les derniers termes p^ρ & q^ρ, & remontant toujours par les formules qu'on vient de trouver, on aura fucceffivement toutes les valeurs de p & q qui peuvent réfoudre la queftion propofée.

25. Comme les valeurs des termes p^ρ, $p^{\rho-1}$, &c. q^ρ, $q^{\rho-1}$, &c. font indépendantes de l'expofant ρ, nous pouvons en faire abftraction, & défigner les termes de ces deux féries croiffantes de cette maniere,

p^0, p^{I}, p^{II}, p^{III}, p^{IV}, &c. q^0, q^{I}, q^{II}, q^{III}, q^{IV}, &c. ainsi nous aurons les déterminations suivantes,

$$p^0 = 1 \qquad\qquad q^0 = 0$$
$$p^{\text{I}} = \mu \qquad\qquad q^{\text{I}} = 1$$
$$p^{\text{II}} = \mu^{\text{I}}\, p^{\text{I}} + 1 \qquad\qquad q^{\text{II}} = \mu^{\text{I}}$$
$$p^{\text{III}} = \mu^{\text{II}}\, p^{\text{II}} + p^{\text{I}} \qquad\qquad q^{\text{III}} = \mu^{\text{II}}\, q^{\text{II}} + q^{\text{I}}$$
$$p^{\text{IV}} = \mu^{\text{III}}\, p^{\text{III}} + p^{\text{II}} \qquad\qquad q^{\text{IV}} = \mu^{\text{III}}\, q^{\text{III}} + q^{\text{II}}$$
$$\text{\&c.} \qquad\qquad\qquad \text{\&c.}$$

Ensuite

$$\mu < a$$
$$\mu^{\text{I}} < \frac{p^0 - q^0}{a\, q^{\text{I}} - p^{\text{I}}} < \frac{1}{a - \mu}$$
$$\mu^{\text{II}} < \frac{a\, q^{\text{I}} - p^{\text{I}}}{p^{\text{II}} - a\, q^{\text{II}}}$$
$$\mu^{\text{III}} < \frac{p^{\text{II}} - a\, q^{\text{II}}}{a\, q^{\text{III}} - p^{\text{III}}}$$
$$\mu^{\text{IV}} < \frac{a\, q^{\text{III}} - p^{\text{III}}}{p^{\text{IV}} - a\, q^{\text{IV}}}, \ \text{\&c.}$$

où le signe $<$ dénote le nombre entier qui est immédiatement moindre que la valeur de la quantité placée après ce signe.

On trouvera ainsi successivement toutes les valeurs de p & q qui pourront satisfaire au probleme, ces valeurs ne pouvant être que les termes correspondans des deux féries $p^{o}, p^{\iota}, p^{\iota\iota}, p^{\iota\iota\iota}$, &c. & $q^{o}, q^{\iota}, q^{\iota\iota}, q^{\iota\iota\iota}$, &c.

COROLLAIRE I.

26. Si on fait

$$b = \frac{p^{o} - q^{o}}{aq^{\iota} - p^{\iota}}$$

$$c = \frac{aq^{\iota} - p^{\iota}}{p^{\iota\iota} - aq^{\iota\iota}}$$

$$d = \frac{p^{\iota\iota} - aq^{\iota\iota}}{aq^{\iota\iota\iota} - p^{\iota\iota\iota}}, \ \&c.$$

on aura, comme il eft facile de le voir,

$$b = \frac{1}{a - \mu}$$

$$c = \frac{1}{b - \mu^{\iota}}$$

$$d = \frac{1}{c - \mu^{\iota\iota}}, \ \&c.$$

& $\mu < a$, $\mu^{\iota} < b$, $\mu^{\iota\iota} < c$, $\mu^{\iota\iota\iota} < d$, &c. donc les nombres $\mu, \mu^{\iota}, \mu^{\iota\iota}$, &c. ne feront autre chofe que ceux que nous avons défignés par α, β, γ, &c. dans l'art. 3, c'eft-à-dire que ces nombres feront les termes de la fraction continue qui repréfente la valeur de a, en forte que l'on aura ici

$$a = \mu + \frac{1}{\mu' +} \frac{1}{\mu'' +}, \ \&c.$$

Par conféquent les nombres p', p'', p''', &c. feront les numérateurs, & q', q'', q''', &c. les dénominateurs des fractions convergentes vers a, fractions que nous avons défignées ci-devant par $\frac{A}{A'}$, $\frac{B}{B'}$, $\frac{C}{C'}$, &c. (art. 10).

Ainfi tout fe réduit à convertir la valeur de a en une fraction continue, dont tous les termes foient pofitifs, ce qu'on peut exécuter par les méthodes expofées plus haut, pourvu qu'on ait foin de prendre toujours les valeurs approchées en défaut; enfuite il n'y aura plus qu'à former la fuite des fractions *principales* convergentes vers a, & les termes de chacune de ces fractions donneront des valeurs de p & q, qui réfoudront le probleme propofé; de forte que $\frac{p}{q}$ ne pourra être qu'une de ces mêmes fractions.

COROLLAIRE II.

27. Il résulte de-là une nouvelle propriété des fractions dont nous parlons; c'est que nommant $\frac{p}{q}$ une des fractions *principales* convergentes vers a, (pourvu qu'elles soient déduites d'une fraction continue, dont tous les termes soient positifs), la quantité $p—aq$ aura toujours une valeur plus petite, (abstraction faite du signe), qu'elle n'auroit, si on y mettoit à la place de p & q d'autres nombres moindres quelconques.

PROBLEME II.

28. *Etant proposée la quantité*

$$A p^m + B p^{m-1} q + C p^{m-2} q^2 +, \&c. + V q^m,$$

dans laquelle A, B, C, *&c. font des nombres entiers donnés positifs ou négatifs, & où* p *&* q *font des nombres indéterminés qu'on suppose devoir être entiers & positifs; on demande quelles valeurs on doit donner à* p *&* q, *pour que la quantité proposée devienne la plus petite qu'il est possible.*

Soient α, β, γ, &c. les racines réelles,

&

& $\mu \overset{+}{-} \nu \sqrt{-1}$, $\pi \overset{+}{-} \rho \sqrt{-1}$, &c. les racines imaginaires de l'équation

$$A x^m + B x^{m-1} + C x^{m-2} +, \&c. + V = 0,$$

on aura par la théorie des équations $A p^m$
$+ B p^{m-1} q + C p^{m-2} q^2 +, \&c. + V q^m = A$
$(p - \alpha q)(p - \beta q)(p - \gamma q) \dots (p - (\mu + \nu \sqrt{-1}) q)$
$(p - (\mu - \nu \sqrt{-1}) q)(p - (\pi + \rho \sqrt{-1}) q)$
$(p - (\pi - \rho \sqrt{-1}) q) \dots = A (p - \alpha q)(p - \beta q)$
$(p - \gamma q) \dots ((p - \mu q)^2 + \nu^2 q^2)((p - \pi q)^2 + \rho^2 q^2) \dots$

Donc la question se réduit à faire en forte que le produit des quantités $p - \alpha q$, $p - \beta q$, $p - \gamma q$, &c. & $(p - \mu q)^2 + \nu^2 q^2$, $(p - \pi q)^2 + \rho^2 q^2$, &c. foit le plus petit qu'il eft poffible, tant que p & q font des nombres entiers pofitifs.

Suppofons qu'on ait trouvé les valeurs de p & q qui répondent au *minimum*; & fi l'on met à la place de p & q d'autres nombres moindres, il faudra que le produit dont il s'agit, acquiere une valeur plus grande. Donc il faudra néceffairement que quelqu'un des facteurs augmente de valeur. Or il eft vifible que fi α, par exemp.

étoit négatif, le facteur $p-\alpha q$ diminueroit toujours, lorsque p & q décroîtroient; la même chose arriveroit au facteur $(p-\mu q)^2 + \nu^2 q^2$, si μ étoit négatif, & ainsi des autres; d'où il s'ensuit que parmi les facteurs simples réels il n'y a que ceux où les racines font positives, qui puissent augmenter de valeur; & parmi les facteurs doubles imaginaires, il n'y aura que ceux où la partie réelle de la racine imaginaire fera positive, qui puissent augmenter aussi; de plus il faut remarquer à l'égard de ces derniers, que pour que $(p-\mu q)^2 + \nu^2 q^2$ augmente tandis que p & q diminuent, il faut nécessairement que la partie $(p-\mu q)^2$ augmente, parce que l'autre terme $\nu^2 q^2$ diminue nécessairement; de forte que l'augmentation de ce facteur dépendra de la quantité $p-\mu q$, & ainsi des autres.

Donc les valeurs de p & q qui répondent au *minimum*, doivent être telles que la quantité $p-aq$ augmente, en donnant à p & q des valeurs moindres, & prenant pour a une des racines réelles positives de l'équation

$$A_x{}^m + B_x{}^{m-1} + C_x{}^{m-2} +, \&c. + V = 0,$$

ou une des parties réelles positives des racines imaginaires de la même équation, s'il y en a.

Soient r & f deux nombres entiers positifs moindres que p & q ; il faudra donc que $r - af$ soit $> p - aq$, (abstraction faite du figne de ces deux quantités). Qu'on suppose, comme dans l'article 23, que ces nombres foient tels que $pf - qr = \pm 1$, le figne supérieur ayant lieu, lorfque $p - aq$ eft positive ; & l'inférieur, lorfque $p - aq$ eft négative ; en forte que les deux quantités $p - aq$ & $r - af$ deviennent de différens fignes, & l'on aura exactement le cas auquel nous avons réduit le probleme précédent, (art. 24), & dont nous avons déjà donné la folution.

Donc, (art. 26), les valeurs de p & q devront néceffairement fe trouver parmi les termes des fractions *principales* convergentes vers a, c'eft-à-dire vers quelqu'une des quantités que nous avons dit pouvoir être prifes pour a. Ainfi il faudra réduire

toutes ces quantités en fractions continues,
(ce qu'on pourra exécuter facilement par
les méthodes enseignées ailleurs), & en
déduire ensuite les fractions convergentes
dont il s'agit, après quoi on fera successivement p égal à tous les numérateurs de
ces fractions, & q égal aux dénominateurs
correspondans, & celle de ces suppositions
qui donnera la moindre valeur de la fonction proposée, sera nécessairement aussi
celle qui répondra au *minimum* cherché.

R E M A R Q U E I.

29. Nous avons supposé que les nombres
p & q devoient être tous deux positifs ; il est
clair que si on les prenoit tous deux négatifs, il n'en résulteroit aucun changement
dans la valeur absolue de la formule proposée ; elle ne feroit que changer de signe
dans le cas où l'exposant m seroit impair ;
& elle demeureroit absolument la même,
dans le cas où l'exposant m seroit pair ; ainsi
il n'importe quels signes on donne aux nombres p & q, lorsqu'on les suppose tous deux
de mêmes signes.

Mais il n'en fera pas de même, fi on donne à p & q des fignes différens ; car alors les termes alternatifs de l'équation propofée changeront de figne, ce qui en fera changer auffi aux racines α, β, γ, &c. $\mu \pm \nu \sqrt{-1}$, $\pi \pm \rho \sqrt{-1}$, &c. de forte que celles des quantités α, β, γ, &c. μ, π, &c. qui étoient négatives, & par conféquent inutiles dans le premier cas, deviendront pofitives dans celui-ci, & devront être employées à la place des autres.

De-là je conclus en général que lorfqu'on recherche le *minimum* de la formule propofée fans autre reftriction, finon que p & q foient des nombres entiers, il faut prendre fucceffivement pour a toutes les racines réelles α, β, γ, &c. & toutes les parties réelles μ, π, &c. des racines imaginaires de l'équation

$$A x^{m} + B x^{m-1} + C x^{m-2} +, \&c. + V = 0,$$

en faifant abftraction des fignes de ces quantités ; mais enfuite il faudra donner à p & q les mêmes fignes, ou des fignes différens, fuivant que la quantité qu'on aura prise pour a, aura eu originairement le signe positif ou le signe négatif.

REMARQUE II.

30. Lorsque parmi les racines réelles α, β, γ, &c. il y en a de commensurables, alors il est clair que la quantité proposée deviendra nulle, en faisant $\frac{p}{q}$ égal à une de ces racines ; de sorte que dans ce cas il n'y aura pas, à proprement parler, de *minimum* ; dans tous les autres cas il sera impossible que la quantité dont il s'agit devienne zéro, tant que p & q seront des nombres entiers ; or comme les coefficiens A, B, C, &c. sont aussi des nombres entiers, (*hyp.*) cette quantité sera toujours égale à un nombre entier, & par conséquent elle ne pourra jamais être moindre que l'unité.

Donc si on avoit à résoudre en nombres entiers l'équation

$$Ap^{m} + Bp^{m-1}q + Cp^{m-2}q^{2} + \&c. + Vq^{m} = \pm 1,$$

il faudroit chercher les valeurs de p & q par la méthode du probleme précédent,

excepté dans les cas où l'équation
$$A_x{}^m + B_x{}^{m-1} + C_x{}^{m-2} +, \&c. + V = 0,$$
auroit des racines ou des diviseurs quelconques commensurables ; car alors il est visible que la quantité
$$A p^m + B p^{m-1} q + C p^{m-2} q^2 +, \&c.$$
pourroit se décomposer en deux ou plusieurs quantités semblables de degrés moindres ; de sorte qu'il faudroit que chacune de ces formules partielles fût égale à l'unité en particulier, ce qui donneroit pour le moins deux équations qui serviroient à déterminer p & q.

Nous avons déjà donné ailleurs, (*Mémoires de l'Académie de Berlin pour l'année 1768*), une solution de ce dernier probleme ; mais celle que nous venons d'indiquer est beaucoup plus simple & plus directe, quoique toutes les deux dépendent de la même théorie des fractions continues.

PROBLEME III.

31. *On demande les valeurs de* p *& de* q, *qui rendront la quantité*

$$Ap^2 + Bpq + Cq^2$$

la plus petite qu'il est possible, dans l'hypothese qu'on n'admette pour p *&* q *que des nombres entiers.*

Ce probleme n'est, comme l'on voit, qu'un cas particulier du précédent; mais nous avons cru devoir le traiter en particulier, parce qu'il est susceptible d'une solution très-simple & très-élégante, & que d'ailleurs nous aurons dans la suite occasion d'en faire usage dans la résolution des équations du second degré à deux inconnues, en nombres entiers.

Suivant la méthode générale il faudra donc commencer par chercher les racines de l'équation

$$Ax^2 + Bx + C = 0,$$

lesquelles sont, comme l'on sait,

$$\frac{-B \pm \sqrt{(B^2 - 4AC)}}{2A}.$$

Or, 1°. fi $B^2 - 4AC$ eft égal à un nombre carré, les deux racines feront commenfurables, & il n'y aura point de *minimum* proprement dit, parce que la quantité $Ap^2 + Bpq + Cq^2$ pourra devenir nulle.

2°. Si $B^2 - 4AC$ n'eft pas carré, alors les deux racines feront irrationnelles ou imaginaires, fuivant que $B^2 - 4AC$ fera $>$ ou < 0, ce qui fait deux cas qu'il faut confidérer féparément ; nous commencerons par le dernier, qui eft le plus facile à réfoudre.

Premier Cas lorfque $B^2 - 4AC < 0$.

32. Les deux racines étant dans ce cas imaginaires, on aura $\frac{-B}{2A}$ pour la partie toute réelle de ces racines, laquelle devra par conféquent être prife pour a. Ainfi il n'y aura qu'à réduire la fraction $\frac{-B}{2A}$, (en faifant abftraction du figne qu'elle peut avoir), en fraction continue par la méthode de l'art. 4, & en déduire enfuite la férie des fractions convergentes, (art. 10), laquelle fera néceffairement terminée ; cela fait,

on essayera successivement pour p les numérateurs de ces fractions , & pour q les dénominateurs correspondans , en ayant foin de donner à p & q les mêmes signes ou des signes différens , suivant que $\frac{-B}{2A}$ fera un nombre positif ou négatif. On trouvera de cette maniere les valeurs de p & q , qui peuvent rendre la formule proposée un *moindre.*

EXEMPLE.

Soit proposée , par exemple , la quantité
$$49p^2 - 238\,pq + 290\,q^2.$$
On aura donc ici $A = 49$, $B = -238$, $C = 290$; donc $B^2 - 4AC = -196$, & $\frac{-B}{2A}$ $= \frac{238}{98} = \frac{17}{7}$. Opérant donc fur cette fraction de la maniere enseignée dans l'art. 4 , on trouvera les quotiens 2 , 2 , 3 , à l'aide desquels on formera ces fractions , (voyez l'art. 20) ,

$$2 \ ,\ 2 \ ,\ 3.$$
$$\frac{1}{0} \ ,\ \frac{2}{1} \ ,\ \frac{5}{2} \ ,\ \frac{17}{7} .$$

De forte que les nombres à essayer feront $1 , 2 , 5 , 17$ pour p , & $0 , 1 , 2 , 7$ pour q ;

or défignant par P la quantité propofée, on trouvera

P	q	P
1	0	49
2	1	10
5	2	5
17	7	49;

d'où l'on voit que la plus petite valeur de P eſt 5 , laquelle réſulte de ces ſuppoſitions $p=5$ & $q=2$; ainſi on peut conclure en général que la formule propoſée ne pourra jamais devenir plus petite que 5 , tant que p & q feront des nombres entiers; de ſorte que le *minimum* aura lieu, lorſque $p=5$ & $q=2$.

Second Cas lorſque $B^2 - 4AC > 0$.

33. Comme dans le cas préſent l'équation $Ax^2 + Bx + C = 0$ a deux racines réelles irrationnelles, il faudra les réduire l'une & l'autre en fraĉtions continues. Cette opération peut ſe faire avec la plus grande facilité par une méthode particuliere que nous avons expoſée ailleurs, & que nous

croyons devoir rapeler ici, d'autant qu'elle se déduit naturellement des formules de l'article 25, & qu'elle renferme d'ailleurs tous les principes néceffaires pour la folution complette & générale du probleme propofé.

Dénotons donc par a la racine qu'on a deffein de convertir en fraction continue, & que nous fuppoferons toujours pofitive, & foit en même temps b l'autre racine, on aura, comme l'on fait, $a + b = -\frac{B}{A}$, & $ab = \frac{C}{A}$; d'où $a - b = \frac{\sqrt{(B^2 - 4AC)}}{A}$,

ou bien en faifant, pour abréger,

$$B^2 - 4AC = E,$$

$a - b = \frac{\sqrt{E}}{A}$, où le radical $\sqrt{E}$ peut être pofitif ou négatif; il fera pofitif, lorfque la racine a fera la plus grande des deux, & négatif, lorfque cette racine fera la plus petite; donc

$$a = \frac{-B + \sqrt{E}}{2A}, \quad b = \frac{-B - \sqrt{E}}{2A}.$$

Maintenant, fi on conferve les mêmes dénominations de l'art. 25, il n'y aura qu'à fubftituer à la place de a la valeur précédente, & la difficulté ne·confiftera qu'à pouvoir déterminer facilement les valeurs entieres approchées μ', μ'', μ''', &c.

Pour faciliter ces déterminations, je multiplie le haut & le bas des fractions $\dfrac{p^0-q^0}{aq'-p'}$, $\dfrac{aq'-p'}{p''-aq''}$, $\dfrac{p''-aq''}{aq'''-p'''}$, &c. refpectivement par $A(bq'-p')$, $A(p''-bq'')$, $A(bq'''-p''')$, &c. & comme on a

$$A(p^0-aq^0)(p^0-bq^0)=A$$

$$A(aq'-p')(bq'-p')=Ap'^2-A(a+b)p'q'$$
$$-Aabq'^2=Ap'^2+Bp'q'+Cq'^2,$$

$$A(p''-aq'')(p''-bq'')=Ap''^2-A(a+b)$$
$$p''q''-Aabq''^2=Ap''^2+Bp''q''+Cq''^2, \&c.$$

$$A(p^0-aq^0)(bq'-p')=-\mu A-\tfrac{1}{2}B-\tfrac{1}{2}\sqrt{E},$$

$$A(aq'-p')(p''-bq'')=-Ap'p''+Aap''q'$$
$$+Abp'q''-Aabq'q''=-Ap'p''-Cq'q''$$
$$-\tfrac{1}{2}B(p'q''+q'p'')+\tfrac{1}{2}\sqrt{E}(p''q'-q''p'),$$

$$A(p''-aq'')(bq'''-p''')=-Ap''p'''+Aap'''p''$$
$$+Abp''q'''-Aabq''q'''=-Ap''p'''-Cq''q'''$$
$$-\tfrac{1}{2}B(p''q'''+q''p''')+\tfrac{1}{2}\sqrt{E}(p''q''-q'''p''),$$

& ainfi de fuite, je fais, pour abréger,

$$P^\circ = A$$
$$P^\text{I} = A\overset{\text{I}}{p}{}^2 + Bp^\text{I}q^\text{I} + C\overset{\text{I}}{q}{}^2$$
$$P^\text{II} = A\overset{\text{II}}{p}{}^2 + Bp^\text{II}q^\text{II} + C\overset{\text{I}}{q}{}^2$$
$$P^\text{III} = A\overset{\text{III}}{p}{}^2 + Bp^\text{III}q^\text{III} + C\overset{\text{III}}{q}{}^2, \ \&c.$$
$$Q^\circ = \tfrac{1}{2}B$$
$$Q^\text{I} = A\mu \quad + \tfrac{1}{2}B$$
$$Q^\text{II} = A p^\text{I} p^\text{II} + \tfrac{1}{2}B(p^\text{I}q^\text{II} + q^\text{I}p^\text{II}) + C q^\text{I}q^\text{II}$$
$$Q^\text{III} = A p^\text{II} p^\text{III} + \tfrac{1}{2}B(p^\text{II}q^\text{III} + q^\text{II}p^\text{III}) + C q^\text{II}q^\text{III},$$
$$\&c.$$

J'aurai, à cauſe de $p^\text{II}q^\text{I} - q^\text{II}p^\text{I} = 1$, $p^\text{III}q^\text{II} - q^\text{III}p^\text{II} = -1$, $p^\text{IV}q^\text{III} - q^\text{IV}p^\text{III} = 1$, &c. les formules ſuivantes,

$$\mu \; < \; \frac{-Q^\circ + \tfrac{1}{2}\sqrt{E}}{P^\circ}$$

$$\mu^\text{I} \; < \; \frac{-Q^\text{I} - \tfrac{1}{2}\sqrt{E}}{P^\text{I}}$$

$$\mu^\text{II} \; < \; \frac{-Q^\text{II} + \tfrac{1}{2}\sqrt{E}}{P^\text{II}}$$

$$\mu^\text{III} \; < \; \frac{-Q^\text{III} - \tfrac{1}{2}\sqrt{E}}{P^\text{III}}, \ \&c.$$

Or ſi dans l'expreſſion de Q^II on met pour p^II & q^II leurs valeurs $\mu^\text{I}p^\text{I} + 1$ & μ^II, elle deviendra $\mu^\text{I}P^\text{I} + Q^\text{I}$; de même ſi on ſubſtitue dans l'expreſſion de Q^III pour p^III

& q''' leurs valeurs $\mu''p''+p'$, & $\mu''q''+q'$, elle se changera en $\mu''P''+Q''$, & ainsi du reste; de sorte que l'on aura

$$Q' = \mu P^\circ + Q^\circ$$
$$Q'' = \mu' P' + Q'$$
$$Q''' = \mu'' P'' + Q''$$
$$Q^{IV} = \mu''' P''' + Q''', \&c.$$

Pareillement si on substitue dans l'expression de P'' les valeurs de p'' & q'', elle deviendra $\mu^2 P' + 2\mu' Q' + A$; & si on substitue les valeurs de p''' & q''' dans l'expression de P''', elle deviendra $\mu^2 P'' + 2\mu'' Q'' + P'$, & ainsi de suite; de sorte que l'on aura

$$P' = \mu^2 P^\circ + 2\mu Q^\circ + C$$
$$P'' = \mu^2 P' + 2\mu' Q' + P^\circ$$
$$P''' = \mu^2 P'' + 2\mu'' Q'' + P'$$
$$P^{IV} = \mu^2 P''' + 2\mu''' Q''' + P'', \&c.$$

Ainsi on pourra, à l'aide de ces formules, continuer aussi loin qu'on voudra les suites des nombres μ, μ', μ'', Q°, Q', Q'', & P°, P', P'', &c. qui dépendent, comme l'on voit, mutuellement les uns des autres, sans qu'il soit nécessaire de calculer en même temps les nombres p^0, p^1, p^{11}, &c. & q^0, q^1, q^{11}, &c.

On peut encore trouver les valeurs de P^1, P^{11}, P^{111}, &c. par des formules plus simples que les précédentes, en remarquant que l'on a $\overset{1}{Q}{}^2 - P^1 = (\mu^1 A + \tfrac{1}{2} B)^2 - A (\mu^2 A + \mu^1 B + C) = \tfrac{1}{4} B^2 - AC$, $\overset{11}{Q}{}^2 - P^1 P^{11} = (\mu^1 P^1 + Q^1)^2 - P^1 (\mu^2 P^1 + 2\mu^1 Q^1 + A) = \overset{1}{Q}{}^2 - A P^1$, & ainsi de suite ; c'est-à-dire

$$\overset{1}{Q}{}^2 - P^0 P^1 = \tfrac{1}{4} E$$
$$\overset{11}{Q}{}^2 - P^1 P^{11} = \tfrac{1}{4} E$$
$$\overset{111}{Q}{}^2 - P^{11} P^1 = \tfrac{1}{4} E, \ \&c.$$

d'où l'on tire

$$P^1 = \frac{\overset{1}{Q}{}^2 - \tfrac{1}{4} E}{P^0}$$

$$P^{11} = \frac{\overset{11}{Q}{}^2 - \tfrac{1}{4} E}{P^1}$$

$$P^{111} = \frac{\overset{111}{Q}{}^2 - \tfrac{1}{4} E}{P^{11}}, \ \&c.$$

Les nombres μ, μ^1, μ^{11}, &c. étant donc

trouvés

trouvés ainsi, on aura, (art. 26), la fraction continue

$$a = \mu + \dfrac{1}{\mu^{\text{\i}}} + \dfrac{1}{\mu^{\text{\i\i}}} +, \&c.$$

& pour trouver le *minimum* de la formule $Ap^2 + Bpq + Cq^2$, il n'y aura qu'à calculer les nombres p^{o}, $p^{\text{\i}}$, $p^{\text{\i\i}}$, $p^{\text{\i\i\i}}$, $\&c.$ & q^{o}, $q^{\text{\i}}$, $q^{\text{\i\i}}$, $q^{\text{\i\i\i}}$, $\&c.$ (art. 25), & les effayer enfuite à la place de p & q; mais on peut encore fe difpenfer de cette opération, en remarquant que les quantités P^{o}, $P^{\text{\i}}$, $P^{\text{\i\i}}$ $\&c.$ ne font autre chofe que les valeurs de la formule dont il s'agit, lorfqu'on y fait fucceffivement $p = p^{\text{o}}$, $p^{\text{\i}}$, $p^{\text{\i\i}}$, $\&c.$ & $q = q^{\text{o}}$, $q^{\text{\i}}$, $q^{\text{\i\i}}$, $\&c.$ Ainfi il n'y aura qu'à voir quel eft le plus petit terme de la fuite P^{o}, $P^{\text{\i}}$, $P^{\text{\i\i}}$, $\&c.$ qu'on aura calculée en même temps que la fuite μ, $\mu^{\text{\i}}$, $\mu^{\text{\i\i}}$, $\&c.$ & ce fera le *minimum* cherché ; on trouvera enfuite les valeurs correfpondantes de p & q par les formules citées.

34. Maintenant je dis qu'en continuant la férie P^{o}, $P^{\text{\i}}$, $P^{\text{\i\i}}$, $\&c.$ on doit néceffairement parvenir à deux termes confécu-

tifs de fignes différens, & qu'alors tous les termes fuivans feront auffi deux à deux de différens fignes. Car on a, (art. précéd.), $P^\circ = A(p^\circ - aq^\circ)(p^\circ - bq^\circ)$, $P' = A(p' - aq')(p' - bq')$, &c. or de ce qu'on a démontré dans le probleme II, il s'enfuit que les quantités $p^\circ - aq^\circ$, $p' - aq'$, $p'' - aq''$, &c. doivent être de fignes alternatifs, & aller toujours en diminuant ; donc, 1°. fi b eft une quantité négative, les quantités $p^\circ - bq^\circ$, $p' - bq'$, &c. feront toutes pofitives ; par conféquent les nombres P°, P', P'' feront tous de fignes alternatifs ; 2°. fi b eft une quantité pofitive, comme les quantités $p' - aq'$, $p'' - aq''$, &c. & à plus forte raifon les quantités $\dfrac{p'}{q'} - a$, $\dfrac{p''}{q''} - a$, forment une fuite décroiffante à l'infini, on arrivera néceffairement à une de ces dernieres quantités, comme $\dfrac{p'''}{q'''} - a$, qui fera $< a - b$, (abftraction faite du figne), & alors toutes les fuivantes, $\dfrac{p^{\mathrm{iv}}}{q^{\mathrm{iv}}} - a$, $\dfrac{p^{\mathrm{v}}}{q^{\mathrm{v}}} - a$,

le feront auffi ; de forte que toutes les quan-
tités $a - b + \dfrac{p^{\text{iii}}}{q^{\text{iii}}} - a$, $a - b + \dfrac{p^{\text{iv}}}{q^{\text{iv}}} - a$ &c.
feront néceffairement de même figne que
la quantité $a - b$; par conféquent les quan-
tités $\dfrac{p^{\text{iii}}}{q^{\text{iii}}} - b$, $\dfrac{p^{\text{iv}}}{q^{\text{iv}}} - b$, &c. & celles-ci, p^{iii}
$- b q^{\text{iii}}$, $p^{\text{iv}} - b q^{\text{iv}}$, &c. à l'infini, feront
toutes de même figne ; donc les nombres
P^{iii} , P^{iv} , &c. feront tous de fignes alternatifs.

Suppofons donc en général que l'on foit
parvenu à des termes de fignes alternatifs
dans la férie P^{i} , P^{ii} , P^{iii} , &c. & que P^{λ}
foit le premier de ces termes, en forte que
tous les termes, P^{λ} , $P^{\lambda+1}$, $P^{\lambda+2}$, &c. à
l'infini, foient alternativement pofitifs &
négatifs , je dis qu'aucun de ces termes ne
pourra être plus grand que E. Car fi, par
exemple , P^{iii} , P^{iv} , P^{v} , &c. font tous de
fignes alternatifs , il eft clair que les pro-
duits deux à deux , $P^{\text{iii}} P^{\text{iv}}$, $P^{\text{iv}} P^{\text{v}}$, &c.
feront néceffairement tous négatifs ; mais
on a , (article précéd.) $Q^{\text{iv}}_{2} - P^{\text{iii}} P^{\text{iv}} = E$,

$\overset{v}{Q}{}^2 - P^{iv} P^v = E$, &c. donc les nombres positifs, $- P^{iii} P^{iv}$, $- P^{iv} P^v$, feront tous moindres que E, ou au moins pas plus grands que E ; de forte que, comme les nombres P^i, P^{ii}, P^{iii}, &c. font d'ailleurs tous entiers par leur nature, les nombres P^{iii}, P^{iv}, &c. & en général les nombres P^{λ}, $P^{\lambda+1}$, &c. (abftraction faite de leurs fignes), ne pourront jamais furpaffer le nombre E.

Il s'enfuit auffi de-là que les termes Q^{iv}, Q^v, &c. & en général $Q^{\lambda+1}$, $Q^{\lambda+2}$, &c. ne pourront jamais être plus grands que $\sqrt{E}$.

D'où il eft facile de conclure que les deux féries P^{λ}, $P^{\lambda+1}$, $P^{\lambda+2}$, &c. & $Q^{\lambda+1}$, $Q^{\lambda+2}$, &c. quoique pouffées à l'infini, ne pourront être compofées que d'un certain nombre de termes différens, ces termes ne pouvant être pour la premiere que les nombres naturels jufqu'à E pris pofitivement ou négativement, & pour la feconde, les nombres naturels jufqu'à $\sqrt{E}$ avec les fractions intermédiaires $\frac{1}{2}$, $\frac{3}{2}$, $\frac{5}{2}$, &c. pris auffi pofitivement ou négativement ; car il eft vifible par les formules de l'article précédent que les nombres Q', Q'', Q''', &c. feront toujours entiers, lorfque B fera pair, mais qu'ils contiendront chacun la fraction $\frac{1}{2}$, lorfque B fera impair.

Donc, en continuant les deux féries P', P'', P''', &c. & Q', Q'', Q''', &c. il arrivera néceffairement que deux termes correfpondans, comme P^{π} & Q^{π}, reviendront après un certain intervalle de termes, dont le nombre pourra toujours être fuppofé pair; car, comme il faut que les mêmes termes P^{π} & Q^{π} reviennent en même temps une infinité de fois, à caufe que le nombre des termes différens dans l'une & dans l'autre férie eft limité, & par conféquent auffi le nombre de leurs combinaifons différentes, il eft clair que fi ces deux termes revenoient toujours après un intervalle d'un nombre impair de termes, il n'y auroit qu'à confidérer leurs retours alternativement, & alors les intervalles feroient tous compofés d'un nombre pair de termes.

H h iij

On aura donc, en dénotant par 2ρ, le nombre des termes intermédiaires
$$P^{\pi+2\rho} = P^{\pi}, \ \& \ Q^{\pi+2\rho} = Q^{\pi},$$
& alors tous les termes P^{π}, $P^{\pi+1}$, $P^{\pi+2}$ &c. Q^{π}, $Q^{\pi+1}$, $Q^{\pi+2}$, & μ^{π}, $\mu^{\pi+1}$, $\mu^{\pi+2}$, &c. reviendront aussi au bout de chaque intervalle de 2ρ termes. Car il est facile de voir par les formules données dans l'article précédent pour la détermination des nombres μ^{I}, μ^{II}, μ^{III}, &c. Q^{I}, Q^{II}, Q^{III}, &c. & P^{I}, P^{II}, P^{III}, &c. que dès qu'on aura $P^{\pi+2\rho} = P^{\pi}$, & $Q^{\pi+2\rho} = Q^{\pi}$, on aura aussi $\mu^{\pi+2\rho} = \mu^{\pi}$, ensuite $Q^{\pi+2\rho+1} = Q^{\pi+1}$ & $P^{\pi+2\rho+1} = P^{\pi+1}$; donc aussi $\mu^{\pi+2\rho+1} = \mu^{\pi+2\rho}$, & ainsi de suite.

Donc, si Π est un nombre quelconque égal ou plus grand que π, & que m dénote un nombre quelconque entier positif, on aura en général
$$P^{\Pi+2m\rho} = H^{\Pi}, \ Q^{\Pi+2m\rho} = Q^{\Pi}, \ \mu^{\Pi+2m\rho} = \mu^{\Pi};$$
de sorte qu'en connoissant les $\pi+2\rho$ premiers termes de chacune de ces trois suites, on connoîtra aussi tous les suivans, qui ne

feront autre chofe que les $2p$ derniers termes répétés à l'infini dans le même ordre.

De tout cela il s'enfuit que pour trouver la plus petite valeur de $P = Ap^2 + Bpq + Cq^2$, il fuffit de poufler les féries P^0, P^1, P^{11}, &c. & Q^0, Q^1, Q^{11}, &c. jufqu'à ce que deux termes correfpondans, comme P^π & Q^π reparoiffent enfemble après un nombre pair de termes intermédiaires, en forte que l'on ait $P^{\pi+2p} = P^\pi$, & $Q^{\pi+2p} = Q^\pi$; alors le plus petit terme de la férie P^0, P^1, P^{11}, &c. $P^{\pi+2p}$ fera le *minimum* cherché.

C O R O L L A I R E I.

35. Si le plus petit terme de la férie P^0, P^1, P^{11}, &c. - $P^{\pi+2p}$ ne fe trouve pas avant le terme P^π, alors ce terme reparoître une infinité de fois dans la même fuite prolongée à l'infini; ainfi il y aura alors une infinité de valeurs de p & de q qui répondront au *minimum*, & qu'on pourra trouver toutes par les formules de l'art. 25, en continuant la férie des nombres μ^1, μ^{11}, μ^{111}, &c. au-delà du terme $\mu^{2p+\pi}$ par la répétition des

mêmes termes $\mu^{\pi+1}$, $\mu^{\pi+2}$, &c. comme on l'a dit plus haut.

On peut auſſi dans ce cas avoir des formules générales qui repréſentent toutes les valeurs de p & de q dont il s'agit ; mais le détail de la méthode qu'il faut employer pour y parvenir, nous meneroit trop loin ; quant à préſent, nous nous contenterons de renvoyer pour cet objet aux *Mémoires de Berlin* déjà cités, *an. 1768, pag. 123 & ſuiv.* où l'on trouvera une théorie générale & nouvelle des fractions continues périodiques.

COROLLAIRE II.

36. Nous avons démontré dans l'art. 34, qu'en continuant la ſérie P^{I}, P^{II}, P^{III} &c. on doit trouver des termes conſécutifs de ſignes différens. Suppoſons donc, par ex. que P^{III} & P^{IV} ſoient les deux premiers termes de cette qualité, on aura néceſſairement les deux quantités $p^{\text{III}} - bq^{\text{III}}$ & $p^{\text{IV}} - bq^{\text{IV}}$ de mêmes ſignes, à cauſe que les quantités $p^{\text{III}} - aq^{\text{III}}$ & $p^{\text{IV}} - aq^{\text{IV}}$ ſont de leur

nature de différens signes. Or en mettant dans les quantités $p^v - bq^v$, $p^{vi} - bq^{vi}$, &c. les valeurs de p^v, p^{vi}, &c. q^v, q^{vi}, &c. (art. 25), on aura

$$p^v - bq^v = \mu^{iv}(p^{iv} - bq^{iv}) + p^{iii} - bq^{iii}$$

$$p^{vi} - bq^{vi} = \mu^v(p^v - bq^v) + p^{iv} - bq^{iv} \&c.$$

D'où, à cause que μ^{iv}, μ^v, &c. font des nombres positifs, il est clair que toutes les quantités $p^v - bq^v$, $p^{vi} - bq^{vi}$, &c. à l'infini, feront de mêmes signes que les quantités $p^{iii} - bq^{iii}$ & $p^{iv} - bq^{iv}$; par conséquent tous les termes P^{iii}, P^{iv}, P^v, &c. à l'infini, auront alternativement les signes *plus* & *moins*.

Maintenant on aura par les équations précédentes

$$\mu^{iv} = \frac{p^v - bq^v}{p^{iv} - bq^{iv}} - \frac{p^{iii} - bq^{iii}}{p^{iv} - bq^{iv}}$$

$$\mu^v = \frac{p^{vi} - bq^{vi}}{p^v - bq^v} - \frac{p^{iv} - bq^{iv}}{p^v - bq^v}$$

$$\mu^{vi} = \frac{p^{vii} - bq^{vii}}{p^{vi} - bq^{vi}} - \frac{p^v - bq^v}{p^{vi} - bq^{vi}}, \&c.$$

où les quantités $\dfrac{p^{iii} - bq^{iii}}{p^{iv} - bq^{iv}}$, $\dfrac{p^{iv} - bq^{iv}}{p^v - bq^v}$, &c. feront toutes positives.

Donc, puisque les nombres μ^{IV}, μ^{V}, μ^{VI}, &c. doivent être tous entiers positifs, (*hyp.*) la quantité $\dfrac{p^{V} - b q^{V}}{p^{IV} - b q^{IV}}$ devra être positive & > 1, de même que les quantités $\dfrac{p^{VI} - b q^{VI}}{p^{V} - b q^{V}}$, $\dfrac{p^{VII} - b q^{VII}}{p^{VI} - b q^{VI}}$, &c. donc les quantités $\dfrac{p^{IV} - b q^{IV}}{p^{V} - b q^{V}}$, $\dfrac{p^{V} - b q^{V}}{p^{VI} - b q^{VI}}$, &c. seront positives & moindres que l'unité; de sorte que les nombres μ^{V}, μ^{VI}, &c. ne pourront être que les nombres entiers, qui font immédiatement moindres que les valeurs de $\dfrac{p^{VI} - b q^{VI}}{p^{V} - b q^{V}}$, $\dfrac{p^{VII} - b q^{VII}}{p^{VI} - b q^{VI}}$, &c. quant au nombre μ^{IV}, il fera aussi égal au nombre entier, qui est immédiatement moindre que la valeur de $\dfrac{p^{V} - b q^{V}}{p^{IV} - b q^{IV}}$, toutes les fois qu'on aura $\dfrac{p^{III} - b q^{III}}{p^{IV} - b q^{IV}} < 1$. Ainsi on aura

$$\mu^{IV} < \frac{p^{V} - b q^{V}}{p^{IV} - b q^{IV}}, \text{ fi } \frac{p^{III} - b q^{III}}{p^{IV} - b q^{IV}} < 1,$$

$$\mu^{V} < \frac{p^{VI} - b q^{VI}}{p^{V} - b q^{V}},$$

$$\mu^{VI} < \frac{p^{VII} - b q^{VII}}{p^{VI} - b q^{VI}}, \&c.$$

le signe $<$ placé après les nombres μ''', μ^{iv}, μ^v, &c. dénotant, comme plus haut, les nombres entiers qui sont immédiatement au-dessous des quantités qui suivent ce même signe.

Or il est facile de transformer, par des réductions semblables à celles de l'art. 33, les quantités $\dfrac{p^v - b\,q^v}{p^{iv} - b\,q^{iv}}$, $\dfrac{p^{vi} - b\,q^{vi}}{p^v - b\,q^v}$, &c. en celles-ci, $\dfrac{Q^v + \frac{1}{2}\sqrt{E}}{P^{iv}}$, $\dfrac{Q^{vi} - \frac{1}{2}\sqrt{E}}{P^v}$ &c. de plus la condition de $\dfrac{p^{iii} - b\,q^{iii}}{p^{iv} - b\,q^{iv}} < 1$ peut se réduire à celle-ci $\dfrac{-P^{iii}}{P^{iv}} < \dfrac{a\,q^{iii} - p^{iii}}{p^{iv} - a\,q^{iv}}$; laquelle, à cause de $\dfrac{a\,q^{iii} - p^{iii}}{p^{iv} - a\,q^{iv}} > 1$, aura sûrement lieu lorsqu'on aura $\dfrac{-P^{iii}}{P^{iv}} =$ ou < 1; donc on aura

$$\mu^{iv} < \frac{Q^v + \frac{1}{2}\sqrt{E}}{P^{iv}}, \text{ si } \frac{-P^{iii}}{P^{iv}} = \text{ ou } < 1,$$

$$\mu^v < \frac{Q^{vi} - \frac{1}{2}\sqrt{E}}{P^v},$$

$$\mu^{vi} < \frac{Q^{vii} + \frac{1}{2}\sqrt{E}}{P^{vi}}, \ \&c.$$

En combinant ces formules avec celles de l'art. 33, qui renferment la loi des féries P^{I}, P^{II}, P^{III}, &c. & Q^{I}, Q^{II}, Q^{III}, &c. on verra aifément que fi on fuppofe donnés deux termes correfpondans de ces deux féries, dont le numéro foit plus grand que 3, on pourra remonter aux termes précédens jufqu'à P^{IV} & Q^{V}, & même jufqu'aux termes P^{III} & Q^{IV}, fi la condition de $\dfrac{-P^{\text{III}}}{P^{\text{IV}}}$ $=$ ou < 1 a lieu ; en forte que tous ces termes feront abfolument déterminés par ceux qu'on a fuppofé donnés.

En effet connoiffant, par exemple, P^{VI} & Q^{VI}, on connoîtra d'abord P^{V} par l'équation $\overset{\text{VI}}{Q}{}^2 - P^{\text{V}} P^{\text{VI}} = \frac{1}{4} E$; enfuite ayant Q^{VI} & P^{V}, on trouvera la valeur de μ^{V}, à l'aide de laquelle on trouvera enfuite la valeur de Q^{V} par l'équation $Q^{\text{VI}} = \mu^{\text{V}} P^{\text{V}} + Q^{\text{V}}$; or l'équation $\overset{\text{V}}{Q}{}^2 - P^{\text{IV}} P^{\text{V}} = \frac{1}{4} E$ donnera P^{IV} ; & fi on fait d'avance que $\dfrac{-P^{\text{III}}}{P^{\text{IV}}}$ doit être $=$ ou < 1, on trouvera μ^{IV}, après quoi on aura Q^{iv} par l'équation $Q^{\text{v}} = \mu^{\text{iv}} P^{\text{iv}} + Q^{\text{iv}}$, & ensuite P^{iii} par celle-ci, $\overset{\text{iv}}{Q^2} - P^{\text{iii}} P^{\text{iv}} = \tfrac{1}{4} E$.

De-là il est facile de tirer cette conclusion générale, que si P^{λ} & $P^{\lambda+1}$ sont les premiers termes de la série P^{i}, P^{ii}, P^{iii}, &c. qui se trouvent consécutivement de différens signes, le terme $P^{\lambda+1}$ & les suivans reviendront toujours après un certain nombre de termes intermédiaires, & qu'il en sera de même du terme P^{λ}, si l'on a $\dfrac{+P^{\lambda}}{P^{\lambda+1}} =$ ou < 1.

Car imaginons, comme dans l'art. 34, que l'on ait trouvé $P^{\pi+2\rho} = P^{\pi}$, & $Q^{\pi+2\rho} = Q^{\pi}$, & supposons que π soit $> \lambda$, c'est-à-dire $\pi = \lambda + \nu$; donc on pourra d'un côté remonter du terme P^{π} au terme $P^{\lambda+1}$ ou P^{λ}, & de l'autre, du terme $P^{\pi+2\rho}$ au terme $P^{\lambda+2\rho+1}$ ou $P^{\lambda+2\rho}$; & comme les termes d'où l'on part, de part & d'autre sont égaux, tous les dérivés seront aussi respectivement égaux; de sorte qu'on aura $P^{\lambda+2\rho+1} = P^{\lambda+1}$, ou même $P^{\lambda+2\rho} = P^{\lambda}$, si $\dfrac{+P^{\lambda}}{P^{\lambda+1}} =$ ou < 1.

Par-là on pourra donc juger d'avance du commencement des périodes dans la série P^0, P^I, P^{II}, P^{III}, &c. & par conséquent aussi dans les deux autres séries, Q^0, Q^I, Q^{II}, Q^{III}, &c. & μ, μ^I, μ^{II}, μ^{III}, &c. mais quant à la longueur des périodes, cela dépend de la nature du nombre E, & même uniquement de la valeur de ce nombre, comme je pourrois le démontrer, si je ne craignois que ce détail ne me menât trop loin.

COROLLAIRE III.

37. Ce qu'on vient de démontrer dans le corol. préc. peut servir encore à prouver ce beau théoreme: *Que toute équation de la forme* $p^2 - K q^2 = 1$, *où* K *est un nombre entier positif non carré, &* p *&* q *deux indéterminées, est toujours résoluble en nombres entiers.*

Car, en comparant la formule $p^2 - K q^2$ avec la formule générale $A p^2 + B p q + C q^2$, on a $A = 1$, $B = 0$, $C = -K$; donc $E = B^2 - 4 A C = 4 K$, & $\frac{1}{2} \sqrt{E} = \sqrt{K}$, (art. 33). Donc $P^0 = 1$, $Q^0 = 0$; donc $\mu < \sqrt{K}$, $Q' = \mu$, & $P' = \mu^2 - K$; d'où l'on voit 1°. que P^1 eſt négatif, & par conſéquent de ſigne différent de P^0; 2°. que $-P^1$ eſt $=$ ou > 1, parce que K & μ ſont des nombres entiers; de ſorte qu'on aura $\dfrac{P^0}{-P^1} =$ ou < 1; donc on aura, (art. préc.) $\lambda = 0$, & $P^{2\mu} = P^0 = 1$; de ſorte qu'en continuant la ſérie P^0, P^1, P^{11}, *&c.* le terme $P^0 = 1$ reviendra néceſſairement après un certain intervalle de termes; par conſéquent on pourra toujours trouver une infinité de valeurs de p & de q qui rendent la formule $p^2 - K q^2$ égale à l'unité.

C O R O L L A I R E I V.

38. On peut auſſi démontrer cet autre théoreme : *Que ſi l'équation* $p^2 - Kq^2 = \pm H$ *eſt réſoluble en nombres entiers, en ſuppoſant* K *un nombre poſitif non-carré, &* H *un nombre poſitif & moindre que* $\sqrt{K}$*, les nombres* p *&* q *doivent être tels que* $\frac{p}{q}$ *ſoit une des fractions* principales *convergentes vers la valeur de* $\sqrt{K}$.

Suppofons que le figne fupérieur doive avoir lieu, en forte que $p^2 - Kq^2 = H$; donc on aura $p - q\sqrt{K} = \frac{H}{p + q\sqrt{K}}$ & $\frac{p}{q}$

$$- \sqrt{K} = \frac{H}{q^2(\frac{p}{q} + \sqrt{K})};$$

qu'on cherche deux nombres entiers pofitifs, r & f, moindres que p & q, & tels que $pf - qr = 1$, ce qui eft toujours poffible, comme on l'a démontré dans l'art. 23, & l'on aura $\frac{p}{q} - \frac{r}{f}$ $= \frac{1}{qf}$; donc retranchant cette équation de la précédente, il viendra $\frac{r}{f} - \sqrt{K}$

$$= \frac{H}{q^2(\frac{p}{q} + \sqrt{K})} - \frac{1}{qf};$$

de forte qu'on aura

$$p - q\sqrt{K} = \frac{H}{q(\frac{p}{q} + \sqrt{K})}$$

$$r - f\sqrt{K} = \frac{1}{q}\left(\frac{fH}{q(\frac{p}{q} + \sqrt{K})} - 1\right).$$

Or comme $\frac{p}{q} > \sqrt{K}$ & $H < \sqrt{K}$, il eft clair que $\frac{H}{\frac{p}{q} + \sqrt{K}}$ fera $< \frac{1}{2}$; donc $p - q$

$\sqrt{K}$ fera $< \frac{1}{2q}$; donc $\frac{fH}{q(\frac{p}{q} + \sqrt{K})}$ fera à

plus

plus forte raifon $< \frac{1}{2}$, puifque $\int < q$; de forte que $r - \int \sqrt{K}$ fera une quantité négative, laquelle, prife pofitivement, fera $> \frac{1}{2q}$, à caufe de $1 - \dfrac{\int H}{q(\frac{p}{q} + K)} > \frac{1}{2}$.

Ainfi on aura les deux quantités $p - q\sqrt{K}$ & $r - \int\sqrt{K}$, ou bien, en faifant $a = \sqrt{K}$, $p - aq$ & $r - a\int$, lefquelles feront affujetties aux mêmes conditions que nous avons fuppofées dans l'art. 24, & d'où l'on tirera des conclufions femblables; donc &c. (art. 26), fi l'on avoit $p^2 - Kq^2 = -H$, alors il faudroit chercher les nombres r & $\int$, tels que $p\int - qr = -1$, & l'on auroit ces deux équations

$$q\sqrt{K} - p = \frac{H}{q(\sqrt{K} + \frac{p}{q})}$$

$$\int\sqrt{K} - r = \frac{1}{q}\left(\frac{\int H}{q(\sqrt{K} + \frac{p}{q})} - 1\right).$$

Comme $H < \sqrt{K}$ & $\int < q$, il eft clair que $\dfrac{\int H}{q(\sqrt{K} + \frac{p}{q})}$ fera < 1; de forte que la quantité $\int\sqrt{K} - r$ fera négative; or je dis que cette quantité, prise positivement, sera plus grande que $q\sqrt{K}-p$; pour cela il faut démontrer que $\frac{1}{q}\left(1-\dfrac{\int H}{q(\sqrt{K}+\frac{p}{q})}\right)$

$>\dfrac{H}{q(\sqrt{K}+\frac{p}{q})}$, ou bien que $1>\dfrac{H(1+\frac{\int}{q})}{\sqrt{K}+\frac{p}{q}}$, savoir $\sqrt{K}+\frac{p}{q}>H+\frac{\int H}{q}$; mais $H<\sqrt{K}$, (*hyp.*); donc il suffit de prouver que $\frac{p}{q}>\frac{\int \sqrt{K}}{q}$, ou bien que $p>\int\sqrt{K}$; c'est ce qui est évident, à cause que la quantité $\int\sqrt{K}-r$ étant négative, il faut que $r>\int\sqrt{K}$, & à plus forte raison $p>\int\sqrt{K}$, puisque $p>r$.

Ainsi les deux quantités, $p-q\sqrt{K}$ & $r-\int\sqrt{K}$, feront de différens signes, & la seconde fera plus grande que la premiere, (abstraction faite des signes), comme dans le cas précédent; donc, &c.

Donc, lorsqu'on aura à résoudre en nombres entiers une équation de la forme $p^2-Kq^2=\pm H$, ou $H<\sqrt{K}$, il n'y aura qu'à suivre les mêmes procédés de l'art. 33, en faisant $A=1$, $B=0$ & $C=-K$; &

fi dans la férie P^0, P^I, P^{II}, P^{III} &c. $P^{\pi+2\mathfrak{r}}$, on rencontre un terme $=\pm H$, on aura la réfolution cherchée, finon on fera affuré que l'équation propofée n'admet abfolument aucune folution en nombres entiers.

R E M A R Q U E.

39. Nous n'avons confidéré dans l'art. 33 qu'une des racines de l'équation $A u^2 + B u + C = 0$, que nous avons fuppofé pofitive; fi cette équation a fes deux racines pofitives, il faudra les prendre fucceffivement pour a, & faire la même opération fur l'une que fur l'autre; mais fi l'une des deux racines ou toutes deux étoient négatives, alors on les changeroit d'abord en pofitives, en changeant feulement le figne de B, & on opéreroit comme ci-deffus; mais enfuite il faudroit prendre les valeurs de p & de q avec des fignes différens, c'eft-à-dire l'une pofitivement & l'autre négativement, (art. 29).

Donc en général on donnera à la valeur de B le figne ambigu $\pm$, de même qu'à

$\sqrt{E}$, c'est-à-dire qu'on fera $Q^\circ = \mp \frac{1}{2} B$, & qu'on mettra $\pm$ à la place de $\sqrt{E}$, & il faudra prendre ces signes, en sorte que la racine

$$a = \frac{\mp \frac{1}{2} B \pm \frac{1}{2} \sqrt{E}}{A}$$

soit positive, ce qui pourra toujours se faire de deux manieres différentes ; le signe supérieur de B indiquera une racine positive, auquel cas il faudra prendre p & q tous deux de mêmes signes ; au contraire le signe inférieur de B indiquera une racine négative, auquel cas les valeurs de p & q devront être prises de signes différens.

E X E M P L E.

40. *On demande quels nombres entiers il faudroit prendre pour* p *&* q, *afin que la quantité*

$$9 p^2 - 118 p q + 378 q^2$$

devînt la plus petite qu'il est possible.

Comparant cette quantité avec la formule générale du probleme III, on aura $A = 9$, $B = -118$, $C = 378$, donc $B^2 - 4AC = 316$; d'où l'on voit que ce cas se rapporte à celui de l'art. 33. On fera donc $E = 316$ & $\frac{1}{2}\sqrt{E} = \sqrt{79}$, où l'on remarquera d'abord que $\sqrt{79} > 8$ & < 9; de sorte que dans les formules dont il ne s'agira que d'avoir la valeur entiere approchée, on pourra prendre sur le champ à la place du radical $\sqrt{79}$ le nombre 8 ou 9, suivant que ce radical se trouvera ajouté ou retranché des autres nombres de la même formule.

Maintenant on donnera tant à B qu'à $\sqrt{E}$ le signe ambigu ± 1, & on prendra ensuite ces signes tels que

$$a = \frac{\pm 59 \pm \sqrt{79}}{9},$$

soit une quantité positive, (art. 39); d'où l'on voit qu'il faut toujours prendre le signe supérieur pour le nombre 59, & que pour le radical $\sqrt{79}$ on peut prendre également le supérieur & l'inférieur. Ainsi on fera toujours $Q° = -\frac{1}{2}B$; & $\sqrt{E}$ pourra être pris successivement en plus & en moins.

Soit donc 1°. $\frac{1}{2}\sqrt{E} = \sqrt{79}$ avec le signe positif, on fera, (art. 33), le calcul suivant:

$$Q^0 = -59, \qquad P^0 = 9, \qquad \mu < \frac{59+\sqrt{79}}{9} = 7,$$

$$Q^I = 9.7 - 59 = 4, \qquad P^I = \frac{16-79}{9} = -7, \qquad \mu^I < \frac{-4-\sqrt{79}}{-7} = 1,$$

$$Q^{II} = -7.1 + 4 = -3, \qquad P^{II} = \frac{9-79}{-7} = 10, \qquad \mu^{II} < \frac{3+\sqrt{79}}{10} = 1,$$

$$Q^{III} = 10.1 - 3 = 7, \qquad P^{III} = \frac{49-79}{10} = -3, \qquad \mu^{III} < \frac{-7-\sqrt{79}}{-3} = 5,$$

$$Q^{IV} = -3.5 + 7 = -8, \qquad P^{IV} = \frac{64-79}{-3} = 5, \qquad \mu^{IV} < \frac{8+\sqrt{79}}{5} = 3,$$

$$Q^{V} = 5.3 - 8 = 7, \qquad P^{V} = \frac{49-79}{5} = -6, \qquad \mu^{V} < \frac{-7-\sqrt{79}}{-6} = 2,$$

$$Q^{VI} = -6.2 + 7 = -5, \qquad P^{VI} = \frac{25-79}{-6} = 9, \qquad \mu^{VI} < \frac{5+\sqrt{79}}{9} = 1,$$

$$Q^{VII} = 9.1 - 5 = 4, \qquad P^{VII} = \frac{16-79}{9} = -7, \qquad \mu^{VII} < \frac{-4-\sqrt{79}}{-7} = 1,$$

&c. &c. &c.

Je m'arrête ici, parce que je vois que $Q^{vii} = Q^{i}$, & $P^{vii} = P^{i}$, & que la différence entre les deux numéros 1 & 7 est paire ; d'où il s'enfuit que tous les termes fuivans feront auffi les mêmes que les précédens ; ainfi on aura $Q^{vii} = 4$, $Q^{viii} = -3$, $Q^{ix} = 7$, &c. $P^{vii} = -7$, $P^{viii} = 10$, &c. de forte qu'on pourra, fi l'on veut, continuer les féries ci-deffus à l'infini, en ne faifant que répéter les mêmes termes.

2°. Prenons maintenant le radical $\sqrt{79}$ avec un figne négatif, & le calcul fera comme il fuit :

$$Q^0 = -59,$$
$$Q^I = 9.5 - 59 = -14,$$
$$Q^{II} = 13.1 - 14 = -1,$$
$$Q^{III} = -6.1 - 1 = -7,$$
$$Q^{IV} = 5.3 - 7 = 8,$$
$$Q^V = -3.5 + 8 = -7,$$
$$Q^{VI} = 10.1 - 7 = 3,$$
$$Q^{VII} = -7.1 + 3 = -4,$$
$$Q^{VIII} = 9.1 - 4 = 5,$$
$$Q^{IX} = -6.2 + 5 = -7,$$

&c. &c. &c.

$$P^0 = 9,$$
$$P^I = \frac{196-79}{9} = 13,$$
$$P^{II} = \frac{1-79}{13} = -6,$$
$$P^{III} = \frac{49-79}{-6} = 5,$$
$$P^{IV} = \frac{64-79}{5} = -3,$$
$$P^V = \frac{49-79}{-3} = 10,$$
$$P^{VI} = \frac{9-79}{10} = -7,$$
$$P^{VII} = \frac{16-79}{-7} = 9,$$
$$P^{VIII} = \frac{23-79}{9} = -6,$$
$$P^{IX} = \frac{49-79}{-6} = 5,$$

$$\mu < \frac{59-\sqrt{79}}{9} = 5,$$
$$\mu^I < \frac{14+\sqrt{79}}{13} = 1,$$
$$\mu^{II} < \frac{1-\sqrt{79}}{-6} = 1,$$
$$\mu^{III} < \frac{7+\sqrt{79}}{5} = 3,$$
$$\mu^{IV} < \frac{-8-\sqrt{79}}{-3} = 5,$$
$$\mu^V < \frac{7+\sqrt{79}}{10} = 1,$$
$$\mu^{VI} < \frac{-3-\sqrt{79}}{-7} = 1,$$
$$\mu^{VII} < \frac{4+\sqrt{79}}{9} = 1,$$
$$\mu^{VIII} < \frac{-5-\sqrt{79}}{-6} = 2,$$
$$\mu^{IX} < \frac{7+\sqrt{79}}{5} = 3,$$

On peut s'arrêter ici, puisque l'on a trouvé $Q^{IX} = Q^{III}$ & $P^{IX} = P^{III}$, & que la différence des numéros 9 & 3 est paire ;

car en continuant les féries on ne retrouvēroit plus que les mêmes termes qu'on a déjà trouvés.

Or fi on confidere les valeurs des termes P^0, P^i, P^ii, P^iii, &c. trouvées dans les deux cas, on verra que le plus petit de ces termes eft égal à — 3 ; dans le premier cas c'eft le terme P^iii auquel répondent les valeurs p^iii & q^iii ; & dans le fecond cas, c'eft le terme P^iv auquel répondent les valeurs p^iv & q^iv.

D'où il s'enfuit que la plus petite valeur que puiffe recevoir la quantité propofée eft — 3 ; & pour avoir les valeurs de p & q qui y répondent, on prendra dans le premier cas les nombres μ, μ^i, μ^ii, favoir 7, 1 & 1, & l'on en formera les fractions *principales* convergentes $\frac{7}{1}$, $\frac{8}{1}$, $\frac{15}{2}$; la troifieme fraction ferà donc $\frac{p^\text{iii}}{q^\text{iii}}$, en forte que l'on aura $p^\text{iii} = 15$ & $q^\text{iii} = 2$; c'eft-à-dire que les valeurs cherchées feront $p = 15$ & $q = 2$. Dans le fecond cas on prendra les nombres μ, μ^i, μ^ii, μ^iii, favoir 5, 1, 1, 3, lefquels donneront ces fractions $\frac{5}{1}$, $\frac{6}{1}$, $\frac{11}{2}$, $\frac{39}{7}$; de forte qu'on aura $p^{\text{IV}}=39$ & $q^{\text{IV}}=7$; donc $p=39$ & $q=7$.

Les valeurs qu'on vient de trouver pour p & q dans le cas du *minimum*, font auffi les plus petites qu'il eft poffible; mais on pourra, fi l'on veut, en trouver fucceffivement d'autres plus grandes ; car il eft clair que le même terme -3 reviendra toujours au bout de chaque intervalle de fix termes; de forte que dans le premier cas on aura $P^{\text{III}}=-3$, $P^{\text{IX}}=-3$, $P^{\text{XV}}=-3$, &c. & dans le fecond, $P^{\text{IV}}=-3$, $P^{\text{X}}=-3$, $P^{\text{XVI}}=-3$, &c. Donc dans le premier cas on aura pour les valeurs fatisfaifantes de p & q celles-ci, p^{III}, q^{III}, p^{IX}, q^{IX}, p^{XV}, q^{XV}, &c. & dans le fecond cas celles-ci, p^{IV}, q^{IV}, p^{X}, q^{X}, p^{XVI}, q^{XVI}, &c. Or les valeurs de μ, μ^{I}, μ^{II}, &c. font dans le premier cas 7, 1, 1, 5, 3, 2, 1, 1, 1, 5, 3, 2, 1, 1, 1, 5, 3, &c. à l'infini, parce que $\mu^{\text{VII}}=\mu^{\text{I}}$ & $\mu^{\text{VIII}}=\mu^{\text{II}}$; &c. ainfi il n'y aura qu'à former par la méthode de l'art. 20 les fractions

$$7,\ 1,\ 1,\ 5,\ 3,\ 2,\ 1,\ 1,\ 1,\ 5.$$

$$\frac{7}{1},\ \frac{8}{1},\ \frac{15}{2},\ \frac{83}{11},\ \frac{264}{35},\ \frac{611}{81},\ \frac{875}{116},\ \frac{1486}{197},\ \frac{2361}{313},\ \frac{13291}{1762},$$

&c.

& on pourra prendre pour p les numérateurs de la troisieme, de la neuvieme, &c. & pour q les dénominateurs correspondans; on aura donc $p = 15$, $q = 2$, ou $p = 2361$, $q = 313$ ou, &c.

Dans le second cas les valeurs de μ^{i}, μ^{ii}, μ^{iii}, &c. feront 5, 1, 1, 3, 5, 1, 1, 1, 2, 3, 5, 1, 1, 1, 2, &c. parce que $\mu^{\text{ix}} = \mu^{\text{iii}}$, $\mu^{\text{x}} = \mu^{\text{iv}}$, &c. On formera donc ces fractions-ci,

$$5,\ 1,\ 1,\ 3,\ 5,\ 1,\ 1,\ 1,\ 2,\ 3,$$

$$\frac{5}{1},\ \frac{6}{1},\ \frac{11}{2},\ \frac{39}{7},\ \frac{206}{37},\ \frac{245}{44},\ \frac{451}{81},\ \frac{696}{125},\ \frac{1843}{331},\ \frac{6225}{1118},$$

$$5.$$

$$\frac{32968}{5921},\ \text{\&c.}$$

& les fractions quatrieme, dixieme, &c. donneront les valeurs de p & q, lefquelles feront donc $p = 39$, $q = 7$, ou $p = 6225$, $q = 1118$, &c.

De cette maniere on pourra donc trouver par ordre toutes les valeurs de p & q, qui rendront la formule propofée $= -3$, valeur qui eft la plus petite qu'elle puiſſe recevoir. On pourroit même avoir une formule générale qui renfermât toutes ces valeurs de p & de q ; on la trouvera, ſi l'on en eft curieux, par la méthode que nous avons expoſée ailleurs, & dont nous avons parlé plus haut, (art. 35).

Nous venons de trouver que le *mini-mum* de la quantité propoſée eft -3, & par conſéquent négatif ; or on pourroit propoſer de trouver la plus petite valeur poſitive que la même quantité puiſſe recevoir, alors il n'y auroit qu'à examiner les ſéries P°, P^ι, $P^{\iota\iota}$, $P^{\iota\iota\iota}$, &c. dans les deux cas, & on verroit que le plus petit terme poſitif eft 5 dans les deux cas ; & comme dans le premier cas c'eft $P^{\iota v}$, & dans le ſecond $P^{\iota\iota\iota}$ qui eft $= 5$, les valeurs de p & de q, qui donneront la plus petite valeur poſitive de la quantité propoſée, ſeront $p^{\iota v}$, $q^{\iota v}$, ou p^{x}, q^{x}, ou &c. dans le premier cas, & $p^{\iota\iota\iota}$, $q^{\iota\iota\iota}$, ou $p^{\iota x}$, $q^{\iota x}$ &c. dans le ſe-cond ; de ſorte que l'on aura par les fractions ci-deſſus $p=83$, $q=11$, ou $p=13291$, $q=1762$ &c. ou $p=11$, $q=2$, $p=1843$, $q=331$ &c.

Au reſte on ne doit pas oublier de remarquer que les nombres μ, μ', μ'', &c. trouvés dans les deux cas ci-deſſus, ne ſont autre choſe que les termes des fractions continues, qui repréſentent les deux racines de l'équation

$$9x^2 - 118x + 378 = 0.$$

De ſorte que ces racines ſeront

$$7 + \cfrac{1}{1 + \cfrac{1}{1 + \cfrac{1}{5 + \cfrac{1}{3 +}}}}, \text{ &c.}$$

$$5 + \cfrac{1}{1 + \cfrac{1}{1 + \cfrac{1}{3 + \cfrac{1}{5 +}}}}, \text{ &c.}$$

expreſſions qu'on pourra continuer à l'infini par la ſimple répétition des mêmes nombres.

Ainſi on voit par-là comment on doit s'y prendre pour réduire en fractions continues les racines de toute équation du ſecond degré.

S C O L I E.

41. M. *Euler* a donné dans le tome XI des nouveaux Commentaires de Péterf-bourg une méthode analogue à la précédente, quoique déduite de principes un peu différens, pour réduire en fraction continue la racine d'un nombre quelconque entier non-carré, & il y a joint une table où les fractions continues font calculées pour tous les nombres naturels non-carrés jufqu'à 120. Comme cette table peut être utile en différentes occafions, & fur-tout pour la folution des problemes indéterminés du fecond degré, comme on le verra plus bas, (§. VII.), nous croyons faire plaifir à nos Lecteurs de la leur préfenter ici ; on remarquera qu'à chaque nombre radical il répond deux fuites de nombres entiers ; la fupérieure eft celle des nombres P^o, $—P^\prime$, $P^{\prime\prime}$, $— P^{\prime\prime\prime}$, &c. & l'inférieure eft celle des nombres μ, $\mu^\prime$, $\mu^{\prime\prime}$, $\mu^{\prime\prime\prime}$, &c.

√2	1 1 1 1 &c.
	1 2 2 2 &c.
√3	1 2 1 2 1 2 1 &c.
	1 1 2 1 2 1 2 &c.
√5	1 1 1 1 &c.
	2 4 4 4 &c.
√6	1 2 1 2 1 2 1 &c.
	2 2 4 2 4 2 4 &c.
√7	1 3 2 3 1 3 2 3 1 &c.
	2 1 1 1 4 1 1 1 4 &c.
√8	1 4 1 4 1 4 1 &c.
	2 1 4 1 4 1 4 &c.
√10	1 1 1 1 &c.
	3 6 6 6 &c.
√11	1 2 1 2 1 2 1 &c.
	3 3 6 3 6 3 6 &c.
√12	1 3 1 3 1 3 1 &c.
	3 2 6 2 6 2 6 &c.
√13	1 4 3 3 4 1 4 3 3 4 1 &c.
	3 1 1 1 1 6 1 1 1 1 6 &c.
√14	1 5 2 5 1 5 2 5 1 &c.
	3 1 2 1 6 1 2 1 6 &c.
√15	1 6 1 6 1 6 1 &c.
	3 1 6 1 6 1 6 &c.
√17	1 1 1 1 1 &c.
	4 8 8 8 8 &c.
√18	1 2 1 2 1 2 1 2 1 &c.
	4 4 8 4 8 4 8 4 8 &c.
√19	1 3 5 2 5 3 1 3 5 2 5 3 1 &c.
	4 2 1 3 1 2 8 2 1 3 1 2 8 &c.
√20	1 4 1 4 1 4 1 4 1 &c.
	4 2 8 2 8 2 8 2 8 &c.
√21	1 5 4 3 4 5 1 5 4 3 4 5 1 &c.
	4 1 1 2 1 1 8 1 1 2 1 1 8 &c.
√22	1 6 3 2 3 6 1 6 3 2 3 6 1 &c.
	4 1 2 4 2 1 8 1 2 4 2 1 8 &c.

√23	1 7 2 7 1 7 2 7 1 &c.
	4 1 3 1 8 1 3 1 8 &c.
√24	1 8 1 8 1 8 1 &c.
	4 1 8 1 8 1 8 &c.
√26	1 1 1 1 &c.
	5 10 10 10 &c.
√27	1 2 1 2 1 2 1 &c.
	5 5 10 5 10 5 10 &c.
√28	1 3 4 3 1 3 4 3 1 &c.
	5 3 2 3 10 3 2 3 10 &c.
√29	1 4 5 4 1 4 5 4 1 &c.
	5 2 1 1 2 10 2 1 1 2 10 &c.
√30	1 5 1 5 1 5 1 5 1 &c.
	5 2 10 2 10 2 10 2 10 &c.
√31	1 6 5 3 2 3 5 6 1 6 5 &c.
	5 1 1 3 5 3 1 1 10 1 1 &c.
√32	1 7 4 7 1 7 4 7 1 &c.
	5 1 1 1 10 1 1 1 10 &c.
√33	1 8 3 8 1 8 3 8 1 &c.
	5 1 2 1 10 1 2 1 10 &c.
√34	1 9 2 9 1 9 2 9 1 &c.
	5 1 4 1 10 1 4 1 10 &c.
√35	1 10 1 10 1 10 1 10 &c.
	5 1 10 1 10 1 10 1 &c.
√37	1 1 1 1 1 &c.
	6 12 12 12 12 &c.
√38	1 2 1 2 1 2 1 &c.
	6 6 12 16 12 6 12 &c.
√39	1 3 1 3 1 3 1 &c.
	6 4 12 4 12 4 12 &c.
√40	1 4 1 4 1 4 1 &c.
	6 3 12 3 12 3 12 &c.
√41	1 5 5 1 5 5 1 &c.
	6 2 2 12 2 2 12 &c.
√42	1 6 1 6 1 6 1 &c.
	6 2 12 2 12 2 12 &c.

√43

√43 | 1 7 6 3 9 2 9 3 6 7 1 7 6 &c.
     6 1 1 3 1 5 1 3 1 1 12 1 1 &c.

√44 | 1 8 5 7 4 7 5 8 1 8 5 &c.
     6 1 1 1 2 1 1 1 12 1 1 &c.

√45 | 1 9 4 5 4 9 1 9 4 5 4 9 1 9 4 &c.
     6 1 2 2 2 1 12 1 2 2 2 1 12 1 2 &c.

√46 | 1 10 3 7 6 5 2 5 6 7 3 10 1 10 3 &c.
     6 1 3 1 1 2 6 2 1 1 3 1 12 1 3 &c.

√47 | 1 11 2 11 1 11 2 11 1 &c.
     6 1 5 1 12 1 5 1 12 &c.

√48 | 1 12 1 12 1 12 &c.
     6 1 12 1 12 1 &c.

√50 | 1 1 1 1 &c.
     7 14 14 14 &c.

√51 | 1 2 1 2 1 2 &c.
     7 7 14 7 14 7 &c.

√52 | 1 3 9 4 9 3 1 3 9 4 9 3 1 3 &c.
     7 4 1 2 1 4 14 4 1 2 1 4 14 4 &c.

√53 | 1 4 7 7 4 1 4 7 7 4 1 4 7 &c.
     7 3 1 1 3 14 3 1 1 3 14 3 1 &c.

√54 | 1 5 9 2 9 5 1 5 9 2 9 5 1 5 &c.
     7 2 1 6 1 2 14 2 1 6 1 2 14 2 &c.

√55 | 1 6 5 6 1 1 6 5 6 1 &c.
     7 2 2 2 14 2 2 2 14 2 &c.

√56 | 1 7 1 7 1 7 1 &c.
     7 2 14 2 14 2 14 &c.

√57 | 1 8 7 3 7 8 1 8 7 &c.
     7 1 1 4 1 1 14 1 1 &c.

√58 | 1 9 6 7 7 6 9 1 9 6 &c.
     7 1 1 1 1 1 1 14 1 1 &c.

√59 | 1 10 5 2 5 10 1 10 5 &c.
     7 1 2 7 2 1 14 1 2 &c.

√60 | 1 11 4 11 1 11 4 &c.
     7 1 2 1 14 1 2 &c.

√61 | 1 12 3 4 9 5 5 9 4 3 12 1 12 3 &c.
     7 1 4 3 1 2 2 1 3 4 1 14 1 4 &c.

√62	1 13 2 13 1 13 2 &c.
	7 1 6 1 14 1 6 &c.
√63	1 14 1 14 1 14 &c.
	7 1 14 1 14 1 &c.
√65	1 1 1 1 &c.
	9 16 16 16 &c.
√66	1 2 1 2 1 &c.
	8 8 16 8 16 &c.
√67	1 3 6 7 9 2 9 7 6 3 1 3 6 &c.
	8 5 2 1 1 7 1 1 2 5 16 5 2 &c.
√68	1 4 1 4 1 4 &c.
	8 4 16 4 16 4 &c.
√69	1 5 4 11 3 11 4 5 1 5 4 &c.
	8 3 3 1 4 1 3 3 16 3 3 &c.
√70	1 6 9 5 9 6 1 6 9 &c.
	8 2 , 2 1 2 16 2 1 &c.
√71	1 7 5 11 2 11 5 7 1 7 5 &c.
	8 2 2 1 7 1 2 2 16 2 2 &c.
√72	1 8 1 8 1 8 &c.
	8 2 16 2 16 2 &c.
√73	1 9 8 3 3 8 9 1 9 8 &c.
	8 1 1 5 5 1 1 16 1 1 &c.
√74	1 10 7 7 10 1 10 7 &c.
	8 1 1 1 1 16 1 1 &c.
√75	1 11 6 11 1 11 6 &c.
	8 1 1 1 16 1 1 &c.
√76	1 12 5 8 9 3 4 3 9 8 5 12 1 12 5 &c.
	8 1 2 1 1 5 4 5 1 1 2 1 16 1 2 &c.
√77	1 13 4 7 4 13 1 13 4 &c.
	8 1 3 2 3 1 16 1 3 &c.
√78	1 14 3 14 1 14 3 &c.
	8 1 4 1 16 1 4 &c.
√79	1 15 2 15 1 15 2 &c.
	8 1 7 1 16 1 7 &c.
√80	1 16 1 16 1 16 &c.
	8 1 16 1 16 1 &c.

√82	1 1 1 1 &c. 9 18 18 18 &c.
√83	1 2 1 2 1 2 &c. 9 9 18 9 18 9 &c.
√84	3 3 1 3 1 3 &c. 9 6 18 6 18 6 &c.
√85	1 4 9 9 4 1 4 9 &c. 9 4 1 1 4 18 4 1 &c.
√86	1 5 10 7 11 2 11 7 10 5 1 5 10 &c. 9 3 1 1 1 8 1 1 1 3 18 3 1 &c.
√87	1 6 1 6 1 6 &c. 9 3 18 3 18 3 &c.
√88	1 7 9 8 9 7 1 7 9 &c. 9 2 1 1 1 2 18 2 1 &c.
√89	1 8 5 5 8 1 8 5 &c. 9 2 3 3 2 18 2 3 &c.
√90	1 9 1 9 1 &c. 9 2 18 2 18 &c.
√91	1 10 9 3 14 3 9 10 1 10 9 &c. 9 1 1 5 1 5 1 1 18 1 1 &c.
√92	1 11 8 7 4 7 8 11 1 11 8 &c. 9 1 1 2 4 2 1 1 18 1 1 &c.
√93	1 12 7 11 4 3 4 11 7 12 1 12 7 &c. 9 1 1 1 4 6 4 1 1 1 18 1 1 &c.
√94	1 13 6 5 9 10 3 15 2 15 3 10 9 5 6 13 1 &c. 9 1 2 3 1 15 18 15 1 1 3 2 1 18 &c.
√95	1 14 5 14 1 14 &c. 9 1 2 1 18 1 &c.
√96	1 15 4 15 1 15 &c. 9 1 3 1 18 1 &c.
√97	1 16 3 11 8 9 9 8 11 3 16 1 16 &c. 9 1 5 1 1 1 1 1 1 5 1 18 1 &c.
√98	1 17 2 17 1 17 &c. 9 1 8 1 18 1 &c.
√99	1 18 1 18 1 &c. 9 1 18 1 18 &c.

Ainsi on aura, par exemple,

$$\sqrt{2} = 1 + \cfrac{1}{2} + \cfrac{1}{2} +, \&c.$$

$$\sqrt{3} = 1 + \cfrac{1}{1} + \cfrac{1}{2} +, \&c.$$

& ainsi des autres.

Et si on forme les fractions convergentes $\dfrac{p^0}{q^0}$, $\dfrac{p^{\text{I}}}{q^{\text{I}}}$, $\dfrac{p^{\text{II}}}{q^{\text{II}}}$, $\dfrac{p^{\text{III}}}{q^{\text{III}}}$, $\&c.$ d'après chacune de ces fractions continues on aura

$$(p^0)^2 - 2(q^0)^2 = 1 ,\ \overset{\text{I}}{p}^2 - 2 \overset{\text{I}}{q}^2 = -1,$$

$$\overset{\text{II}}{p}^2 - 2 \overset{\text{II}}{q}^2 = 1 ,\ \&c.$$

& de même,

$$(p^0)^2 - 3(q^0)^2 = 1 ,\ \overset{\text{I}}{p}^2 - 3 \overset{\text{I}}{q}^2 = -2,$$

$$\overset{\text{II}}{p}^2 - 3 \overset{\text{II}}{q}^2 = 1 ,\ \&c.\ \&c.$$

PARAGRAPHE III.

Sur la résolution des Equations du premier degré à deux inconnues en nombres entiers.

Addition pour le Chapitre I.

42. Lorsqu'on a à résoudre une équation de cette forme

$$ax - by = c,$$

où a, b, c font des nombres entiers donnés pofitifs ou négatifs, & où les deux inconnues x & y doivent être auffi des nombres entiers, il fuffit de connoître une feule folution, pour pouvoir en déduire facilement toutes les autrés folutions poffibles.

En effet, fuppofons que l'on fache que ces valeurs, $x = \alpha$ & $y = \beta$, fatisfont à l'équation propofée, α & β étant des nombres entiers quelconques, on aura donc $a\alpha - b\beta = c$, & par conféquent $ax - by = a\alpha - b\beta$, ou bien $a(x - \alpha) - b(y - \beta) = 0$; d'où l'on tire

$$\frac{x - \alpha}{y - \beta} = \frac{b}{a}.$$

Qu'on réduife la fraction $\frac{b}{a}$ à fes moindres termes, & fuppofant qu'elle fe change par-là en celle-ci, $\frac{b'}{a'}$, où b' & a' feront premiers entr'eux, il eft vifible que l'équation $\frac{x-\alpha}{y-\beta}=\frac{b'}{a'}$ ne fauroit fubfifter, dans la fuppofition que $x-\alpha$ & $y-\beta$ foient des nombres entiers, à moins que l'on ait $x-\alpha=mb'$, & $y-\beta=ma'$, m étant un nombre quelconque entier; de forte que l'on aura en général $x=\alpha+mb'$, & $y=\beta+ma'$, m étant un nombre entier indéterminé.

Comme on peut prendre m pofitif ou négatif à volonté, il eft facile de voir qu'on pourra toujours déterminer ce nombre m, en forte que la valeur de x ne foit pas plus grande que $\frac{b'}{2}$, ou que celle de y ne foit pas plus grande que $\frac{a'}{2}$, (abftraction faite des fignes de ces quantités); d'où il s'enfuit que fi l'équation propofée, $ax-by=c$, est résoluble en nombres entiers, & qu'on y substitue successivement à la place de x tous les nombres entiers tant positifs que négatifs, renfermés entre ces deux limites $\frac{b'}{2}$ & $\frac{-b'}{2}$, on en trouvera nécessairement un qui satisfera à cette équation ; & on trouvera de même une valeur satisfaisante de y parmi les nombres entiers positifs ou négatifs, contenus entre les limites $\frac{a'}{2}$ & $\frac{-a'}{2}$.

Ainsi on pourra par ce moyen trouver une premiere solution de la proposée, après quoi on aura toutes les autres par les formules ci-dessus.

43. Mais si on ne veut pas employer la méthode de tâtonnement que nous venons de proposer, & qui seroit souvent très-laborieuse, on pourra faire usage de celle qui est exposée dans le chap. 1 du traité précédent, & qui est très-simple & très-directe, ou bien on pourra s'y prendre de la maniere suivante.

On remarquera 1°. que si les nombres

a & b ne font pas premiers entr'eux, l'équation ne pourra fubfifter en nombres entiers, à moins que le nombre donné c ne foit divifible par la plus grande commune mefure de a & b. De forte qu'en fuppofant la divifion faite lorfqu'elle a lieu, & défignant les quotiens par a', b', c', on aura à réfoudre l'équation

$$a'x - b'y = c',$$

où a' & b' feront premiers entr'eux.

2°. Que fi l'on peut trouver des valeurs de p & de q qui fatisfaffent à l'équation

$$a'p - b'q = \pm 1,$$

on pourra réfoudre l'équation précédente ; car il eft vifible qu'en multipliant ces valeurs par $\pm c'$, on aura des valeurs qui fatisferont à l'équation $a'x - b'y = c'$; c'eft-à-dire qu'on aura $x = \pm pc'$ & $y = \pm qc'$.

Or l'équation $a'p - b'q = \pm 1$ eft toujours réfoluble en nombres entiers, comme nous l'avons démontré dans l'art. 23 ; & pour trouver les plus petites valeurs de p & de q qui y peuvent fatisfaire, il n'y aura qu'à convertir la fraction $\dfrac{b^{\iota}}{a^{\iota}}$ en fraction continue

par la méthode de l'art. 4, & en déduire
ensuite la série des fractions *principales* convergentes vers la même fraction $\dfrac{b^{\iota}}{a^{\iota}}$ par les
formules de l'art. 10; la derniere de ces
fractions sera la fraction même $\dfrac{b^{\iota}}{a^{\iota}}$, & si on
désigne l'avant-derniere par $\frac{p}{q}$, on aura par
la loi de ces fractions, (art. 12), $a^{\iota}p - b^{\iota}q$
$= \pm 1$, le signe supérieur étant pour le cas
où le quantieme de la fraction $\frac{p}{q}$ est pair,
& l'inférieur pour celui où ce quantieme
est pair.

Ces valeurs de p & de q étant ainsi connues, on aura donc d'abord $x = \pm pc^{\iota}$ &
$y = \pm qc^{\iota}$, & prenant ensuite ces valeurs
pour α & β, on aura en général (art. 42),
$$x = \pm pc^{\iota} + mb^{\iota}, \quad y = \pm qc^{\iota} + ma^{\iota},$$
expressions qui renfermeront nécessaire-
ment toutes les solutions possibles en nombres entiers de l'équation proposée.

Au reste, pour ne laisser aucun embarras

dans la pratique de cette méthode, nous remarquerons que quoique les nombres a & b puissent être positifs ou négatifs, on peut néanmoins les prendre toujours positivement, pourvu qu'on donne des signes contraires à x, si a est négatif, & à y, si b est négatif.

EXEMPLE.

44. Pour donner un exemple de la méthode précédente, nous prendrons celui de l'art. 14 du chap. 1 du traité précéd. où il s'agit de résoudre l'équation $39p = 56q + 11$; changeant p en x & q en y, on aura donc

$$39x - 56y = 11.$$

Ainsi on fera $a = 39$, $b = 56$ & $c = 11$; & comme 56 & 39 sont déjà premiers entre eux, on aura $a' = 39$, $b' = 56$, $c' = 11$. On réduira donc en fraction continue la fraction $\dfrac{b'}{a'} = \dfrac{56}{39}$, & pour cela on fera, (comme on l'a déjà pratiqué dans l'art. 20), le calcul suivant,

```
39|56|1
  |39|
  17|39|2
    |34|
     5|17|3
      |15|
       2|5|2
        |4|
         1|2|2
          |2|
           0.
```

Enfuite, à l'aide des quotiens 1, 2, 3,
&c. on formera les fractions

$$1, \quad 2, \quad 3, \quad 2, \quad 2.$$
$$\frac{1}{1}, \quad \frac{3}{2}, \quad \frac{10}{7}, \quad \frac{23}{16}, \quad \frac{56}{39},$$

& la pénultieme fraction $\frac{23}{16}$ fera celle que
nous avons défignée en général par $\frac{p}{q}$; de
forte qu'on aura $p = 23$, $q = 16$; & comme
cette fraction eft la quatrieme, & par conféquent d'un quantieme pair, il faudra
prendre le figne fupérieur ; ainfi l'on aura
en général

$$x = 23.11 + 56m, \quad \& \quad y = 16.11 + 39m,$$

m pouvant être un nombre quelconque entier pofitif ou négatif.

REMARQUE.

45. On doit la premiere solution de ce probleme à M. *Bachet de Meziriac*, qui l'a donnée dans la seconde édition de ses Récréations mathématiques, intitulées *Problemes plaisans & délectables*, *&c.* La premiere édition de cet Ouvrage a paru en 1612, mais la solution dont il s'agit, n'y est qu'annoncée, & ce n'est que dans l'édition de 1624 qu'on la trouve complette. La méthode de M. *Bachet* est très-directe & très-ingénieuse, & ne laisse rien à désirer du côté de l'élégance & de la généralité.

Nous saisissons avec plaisir cette occasion de rendre à ce savant Auteur la justice qui lui est due sur ce sujet, parce que nous avons remarqué que les Géometres qui ont traité le même probleme après lui, n'ont jamais fait aucune mention de son travail.

Voici en peu de mots à quoi se réduit la méthode de M. *Bachet*. Après avoir fait voir comment la solution des équations de

la forme $ax - by = c$, (a & b étant premiers entr'eux), se réduit à celle de ax
$- by = \pm 1$, il s'attache à résoudre cette
derniere équation, & pour cela il prescrit
de faire entre les nombres a & b la même
opération que si on vouloit chercher leur
plus grand commun diviseur, (c'est aussi
la même que nous avons pratiquée ci-devant); ensuite nommant c, d, e, f, &c.
les restes provenant des différentes divisions, & supposant, par exemple, que f
soit le dernier reste qui sera nécessairement
égal à l'unité, (à cause que a & b sont
premiers entr'eux, *hyp.*), il fait, lorsque
le nombre des restes est pair, comme dans
ce cas,

$$e \mp 1 = \varepsilon, \quad \frac{\varepsilon d \pm 1}{e} = \delta, \quad \frac{\delta c \mp 1}{d} = \gamma, \quad \frac{\gamma b \pm 1}{c} = \beta,$$

$$\frac{\beta a \mp 1}{b} = \alpha ;$$

ces derniers nombres β & α seront les plus
petites valeurs de x & y.

Si le nombre des restes étoit impair,
comme si g étoit le dernier reste $= 1$, alors
il faudroit faire

$$f \pm 1 = \zeta, \quad \frac{\zeta e \mp 1}{f} = \varepsilon, \quad \frac{\varepsilon d \pm 1}{e} = \delta, \quad \&c.$$

Il est facile de voir que cette méthode revient au même dans le fond que celle du chapitre premier ; mais elle en est moins commode, parce qu'elle demande des divisions ; au reste, les Géometres qui sont curieux de ces matieres, verront avec plaisir dans l'Ouvrage de M. *Bachet* les artifices qu'il a employés pour parvenir à la regle précédente, & pour en déduire la solution complette des équations de la forme $ax - by = c.$

PARAGRAPHE IV.

Méthode générale pour résoudre en nombres entiers les Equations à deux inconnues, dont l'une ne passe pas le premier degré.

Addition pour le Chapitre III.

46. SOIT proposée l'équation générale,
$$a + bx + cy + dx^2 + exy + fx^3 + gx^2y + hx^4$$
$$+ kx^3y + \&c. = 0,$$ dans laquelle les coefficiens a, b, c $\&c.$ soient des nombres entiers donnés, & où x & y soient deux nombres indéterminés, qui doivent aussi être entiers.

Tirant la valeur de y de cette équation, on aura
$$y = -\frac{a + bx + dx^2 + fx^3 + hx^4 +, \&c.}{c + ex + gx^2 + kx^3 +, \&c.}$$

ainsi la question sera réduite à trouver un nombre entier qui, étant pris pour x, rende le numérateur de cette fraction divisible par son dénominateur.

Soit supposé

$$p = a + bx + dx^2 + fx^3 + hx^4 +, \&c.$$
$$q = c + ex + gx^2 + kx^3 +, \&c.$$

& qu'on retranche x de ces deux équations par les regles ordinaires de l'Algebre, on aura une équation finale de cette forme,

$$A + Bp + Cq + Dp^2 + Epq + Fq^2 + Gp^3 + \&c.$$
$$= 0,$$

où les coefficiens A, B, C &c. feront des fonctions rationnelles & entieres des nombres a, b, c, &c.

Maintenant, puifque $y = -\frac{p}{q}$, on aura auffi $p = -qy$; de forte qu'en fubftituant cette valeur de p, il viendra

$$A - Byq + Cq + Dy^2q^2 - Epq^2y^2 + Fq^2$$
$$+ \&c. = 0,$$

où l'on voit que tous les termes font multipliés par q, à l'exception du premier terme A; donc il faudra que le nombre A foit divifible par le nombre q, autrement il feroit impoffible que les nombres q & y puffent être entiers à la fois.

. On cherchera donc tous les divifeurs du nombre entier connu A, & on prendra

fucceffivement

fucceffivement chacun de ces divifeurs pour q; on aura par chacune de ces fuppofitions une équation déterminée en x, dont on cherchera, par les méthodes connues, les racines rationnelles & entieres, s'il y en a; on fubftituera enfuite ces racines à la place de x, & on verra fi les valeurs réfultantes de p & de q feront telles que $\frac{p}{q}$ foit un nombre entier. On fera sûr de trouver par ce moyen toutes les valeurs entieres de x, qui peuvent donner auffi des valeurs entieres pour y dans l'équation propofée.

De-là on voit que le nombre des folutions en entiers de ces fortes d'équations eft toujours néceffairement limité; mais il y a un cas qui doit être excepté, & qui échappe à la méthode précédente.

47. Ce cas eft celui où les coefficiens e, g, k, &c. font nuls, en forte que l'on ait fimplement

$$y = -\frac{a + bx + dx^2 + fx^3 + hx^4 + \&c.}{c};$$

or voici comment il faudra s'y prendre

pour trouver toutes les valeurs de x qui pourront rendre la quantité

$$a + bx + dx^2 + fx^3 + hx^4 +, \&c.$$

divisible par le nombre donné c : je suppose d'abord qu'on ait trouvé un nombre entier n qui satisfasse à cette condition, il est facile de voir que tout nombre de la forme $n \pm \mu c$ y satisfera aussi, μ étant un nombre quelconque entier ; de plus si n est $> \frac{c}{2}$, (abstraction faite des signes de n & de c), on pourra toujours déterminer le nombre μ & le signe qui le précede, en sorte que le nombre $n \pm \mu c$ devienne $< \frac{c}{2}$; & il est aisé de voir que cela ne sauroit se faire que d'une seule maniere, les valeurs de n & de c étant données ; donc si on désigne par n' cette valeur de $n \pm \mu c$, laquelle est $< \frac{c}{2}$, & qui satisfait à la condition dont il s'agit, on aura en général $n = n' \mp \mu c$, μ étant un nombre quelconque.

D'où je conclus que si on substitue successivement, dans la formule $a + bx + dx^2 + fx^3 +, \&c.$ à la place de x tous les nombres entiers positifs ou négatifs qui ne passent pas $\frac{c}{2}$, & qu'on dénote par n', n'', n''' &c. ceux de ces nombres qui rendront la quantité $a + bx + dx^2 +$ &c. divisible par c, tous les autres nombres qui pourront faire le même effet, seront nécessairement renfermés dans ces formules

$$n' \pm \mu' c, \quad n'' \pm \mu'' c, \quad n''' \pm \mu''' c, \quad \&c.$$

μ', μ'', μ''', &c. étant des nombres quelconques entiers.

On pourroit faire ici différentes remarques pour faciliter la recherche des nombres n', n'', n''', &c. mais nous ne croyons pas devoir nous arrêter davantage sur ce sujet, d'autant que nous avons déjà eu occasion de le traiter dans un Mémoire imprimé parmi ceux de l'Académie de Berlin pour l'année 1768, & qui a pour titre *nouvelle Méthode pour résoudre les Problemes indéterminés*.

48. Je dirai cependant encore un mot de la maniere de déterminer deux nombres x & y, en forte que la fraction

$$\frac{ay^m + by^{m-1}x + dy^{m-2}x^2 + fy^{m-3}x^3 + \&c.}{c}$$

devienne un nombre entier ; c'eſt une recherche qui nous ſera fort utile dans la
ſuite.

Je ſuppoſe que y & x doivent être premiers entr'eux, & que de plus y doive être
premier à c, je dis qu'on pourra toujours
faire $x = ny - c\zeta$, n & ζ étant des nombres
indéterminés ; car en regardant x, y & c
comme des nombres donnés, on aura une
équation qui ſera toujours réſoluble en entiers par la méthode du §. III, à cauſe que
y & c n'ont d'autre commune meſure que
l'unité, par l'hypotheſe. Or ſi on ſubſtitue
cette expreſſion de x dans la quantité ay^m
$+ by^{m-1} x + dy^{m-2} x^2 +$ &c. elle deviendra

$$(a + bn + dn^2 + fn^3 + \&c.) y^m$$
$$- (b + 2dn + 3fn^2 + \&c.) c y^{m-1} \zeta$$
$$+ (d + 3fn + \&c.) c^2 y^{m-2} \zeta^2$$
$$-, \&c.$$

& il eſt clair que cette quantité ne ſauroit
être diviſible par c, à moins que le premier
terme

$$(a + bn + dn^2 + fn^3 + \&c.) y^m$$

ne le ſoit, puiſque tous les autres termes

font des multiples de c. Donc, comme c & y font fuppofés premiers entr'eux, il faudra que la quantité

$$a + bn + dn^2 + fn^3 +, \&c.$$

foit elle-même divifible par c ; ainfi il n'y aura qu'à chercher par la méthode de l'art. préc. toutes les valeurs de n qui pourront fatisfaire à cette condition, & alors on aura en général

$$x = ny - a z,$$

z étant un nombre quelconque entier.

Il eft bon d'obferver que quoique nous ayons fuppofé que les nombres x & y doivent être premiers entr'eux, ainfi que les nombres y & c, notre folution n'en eft cependant pas moins générale ; car fi on vouloit que x & y euffent une commune mefure α, il n'y auroit qu'à mettre $\alpha x'$ & $\alpha y'$ à la place de x & y, & on regarderoit enfuite x' & y' comme premiers entr'eux ; de même fi y' & c devoient avoir une commune mefure β, on pourroit mettre $\beta y''$ à la place de y', & il feroit permis de regarder y'' & c comme premiers entr'eux.

PARAGRAPHE V.

Méthode directe & générale pour trouver les valeurs de x *, qui peuvent rendre rationnelles les quantités de la forme*

$$\sqrt{(a + bx + cx^2)},$$

& pour résoudre en nombres rationnels les équations indéterminées du second degré à deux inconnues, lorsqu'elles admettent des solutions de cette espece.

Addition pour le Chapitre I V.

49. JE suppose d'abord que les nombres connus a, b, c soient entiers ; s'ils étoient fractionnaires, il n'y auroit qu'à les réduire à un même dénominateur carré, & alors il est clair qu'on pourroit toujours faire abstraction de leur dénominateur ; quant au nombre x, on supposera ici qu'il puisse être entier ou fractionnaire, & on verra par la suite comment il faudra résoudre la question, lorsqu'on ne veut admettre que des nombres entiers.

Soit donc
$$\sqrt{(a+bx+cx^2)}=y,$$
& l'on en tirera
$$2cx+b=\sqrt{(4cy^2+b^2-4ac)};$$
de sorte que la difficulté sera réduite à rendre rationnelle la quantité
$$\sqrt{(4cy^2+b^2-4ac)}.$$

50. Supposons donc en général qu'on ait à rendre rationnelle la quantité $\sqrt{(Ay^2+B)}$, c'est-à-dire, à rendre Ay^2+B égal à un carré, A & B étant des nombres entiers donnés positifs ou négatifs, & y un nombre indéterminé qui doit être rationnel.

Il est d'abord clair que si l'un des nombres A ou B étoit $=1$, ou égal à un carré quelconque, le probleme seroit résoluble par les méthodes connues de *Diophante*, qui sont détaillées dans le chap. IV ; ainsi nous ferons ici abstraction de ces cas, ou plutôt nous tâcherons d'y ramener tous les autres.

De plus, si les nombres A & B étoient divisibles par des nombres carrés quelconques, on pourroit aussi faire abstraction de ces diviseurs, c'est-à-dire, les supprimer, en ne prenant pour A & B que les quotiens qu'on auroit après avoir divisé les valeurs données par les plus grands carrés possibles; en effet, supposant $A = \alpha^2 A'$, & $B = \beta^2 B'$, on aura à rendre carré le nombre $A' \alpha^2 y^2 + B' \beta^2$; donc divisant par β^2, & faisant $\frac{\alpha y}{\beta} = y'$, il s'agira de déterminer l'inconnue y'; en sorte que $A' y'^2 + B'$ soit un carré.

D'où il s'ensuit que dès qu'on aura trouvé une valeur de y propre à rendre $A y^2 + B$ égal à un carré, en rejetant dans les valeurs données de A & de B les facteurs carrés α^2 & β^2 qu'elles pourroient renfermer, il n'y aura qu'à multiplier la valeur trouvée de y par $\frac{\beta}{\alpha}$, pour avoir celle qui convient à la quantité proposée.

51. Considérons donc la formule $A y^2 + B$, dans laquelle A & B soient des nombres entiers donnés qui ne soient divisibles par aucun carré; & comme on suppose que y puisse être une fraction, faisons $y = \frac{p}{q}$, p & q étant des nombres entiers & premiers

entr'eux, pour que la fraction soit réduite à ses moindres termes ; on aura donc la quantité $\dfrac{Ap^2}{q^2}+B$ qui devra être un carré ; donc Ap^2+Bq^2 devra en être un aussi ; de sorte qu'on aura à résoudre l'équation $Ap^2+Bq^2=z^2$, en supposant p, q & z des nombres entiers.

Or je dis qu'il faudra que q soit premier à A, & que p le soit à B ; car si q & A avoient un commun diviseur, il est clair que le terme Bq^2 seroit divisible par le carré de ce diviseur ; & que le terme Ap^2 ne seroit divisible que par la premiere puissance du même diviseur, à cause que q & p sont premiers entr'eux, & que A est supposé ne contenir aucun facteur carré ; donc le nombre Ap^2+Bq^2 ne seroit divisible qu'une seule fois par le diviseur commun de q & de A, par conséquent il seroit impossible que ce nombre fût un carré. On prouvera de même que p & B ne sauroient avoir aucun diviseur commun.

Résolution de l'équation $Ap^2 + Bq^2 = z^2$ *en nombres entiers.*

52. Suppofons A plus grand que B, on écrira cette équation ainfi,

$$Ap^2 = z^2 - Bq^2,$$

& on remarquera que comme les nombres p, q & z doivent être entiers, il faudra que $z^2 - Bq^2$ foit divifible par A.

Donc, puifque A & q font premiers entr'eux, (art. préc.), on fera, fuivant la méthode du §. IV, art. 48, ci-deffus,

$$z = nq - Aq',$$

n & q' étant deux nombres entiers indéterminés; ce qui changera la formule $z^2 - Bq^2$ en celle-ci,

$$(n^2 - B)q^2 - 2nAqq' + A^2q'^2,$$

dans laquelle il faudra que $n^2 - B$ foit divifible par A, en prenant pour n un nombre entier non $> \frac{A}{2}$.

On effayera donc pour n tous les nombres entiers qui ne furpaffent pas $\frac{A}{2}$, & fi on n'en trouve aucun qui rende $n^2 - B$ divifible par A, on en conclura fur le champ que l'équation $Ap^2 = z^2 - Bq^2$ n'eſt pas réſoluble en nombres entiers, & qu'ainſi la quantité $Ay^2 + B$ ne ſauroit jamais devenir un carré.

Mais ſi on trouve une ou pluſieurs valeurs ſatisfaiſantes de n, on les mettra l'une après l'autre à la place de n, & on pourſuivra le calcul comme on va le voir.

Je remarquerai ſeulement encore qu'il ſeroit inutile de donner auſſi à n des valeurs plus grandes que $\frac{A}{2}$; car nommant n', n'', n''' &c. les valeurs de n moindres que $\frac{A}{2}$, qui rendront $n^2 - B$ diviſible par A, toutes les autres valeurs de n qui pourront faire le même effet ſeront renfermées dans ces formules, $n' \pm \mu' A$, $n'' \pm \mu'' A$, $n''' \pm \mu''' A$ &c. (article 47 du §. IV) ; or ſubſtituant ces valeurs à la place de n dans la formule $(n^2 - B) q^2 - 2n A q q' + A^2 q'^2$, c'eſt-à-dire $(nq - Aq')^2 - Bq^2$, il eſt clair qu'on aura les mêmes réſultats que ſi on mettoit ſeulement n', n'', n''' &c. à la place de n, & qu'on ajoutât à q' les quantités $\mp \mu' q$,

$\mp\mu''q$, $\mp\mu'''q$ &c. de sorte que, comme q' est un nombre indéterminé, ces substitutions ne donneroient pas des formules différentes de celles qu'on aura par la simple substitution des valeurs n', n'', n''', &c.

53. Puis donc que $n^2 - B$ doit être divisible par A, soit A' le quotient de cette division, en sorte que $AA' = n^2 - B$; & l'équation $Ap^2 = z^2 - Bq^2 = (n^2 - B)q^2 - 2nAqq' + A^2q'^2$, étant divisée par A, deviendra celle-ci,

$$p^2 = A'q^2 - 2nqq' + Aq'^2,$$

où A' sera nécessairement moindre que A, à cause que $A' = \dfrac{n^2 - B}{A}$ & que $B < A$, & n non $> \frac{A}{2}$.

Or 1°. si A' est un nombre carré, il est clair que cette équation sera résoluble par les méthodes connues, & l'on en aura la solution la plus simple qu'ii est possible, en faisant $q' = 0$, $q = 1$ & $p = \sqrt{A'}$.

2°. Si A' n'est pas égal à un carré, on verra si ce nombre est moindre que B, ou au moins s'il eſt diviſible par un nombre quelconque carré, en ſorte que le quotient ſoit moindre que B, abſtraction faite des ſignes; alors on multipliera toute l'équation par A', & l'on aura, à cauſe de $AA' - n^2 = -B$,

$$A'p^2 = (A'q - nq')^2 - Bq'^2;$$

de ſorte qu'il faudra que $Bq'^2 + A'p^2$ ſoit un carré; donc diviſant par p^2 & faiſant $\frac{q'}{p} = y'$ & $A' = C$, on aura à rendre carrée la formule $By'^2 + C$, laquelle eſt, comme l'on voit, analogue à celle de l'art. 2. Ainſi, ſi C contient un facteur carré γ^2, on pourra le ſupprimer, en ayant attention de multiplier enſuite par γ la valeur qu'on trouvera pour y', pour avoir ſa véritable valeur; & l'on aura une formule qui ſera dans le cas de celle de l'art. 51, mais avec cette différence que les coefficiens B & C de celle-ci ſeront moindres que les coefficiens A & B de celle-là.

54. Mais ſi A' n'eſt pas moindre que B, ni ne peut le devenir en le diviſant par le

plus grand carré qui le mesure, alors on fera $q = {}^v q' + q''$, & substituant cette valeur dans l'équation, elle deviendra

$$p^2 = A' \overset{\shortparallel}{q^2} - 2 n' q'' q' + A'' \overset{\shortmid}{q^2},$$

où $n' = n - {}^v A'$,

$$\& \ A'' = A' {}^{v^2} - 2 n v + A = \frac{\overset{\shortmid}{n^2} - B}{A'}.$$

On déterminera, ce qui est toujours possible, le nombre entier v, en sorte que n' ne soit pas $> \dfrac{A'}{2}$, abstraction faite des signes, & alors il est clair que A'' deviendra $< A'$, à cause de $A'' = \dfrac{\overset{\shortmid}{n^2} - B}{A'}$ & de B $=$ ou $< A'$, & $\overset{\shortmid}{n} =$ ou $< \dfrac{A'}{2}$.

On fera donc ici le même raisonnement que nous avons fait dans l'article précédent, & si A'' est carré, on aura la résolution de l'équation; si A'' n'est pas carré, mais qu'il soit $< B$ ou qu'il le devienne, étant divisé par un carré, on multipliera l'équation par A'' & on aura, en faisant $\dfrac{p}{q''} = \overset{\shortmid}{y}$ & A''

$= C$, la formule $By^2 + C$, qui devra être un carré, & dans laquelle les coefficiens B & C, (après avoir supprimé dans C les diviseurs carrés, s'il y en a), seront moindres que ceux de la formule $Ay^2 + B$ de l'art. 51.

. Mais si ces cas n'ont pas lieu, on fera, comme ci-dessus, $q' = v'q'' + q'''$, & l'équation se changera en celle-ci,

$$p^2 = A''' \overset{_{II}}{q^2} - 2n'' q'' q''' + A'' \overset{_{III}}{q^2},$$

où $n'' = n' - v' A''$,

$$\& \; A''' = A'' \overset{_I}{v^2} - 2n'v' + A' = \frac{\overset{_{II}}{n^2} - B}{A''}.$$

On prendra donc pour v' un nombre entier, tel que n'' ne soit pas $> \dfrac{A''}{2}$, abstraction faite des signes ; & comme B n'est pas $> A''$, (*hyp.*), il s'enfuit de l'équation

$$A''' = \frac{\overset{_{II}}{n^2} - B}{A''}$$ que A''' sera $< A''$; ainsi on pourra faire derechef les mêmes raisonnemens que ci-dessus, & on en tirera des conclusions semblables, & ainsi de suite.

Maintenant, comme les nombres A, A', A'', A''' &c. forment une suite décroissante de nombres entiers, il est visible qu'en continuant cette suite on parviendra nécessairement à un terme moindre que le nombre donné B; & alors nommant ce terme C, on aura, comme nous l'avons vu ci-dessus, la formule $By^2 + C$ à rendre égale à un carré. De sorte que par les opérations que nous venons d'exposer, on sera toujours assuré de pouvoir ramener la formule $Ay^2 + B$ à une autre plus simple, telle que $By^2 + C$, au moins si le probleme est résoluble.

55. Or, de même qu'on a réduit la formule $Ay^2 + B$ à celle-ci $By^2 + C$, on pourra réduire cette derniere à cette autre-ci, $Cy^2 + D$, où D sera moindre que C, & ainsi de suite; & comme les nombres A, B, C, D &c. forment une série décroissante de nombres entiers, il est clair que cette série ne pourra pas aller à l'infini, & qu'ainsi l'opération sera toujours nécessai-

rement

rement terminée. Si la question n'admet point de solution en nombres rationnels, on parviendra à une condition impossible ; mais si la question est résoluble, on arrivera toujours à une équation semblable à celle de l'art. 53, & où l'un des coefficiens, comme A', sera carré ; en sorte qu'elle sera susceptible des méthodes connues ; or cette équation étant résolue, on pourra, en rétrogradant, résoudre successivement toutes les équations précédentes, jusqu'à la première $Ap^2 + Bq^2 = z^2$.

Eclaircissons cette méthode par quelques exemples.

E X E M P L E I.

56. Soit proposé de trouver une valeur rationnelle de x, telle que la formule

$$7 + 15x + 13x^2$$

devienne un carré. (Voy. chap. IV. art. 57 du traité précédent).

On aura donc ici $a = 7$, $b = 15$, $c = 13$; donc $4c = 4.13$, & $b^2 - 4ac = -139$; de sorte qu'en nommant y la racine du carré dont il s'agit, on aura la formule $4.13y^2$ —139 qui devra être un carré ; ainsi on aura $A = 4.13$ & $B = -139$, où l'on remarquera d'abord que A est divisible par le carré 4 ; de sorte qu'il faudra rejeter ce diviseur carré & supposer simplement $A = 13$; mais on se souviendra ensuite de diviser par 2 la valeur qu'on trouvera pour y, (art. 50).

On aura donc, en faisant $y = \frac{p}{q}$, l'équation $13p^2 - 139q^2 = z^2$, ou bien, à cause que 139 est > 13, on fera $y = \frac{q}{p}$, pour avoir $-139p^2 + 13q^2 = z^2$, équation qu'on écrira ainsi,

$$-139p^2 = z^2 - 13q^2.$$

On fera, (art. 52), $z = nq - 139q'$, & il faudra prendre pour n un nombre entier non $> \frac{139}{2}$, c'est-à-dire < 70, tel que $n^2 - 13$ soit divisible par 139 ; je trouve $n = 41$, ce qui donne $n^2 - 13 = 1668 = 139$ .12 ; de sorte qu'en faisant la substitution & divisant ensuite par —139, on aura l'équation

$$p^2 = -12q^2 + 2.41qq' - 139q'^2.$$

Or, comme -12 n'est pas un carré, cette équation n'a pas encore les conditions requises ; ainsi, puisque 12 est déjà moindre que 13, on multipliera toute l'équation par -12, & elle deviendra $-12p^2 = (-12q + 41q)^2 - 13q^2$, de sorte qu'il faudra que $13q^2 - 12p^2$ soit un carré, ou bien, en faisant $\frac{q}{p} = y$, que $13y^2 - 12$, en soit un aussi.

On voit ici qu'il n'y auroit qu'à faire $y = 1$, mais comme ce n'est que le hasard qui nous donne cette valeur, nous allons poursuivre le calcul selon notre méthode, jusqu'à ce que l'on arrive à une formule qui soit susceptible des méthodes ordinaires. Comme 12 est divisible par 4, je rejete ce diviseur carré, en me souvenant que je dois ensuite multiplier la valeur de y par 2 ; j'aurai donc à rendre carrée la formule $13y^2 - 3$, ou bien, en faisant $y = \frac{r}{s}$, (on suppose que r & s sont des nombres entiers premiers entr'eux, en sorte que la fraction

$\frac{r}{f}$ soit déjà réduite à ses moindres termes, comme la fraction $\frac{q}{p}$), celle-ci $13 r^2 - 3 f^2$; soit la racine z', j'aurai

$$13 r^2 = z'^2 + 3 f^2 ,$$

& je ferai $z' = m f - 13 f'$, m étant un nombre entier non $> \frac{13}{2}$, c'est-à-d. < 7, & tel que $m^2 + 3$ soit divisible par 13; or je trouve $m = 6$, ce qui donne $m^2 + 3 = 39 = 13.3$; donc substituant la valeur de z' & divisant toute l'équation par 13, on aura

$$r^2 = 3 f^2 - 2.6 f f' + 13 f'^2 .$$

Comme le coefficient 3 de f^2 n'est ni carré ni moindre que celui de f^2 dans l'équation précédente, on fera, (art. 54), $f = \mu f' + f''$, & substituant l'on aura la transformée

$$r^2 = 3 f''^2 - 2 (6 - 3 \mu) f'' f' + (3 \mu^2 - 2.6 \mu + 13) f'^2 ;$$

on déterminera μ, en sorte que $6 - 3 \mu$ ne soit pas $> \frac{3}{2}$, & il est clair qu'il faudra faire $\mu = 2$, ce qui donne $6 - 3 \mu = 0$; & l'équation deviendra

$$r^2 = 3 f''^2 + f'^2 ,$$

laquelle est, comme l'on voit, réduite à

l'état demandé, puisque le coefficient du carré de l'une des deux indéterminées du second membre est aussi carré.

On fera donc, pour avoir la solution la plus simple qu'il est possible, $f''=0$, $f'=1$ & $r=1$; donc $f=\mu=2$, & de-là $y'=\frac{r}{f}=\frac{1}{2}$; mais nous avons vu qu'il faut multiplier la valeur de y' par 2; ainsi on aura $y'=1$; donc, en rétrogradant toujours, on aura $\frac{q'}{p}=1$; donc $q'=p$; donc l'équation $-12p^2=(-12q+41q')^2-13q^2$, donnera $(-12q+41p)^2=p^2$; donc $-12q+41p=p$, c'est-à-dire $12q=40p$; donc $y=\frac{q}{p}=\frac{40}{12}=\frac{10}{3}$; mais comme il faut diviser la valeur de y par 2, on aura $y=\frac{5}{3}$; ce sera le côté de la racine de la formule proposée $7+15x+13x^2$; ainsi faisant cette quantité $=\frac{25}{9}$, on trouvera par la résolution de l'équation, $26x+15=\pm\frac{7}{3}$, d'où $x=-\frac{19}{39}$, ou $=-\frac{2}{3}$.

On auroit pu prendre aussi $-12q+41p=-p$, & l'on auroit eu $y=\frac{q}{p}=\frac{21}{6}$, &

divifant par 2, $y=\frac{21}{12}$; faifant donc $7+15x$ $+13x^2=\left(\frac{21}{12}\right)^2$, on trouvera $26x+15$ $=\pm\frac{9}{2}$; donc $x=-\frac{21}{52}$, ou $=-\frac{3}{4}$.

Si on vouloit avoir d'autres valeurs de x, il n'y auroit qu'à chercher d'autres folutions de l'équation $r^2=3f^2+f^2$, laquelle eft réfoluble en général par les méthodes connues; mais on peut auffi, dès qu'on connoît une feule valeur de x, en déduire immédiatement toutes les autres valeurs fatisfaifantes de x par la méthode expliquée dans le chap. IV du traité précédent.

R E M A R Q U E.

57. Suppofons en général que la quantité $a+bx+cx^2$ devienne égale à un carré g^2, lorfque $x=f$, en forte que l'on ait $a+bf+cf^2=g^2$; donc $a=g^2-bf-cf^2$; de forte qu'en fubftituant cette valeur dans la formule propofée, elle deviendra

$$g^2+b(x-f)+c(x^2-f^2).$$

Qu'on prenne $g+m(x-f)$ pour la racine de cette quantité, m étant un nombre indéterminé, & l'on aura l'équation

$$g^2 + b(x - f) + c(x^2 - f^2) = g^2 + 2mg(x - f)$$
$$+ m^2(x - f)^2,$$ c'est-à-dire en effaçant g^2 de part & d'autre, & divisant ensuite par $x - f$, $b + c(x + f) = 2mg + m^2(x - f)$; d'où l'on tire

$$x = \frac{fm^2 - 2gm + b + cf}{m^2 - c}.$$

Et il est clair qu'à cause du nombre indéterminé m, cette expression de x doit renfermer toutes les valeurs qu'on peut donner à x, pour que la formule proposée devienne un carré; car quel que soit le nombre carré auquel cette formule peut être égale, il est visible que la racine de ce nombre pourra toujours être représentée par $g + m(x - f)$, en donnant à m une valeur convenable. Ainsi quand on aura trouvé par la méthode expliquée ci-dessus une seule valeur satisfaisante de x, il n'y aura qu'à la prendre pour f, & la racine du carré qui en résultera pour g; l'on aura, par la formule précédente, toutes les autres valeurs possibles de x.

Dans l'exemple précédent on a trouvé

$y = \frac{1}{3}$ & $x = -\frac{2}{3}$; ainsi on fera $g = \frac{1}{3}$, & $f = -\frac{2}{3}$, & l'on aura

$$x = \frac{19 - 10m - 2m^2}{3(m^2 - 13)},$$

c'est l'expression générale des valeurs rationnelles de x, qui peuvent rendre carrée la quantité $7 + 15x + 13x^2$.

E X E M P L E   I I.

58. Soit encore proposé de trouver une valeur rationnelle de y, telle que $23y^2 - 5$ soit un carré.

Comme 23 & 5 ne sont divisibles par aucun nombre carré, il n'y aura aucune réduction à y faire. Ainsi en faisant $y = \frac{p}{q}$, il faudra que la formule $23p^2 - 5q^2$ devienne un carré z^2; de sorte qu'on aura l'équation $23p^2 = z^2 + 5q^2$.

On fera donc $z = nq - 23q'$, & il faudra prendre pour n un nombre entier non $> \frac{23}{2}$, tel que $n^2 + 5$ soit divisible par 23. Je trouve $n = 8$, ce qui donne $n^2 + 5 = 23.3$, & cette valeur de n est la seule qui ait les conditions requifes. Subftituant donc $8q - 23q'$ à la place de z, & divifant toute l'équation par 23, j'aurai celle-ci,

$$p^2 = 3q^2 - 2 . 8 q q' + 23 q'^2,$$

dans laquelle on voit que le coefficient 3 eft déjà moindre que la valeur de B qui eft 5, abftraction faite du figne.

Ainfi on multipliera toute l'équation par 3, & l'on aura $3p^2 = (3q - 8q')^2 + 5 q'^2$; de forte qu'en faifant $\dfrac{q'}{p} = y$, il faudra que la formule $- 5 y^2 + 3$ foit un carré, où les coefficiens 5 & 3 n'admettent aucune réduction.

Soit donc $y = \dfrac{r}{f}$, (r & f font fuppofés premiers entr'eux, au lieu que q' & p peuvent ne pas l'être), & l'on aura à rendre carrée la quantité $- 5 r^2 + 3 f^2$; de forte qu'en nommant la racine z', on aura $- 5 r^2 + 3 f^2 = z'^2$, & de-là $- 5 r^2 = z'^2 - 3 f^2$.

On prendra donc $z' = m f + 5 f$, & il faudra que m foit un nombre entier non $> \frac{5}{2}$, & tel que $m^2 - 3$ foit divifible par 5; or c'eft ce qui eft impoffible, car on ne pourroit prendre que $m=1$ ou $=2$, ce qui donne $m^2-3=-2$ ou $=1$. Ainſi on en doit conclure que le probleme n'eſt pas réſoluble, c'eſt-à-dire qu'il eſt impoſſible que la formule $23y^2-5$ puiſſe jamais devenir égale à un nombre carré, quelque nombre que l'on ſubſtitue à la place de y.

C O R O L L A I R E.

59. Si on avoit une équation quelconque du ſecond degré à deux inconnues, telle que $a+bx+cy+dx^2+exy+fy^2=0$, & que l'on propoſât de trouver des valeurs rationnelles de x & y qui ſatisfiſſent à cette équation, on y pourroit parvenir, lorſque cela eſt poſſible, par la méthode que nous venons d'expoſer.

En effet, ſi on tire la valeur de y en x, on aura

$$2fy+ex+c=\sqrt{((c+ex)^2-4f(a+bx+dx^2))},$$

ou bien en faiſant

$$\alpha=c^2-4af,\ \beta=2ce-4bf,\ \gamma=e^2-4df,$$
$$2fy+ex+c=\sqrt{(\alpha+\beta x+\gamma x^2)};$$

de ſorte que la queſtion ſera réduite à trouver des valeurs de x qui rendent rationnel le radical $\sqrt{(\alpha+\beta x+\gamma x^2)}$.

R E M A R Q U E.

60. Nous avons déjà traité ce même sujet, mais d'une maniere un peu différente, dans les Mémoires de l'Académie des Sciences de Berlin pour l'année 1767, & nous croyons être les premiers qui ayons donné une méthode directe & exempte de tâtonnement pour la solution des problemes indéterminés du second degré. Le Lecteur qui sera curieux d'approfondir cette matiere, pourra consulter les Mémoires cités, où il trouvera sur-tout des remarques nouvelles & importantes sur la recherche des nombres entiers qui, étant pris pour n, peuvent rendre $n^2 - B$ divisible par A, A & B étant des nombres donnés.

On trouvera aussi dans les Mémoires pour les années 1770 & suivantes, des recherches sur la forme des diviseurs des nombres représentés par $z^2 - Bq^2$; de sorte que par la forme même du nombre A, on pourra juger souvent de l'impossibilité de l'équation $Ap^2 = z^2 - Bq^2$, où $Ay^2 + B = $ à un carré, (art. 52).

PARAGRAPHE VI.

Sur les doubles & triples Egalités.

61. Nous traiterons ici en peu de mots des doubles & triples égalités, qui font d'un ufage très-fréquent dans l'analyfe de *Diophante*, & pour la folution defquelles ce grand Géometre & fes Commentateurs ont cru devoir donner des regles particulieres.

Lorfqu'on a une formule contenant une ou plufieurs inconnues à égaler à une puiffance parfaite, comme à un carré ou à un cube &c. cela s'appelle dans l'analyfe de *Diophante* une égalité fimple ; & lorfqu'on a deux formules contenant la même ou les mêmes inconnues à égaler chacune à des puiffances parfaites, cela s'appelle une égalité double, & ainfi de fuite.

Jufqu'ici on a vu comment il faut ré-foudre les égalités fimples où l'inconnue ne paffe pas le fecond degré, & où la puiffance propofée eft la feconde, c'eft-à-dire le carré.

Voyons donc comment on doit traiter les égalités doubles & triples de la même espece.

62. Soit d'abord proposée cette égalité doublée,

$$a + bx = \text{à un carré}$$
$$c + dx = \text{à un carré},$$

où l'inconnue x ne se trouve qu'au premier degré.

Faisant $a + bx = t^2$ & $c + dx = u^2$, & chassant x de ces deux équations, on aura $ad - bc = dt^2 - bu^2$; donc $dt^2 = bu^2 + ad - bc$, & $(dt)^2 = dbu^2 + (ad - bc)d$; de sorte que la difficulté sera réduite à trouver une valeur rationnelle de u, telle que $dbu^2 + ad^2 - bcd$ devienne un carré. On résoudra cette égalité simple par la méthode exposée ci-dessus, & connoissant ainsi u on aura

$$x = \frac{u^2 - c}{d}.$$

Si l'égalité doublée étoit

$$ax^2 + bx = \text{à un carré}$$
$$cx^2 + dx = \text{à un carré},$$

il n'y auroit qu'à faire $x = \frac{1}{x'}$, & multiplier enfuite l'une & l'autre formule par le carré x^2, on auroit ces deux autres égalités $a + bx =$ à un carré & $c + dx =$ à un carré, qui font femblables aux précédentes.

Ainfi on peut réfoudre en général toutes les égalités doubles où l'inconnue ne paffe pas le premier degré, & celles où l'inconnue fe trouve dans tous les termes, pourvu qu'elle ne paffe pas le fecond degré; mais il n'en eft pas de même lorfque l'on a des égalités de cette forme,

$$a + bx + cx^2 = \text{à un carré}$$
$$\alpha + \beta x + \gamma x^2 = \text{à un carré.}$$

Si on réfoud la premiere de ces égalités par notre méthode, & qu'on nomme f la valeur de x qui rend $a + bx + cx^2 =$ au carré g^2, on aura en général, (art. 57),

$$x = \frac{fm^2 - 2gm + b + cf}{m^2 - c};$$

donc fubftituant cette expreffion de x dans l'autre formule $\alpha + \beta x + \gamma x^2$, & la multipliant enfuite par $(m^2 - c)^2$, on aura à réfoudre l'égalité,

$$\alpha(m^2 - c)^2 + \beta(m^2 - c)(fm^2 - 2gm + b + cf)$$

$+\gamma\,(fm^2 - 2gm + b + cf)^2 =$ à un carré,
dans laquelle l'inconnue m monte au quatrieme degré.

Or on n'a jufqu'à préfent aucune regle générale pour réfoudre ces fortes d'égalités, & tout ce qu'on peut faire, c'eft de trouver fucceffivement différentes folutions, lorfqu'on en connoît une feule. (Voyez le chapitre IX).

63. Si on avoit la triple égalité

$$\left.\begin{array}{l} ax + by \\ cx + dy \\ hx + ky \end{array}\right\} = \text{à un carré,}$$

on feroit $ax + by = t^2$, $cx + dy = u^2$, & $hx + ky = f^2$, & chaffant x de ces trois équations, on auroit celle-ci,

$$(ak - bh)u^2 - (ck - dh)t^2 = (ad - cb)f^2;$$

de forte qu'en faifant $\frac{u}{t} = \gamma$, la difficulté fe réduiroit à réfoudre l'égalité fimple,

$$\frac{ak - bh}{ad - cb}\gamma^2 - \frac{ck - dh}{ad - cb} = \text{à un carré,}$$

laquelle eft, comme l'on voit, dans le cas de notre méthode générale.

Ayant trouvé la valeur de z, on aura $u = t z$, & les deux premieres équations donneront

$$x = \frac{d - b z^2}{ad - cb} t^2, \quad y = \frac{a z^2 - c}{ad - cb} t^2.$$

Mais fi la triple égalité propofée ne contenoit qu'une feule variable, on retomberoit alors dans une égalité où l'inconnue monteroit au quatrieme degré.

En effet, il eft clair que ce cas peut fe déduire du précédent, en faifant $y = 1$; de forte qu'il faudra que l'on ait $\dfrac{a z^2 - c}{ad - cb} t^2$

$= 1$, & par conféquent $\dfrac{a z^2 - c}{ad - cb} = $ *à un carré.*

Or nommant f une des valeurs de z qui peuvent fatisfaire à l'égalité ci-deffus, & faifant, pour abréger, $\frac{ak - bh}{ad - cb} = e$, on aura en général, (art. 57),

$$z = \frac{fm^2 - 2gm + ef}{m^2 - e}.$$

Donc, fubftituant cette valeur de z dans la derniere égalité, & la multipliant toute par le carré de $m^2 - e$, on aura celle-ci,

$$a(fm^2$$

$$\frac{a\,(fm^2 - 2gm + ef)^2 - c\,(m^2 - e)^2}{ad - cb}$$

$=$ *d un carré*, où l'inconnue *m* monte, comme l'on voit, au quatrieme degré.

PARAGRAPHE VII.

Méthode directe & générale pour trouver toutes les valeurs de y *exprimées en nombres entiers, par lesquelles on peut rendre rationnelles les quantités de la forme*

$$\sqrt{(Ay^2 + B)},$$

A *&* B *étant des nombres entiers donnés; & pour trouver aussi toutes les solutions possibles en nombres entiers des Équations indéterminées du second degré à deux inconnues.*

Addition pour le Chapitre V I.

64. $\mathbf{Q}$uoique par la méthode du §. V on puisse trouver des formules générales qui renferment toutes les valeurs rationnelles de y, propres à rendre $Ay^2 + B$ égal à un carré, cependant ces formules ne sont

d'aucun ufage, lorfqu'on demande pour y des valeurs exprimées en nombres entiers; c'eft pourquoi nous fommes obligés de donner ici une méthode particuliere pour réfoudre la queftion dans le cas des nombres entiers.

Soit donc $Ay^2 + B = x^2$; & comme A & B font fuppofés des nombres entiers, & que y doit être auffi un nombre entier, il eft clair que x devra être pareillement entier; de forte qu'on aura à réfoudre en entiers l'équation

$$x^2 - Ay^2 = B.$$

Je commence par remarquer ici que fi B n'eft divifible par aucun nombre carré, il faudra néceffairement que y foit premier à B; car fuppofons, s'il eft poffible, que y & B aient une commune mefure α, en forte que $y = \alpha y'$, & $B = \alpha B'$; donc on aura $x^2 = A\alpha^2 y'^2 = \alpha B'$, d'où il s'enfuit qu'il faudra que x^2 foit divifible par α; & comme α n'eft ni carré ni divifible par aucun carré, (*hyp.*), à caufe que α eft facteur de B, il faudra que x soit divisible par α; faisant donc $x = \alpha x'$, on aura $\alpha^2 x'^2 = \alpha^2 A y^2 + \alpha B'$, ou bien en divisant par α, $\alpha x'^2 = \alpha A y^2 + B'$; d'où l'on voit que B' devroit encore être divisible par α, ce qui est contre l'hypothese.

Ce n'est donc que lorsque B contient des facteurs carrés que y peut avoir une commune mesure avec B; & il est facile de voir par la démonstration précédente que cette commune mesure de y & de B ne peut être que la racine d'un des facteurs carrés de B, & que le nombre x devra avoir la même commune mesure; en sorte que toute l'équation sera divisible par le carré de ce commun diviseur de x, y & B.

De-là je conclus, 1°. que si B n'est divisible par aucun carré, y & B seront premiers entr'eux.

2°. Que si B est divisible par un seul carré α^2, y pourra être premier à B ou divisible par α, ce qui fait deux cas qu'il faudra examiner séparément; dans le premier cas on réfoudra l'équation $x^2 - Ay^2 = B$, en fuppofant y & B premiers entr'eux ; dans le fecond on aura à réfoudre l'équation $x^2 - Ay^2 = B'$, B' étant $= \dfrac{B}{\alpha^2}$, en fuppofant auffi y & B' premiers entr'eux ; mais il faudra enfuite multiplier par α les valeurs qu'on aura trouvées pour y & x, pour avoir les valeurs convenables à l'équation propofée.

3°. Que fi B eft divifible par deux différens carrés, α^2 & β^2, on aura trois cas à confidérer ; dans le premier on réfoudra l'équation $x^2 - Ay^2 = B$, en regardant y & B comme premiers entr'eux ; dans le fecond on réfoudra de même l'équation $x^2 - Ay^2 = B'$, B' étant $= \dfrac{B}{\alpha^2}$, dans l'hypothefe de y & B' premiers entr'eux, & on multipliera enfuite les valeurs de x & y par α ; dans le troifieme on réfoudra l'équation $x^2 - Ay^2 = B''$, B'' étant $= \dfrac{B}{\beta^2}$, dans l'hypothefe de y & B'' premiers entr'eux, & on multipliera enfuite les valeurs de x & de y par β.

4°. &c. Ainfi on aura autant d'équations différentes à réfoudre, qu'il y aura de différens divifeurs carrés de B; mais ces équations feront toutes de la même forme $x^2 - Ay^2 = B$, & y fera auffi toujours premier à B.

65. Confidérons donc en général l'équation $x^2 - Ay^2 = B$, où y eft premier à B; & comme x & y doivent être des nombres entiers, il faudra que $x^2 - Ay^2$ foit divifible par B.

On fera donc, fuivant la méthode du §. IV, art. 48, $x = ny - B\zeta$, & l'on aura l'équation
$$(n^2 - A)y^2 - 2nBy\zeta + B^2\zeta^2 = B,$$
par laquelle on voit que le terme $(n^2 - A)y^2$ doit être divifible par B, puifque tous les autres le font d'eux-mêmes; donc, comme y eft premier à B, (*hyp.*), il faudra que $n^2 - A$ foit divifible par B; de forte qu'en faifant $\dfrac{n^2 - A}{B} = C$, on aura, après avoir divifé par B,
$$Cy^2 - 2ny\zeta + B\zeta^2 = 1;$$

or cette équation eft plus fimple que la propofée, en ce que le fecond membre eft
égal à l'unité.

On cherchera donc les valeurs de n qui
peuvent rendre $n^2 - A$ divifible par B;
pour cela il fuffira, (art. 47), d'effayer
pour n tous les nombres entiers pofitifs ou
négatifs non $> \frac{B}{2}$; & fi parmi ceux-ci on
n'en trouve aucun qui fatisfaffe, on en
conclura d'abord qu'il eft impoffible que
$n^2 - A$ puiffe être divifible par B, & qu'ainfi
l'équation propofée n'eft pas réfoluble en
nombres entiers.

Mais fi on trouve de cette maniere un
ou plufieurs nombres fatisfaifans, on les
prendra l'un après l'autre pour n, ce qui
donnera autant de différentes équations qu'il
faudra traiter féparément, & dont chacune
pourra fournir une ou plufieurs folutions de
la queftion propofée.

Quant aux valeurs de n qui furpafferoient
celle de $\frac{B}{2}$, on en pourra faire abftraction,
parce qu'elles ne donneroient point d'équations différentes de celles qui réfulteront

des valeurs de n qui ne font pas $> \frac{B}{2}$, comme nous l'avons déjà montré dans l'art. 52.

Au reste, comme la condition par laquelle on doit déterminer n est que $n^2 - A$ foit divifible par B, il est clair que chaque valeur de n pourra être également positive ou négative ; de forte qu'il fuffira d'effayer fucceffivement pour n tous les nombres naturels qui ne font pas plus grands que $\frac{B}{2}$, & de prendre enfuite les valeurs fatisfaifantes de n tant en *plus* qu'en *moins*.

Nous avons donné ailleurs des regles pour faciliter la recherche des valeurs de n qui peuvent avoir la propriété requife, & même pour trouver ces valeurs *à priori* dans un grand nombre de cas. *Voyez les Mémoires de Berlin pour l'année 1767, pages 194 & 274.*

Résolution de l'équation $Cy^2 - 2nyz + Bz^2 = 1$
en nombres entiers.

On peut résoudre cette équation par deux méthodes différentes que nous allons expliquer.

PREMIERE MÉTHODE.

66. Comme les quantités C, n, B sont supposées des nombres entiers, de même que les indéterminées y & z, il est visible que la quantité $Cy^2 - 2nyz + Bz^2$ sera toujours nécessairement égale à des nombres entiers ; par conséquent l'unité sera la plus petite valeur qu'elle puisse recevoir, à moins qu'elle ne puisse devenir nulle, ce qui ne peut arriver que lorsque cette quantité peut se décomposer en deux facteurs rationnels ; comme ce cas n'a aucune difficulté, nous en ferons d'abord abstraction, & la question se réduira à trouver les valeurs de y & z, qui rendront la quantité dont il s'agit la plus petite qu'il est possible ; si le *minimum* est égal à l'unité, on aura la résolution de l'équation proposée, sinon

on fera affuré qu'elle n'admet aucune folution en nombres entiers. Ainfi le probleme préfent rentre dans le probleme III du §. II, & eft fufceptible d'une folution femblable. Or comme l'on a ici $(2n)^2 - 4BC = 4A$, (art. 65), il faudra diftinguer deux cas, fuivant que A fera pofitif ou négatif.

Premier Cas lorfque $n^2 - BC = A < 0$.

67. Suivant la méthode de l'art. 32 il faudra réduire en fraction continue la fraction $\frac{n}{C}$, prife pofitivement ; c'eft ce qu'on exécutera par la regle de l'art. 4 ; enfuite on formera par les formules de l'art. 10 la férie des fractions convergentes vers $\frac{n}{C}$, & il n'y aura plus qu'à effayer fucceffivement les numérateurs de ces fractions pour le nombre y, & les dénominateurs correfpondans pour le nombre z ; fi la propofée eft réfoluble en nombres entiers, on trouvera de cette maniere les valeurs fatisfaifantes de y & z ; & réciproquement on fera affuré que la propofée n'admet aucune folution en nombres entiers, fi parmi les nombres qu'on

aura essayés il ne s'en trouve point de satisfaisans.

Second Cas lorsque $n^2 - BC = A > 0$.

68. On fera usage ici de la méthode de l'art. 33 & suiv. ainsi, à cause de $E = 4A$, on considérèra d'abord la quantité, (article 39),

$$a = \frac{n \pm \sqrt{A}}{C},$$

dans laquelle il faudra déterminer les signes tant de la valeur de n, que nous avons vu pouvoir être également positive & négative, que de $\sqrt{A}$, en sorte qu'elle devienne positive ; ensuite on fera le calcul suivant :

$$Q^0 = -n, \qquad P^0 = C, \qquad \mu < \frac{-Q^0 \pm \sqrt{A}}{P^0}$$

$$Q' = \mu P^0 + Q^0, \quad P' = \frac{Q'^2 - A}{P^0}, \quad \mu' < \frac{-Q' \mp \sqrt{A}}{P'}$$

$$Q'' = \mu' P' + Q', \quad P'' = \frac{Q''^2 - A}{P'}, \quad \mu'' < \frac{-Q'' \pm \sqrt{A}}{P''}$$

$$Q''' = \mu'' P'' + Q'', \quad P''' = \frac{Q'''^2 - A}{P''}, \quad \mu''' < \frac{-Q''' \mp \sqrt{A}}{P'''}$$

&c. &c. &c.

& on continuera seulement ces séries jusqu'à ce que deux termes correspondans de la premiere & de la feconde férie reparoiffent enfemble ; alors, fi parmi les termes de la feconde férie P°, P^ι, $P^{\iota\iota}$ &c. il s'en trouve un égal à l'unité pofitive, ce terme donnera une folution de l'équation propofée, & les valeurs de y & ζ feront les termes corref- pondans des deux féries p°, p^ι, $p^{\iota\iota}$, &c. & q°, q^ι, $q^{\iota\iota}$, calculées par les formules de l'art. 25 ; finon on en conclura fur le champ que la propofée n'eft pas réfoluble en nom- bres entiers. (*Voyez l'exemple de l'art. 40.*)

Troifieme Cas lorfque $A =$ à un carré.

69. Dans ce cas le nombre $\sqrt{A}$ deviendra rationnel, & la quantité $Cy^2 - 2ny\zeta + B\zeta^2$ pourra fe décompofer en deux facteurs ra- tionnels. En effet cette quantité n'eft autre chofe que celle-ci, $\dfrac{(Cy - n\zeta)^2 - A\zeta^2}{C}$, laquelle, en fuppofant $A = a^2$, peut fe mettre fous cette forme,

$$\frac{(Cy \pm (n + a)\zeta)(Cy \pm (n - a)\zeta)}{C}.$$

Or comme $n^2 - a^2 = AC = (n+a)(n-a)$, il faudra que le produit de $n+a$ par $n-a$

foit divifible par C, & par conféquent que l'un de ces deux nombres $n+a$ & $n-a$ foit divifible par un des facteurs de C, & l'autre par le facteur réciproque; fuppofons donc $C=bc$ & que $n+a=fb$, & $n-a=gc$, f & b étant des nombres entiers, & la quantité précédente deviendra le produit de ces deux facteurs linéaires, $cy \pm fz$ & $by \pm gz$; donc, puifque ces deux facteurs font égaux à des nombres entiers, il eft clair que leur produit ne fauroit être $=1$, comme l'équation propofée le demande, à moins que chacun d'eux ne foit en particulier $=\pm 1$; on fera donc $cy \pm fz = \pm 1$ & $by \pm gz = \pm 1$, & on déterminera par-là les nombres y & z; fi ces nombres fe trouvent entiers, on aura la folution de l'équation propofée, finon elle fera infoluble au moins en nombres entiers.

SECONDE MÉTHODE.

76. Qu'on pratique fur la formule $Cy^2 - 2nyz + Bz^2$ des transformations femblables à celles dont nous avons fait ufage plus

haut, (art. 54), & je dis qu'on pourra toujours parvenir à une transformée, telle que

$$L\xi^2 - 2M\xi\psi + N\psi^2,$$

les nombres L, M, N étant des nombres entiers dépendans des nombres donnés C, B, n, en sorte que l'on ait $M^2 - LN = n^2 - CB = A$, & que de plus $2M$ ne soit pas plus grand, (abstraction faite des signes), que le nombre L, ni que le nombre N, les nombres ξ & ψ seront aussi des nombres entiers, mais dépendans des nombres indéterminés y & z.

En effet soit, par exemple, C moindre que B, & qu'on mette la formule dont il s'agit sous cette forme

$$B'y^2 - 2nyy' + By'^2,$$

en faisant $C = B'$ & $z = y'$; si $2n$ n'est pas plus grand que B', il est clair que cette formule aura déjà d'elle-même les conditions requises; mais si $2n$ est plus grand que B', alors on supposera $y = my' + y''$, & substituant on aura la transformée

$$B^{\shortmid}\overset{{}_{\shortparallel}}{y}{}^2 - 2n^{\shortmid}y^{\shortparallel}y^{\shortmid} + B^{\shortparallel}\overset{{}_{\shortmid}}{y}{}^2,$$

où $\quad n^{\shortmid} = n - m B^{\shortmid},$

$$B^{\shortparallel} = m^2 B^{\shortmid} - 2 m n + B = \frac{\overset{\shortmid}{n^2} - A}{B^{\shortmid}}.$$

Or comme le nombre m est indéterminé, on pourra, en le supposant entier, le prendre tel que le nombre $n - m B^{\shortmid}$ ne soit pas plus grand que $\frac{1}{2} B^{\shortmid}$; alors $2n^{\shortmid}$ ne surpassera pas $B^{\shortmid}$. Ainsi, si $2n^{\shortmid}$ ne surpasse pas non plus $B^{\shortparallel}$, la transformée précédente sera déjà dans le cas qu'on a en vue; mais si $2n^{\shortmid}$ est plus grand que $B^{\shortparallel}$, on continuera alors à supposer $y^{\shortmid} = \overset{\shortmid}{m}y^{\shortparallel} + y^{\shortparallel\shortmid}$, ce qui donnera la nouvelle transformée

$$B^{\shortparallel\shortmid}\overset{{}_{\shortparallel}}{y}{}^2 - 2n^{\shortparallel}y^{\shortparallel}y^{\shortparallel\shortmid} + B^{\shortparallel}\overset{{}_{\shortparallel\shortmid}}{y}{}^2,$$

où $\quad n^{\shortparallel} = + n^{\shortmid} - m^{\shortmid} B^{\shortparallel},$

$$B^{\shortparallel\shortmid} = m^2 \overset{\shortmid}{B} - 2\overset{\shortmid}{m}\overset{\shortmid}{n} + B^{\shortmid} = \frac{\overset{\shortparallel}{n^2} - A}{B^{\shortparallel}}.$$

On déterminera le nombre entier $m^{\shortmid}$, en sorte que $n^{\shortmid} - m^{\shortmid} B^{\shortparallel}$ ne soit pas plus grand que $\dfrac{B^{\shortparallel}}{2}$, moyennant quoi $2n^{\shortparallel}$ ne surpassera pas $B^{\shortparallel}$; de sorte que l'on aura

la transformée cherchée , fi $2n''$ ne furpaffe
pas non plus B''', mais fi $2n''$ furpaffe B''',
on fuppofera de nouveau $y''=m''y'''+y^{\mathrm{IV}}$
&c. &c.

Or il eft vifible que ces opérations ne
peuvent pas aller à l'infini ; car puifque $2n$
eft plus grand que B' & que $2n'$ ne l'eft
pas , il eft clair que n' fera moindre que n ;
de même $2n'$ eft plus grand que B'', &
$2n''$ ne l'eft pas ; donc n'' fera moindre que
n', & ainfi de fuite ; de forte que les nombres n, n', n'' &c. formeront une fuite décroiffante de nombres entiers , laquelle ne
pourra par conféquent pas aller à l'infini.
On parviendra donc néceffairement à une
formule où le coefficient du terme moyen
ne fera pas plus grand que ceux des deux
termes extrêmes , & qui aura d'ailleurs les
autres propriétés que nous avons énoncées
ci-deffus ; ce qui eft évident par la nature
même des transformations pratiquées.

Pour faciliter la transformation de la formule

$$Cy^2 - 2nyz + Bz^2$$

en celle-ci,

$$L\xi^2 - 2M\xi\psi + N\psi^2,$$

je désigne par D le plus grand des deux coefficiens extrêmes C & B, & par D' l'autre coefficient ; &, *vice versâ*, je désigne par θ la variable dont le carré se trouvera multiplié par D' & par θ' l'autre variable ; en sorte que la formule proposée prenne cette forme

$$D'\theta^2 - 2n\theta\theta' + D\theta'^2,$$

où D' soit moindre que D ; ensuite je n'aurai qu'à faire le calcul suivant :

$$m = \frac{n}{D'}, \quad n' = n - mD' \quad D'' = \frac{n^2 - A}{D'}, \quad \theta = m\theta' + \theta''$$

$$m' = \frac{n'}{D''}, \quad n'' = n' - m'D'' \quad D''' = \frac{n'^2 - A}{D''}, \quad \theta' = m'\theta'' + \theta'''$$

$$m'' = \frac{n''}{D'''}, \quad n''' = n'' - m''D''' \quad D^{IV} = \frac{n''^2 - A}{D'''}, \quad \theta'' = m''\theta''' + \theta^{IV}$$

$$\&c. \quad \&c. \quad \&c.$$

où il faut bien remarquer que le signe $=$, qui est mis après les lettres m, m', m'' &c. n'indique pas une égalité parfaite, mais seulement une égalité aussi approchée qu'il est possible,

possible, en tant qu'on n'entend par m, m', m'' &c. que des nombres entiers. Je n'ai employé ce signe $=$ que faute d'un autre signe convenable.

Ces opérations doivent être continuées jusqu'à ce que dans la série n, n', n'' &c. on trouve un terme comme n^p, qui, (abstraction faite du signe), ne surpasse pas la moitié du terme correspondant D^p de la série D', D'', D''' &c. non plus que la moitié du terme suivant D^{p+1}. Alors on pourra faire $D^p = L$, $n^p = N$, $D^{p+1} = M$, & $\theta^p = \Psi$, $\theta^{p+1} = \xi$, ou bien $D^p = M$, $D^{p+1} = L$ & $\theta^p = \xi$, $\theta^{p+1} = \Psi$. Nous supposerons toujours dans la suite qu'on ait pris pour M le plus petit des deux nombres D^p, D^{p+1}.

71. L'équation $Cy^2 - 2nyz + Dz^2 = 1$ sera donc réduite à celle-ci,
$$L\xi^2 - 2N\xi\Psi + M\Psi^2 = 1,$$
où $N^2 - LM = A$, & où $2N$ n'est ni $> L$ ni $> M$, (abstraction faite des signes). Or, M étant le plus petit des deux coefficiens L & M, qu'on multiplie toute l'équation par ce coefficient M, & faisant

$$v = M \Upsilon - N \xi,$$

il est clair qu'elle se changera en celle-ci,

$$v^2 - A \xi^2 = M,$$

dans laquelle il faudra maintenant distinguer les deux cas de A positif & de A négatif.

Soit 1°. A négatif & $= -a$, a étant un nombre positif, l'équation sera donc $v^2 + a \xi^2 = M$. Or, comme $N^2 - LM = A$, on aura $a = LM - N^2$; d'où l'on voit d'abord que les nombres L & M doivent être de mêmes signes; d'ailleurs $2N$ ne doit être ni $> L$ ni $> M$; donc N^2 ne sera pas $> \frac{LM}{4}$; donc $a =$ ou $> \frac{3}{4} LM$; & puisque M est supposé moindre que L, ou au moins pas plus grand que L, on aura à plus forte raison $a =$ ou $> \frac{3}{4} M^2$; donc $M =$ ou $< \sqrt{\frac{4a}{3}}$; donc $M < \frac{4}{3} \sqrt{a}$.

On voit par-là que l'équation $v^2 + a \xi^2 = M$ ne sauroit subsister dans l'hypothese que v & ξ soient des nombres entiers, à moins que l'on ne fasse $\xi = 0$ & $v^2 = M$, ce qui demande que M soit un nombre carré.

Suppofons donc $M = \mu^2$, & l'on aura $\xi = 0$, $\upsilon = \pm \mu$; donc par l'équation $\upsilon = M\Psi - N\xi$, on aura $\mu^2 \Psi = \pm \mu$, & par conféquent $\Psi = \pm \frac{1}{\mu}$; de forte que Ψ ne fauroit être un nombre entier, comme il le doit, (*hyp.*) à moins que μ ne foit égal à l'unité, foit $= \pm 1$, & par conféquent $M = 1$.

De-là je tire donc cette conféquence, que l'équation propofée ne fauroit être réfoluble en nombres entiers, à moins que M ne fe trouve égal à l'unité pofitive. Si cette condition a lieu, alors on fera $\xi = 0$, $\Psi = \pm 1$, & on remontera de ces valeurs à celles de y & z.

Cette méthode revient pour le fond au même que celle de l'art. 67, mais elle a fur celle-là l'avantage de n'exiger aucun tâtonnement.

2°. Soit maintenant A un nombre pofitif, on aura $A = N^2 - LM$; or comme N^2 ne peut pas être plus grand que $\frac{LM}{4}$, il eft clair que l'équation ne pourra fubfifter, à moins que $-LM$ ne foit un nombre pofitif, c'eft-à-dire que L & M ne foient de signes différens. Ainsi A sera nécessairement $< -LM$, ou tout au plus $= -LM$, si $N = 0$; de sorte qu'on aura $-LM =$ ou $< A$, & par conséquent $M^2 =$ ou $< A$, ou $M =$ ou $< \sqrt{A}$.

Le cas de $M = \sqrt{A}$ ne peut avoir lieu que lorsque A est un carré; par conséquent ce cas est très-facile à résoudre par la méthode donnée plus haut, (art. 69).

Reste donc le cas où A n'est pas carré, & dans lequel on aura nécessairement $M < \sqrt{A}$, (abstraction faite du signe de M); alors l'équation $v^2 - A\xi^2 = M$ sera dans le cas du théoreme de l'art. 38, & se résoudra par conséquent par la méthode que nous y avons indiquée.

Ainsi il n'y aura qu'à faire le calcul suivant,

$$Q^0 = 0, \qquad P^0 = 1, \qquad \mu < \sqrt{A}$$

$$Q^I = \mu, \qquad P^I = \overset{I}{Q}{}^2 - A, \ \mu^I < \frac{-Q^I - \sqrt{A}}{P^I}$$

$$Q^{II} = \mu^I P^I + Q^I, \ P^{II} = \frac{\overset{II}{Q}{}^2 - A}{P^I}, \ \mu^{II} < \frac{-Q^{II} + \sqrt{A}}{P^{II}}$$

$$Q^{III} = \mu^{II} P^{II} + Q^{II}, \ P^{III} = \frac{\overset{III}{Q}{}^2 - A}{P^{II}}, \ \mu^{III} < \frac{-Q^{III} - \sqrt{A}}{P^{III}}$$

&c. &c. &c.

qu'on continuera jufqu'à ce que deux termes correfpondans de la premiere & de la feconde férie reparoiffent enfemble, ou bien jufqu'à ce que dans la férie P^{ι}, $P^{\iota\iota}$, $P^{\iota\iota\iota}$ &c. il fe trouve un terme égal à l'unité pofitive, c'eft-à-dire $= P^{\circ}$; car alors tous les termes fuivans reviendront dans le même ordre dans chacune des trois féries, (article 37). Si dans la férie P^{ι}, $P^{\iota\iota}$, $P^{\iota\iota\iota}$ &c. il fe trouve un terme égal à M, on aura la réfolution de l'équation propofée ; car il n'y aura qu'à prendre pour υ & ξ les termes correfpondans des féries p^{ι}, $p^{\iota\iota}$, $p^{\iota\iota\iota}$ &c. q^{ι}, $q^{\iota\iota}$, $q^{\iota\iota\iota}$ &c. calculées d'après les formules de l'art. 25 ; & même on pourra trouver une infinité de valeurs fatisfaifantes de υ & ξ, en continuant à l'infini les mêmes féries.

Or dès qu'on connoîtra deux valeurs de υ & ξ, on aura, par l'équation $\upsilon = M\Psi - N\xi$, celle de Ψ, laquelle fera auffi toujours égale à un nombre entier ; enfuite on pourra remonter de ces valeurs de ξ & Ψ, c'eft-à-dire de $\theta^{\mu+1}$ & θ^{μ}, à celles de θ & θ^{ι}, ou bien de y & χ, (art. 70).

Mais fi dans la férie P^ι, $P^{\prime\prime}$, $P^{\prime\prime\prime}$ &c. il n'y a aucun terme qui foit $=M$, on en conclura hardiment que l'équation propofée n'admet aucune folution en nombres entiers.

Il eft bon de remarquer que comme la férie P^o, P^ι, $P^{\prime\prime}$ &c. ainfi que les deux autres, Q^o, Q^ι, $Q^{\prime\prime}$ &c. & μ, μ', μ'', &c. ne dépendent que du nombre A ; le calcul une fois fait pour une valeur donnée de A fervira pour toutes les équations où A, c'eft-à-dire $n^2 - CB$, aura la même valeur ; & c'eft en quoi la méthode précédente eft préférable à celle de l'art. 68, qui exige un nouveau calcul pour chaque équation.

Au refte tant que A ne paffera pas 100, on pourra faire ufage de la table que nous avons donnée à l'art. 41, laquelle contient pour chaque radical $\sqrt{A}$, les valeurs des termes des deux féries P^o, $-P^\iota$, $P^{\prime\prime}$, $-P^{\prime\prime\prime}$ &c. & μ, μ', μ'', μ''' &c. continues, jufqu'à ce que l'un des termes P^ι, $P^{\prime\prime}$, $P^{\prime\prime\prime}$ &c. devienne $=1$, après quoi tous les termes fuivans de l'une & de l'autre férie reviennent dans le même ordre. De forte qu'on pourra juger fur le champ, par le moyen de cette table, de la réfolubilité de l'équation $v^2 - A\xi^2 = M$.

De la maniere de trouver toutes les folutions poffibles de l'Equation
$$Cy^2 - 2nyz + Bz^2 = 1 ,$$
lorfqu'on n'en connoît qu'une feule.

72. Quoique par les méthodes que nous venons de donner on puiffe trouver fucceffivement toutes les folutions de cette équation, lorfqu'elle eft réfoluble en nombres entiers, cependant on peut parvenir à cet objet d'une maniere encore plus fimple que voici:

Qu'on nomme p & q les valeurs trouvées de y & z, en forte que l'on ait
$$Cp^2 - 2npq + Bq^2 = 1 ,$$
& qu'on prenne deux autres nombres entiers r & f, tels que $pf - qr = 1$, (ce qui eft toujours poffible, à caufe que p & q font néceffairement premiers entr'eux), qu'on fuppofe enfuite

O o iv

$$y = pt + ru, \quad \& \quad z = qt + su,$$

t & u étant deux nouvelles indéterminées ; substituant ces expressions dans l'équation

$$Cy^2 - 2nyz + Bz^2 = 1,$$

& faisant pour abréger

$$P = Cp^2 - 2npq + Bq^2,$$
$$Q = Cpr - n(ps + qr) + Bqs,$$
$$R = Cr^2 - 2nrs + Bs^2,$$

on aura cette transformée,

$$Pt^2 + 2Qtu + Ru^2 = 1.$$

Or on a, (*hyp.*), $P = 1$; de plus si on nomme ρ & σ deux valeurs de r & s qui satisfassent à l'équation $ps - qr = 1$, on aura en général, (art. 42),

$$r = \rho + mp, \quad s = \sigma + mq,$$

m étant un nombre quelconque entier ; donc mettant ces valeurs dans l'expression de Q, elle deviendra

$$Q = Cp\rho - n(p\sigma + q\rho) + Bq\sigma + mP;$$

de sorte que comme $P = 1$, on pourra rendre $Q = 0$, en prenant

$$m = -Cp\rho + n(p\sigma + q\rho) - Bq\sigma.$$

Maintenant je remarque que la valeur de $Q^2 - PR$ se réduit, (après les substitutions & les réductions), à celle-ci, $(n^2 - CB)$ $(pf - qr)^2$; de forte que comme $pf - qr = 1$, on aura $Q^2 - PR = n^2 - CB = A$; donc faifant $P = 1$ & $Q = 0$, il viendra $-R = A$, favoir $R = -A$; ainfi l'équation transformée ci-deffus fe changera en celle-ci, $t^2 - Au^2 = 1$; or comme y, z, p, q, r & f font par l'hypothefe des nombres entiers, il eft facile de voir que t & u feront auffi des nombres entiers; car, en tirant leurs valeurs des équations $y = pt + ru$ & $z = qt + fu$, on a $t = \frac{fy - rz}{pf - qr}$, & $u = \frac{qy - pz}{qr - pf}$, c'eft-à-dire, à caufe de $pf - qr = 1$, $t = fy - rf$, $u = pz - qy$.

Il n'y aura donc qu'à réfoudre en nombres entiers l'équation

$$t^2 - Au^2 = 1,$$

& chaque valeur de t & de u donnera de nouvelles valeurs de y & z.

En effet, fubftituant dans les valeurs générales de r & f la valeur du nombre m trouvée ci-deffus, on aura

$$r = \rho(1 - Cp^2) - Bpq\sigma + np(p\sigma + q\rho),$$
$$f = \sigma(1 - Bq^2) - Cpq\rho + nq(p\sigma + q\rho),$$

ou bien, à cause de $Cp^2 - 2npq + Bq^2 = 1$,
$$r = (Bq - np)(q\rho - p\sigma) = -Bq + np,$$
$$\smallint = (Cp - nq)(p\sigma - q\rho) = Cp - nq.$$

Donc mettant ces valeurs de r & $\smallint$ dans les expressions ci-dessus de y & ζ, on aura en général
$$y = pt - (Bq - np)u,$$
$$\zeta = qt + (Cp - nq)u.$$

73. Tout se réduit donc à résoudre l'équation $t^2 - Au^2 = 1$.

Or, 1°. si A est un nombre négatif, il est visible que cette équation ne sauroit subsister en nombres entiers, qu'en faisant $u = 0$ & $t = 1$, ce qui donneroit $y = p$ & $\zeta = q$. D'où l'on peut conclure que dans le cas où A est un nombre positif, l'équation proposée, $Cy^2 - 2ny\zeta + B\zeta^2 = 1$, ne peut jamais admettre qu'une seule solution en nombres entiers.

Il en seroit de même, si A étoit un nombre positif carré; car faisant $A = a^2$, on auroit $(t + au)(t - au) = 1$; donc $t + au = \pm 1$, & $t - au = \pm 1$; donc $2au = 0$; donc $u = 0$, & par conséquent $t = \pm 1$.

2°. Mais si A est un nombre positif non-carré, alors l'équation $t^2 - Au^2 = 1$ est toujours susceptible d'une infinité de solutions en nombres entiers, (art. 37), qu'on peut trouver toutes par les formules données ci-dessus, (art. 71, n°. 2); mais il suffira de trouver les plus petites valeurs de t & u, & pour cela, dès que l'on sera parvenu, dans la série P^{ι}, $P^{\iota\iota}$, $P^{\iota\iota\iota}$ &c. à un terme égal à l'unité, il n'y aura qu'à calculer par les formules de l'art. 25 les termes correspondans des deux séries p^{ι}, $p^{\iota\iota}$, $p^{\iota\iota\iota}$ &c. & q^{ι}, $q^{\iota\iota}$, $q^{\iota\iota\iota}$ &c. ce seront les valeurs cherchées de t & u. D'où l'on voit que le même calcul qu'on aura fait pour la ré-solution de l'équation $v^2 - A\xi^2 = M$, servira aussi pour celle de l'équation $t^2 - Au^2 = 1$.

Au reste, tant que A ne passe pas 100, on a les plus petites valeurs de t & u toutes calculées dans la table qui est à la fin du chap. VII du traité préc. & dans laquelle les nombres a, m, n sont les mêmes que ceux que nous appellons ici A, t & u.

74. Désignons par t^{ι}, u^{ι} les plus petites

valeurs de t, u dans l'équation $t^2 - Au^2 = 1$; & de même que ces valeurs peuvent servir à trouver de nouvelles valeurs de y & z dans l'équation $Cy^2 - 2yz + Bz^2 = 1$, de même aussi elles pourront servir à trouver de nouvelles valeurs de t & u dans l'équation $t^2 - Au^2 = 1$, qui n'est qu'un cas particulier de celle-là. Pour cela il n'y aura qu'à supposer $C = 1$ & $n = 0$, ce qui donne $-B = A$, & prendre ensuite t, u à la place de y, z, & t', u' à la place de p, q. Faisant donc ces substitutions dans les expressions générales de y & z de l'art. 72, & mettant de plus T, V à la place de t, u, on aura en général

$$t = Tt' + AVu',$$
$$u = Tu' + Vt',$$

& pour la détermination de T & V l'équation $T^2 - AV^2 = 1$, qui est semblable à la proposée.

Ainsi on pourra supposer $T = t'$, & $V = u'$, ce qui donnera

$$t = t'^2 + Au'^2, \quad u = t'u' + t'u'.$$

Nommant donc t'', u'' les secondes valeurs de t & u, on aura

$$t'' = t'^2 + A u'^2, \quad u'' = 2 t' u'.$$

Maintenant il est clair qu'on peut prendre ces nouvelles valeurs t'', u'' à la place des premieres t', u'; ainsi l'on aura

$$t = T t'' + A V u'',$$
$$u = T u'' + V t'',$$

où l'on peut supposer de nouveau $T = t'$, $V = u'$, ce qui donnera

$$t = t' t'' + A u' u'', \quad u = t' u'' + u' t''.$$

Ainsi on aura de nouvelles valeurs de t & u, lesquelles seront

$$t''' = t' t'' + A u' u'' = t' (t'^2 + 3 A u'^2),$$
$$u''' = t' u'' + u' t'' = u' (3 t'^2 + A u'^2),$$

& ainsi de suite.

75. La méthode précédente ne fait trouver que successivement les valeurs t'', t''' &c. u'', u''' &c. voyons maintenant comment on peut généraliser cette recherche. On a d'abord

$$t = T t' + A V u', \quad u = T u' + V t';$$

d'où je tire cette combinaison,

$$t'' \pm u'' \sqrt{A} = (t' \pm u' \sqrt{A})(T \pm V \sqrt{A});$$

donc fuppofant $T = t'$ & $V = u'$, on aura

$$t'' \pm u'' \sqrt{A} = (t' \pm u' \sqrt{A})^2.$$

Qu'on mette à préfent ces valeurs de t'' & u'' à la place de celles de t' & u', l'on aura

$$t \pm u \sqrt{A} = (t' \pm u' \sqrt{A})^2 (T \pm V \sqrt{A}),$$

où faifant de nouveau $T = t'$ & $u = u'$, & nommant t''', u''' les valeurs réfultantes de t & u, il viendra

$$t''' \pm u''' \sqrt{A} = (t' \pm u' \sqrt{A})^3.$$

On trouvera de même

$$t^{\mathrm{iv}} \pm u^{\mathrm{iv}} \sqrt{A} = (t' \pm u' \sqrt{A})^4,$$

& ainfi de fuite.

Donc, fi pour plus de fimplicité on nomme maintenant T & V les premieres & plus petites valeurs de t, u, que nous avons nommées ci-deffus t', u', on aura en général

$$t \pm u \sqrt{A} = (T \pm V \sqrt{A})^m,$$

m étant un nombre quelconque entier pofitif; d'où l'on tire à caufe de l'ambiguité des fignes

$$t = \frac{(T+V\sqrt{A})^m + (T-V\sqrt{A})^m}{2}$$

$$u = \frac{(T+V\sqrt{A})^m - (T-V\sqrt{A})^m}{2\sqrt{A}}.$$

Quoique ces expressions paroissent sous une forme irrationnelle, cependant il est aisé de voir qu'elles deviendront rationnelles, en développant les puissances de $T+V\sqrt{A}$; car on a, comme l'on fait,

$$(T+V\sqrt{A})^m = T^m \pm m T^{m-1} V\sqrt{A}$$
$$+ \frac{m(m-1)}{2} T^{m-2} V^2 A + \frac{m(m-1)(m-2)}{2.3} T^{m-3} V^3$$
$$A\sqrt{A} +, \&c.$$

Donc

$$t = T^m + \frac{m(m-1)}{2} A T^{m-2} V^2$$
$$+ \frac{m(m-1)(m-2)(m-3)}{2.3.4} A^2 T^{m-4} V^4 +, \&c.$$
$$u = m T^{m-1} V + \frac{m(m-1)(m-2)}{2.3} A T^{m-3} V^3$$
$$+ \frac{m(m-1)(m-2)(m-3)(m-4)}{2.3.4.5} A^2 T^{m-5} V^5 +, \&c.$$

où l'on pourra prendre pour m des nombres quelconques entiers positifs.

Il est clair qu'en faisant successivement $m = 1, 2, 3, 4$ $\&c.$ on aura des valeurs de t & u, qui iront en augmentant.

Or je vais prouver que l'on aura de cette

maniere toutes les valeurs poſſibles de t & u, pourvu que T & V en ſoient les plus petites. Pour cela il ſuffit de prouver qu'entre les valeurs de t & u qui répondent à un nombre quelconque m, & celles qui répondroient au nombre ſuivant $m+1$, il eſt impoſſible qu'il ſe trouve des valeurs intermédiaires qui puiſſent ſatisfaire à l'équation $t^2 - Au^2 = 1$.

Prenons, par exemple, les valeurs t''', u''', qui réſultent de la ſuppoſition de $m = 3$, & les valeurs t^{iv}, u^{iv}, qui réſultent de la ſuppoſition $m = 4$, & ſoient, s'il eſt poſſible, d'autres valeurs intermédiaires θ & v, qui ſatisfaſſent auſſi à l'équation $t^2 - Au^2 = 1$.

Puiſque l'on a $\overset{\text{\tiny III}}{t^2} - A\overset{\text{\tiny III}}{u^2} = 1$, $\overset{\text{\tiny IV}}{t^2} - A\overset{\text{\tiny IV}}{u^2} = 1$ & $\theta^2 - Av^2 = 1$, on aura $\theta^2 - \overset{\text{\tiny III}}{t^2} = A(v^2 - \overset{\text{\tiny III}}{u^2})$ & $\overset{\text{\tiny IV}}{t^2} - \theta^2 = A(\overset{\text{\tiny IV}}{u^2} - v^2)$, d'où l'on voit que ſi $\theta > t'''$ & $< t^{iv}$, on aura auſſi $v > u'''$ & $< u^{iv}$. De plus on aura-auſſi ces autres valeurs de t & u, ſavoir $t = \theta t^{iv} - Avu^{iv}$, $u = \theta u^{iv} - vt^{iv}$, qui ſatisferont à la même équation $t^2 - Au^2 = 1$; car en les y ſubſti-

tuant,

tuant, on auroit $(\theta\, t^{\text{iv}} - A\, \upsilon\, u^{\text{iv}})^2 - A\, (\upsilon\, t^{\text{iv}}$ $- \theta\, u^{\text{iv}})^2 = (\theta^2 - A\, \upsilon^2)\, (t^2 - A\, u^2) = 1$, équation identique, à cause de $\theta^2 - A\, \upsilon^2 = 1$, & $t^2 - A\, u^2 = 1$, (*hyp.*). Or ces deux der- nieres équations donnent $\theta - \upsilon\sqrt{A} = \dfrac{1}{\theta + \upsilon\sqrt{A}}$ & $t^{\text{iv}} - u^{\text{iv}}\sqrt{A} = \dfrac{1}{t^{\text{iv}} + u^{\text{iv}}\sqrt{A}}$; donc met- tant, dans l'expression de $u = \theta\, u^{\text{iv}} - \upsilon\, t^{\text{iv}}$, à la place de θ, $\upsilon\sqrt{A} + \dfrac{1}{\theta + \upsilon\sqrt{A}}$, & à la place de t^{iv}, $u^{\text{iv}}\sqrt{A} + \dfrac{1}{t^{\text{iv}} + u^{\text{iv}}\sqrt{A}}$, on aura

$$u = \frac{u^{\text{iv}}}{\theta + \upsilon\sqrt{A}} - \frac{\upsilon}{t^{\text{iv}} + u^{\text{iv}}\sqrt{A}};$$

de même, si on considere la quantité $t^{\text{iii}}\, u^{\text{iv}} - u^{\text{iii}}\, t^{\text{iv}}$, elle pourra aussi, à cause de $t^2 - A\, u^2 = 1$, se mettre sous la forme

$$\frac{u^{\text{iv}}}{t^{\text{iii}} + u^{\text{iii}}\sqrt{A}} - \frac{u^{\text{iii}}}{t^{\text{iv}} + u^{\text{iv}}\sqrt{A}}.$$

Or il est facile de voir que la quantité précédente doit être plus petite que celle- ci, à cause de $\theta > t^{\text{iii}}$ & $\upsilon > u^{\text{iii}}$; donc on aura une valeur de u, qui sera moindre que la quantité $t^{\mathrm{III}} u^{\mathrm{IV}} - u^{\mathrm{III}} t^{\mathrm{IV}}$; mais cette quantité est égale à V; car

$$t^{\mathrm{III}} = \frac{(T + V\sqrt{A})^3 + (T - V\sqrt{A})^3}{2},$$

$$t^{\mathrm{IV}} = \frac{(T + V\sqrt{A})^4 + (T - V\sqrt{A})^4}{2},$$

$$u^{\mathrm{III}} = \frac{(T + V\sqrt{A})^3 - (T - V\sqrt{A})^3}{2\sqrt{A}},$$

$$u^{\mathrm{IV}} = \frac{(T + V\sqrt{A})^4 - (T - V\sqrt{A})^4}{2\sqrt{A}};$$

d'où $\qquad t^{\mathrm{III}} u^{\mathrm{IV}} - t^{\mathrm{IV}} u^{\mathrm{III}} =$

$$\frac{(T - V\sqrt{A})^3 (T + V\sqrt{A})^4 - (T - V\sqrt{A})^4 (T + V\sqrt{A})^3}{2\sqrt{A}}$$

de plus

$$(T - V\sqrt{A})^3 (T + V\sqrt{A})^3 = (T^2 - AV^2)^3$$

$= 1$, puisque $T^2 - AV^2 = 1$, (*hypoth.*);
donc $(T - V\sqrt{A})^3 \times (T + V\sqrt{A})^4 = T + V\sqrt{A}$,
& $(T - V\sqrt{A})^4 (T + V\sqrt{A})^3 = T - V\sqrt{A}$;
de sorte que la valeur de $t^{\mathrm{III}} u^{\mathrm{IV}} - u^{\mathrm{III}} t^{\mathrm{IV}}$ se
réduira à $\frac{2V\sqrt{A}}{2\sqrt{A}} = V$.

Il s'ensuivroit donc de-là qu'on auroit
une valeur de $u < V$, ce qui est contre
l'hypothese, puisque V est supposé la plus
petite valeur possible de u. Donc il ne

ſauroit y avoir de valeurs de t & u inter-
médiaires entre celles-ci, t^{III}, t^{IV} & u^{III}, u^{IV}.
Et comme ce raiſonnement peut s'appliquer
en général à toutes valeurs de t & u qui
réſulteroient des formules ci deſſus, en y
faiſant m égal à un nombre entier quelconque, on en peut conclure que ces formules renferment effectivement toutes les
valeurs poſſibles de t & u.

Au reſte il eſt inutile de remarquer que
les valeurs de t & de u peuvent être également poſitives ou négatives ; car cela eſt
viſible par l'équation même $t^2 - Au^2 = 1$.

*De la maniere de trouver toutes les ſolutions
poſſibles, en nombres entiers, des Equations indéterminées du ſecond degré à deux
inconnues.*

76. Les méthodes que nous venons d'expoſer ſuffiſent pour la réſolution complette
des équations de la forme $Ay^2 + B = x^2$;
mais il peut arriver qu'on ait à réſoudre
des équations du ſecond degré d'une forme
plus compoſée ; c'eſt pourquoi nous croyons

devoir montrer comment il faudra s'y prendre.

Soit proposée l'équation

$$ar^2 + brf + cf^2 + dr + ef + f = 0,$$

où a, b, c, d, e, f soient des nombres entiers donnés, & où r & f soient deux inconnues qui doivent être aussi des nombres entiers.

J'aurai d'abord, par la résolution ordinaire,

$$2ar + bf + d$$

$$= \sqrt{((bf + d)^2 - 4a(cf^2 + ef + d))},$$

d'où l'on voit que la difficulté se réduit à faire en sorte que

$$(bf + d)^2 - 4a(cf^2 + ef + d)$$

soit un carré.

Supposons pour plus de simplicité

$$b^2 - 4ac = A,$$
$$bd - 2ae = g,$$
$$d^2 - 4af = h,$$

& il faudra que $Af^2 + 2gf + h$ soit un carré ; supposons ce carré $= y^2$, en sorte que l'on ait l'équation

$$Af^2 + 2gf + h = y^2,$$

& tirant la valeur de f, on aura
$$Af + g = \sqrt{(Ay^2 + g^2 - Ah)} \,;$$
de sorte qu'il ne s'agira plus que de rendre carrée la formule $Ay^2 + g^2 - Ah$.

Donc si on fait encore
$$g^2 - Ah = B \,,$$
on aura à rendre rationnel le radical
$$\sqrt{(Ay^2 + B)} \,;$$
c'est à quoi on parviendra par les méthodes données.

Soit $\sqrt{(Ay^2 + B)} = x$, en forte que l'équation à résoudre soit
$$Ay^2 + B = x^2 \,,$$
l'on aura donc $Af + g = \pm x$; d'ailleurs on a déjà $2ar + bf + d = \pm y$; ainsi dès qu'on aura trouvé les valeurs de x & y, on aura celles de r & f par les deux équations
$$f = \frac{\pm x - g}{A} \,,$$
$$r = \frac{\pm y - d - bf}{2a} \,.$$

Or comme r & f doivent être des nombres entiers, il est visible qu'il faudra 1°. que x & y foient des nombres entiers aussi ; 2°. que $\pm x - g$ foit divisible par A, &

qu'enfuite $+y-d-bf$ le foit par $2a$. Ainfi, après avoir trouvé toutes les valeurs poffibles de x & y en nombres entiers, il reftera encore à trouver parmi ces valeurs, celles qui pourront rendre r & f des nombres entiers.

Si A eft un nombre négatif ou un nombre pofitif carré, nous avons vu que le nombre des folutions poffibles en nombres entiers eft toujours limité; de forte que dans ces cas il n'y aura qu'à effayer fucceffivement pour x & y les valeurs trouvées, & fi l'on n'en rencontre aucune qui donne pour r & f des nombres entiers, on en conclura que l'équation propofée n'admet point de folution de cette efpece.

La difficulté ne tombe donc que fur le cas où A eft un nombre pofitif non-carré, dans lequel on a vu que le nombre des folutions poffibles en entiers peut être infini, comme l'on auroit dans ce cas un nombre infini de valeurs à effayer, on ne pourroit jamais bien juger de la réfolubilité de l'équation propofée, à moins d'avoir une regle qui réduife le tâtonnement entre certaines limites ; c'eſt ce que nous allons rechercher.

77. Puiſqu'on a, (art. 65), $x = ny - B\zeta$, &, (art. 72), $y = pt - (Bq - np)u$, & $\zeta = qt + (Cp - nq)u$, il eſt facile de voir que les expreſſions générales de r & $ſ$ feront de cette forme,

$$ r = \frac{\alpha t + \beta u + \gamma}{\delta}, \quad ſ = \frac{\alpha' t + \beta' u + \gamma'}{\delta'}, $$

α, β, γ, δ, α', β', γ', δ' étant des nombres entiers connus, & t, u étant donnés par les formules de l'art. 75, dans leſquelles l'expoſant m peut être un nombre entier poſitif quelconque; ainſi la queſtion ſe réduit à trouver quelle valeur on doit donner à m, pour que les valeurs de r & $ſ$ ſoient des nombres entiers.

78. Je remarque d'abord qu'il eſt toujours poſſible de trouver une valeur de u qui ſoit diviſible par un nombre quelconque donné Δ; car ſuppoſant $u = \Delta\omega$, l'équation $t^2 - Au^2 = 1$ deviendra $t^2 - A\Delta^2\omega^2 = 1$, laquelle eſt toujours réſoluble en nombres

entiers ; & l'on trouvera les plus petites valeurs de t & ω, en faifant le même calcul qu'auparavant, mais en prenant $A\Delta^2$ à la place de A ; or, comme ces valeurs fatisfont auffi à l'équation $t^2 - Au^2 = 1$, elles feront néceffairement renfermées dans les formules de l'art. 75. Ainfi il y aura néceffairement une valeur de m qui rendra l'expreffion de u divifible par Δ.

Qu'on dénote cette valeur de m par μ, & je dis que fi dans les expreffions générales de t & u de l'article cité on fait $m = 2\mu$, la valeur de u fera divifible par Δ, & celle de t étant divifée par Δ donnera 1 pour refte.

Car fi on défigne par T^{i} & V^{i} les valeurs de t & u, où $m = \mu$, & par T^{ii} & V^{ii} celles où $m = 2\mu$, on aura, (art. 75),
$$T^{\text{i}} \pm V^{\text{i}} \sqrt{A} = (T \pm V\sqrt{A})^{\mu}, \ \&$$
$$T^{\text{ii}} \pm V^{\text{ii}} \sqrt{A} = (T \pm V\sqrt{A})^{2\mu} ; \text{ donc}$$
$$(T \pm V^{\text{i}} \sqrt{A})^2 = (T^{\text{ii}} \pm V^{\text{ii}} \sqrt{A}),$$
c'eft-à-dire en comparant la partie rationnelle du premier membre avec la rationnelle du fecond, & l'irrationnelle avec l'irrationnelle

$$T'' = T'^2 + A V'^2, \ \& \ V'' = 2 T' V';$$

donc, puisque V' est divisible par Δ, V'' le sera aussi, & T'' laissera le même reste que laisseroit T'^2; mais on a $T'^2 - A V'^2 = 1$, (*hyp.*) donc $T'^2 - 1$ doit être divisible par Δ & même par Δ^2, puisque V'^2 l'est déjà; donc T'^2 & par conséquent aussi T'' étant divisé par Δ, laissera le reste 1.

Maintenant je dis que les valeurs de t & u qui répondent à un exposant quelconque m, étant divisées par Δ, laisseront les mêmes restes que les valeurs de t & u, qui répondroient à l'exposant $m + 2\mu$. Car désignant ces dernieres par θ & υ, on aura

$$t \pm u \sqrt{A} = (T \pm V \sqrt{A})^m,$$
$$\& \ \theta \pm \upsilon \sqrt{A} = (T \pm V \sqrt{A})^{m+2\mu};$$

donc

$$\theta \pm \upsilon \sqrt{A} = (t \pm u \sqrt{A})(T \pm V \sqrt{A})^{2\mu};$$

mais nous venons de trouver ci-dessus

$$T'' \pm V'' \sqrt{A} = (T \pm V \sqrt{A})^{2\mu};$$

donc on aura

$$\theta \pm \upsilon \sqrt{A} = (t \pm u \sqrt{A})(T'' \pm V'' \sqrt{A}),$$

d'où l'on tire, en faisant la multiplication

& comparant enfuite les parties rationnelles enfemble & les irrationnelles enfemble,

$$\theta = t\,T'' + A\,u\,V'', \quad v = t\,V'' + u\,T''.$$

Or V'' eft divifible par Δ, & T'' laiffe le refte 1 ; donc θ laiffera le même refte que t, & v le même refte que u.

Donc en général les reftes des valeurs de t & u répondantes aux expofans $m+2\mu$, $m+4\mu$, $m+6\mu$, &c. feront les mêmes que ceux des valeurs qui répondent à l'expofant quelconque m.

De-là on peut donc conclure que fi l'on veut avoir les reftes provenans de la divifion des termes t', t'', t''' &c. & u', u'', u''' &c. qui répondent à $m = 1$, 2, 3 &c. par le nombre Δ, il fuffira de trouver ces reftes jufqu'aux termes $t^{2\mu}$ & $u^{2\mu}$ inclufivement ; car, après ces termes, les mêmes reftes reviendront dans le même ordre, & ainfi de fuite à l'infini.

Quant aux termes $t^{2\mu}$ & $u^{2\mu}$, auxquels on pourra s'arrêter, ce feront ceux dont l'un $u^{2\mu}$ fera exactement divifible par Δ, & dont l'autre $t^{2\mu}$ laiffera l'unité pour refte ;

ainsi il n’y aura qu’à pousser les divisions jusqu’à ce qu’on parvienne aux restes 1 & 0 ; alors on sera assuré que les termes suivans redonneront toujours les mêmes restes que l’on a déjà trouvés.

On pourroit aussi trouver l’exposant 2μ *à priori* ; car il n’y auroit qu’à faire le calcul indiqué dans l’art. 71, n°. 2, premiérement pour le nombre A, & ensuite pour le nombre A^{Δ^2} ; & si on nomme π le numéro du terme de la série P', P'', P''' &c. qui dans le premier cas sera $=1$, & ρ le numéro du terme qui sera $=1$ dans le second cas, on n’aura qu’à chercher le plus petit multiple de π & de ρ, lequel étant divisé par π, donnera la valeur cherchée de μ.

Ainsi si l’on a, par exemple, $A=6$ & $\Delta=3$, on trouvera dans la table de l’article 41 pour le radical $\sqrt{6}$, $P^0=1$, $P'=-2$, $P''=1$; donc $\pi=2$; ensuite on trouvera dans la même table pour le radical $\sqrt{(6.9)}=\sqrt{54}$, $P^0=1$, $P'=-5$, $P''=9$, $P'''=-2$, $P^{iv}=9$, $P^{v}=-5$, $P^{vi}=1$; donc $\rho=6$; or le plus petit multiple de 2 & 6 eſt 6, qui étant diviſé par 2 donne 3 pour quotient, de ſorte qu'on aura ici $\mu = 3$ & $2\mu = 6$.

Donc, pour avoir dans ce cas tous les reſtes de la diviſion des termes t', t'', t''' &c. & u', u'', u''' &c. par 3, il ſuffira de chercher ceux des ſix premiers termes de l'une & de l'autre ſérie ; car les termes ſuivans redonneront toujours les mêmes reſtes, c'eſt-à-dire que les ſeptiemes termes donneront les mêmes reſtes que les premiers, les huitiemes les mêmes reſtes que les ſeconds, & ainſi de ſuite à l'infini.

Au reſte il peut arriver quelquefois que les termes t^μ & u^μ aient les mêmes propriétés que les termes $t^{2\mu}$ & $u^{2\mu}$, c'eſt-à-dire que u^μ ſoit diviſible par Δ, & que t^μ laiſſe l'unité pour reſte. Dans ces cas on pourra s'arrêter à ces mêmes termes ; car les reſtes des termes ſuivans $t^{\mu+1}$, $t^{\mu+2}$ &c. $u^{\mu+1}$, $u^{\mu+2}$ &c. feront les mêmes que ceux des termes t', t'', &c. u', u'', &c. & ainſi des autres.

En général nous déſignerons par M la

plus petite valeur de l'expofant m, qui rendra $t - 1$ & u divifibles par Δ. .

79. Suppofons maintenant que l'on ait une expreffion quelconque compofée de t & u & de nombres entiers donnés, de maniere qu'elle repréfente toujours des nombres entiers, & qu'il s'agiffe de trouver les valeurs qu'il faudroit donner à l'expofant m, pour que cette expreffion devînt divifible par un nombre quelconque donné Δ, il n'y aura qu'à faire fucceffivement $m = 1$, 2, 3 &c. jufqu'à M ; & fi aucune de ces fuppofitions ne rend l'expreffion propofée divifible par Δ, on en conclura hardiment qu'elle ne peut jamais le devenir, quelques valeurs qu'on donne à m.

Mais fi l'on trouve de cette maniere une ou plufieurs valeurs de m qui rendent la propofée divifible par Δ, alors nommant N chacune de ces valeurs, toutes les valeurs poffibles de m qui pourront faire le même effet, feront N, $N + M$, $N + 2M$, $N + 3M$ &c. & en général $N + \lambda M$, λ étant un nombre entier quelconque.

De même, si l'on avoit une autre expreffion compofée de même de t, u & de
nombres entiers donnés, laquelle dût être
en même temps divifible par un autre nombre quelconque donné Δ', on chercheroit
pareillement les valeurs convenables de M
& de N, que nous défignerons ici par M'
& N', & toutes les valeurs de l'expofant m
qui pourront fatisfaire à la condition propofée, feront renfermées dans la formule
$N' + \lambda' M'$, λ' étant un nombre quelconque entier. Ainfi il n'y aura plus qu'à chercher les valeurs qu'on doit donner aux nom-
bres entiers λ & λ', pour que l'on ait N
$+ \lambda M = N' + \lambda' M$, favoir

$$M\lambda - M\lambda' = N' - N,$$

équation réfoluble par la méthode de l'article 42.

Il eft maintenant aifé de faire l'application de ce que nous venons de dire au cas
de l'art. 77, où les expreffions propofées
font de la forme $\alpha t + \beta u + \gamma$, $\alpha' t + \beta' u + \gamma'$,
& les divifeurs font δ & δ'.

Il faudra feulement fe fouvenir de prendre

les nombres t & u succeſſivement en *plus* & en *moins*, pour avoir tous les cas poſſibles.

REMARQUE.

80. Si l'équation propoſée à réſoudre en nombres entiers étoit de la forme

$$a r^2 + 2 b r \int + c \int^2 = f,$$

on y pourroit appliquer immédiatement la méthode de l'art. 65 ; car 1°. il eſt viſible que r & $\int$ ne pourroient avoir un commun diviſeur, à moins que le nombre f ne fût en même temps diviſible par le carré de ce diviſeur ; de ſorte qu'on pourra toujours réduire la queſtion au cas où r & $\int$ ſeront premiers entr'eux. 2°. On voit auſſi que $\int$ & f ne pourroient avoir un commun diviſeur, à moins que ce diviſeur n'en fût un auſſi du nombre a, en ſuppoſant r premier à $\int$; ainſi on pourra réduire encore la queſtion au cas où $\int$ & f ſeront premiers entr'eux. (Voyez l'art. 64).

Or $\int$ étant ſuppoſé premier à f & à r, on pourra faire $r = n \int - f \zeta$, & il faudra, pour que l'équation foit réfoluble en nombres entiers, qu'il y ait une valeur de n pofitive ou négative pas plus grande que $\frac{f}{2}$, laquelle rende la quantité $an^2 + 2bn + c$ divifible par f. Cette valeur étant mife à la place de n, toute l'équation deviendra divifible par f, & fe trouvera réduite au cas de celle de l'art. 66 & fuiv.

Il eft facile de voir que la même méthode peut fervir à réduire toute équation de la forme

$$a r^m + b r^m f + c r^{m-1} f^2 + \&c. + k f^m = b,$$

a, b, c &c. étant des nombres entiers donnés, & r & f deux indéterminées qui doivent être auffi des nombres entiers, en une autre équation femblable, mais dans laquelle le terme tout connu foit l'unité, & alors on y pourra appliquer la méthode générale du §. II. Voy. la *remarque* de l'art. 30.

E X E M P L E I.

81. Soit propofé de rendre rationnelle cette quantité,

$$\sqrt{(30 + 62f - 7f^2)},$$

en

en ne prenant pour f que des nombres entiers ; on aura donc à résoudre cette équation

$$30 + 62f - 7f^2 = y^2,$$

laquelle étant·multipliée par 7, peut se
mettre sous cette forme,

$$7 \cdot 30 + (31)^2 - (7f - 31)^2 = 7y^2,$$

ou bien en faisant $7f - 31 = x$, & trans-
posant

$$x^2 = 1171 - 7y^2, \text{ ou } x^2 + 7y^2 = 1171.$$

Cette équation est donc maintenant dans
le cas de l'article 64 ; de sorte qu'on aura
$A = -7$ & $B = 1171$; d'où l'on voit
d'abord que y & B doivent être premiers
entr'eux, puisque ce dernier nombre ne
renferme aucun facteur carré.

On fera, suivant la méthode de l'art. 65,
$x = ny - 1171z$, & il faudra, pour que
l'équation soit résoluble, que l'on puisse
trouver pour n un nombre entier positif ou
négatif non $> \frac{B}{2}$, c'est-à-dire non > 580,
tel que $n^2 - A$ ou $n^2 + 7$ soit divisible par
B ou par 1171.

Je trouve $n = \pm 321$, ce qui donne $n^2 + 7$

$=1171\times88$; ainsi je fubftitue dans l'équation précédente $\pm321y-1171\zeta$ à la place de x, moyennant quoi elle fe trouve toute divifible par 1171, & la divifion faite, elle devient $88y^2\mp642y\zeta+1171\zeta^2=1$.

Pour réfoudre cette équation je vais faire ufage de la feconde méthode expofée dans l'art. 70, parce qu'elle eft en effet plus fimple & plus commode que la premiere. Or comme le coefficient de y^2 eft plus petit que celui de ζ^2, j'aurai ici $D=1171$, $D'=88$ & $n=\pm321$; donc retenant pour plus de fimplicité la lettre y à la place de θ, & mettant y' à la place de ζ, je ferai le calcul fuivant, où je fuppoferai d'abord $n=321$:

$$m=\frac{321}{88}=4,\quad n'=321-4.88=-31,$$

$$m'=\frac{-31}{11}=-3,\ n''=-31+3.11=2,$$

$$m''=\frac{2}{1}=2,\quad n'''=2-2.1=0,$$

$$D''=\frac{31^2+7}{88}=11,\ y=4y'+y'',$$

$$D'''=\frac{4+7}{11}=1,\ y'=-3y''+y''',$$

$$D^{iv}=\frac{7}{1}=7,\ y''=2y'''+y^{iv}.$$

Puifque $n'''=0$ & par conféquent $< \dfrac{D'''}{2}$

& $< \dfrac{D^{\mathrm{iv}}}{2}$, on s'arrêtera ici & on fera

$D'''=M=1$, $D^{\mathrm{iv}}=L=7$, $n'''=0=N$,

& $y'''=\xi$, $y^{\mathrm{iv}}=\Psi$, à caufe que D''' eft

$<D^{\mathrm{iv}}$.

Maintenant je remarque que A étant $=-7$, & par conféquent négatif, il faut, pour la réfolubilité de l'équation, que l'on ait $M=1$; c'eft ce que l'on vient de trouver; de forte qu'on en peut conclure d'abord que la réfolution eft poffible. On fuppofera donc $\xi=y'''=0$, $\Psi=y^{\mathrm{iv}}=\pm 1$; & l'on aura, par les formules ci-deffus, $y''=\pm 1$, $y'=\mp 3=\overline{7}$, $y=\mp 12\pm 1=\mp 11$, les fignes ambigus étant à volonté. Donc $x=321y-11717=\mp 18$, & conféquemment $\int=\dfrac{x+31}{7}=\dfrac{31\mp 18}{7}=\dfrac{13}{7}$, ou $=\dfrac{49}{7}=7$. Or comme on exige que la valeur de $\int$ foit égale à un nombre entier, on ne pourra prendre que $\int=7$.

Il eft remarquable que l'autre valeur de $\int$, favoir $\dfrac{13}{7}$, quoique fractionnaire, donne néanmoins un nombre entier pour la valeur du radical $\sqrt{(30+62f-7f^2)}$, & le même nombre 11 que donne la valeur $f=7$; de sorte que ces deux valeurs de f seront les racines de l'équation $30+62f-7f^2=121$.

Nous avons supposé ci-dessus $n=321$; or on peut faire également $n=-321$; mais il est facile de voir d'avance que tout le changement qui en résultera dans les formules précédentes, c'est que les valeurs de m, m', m'', & de n', n'', changeront de signe, moyennant quoi les valeurs de y' & de y deviendront aussi de différens signes, ce qui ne donnera aucun nouveau résultat, puisque ces valeurs ont déjà d'elles-mêmes le signe ambigu $\pm$.

Il en sera de même dans tous les autres cas; de sorte qu'on pourra toujours se dispenser de prendre successivement la valeur de n en *plus* & en *moins*.

La valeur $f=7$ que nous venons de trouver, résulte de la valeur de $n=\pm321$; on pourroit trouver d'autres valeurs de f, si on trouvoit d'autres valeurs de n qui euſſent la condition requiſe; mais comme le diviſeur $B = 1171$ eſt un nombre premier, il ne ſauroit y avoir d'autres valeurs de n de la même qualité, comme nous l'avons démontré ailleurs, (*Mémoires de Berlin pour l'année 1767, pag. 194*); d'où il faut conclure que le nombre 7 eſt le ſeul qui puiſſe ſatisfaire à la queſtion.

J'avoue au reſte qu'on peut réſoudre le probleme précédent avec plus de facilité par le ſimple tâtonnement; car dès qu'on eſt parvenu à l'équation $x^2 = 1171 - 7y^2$, il n'y aura qu'à eſſayer pour y tous les nombres entiers dont les carrés multipliés par 7 ne ſurpaſſeront pas 1171, c'eſt-à-dire tous les nombres $< \sqrt{\frac{1171}{7}} < 13$.

Il en eſt de même de toutes les équations où A eſt un nombre négatif; car dès qu'on eſt arrivé à l'équation $x^2 = B + Ay^2$, où, (en faiſant $A = -a$), $x^2 = B - ay^2$, il eſt clair que les valeurs ſatisfaiſantes de y, s'il y en a, ne pourront ſe trouver que parmi les nombres $< \sqrt{\frac{B}{a}}$. Auſſi n'ai-je donné des méthodes particulieres pour le cas de A

négatif, que parce que ces méthodes ont une liaison intime avec celles qui concernent le cas de A positif, & que toutes ces méthodes étant ainsi rapprochées les unes des autres, peuvent se prêter un jour mutuel & acquérir un plus grand degré d'évidence.

EXEMPLE II.

82. Donnons maintenant quelques exemples pour le cas de A positif, & soit proposé de trouver tous les nombres entiers qu'on pourra prendre pour y, en sorte que la quantité radicale,

$$\sqrt{(13y^2 + 101)},$$

devienne rationnelle.

On aura ici, (art. 64), $A = 13$, $B = 101$, & l'équation à résoudre en entiers sera

$$x^2 - 13y^2 = 101,$$

dans laquelle, à cause que 101 n'est divisible par aucun carré, y sera nécessairement premier à 101.

On fera donc, (art. 65), $x = ny - 101z$, & il faudra que $n^2 - 13$ soit divisible par 101, en prenant $n < \frac{101}{2} < 51$.

Je trouve $n = 35$, ce qui donne $n^2 = 1225$ & $n^2 - 13 = 1212 = 101 \times 12$; ainsi on pourra prendre $n = \pm 35$, & subſtituant, au lieu de x, $\pm 35 y - 101 z$, on aura une équation toute diviſible par 101, qui, la diviſion faite, ſera

$$12 y^2 \mp 70 y z + 101 z^2 = 1.$$

Employons encore, pour réſoudre cette équation, la méthode de l'art. 70; faiſons $D' = 12$, $D = 101$, $n = \pm 35$, mais au lieu de la lettre θ nous conſerverons la lettre y, & nous changerons ſeulement z en y', comme dans l'exemple précédent.

Soit, 1°. $n = 35$, on fera le calcul ſuivant:

$$m = \frac{35}{12} = 3, \quad n' = 35 - 3 \cdot 12 = -1, \quad D'' = \frac{1-13}{12} = -1, \quad y = 3 y' + y''$$

$$m' = \frac{-1}{-1} = 1, \quad n'' = -1 + 1 = 0, \quad D''' = \frac{-13}{-1} = 13, \quad y' = y'' + y'''.$$

Comme $n'' = 0$ & conſéquemment $< \dfrac{D''}{2}$ & $< \dfrac{D'''}{2}$, on s'arrêtera ici & l'on aura la transformée

$$D''' y''^2 - 2 n'' y'' y''' + D'' y'''^2 = 1,$$

ou bien

$$13 y'^2 - y''^2 = 1,$$

laquelle étant réduite à cette forme

$$y''^2 - 13 y'''^2 = -1,$$

sera susceptible de la méthode de l'art. 71,
n°. 2 ; & comme $A = 13$ est < 100, on
pourra faire usage de la table de l'art. 41.

- Ainsi il n'y aura qu'à voir si dans la série
supérieure des nombres qui répondent à
$\sqrt{13}$, il se trouve le nombre 1 dans une
place paire ; car il faut, pour que l'équation précédente soit résoluble, que dans la
série P^0, P', P'' &c. il se trouve un terme
$= -1$; mais on a $P^0 = 1$, $-P' = 4$, P''
$= 3$ &c. donc &c. or dans la série 1, 4,
3, 3, 4, 1 &c. on trouve justement 1 à
la sixieme place, en sorte que $P^v = -1$;
donc on aura une solution de l'équation proposée, en prenant $y''' = p^v$, & $y'' = q^v$, les
nombres p^v, q^v étant calculés d'après les
formules de l'art. 25, en donnant à μ, μ',
μ'' &c. les valeurs 3, 1, 1, 1, 1, 6 &c. qui
forment la série inférieure des nombres ré-
pondans à $\sqrt{13}$ dans la même table.

On aura donc

$$p^0 = 1 \qquad\qquad q^0 = 0$$
$$p^{\text{I}} = 3 \qquad\qquad q^{\text{I}} = 1$$
$$p^{\text{II}} = p^{\text{I}} + p^0 = 4 \qquad q^{\text{II}} = 1$$
$$p^{\text{III}} = p^{\text{II}} + p^{\text{I}} = 7 \qquad q^{\text{III}} = q^{\text{II}} + q^{\text{I}} = 2$$
$$p^{\text{IV}} = p^{\text{III}} + p^{\text{II}} = 11 \qquad q^{\text{IV}} = q^{\text{III}} + q^{\text{II}} = 3$$
$$p^{\text{V}} = p^{\text{IV}} + p^{\text{III}} = 18, \qquad q^{\text{V}} = q^{\text{IV}} + q^{\text{III}} = 5.$$

Donc $y^{\text{III}} = 18$ & $y^{\text{II}} = 5$; donc $y^{\text{I}} = y^{\text{II}} + y^{\text{III}} = 23$, & $y = 3y^{\text{I}} + y^{\text{II}} = 74$.

Nous avons supposé ci-dessus $n = 35$, mais on peut aussi prendre $n = -35$.

Soit donc, 2°. $n = -35$, on fera

$$m = \frac{-35}{12} = -3, \quad n' = -35 + 3 . 12 = 1, \quad D'' = \frac{1-13}{12} = -1, \quad y = -3y' + y''.$$
$$m' = \frac{1}{-1} = -1, \quad n'' = 1-1 = 0, \qquad D''' = \frac{-13}{-1} = 13, \quad y' = -y'' + y'''.$$

ainsi on aura les mêmes valeurs de D'', D''' & n'' qu'auparavant, de sorte que la transformée en y'' & y''' sera aussi la même.

On aura donc aussi $y^{\text{III}} = 18$ & $y^{\text{II}} = 5$; donc $y^{\text{I}} = -y^{\text{II}} + y^{\text{III}} = 13$, & $y = -3y^{\text{I}} + y^{\text{II}} = -34.$

Nous avons donc trouvé deux valeurs de y avec les valeurs correspondantes de y^{I} ou z; & ces valeurs résultent de la suppofition de $n = \pm 35$; or comme on ne peut trouver aucune autre valeur de n qui ait les conditions requifes, il s'enfuit que les valeurs précédentes feront les feules valeurs *primitives* que l'on puiffe avoir; mais on pourra enfuite en trouver une infinité de *dérivées* par la méthode de l'art. 72.

Prenant donc ces valeurs de y & z pour p & q, on aura en général, (art. cité),

$$y = 74t - (101.23 - 35.74)u = 74t + 267u$$
$$z = 23t + (12.74 - 35.23)u = 23t + 83u$$

ou

$$y = -34t - (101.13 - 35.34)u = -34t - 123u$$
$$z = 13t + (-12.34 + 35.13)u = 13t + 47u$$

& il n'y aura plus qu'à tirer les valeurs de t & u de l'équation $t^2 - 13u^2 = 1$; or ces valeurs fe trouvent déjà toutes calculées dans la table qui eft à la fin du chap. VII du traité précédent; on aura donc fur le champ $t = 649$ & $u = 180$; de forte que prenant ces valeurs pour T & V dans les formules de l'art. 75, on aura en général

$$t = \frac{(649 + 180\sqrt{13})^m + (649 - 180\sqrt{13})^m}{2}$$

$$u = \frac{(649 + 180\sqrt{13})^m - (649 - 180\sqrt{13})^m}{2\sqrt{13}}$$

où l'on pourra donner à m telle valeur qu'on voudra, pourvu qu'on ne prenne que des nombres entiers pofitifs.

Or comme les valeurs de t & u peuvent être prifes tant en *plus* qu'en *moins*, les valeurs de y qui peuvent fatisfaire à la queftion, feront toutes renfermées dans ces deux formules,

$$y = \pm 74\, t \pm 267\, u,$$
$$= \pm 34\, t \pm 123\, u,$$

les fignes ambigus étant à volonté.

Si on fait $m = 0$, on aura $t = 1$ & $u = 0$; donc $y = \pm 74$, ou $= \pm 34$; & cette derniere valeur fera la plus petite qui puiffe réfoudre le probleme.

Nous avons déjà réfolu ce même probleme dans les *Mémoires de Berlin pour l'année 1768, pag. 243*; mais comme nous y avons fait ufage d'une méthode un peu différente de la précédente, & qui revient au même pour le fond que la *premiere* méthode de l'art. 66 ci-deffus, nous avons cru devoir le redonner ici, pour que la comparaifon des réfultats qui font les mêmes par l'une & l'autre méthode, puiffe leur fervir de confirmation, s'il en eft befoin.

EXEMPLE III.

83. Soit propofé encore de trouver des nombres entiers qui, étant pris pour y, rendent rationnelle la quantité

$$\sqrt{(79y^2 + 101)}.$$

On aura donc à réfoudre en entiers l'équation

$$x^2 - 79y^2 = 101,$$

dans laquelle y fera premier à 101, puifque ce nombre ne renferme aucun facteur carré.

Qu'on fuppofe donc $x = ny - 101z$, & il faudra que $n^2 - 79$ foit divifible par 101, en prenant $n < \frac{101}{2} < 51$; on trouve $n = 33$, ce qui donne $n^2 - 13 = 1010 = 101 \times 10$; ainfi on pourra prendre $n = \pm 33$, & ces valeurs feront les feules qui aient la condition requife.

Subftituant donc $\pm 33y - 101z$ à la place

de x, & divifant toute l'équation par 101, on aura cette transformée

$$10y^2 \overline{+} 66yz + 101z^2 = 1.$$

On fera donc $D' = 10$, $D = 101$, $n = \pm 33$, & prenant d'abord n en *plus*, on opérera comme dans l'exemple précédent ; on aura ainfi

$$m = \frac{33}{10} = 3, \quad n' = 33 - 3 . 10 = 3, \quad D'' = \frac{9 - 79}{10} = -7, \quad y = 3y' + y''.$$

Or comme $n' = 3$ eft déjà $< \dfrac{D'}{2}$ & $< \dfrac{D''}{2}$,

il ne fera pas néceffaire d'aller plus loin ; ainfi on aura la transformée

$$-7y'^2 - 6y'y'' + 10y''^2 = 1,$$

laquelle étant multipliée par -7, pourra fe mettre fous cette forme,

$$(7y' + 3y'')^2 - 79y''^2 = -7.$$

Puifque donc 7 eft $< \sqrt{79}$, fi cette équation eft réfoluble, il faudra que le nombre 7 fe trouve parmi les termes de la férie fupérieure des nombres qui répondent à $\sqrt{79}$ dans la table de l'art. 41, & même que ce nombre 7 y occupe une place paire, puifqu'il a le figne —. Mais la férie dont il s'agit ne renferme que les nombres 1, 15, 2, qui reviennent toujours; donc on doit conclure fur le champ que la derniere équation n'eſt pas réſoluble, & qu'ainſi la propoſée ne l'eſt pas, au moins d'après la valeur de $n = 33$.

Il ne reſte donc qu'à eſſayer l'autre valeur $n = -33$, laquelle donnera

$$m = \frac{-33}{10} = -3, \quad n' = -33 + 3 \cdot 10 = -3, \quad D'' = \frac{9-79}{10} = -7, \quad y = -3y' + y''.$$

de ſorte qu'on aura cette autre transformée,

$$-7y' + 6y'y'' + 10y''^2 = 1,$$

laquelle ſe réduit à la forme

$$(7y' - 3y'')^2 - 79y''^2 = -7,$$

qui eſt ſemblable à la précédente. D'où je conclus que l'équation propoſée n'admet abſolument aucune ſolution en nombres entiers.

R E M A R Q U E.

84. M. *Euler*, dans un excellent Mémoire imprimé dans le tome IX des *nouveaux Commentaires de Pétersbourg*, trouve par induꜩion cette regle, pour juger de la réſolubilité de toute équation de la forme

$x^2 - Ay^2 = B$, lorfque B eft un nombre premier; c'eft que l'équation doit être poffible toutes les fois que B fera de la forme $4An + r^2$, ou $4An + r^2 - A$; mais l'exemple précédent met cette regle en défaut; car 101 eft un nombre premier de la forme $4An + r^2 - A$, en faifant $A = 79$, $n = -4$ & $r = 38$; cependant l'équation $x^2 - 79y^2 = 101$ n'admet aucune folution en nombres entiers.

Si la regle précédente étoit vraie, il s'enfuivroit que fi l'équation $x^2 - Ay^2 = B$ eft poffible lorfque B a une valeur quelconque b, elle le feroit auffi en prenant $B = 4An + b$, pourvu que B fût un nombre premier. On pourroit limiter cette derniere regle, en exigeant que b fût auffi un nombre premier; mais avec cette limitation même elle fe trouveroit démentie par l'exemple précédent; car on a $101 = 4An + b$, en prenant $A = 79$, $n = -2$ & $b = 733$; or 733 eft un nombre premier de la forme $x^2 - 79y^2$, en faifant $x = 38$ & $y = 3$; cependant 101 n'eft pas de la même forme $x^2 - 79y^2$.

PARAGRAPHE VIII.

Remarques sur les Equations de la forme
$$p^2 = Aq^2 + 1,$$
& sur la maniere ordinaire de les résoudre en nombres entiers.

85. LA méthode du chap. VII du traité précédent, pour résoudre les équations de cette espece, est la même que celle que M. *Wallis* donne dans son Algebre, (chap. XCVIII), & qu'il attribue à Milord *Brounker;* on la trouve aussi dans l'Algebre de M. *Ozanam*, qui en fait honneur à M. de *Fermat*. Quoi qu'il en soit de l'Inventeur de cette méthode, il est au moins certain que M. de *Fermat* est l'Auteur du probleme qui en fait l'objet; il l'avoit proposé comme un défi à tous les Géometres Anglois, ainsi qu'on le voit par le *commercium epistolicum* de M. *Wallis;* c'est ce qui donna occasion à Milord *Brounker* d'inventer la méthode dont nous parlons; mais il ne paroît pas que cet

cet Auteur ait connu toute l'importance du
probleme qu'il avoit réfolu ; on ne trouve
même rien fur ce fujet dans les écrits qui
nous font reftés de M. *Fermat*, ni dans aucun
des Ouvrages du fiecle paffé, où l'on traite
de l'Analyfe indéterminée. Il eft bien na-
turel de croire que M. *Fermat*, qui s'étoit
principalement occupé de la théorie des
nombres entiers, fur lefquels il nous a d'ailleurs laiffé de très-beaux théoremes, avoit
été conduit au probleme dont il s'agit par
les recherches qu'il avoit faites fur la réfolution générale des équations de la forme
$x^2 = Ay^2 + B$, auxquelles fe réduifent toutes les équations du fecond degré à deux
inconnues ; cependant ce n'eft qu'à M^r.
Euler que nous devons la remarque que ce
probleme eft néceffaire pour trouver toutes
les folutions poffibles de ces fortes d'équations. (Voyez le chap. VI ci-deffus, le
tome VI des *anciens Commentaires de Pétersbourg*, & le tome IX des *nouveaux*).

La méthode que nous avons fuivie pour
démontrer cette propofition eft un peu dif-

férente de celle de M. *Euler*, mais auffi eft-elle, fi je ne me trompe, plus directe & plus générale. Car d'un côté la méthode de M. *Euler* conduit naturellement à des expreffions fractionnaires lorfqu'il s'agit de les éviter, & de l'autre on ne voit pas clairement que les fuppofitions qu'on y fait pour faire difparoître les fractions, foient les feules qui puiffent avoir lieu. En effet nous avons fait voir ailleurs qu'il ne fuffit pas toujours de trouver une feule folution de l'équation $x^2 = Ay^2 + B$, pour pouvoir en déduire toutes les autres, à l'aide de l'équation $p^2 = Aq^2 + 1$; & qu'il peut y avoir fouvent, au moins lorfque B n'eft pas un nombre premier, des valeurs de x & y qui ne fauroient être renfermées dans les expreffions générales de M. *Euler*. (Voy. l'art. 45 de mon *Mémoire fur les problemes indéterminés*, dans les Mémoires de Berlin, année 1767).

Quant à la méthode de réfoudre les équations de la forme $p^2 = Aq^2 + 1$, il nous femble que celle du chap. VII, quelque ingénieuse qu'elle soit, est encore assez imparfaite. Car, 1°. elle ne fait pas voir que toute équation de ce genre est toujours résoluble en nombres entiers, lorsque *a* est un nombre positif non-carré. 2°. Il n'est pas démontré qu'elle doive faire parvenir toujours à la résolution cherchée. M. *Wallis* a, à la vérité, prétendu prouver la premiere de ces deux propositions ; mais sa démonstration n'est, si j'ose le dire, qu'une simple pétition de principe. (Voy. le chap. XCIX de son Algebre). Je crois donc être le premier qui en ait donné une tout-à-fait rigoureuse ; elle se trouve dans les *Mélanges de Turin*, tome IV ; mais elle est très-longue & très-indirecte ; celle de l'art. 37 ci-dessus, est tirée des vrais principes de la chose, & ne laisse, ce me semble, rien à désirer. Cette méthode nous met aussi en état d'apprécier celle du chap. VII, & de reconnoître les inconvéniens où l'on pourroit tomber, si on la suivoit sans aucune précaution ; c'est ce que nous allons discuter.

86. De ce que nous avons démontré dans le §. II, il s'enfuit que les valeurs de p & q qui fatisfont à l'équation $p^2 - A q^2 = 1$, ne peuvent être que les termes de quelqu'une des fractions *principales* déduites de la fraction continue qui exprimeroit la valeur de $\sqrt{A}$; de forte que fuppofant cette fraction continue repréfentée ainfi,

$$\mu + \cfrac{1}{\mu^{\mathrm{I}} + \cfrac{1}{\mu^{\mathrm{II}} + \cfrac{1}{\mu^{\mathrm{III}} + \&c.}}}$$

on aura néceffairement

$$\frac{p}{q} = \mu + \cfrac{1}{\mu^{\mathrm{I}} + \cfrac{1}{\mu^{\mathrm{II}} + \&c. + \cfrac{1}{\mu^{\rho}}}} ,$$

μ^{ρ} étant un terme quelconque de la férie infinie μ^{I}, μ^{II} &c. dont le quantieme ρ ne peut fe déterminer qu'à *pofteriori*.

Il faut remarquer que dans cette fraction continue les nombres μ, μ^{I}, μ^{II} &c. doivent être tous pofitifs, quoique nous ayons vu dans l'art. 3 qu'on peut en général, dans les fractions continues, rendre les dénominateurs pofitifs ou négatifs, fuivant que

l'on prend les valeurs approchées plus petites ou plus grandes que les véritables ; mais
la méthode du probleme I , (art. 23 & fuiv.)
exige abfolument que les valeurs appro-
chées μ, μ', μ'' &c. foient toutes prifes en
défaut.

87. Maintenant , puifque la fraction $\frac{p}{q}$
eft égale à une fraction continue dont les
termes font μ, μ', μ'' &c. μ^o, il eft clair,
par l'art. 4 , que μ fera le quotient de p
divifé par q, que μ' fera celui de q divifé
par le refte, μ'' celui de ce refte divifé par
le fecond refte , & ainfi de fuite ; de forte
que nommant r, f, t &c. les reftes dont il
s'agit, on aura, par la nature de la divifion,
$p = \mu q + r$, $q = \mu' r + f$, $r = \mu'' f + t$, &c.
où le dernier refte fera néceffairement $= o$,
& l'avant-dernier $= 1$, à caufe que p & q
font des nombres premiers entr'eux. Ainfi
μ fera la valeur entiere approchée de $\frac{p}{q}$, μ'
celle de $\frac{q}{r}$, μ'' celle de $\frac{r}{f}$ &c. ces valeurs
étant toutes prifes moindres que les véri-
tables, à l'exception de la derniere μ', qui
fera exactement égale à la fraction corref-

pondante, à cause que le reste suivant est supposé nul.

Or comme les nombres μ, μ', μ'' &c. μ', sont les mêmes pour la fraction continue qui exprime la valeur de $\frac{p}{q}$, & pour celle qui exprime la valeur de $\sqrt{A}$, on peut prendre, jusqu'au terme μ', $\frac{p}{q} = \sqrt{A}$, c'est-à-dire $p^2 - A q^2 = 0$. Ainsi on cherchera d'abord la valeur approchée en défaut de $\frac{p}{q}$, c'est-à-dire de $\sqrt{A}$, & ce sera la valeur de μ; ensuite on substituera dans $p^2 - A q^2 = 0$, à la place de p sa valeur $\mu q + r$, ce qui donnera $(\mu^2 - A) q^2 + 2 \mu q r + r^2 = 0$, & on cherchera de nouveau la valeur approchée en défaut de $\frac{q}{r}$, c'est-à-dire de la racine positive de l'équation

$$(\mu^2 - A)\left(\frac{q}{r}\right)^2 + 2\mu\frac{q}{r} + 1 = 0,$$

& l'on aura la valeur de μ'.

On continuera à substituer dans la transformée $(\mu^2 - A) q^2 + 2 \mu q r + r^2 = 0$, à la place de q, $\mu' r + s$; on aura une équation dont la racine sera $\frac{r}{s}$; on prendra la valeur approchée en défaut de cette racine, & l'on aura la valeur de μ''. On fubftituera $\mu''r + f$ à la place de r, &c.

Suppofons maintenant que t foit, par ex. le dernier refte qui doit être nul, f fera l'avant-dernier qui doit être $=1$; donc fi la transformée en f & t de la formule $p^2 - Aq^2$ eft $Pf^2 + Qft + Rt^2$, il faudra qu'en y faifant $t=0$ & $f=1$ elle devienne $=1$, pour que l'équation propofée $p^2 - Aq^2 = 1$ ait lieu; donc P devra être $=1$. Ainfi il n'y aura qu'à continuer les opérations & les transformations ci-deffus, jufqu'à ce que l'on parvienne à une transformée où le coefficient du premier terme foit. égal à l'unité; alors on fera dans cette formule la premiere des deux indéterminées, comme r, égale à 1, & la feconde, comme f, égale à zéro; & en remontant on aura les valeurs convenables de p & q.

On pourroit auffi opérer fur l'équation même $p^2 - Aq^2 = 1$, en ayant feulement foin de faire abftraction du terme tout connu 1, & par conféquent auffi des autres termes tout connus qui peuvent réfulter de celui-ci,

dans la détermination des valeurs appro-
chées μ, μ', μ'' &c. de $\frac{p}{q}$, $\frac{q}{r}$, $\frac{r}{f}$ &c. dans ce
cas on eſſayera à chaque nouvelle tranſ-
formation, ſi l'équation transformée peut
ſubſiſter en y faiſant l'une des deux indéterminées $=1$ & l'autre $=0$; quand on ſera
parvenu à une pareille transformée, l'opération ſera achevée, & il n'y aura plus qu'à
revenir ſur ſes pas pour, avoir les valeurs
cherchées de p & de q.

Nous voilà donc conduits à la méthode
du chapitre VII. A examiner cette méthode en elle-même & indépendamment
des principes d'où nous venons de la déduire, il doit paroître aſſez indifférent de
prendre les valeurs approchées de μ, μ', μ''
&c. plus petites ou plus grandes que les véritables, d'autant que, de quelque maniere
qu'on prenne ces valeurs, celles de r, f,
t &c. doivent aller également en diminuant
juſqu'à zéro, (art. 6).

Auſſi M. *Wallis* remarque-t-il expreſſément qu'on peut employer à volonté les limites en *plus* ou en *moins* pour les nombres

μ, μ', μ'' &c. & il propofe même ce moyen comme propre à abréger fouvent le calcul ; c'eft auffi ce que M. *Euler* fait obferver dans l'art. 102 & fuiv. du chap. cité ; cependant je vais faire voir par un exemple, qu'en s'y prenant de cette maniere on peut rifquer de ne jamais parvenir à la folution de l'équation propofée.

Prenons l'exemple de l'art. 101 du même chap. où il s'agit de réfoudre une équation de cette forme, $p^2 = 6q^2 + 1$, ou bien $p^2 - 6q^2 = 1$. On aura donc $p = \sqrt{(6q^2 + 1)}$, & négligeant le terme conftant 1, $p = q\sqrt{6}$; donc $\frac{p}{q} = \sqrt{6} > 2 < 3$; prenons la limite en moins & faifons $\mu = 2$, & enfuite $p = 2q + r$; fubftituant donc cette valeur, on aura $-2q^2 + 4qr + r^2 = 1$; donc $q = \frac{2r + \sqrt{(6r^2 - 2)}}{2}$, ou bien, en rejettant le terme conftant -2, $q = \frac{2r + r\sqrt{6}}{2}$, d'où $\frac{q}{r} = \frac{2 + \sqrt{6}}{2} > 2 < 3$; prenons de nouveau la limite en *moins*, & faifons $q = 2r + f$, la derniere équation deviendra $r^2 - 4rf - 2f^2 = 1$, où l'on voit d'abord qu'on peut supposer $f=0$ & $r=1$; ainsi on aura $q=2$, $p=5$.

Maintenant reprenons la premiere transformée $-2q^2+4qr+r^2=1$, où nous avons vu que $\frac{q}{r}>2$ & <3, & au lieu de prendre la limite en *moins*, prenons-la en *plus*, c'est-à-dire, supposons $q=3r+f$, ou bien, puisque f doit être alors une quantité négative, $q=3r-f$, on aura la transformée suivante, $-5r^2+8rf-2f^2=1$, laquelle donnera $r=\dfrac{4f+\sqrt{(6f^2-5)}}{5}$; donc négligeant le terme constant 5, $r=\dfrac{4f+f\sqrt{6}}{5}$, & $\dfrac{r}{f}=\dfrac{4+\sqrt{6}}{5}>1<2$.

Prenons de nouveau la limite en *plus*, & faisons $r=2f-t$, on aura $-6f^2+12ft-5t^2=1$; donc $f=\dfrac{6t+\sqrt{(6t^2-6)}}{6}$; donc, rejetant le terme -6, $f=\dfrac{6t+t\sqrt{6}}{6}$, & $\dfrac{f}{r}=1+\dfrac{\sqrt{6}}{6}>1<2$.

Qu'on continue à prendre les limites en *plus* & qu'on fasse $f=2t-u$, il viendra $-5t^2+12tu-6u^2=1$; donc $t=\dfrac{6u+\sqrt{(6u^2-5)}}{5}$;

donc $\frac{t}{u} = \frac{6 + \sqrt{6}}{5} > 1 < 2$. Faisons donc de-même $t = 2u - x$, on aura $-2u^2 + 8ux - 5x^2 = 1$; donc *&c.*

Continuant de cette maniere à prendre toujours les limites en *plus*, on ne trouvera jamais de transformée où le coefficient du premier terme soit égal à l'unité, comme il le faut, pour qu'on puisse trouver une solution de la proposée.

La même chose arrivera nécessairement toutes les fois qu'on prendra la premiere limite en *moins*, & les suivantes toutes en *plus*; je pourrois en donner la raison *à priori*; mais comme le Lecteur peut la trouver aisément par les principes de notre théorie, je ne m'y arrêterai pas. Quant à présent il me suffit d'avoir montré la né-cessité de traiter ces sortes de problemes d'une maniere plus rigoureuse & plus pro-fonde qu'on ne l'avoit encore fait.

PARAGRAPHE IX.

De la maniere de trouver des Fonctions algébriques de tous les degrés, qui étant multipliées ensemble produisent toujours des fonctions semblables.

Addition pour les Chapitres XI & XII.

88. **J**E crois avoir eu en même temps que M. *Euler* l'idée de faire servir les facteurs irrationnels & même imaginaires des formules du second degré, à trouver les conditions qui rendent ces formules égales à des carrés ou à des puissances quelconques; j'ai lu sur ce sujet à l'Académie en 1768, un Mémoire qui n'a pas été imprimé, mais dont j'ai donné un précis à la fin de mes recherches *sur les Problemes indéterminés*, qui se trouvent dans le volume pour l'année 1767, lequel a paru en 1769, avant même la traduction Allemande de l'Algebre de M. *Euler.*

J'ai fait voir dans l'endroit que je viens

de citer , comment on peut étendre la même méthode à des formulés de degrés plus élevés que le second ; & j'ai par ce moyen donné la folution de quelques équations dont il auroit peut-être été fort difficile de venir à bout par d'autres voies. Je vais maintenant généralifer encore davantage cette méthode, qui me paroît mériter particuliérement l'attention des Géometres par fa nouveauté & par fa fingularité.

89. Soient α & β les deux racines de l'équation du fecond degré

$$f^2 - af + b = 0,$$

& confidérons le produit de ces deux facteurs

$$(x + \alpha y)(x + \beta y),$$

qui fera néceffairement réel ; ce produit fera $x^2 + (\alpha + \beta)xy + \alpha\beta y^2$; or on a $\alpha + \beta = a$, & $\alpha\beta = b$, par la nature de l'équation $f^2 - af + b = 0$; donc on aura cette formule du fecond degré

$$x^2 + axy + by^2,$$

laquelle eft compofée des deux facteurs

$$x + \alpha y \ \& \ x + \beta y.$$

Maintenant il est visible que si l'on a une formule semblable

$$x^2 + ax'y' + by'^2,$$

& qu'on veuille les multiplier l'une par l'autre, il suffira de multiplier ensemble les deux facteurs $x + \alpha y$, $x' + \alpha y'$, & les deux $x + \beta y$, $x' + \beta y'$, ensuite les deux produits l'un par l'autre. Or le produit de $x + \alpha y$ par $x' + \alpha y'$ est $xx' + \alpha(xy' + yx') + \alpha^2 yy'$; mais puisque α est une des racines de l'équation $f^2 - af + b = 0$, on aura $\alpha^2 - a\alpha + b = 0$; donc $\alpha^2 = a\alpha - b$; donc substituant cette valeur de α^2 dans la formule précédente, elle deviendra $xx' - byy' + \alpha(xy' + yx' + ayy')$; de sorte qu'en faisant, pour plus de simplicité,

$$X = xx' - byy',$$
$$Y = xy' + yx' + ayy',$$

le produit des deux facteurs $x + \alpha y$, $x' + \alpha y'$, sera $X + \alpha Y$, & par conséquent de la même forme que chacun d'eux. On trouvera de même que le produit des deux autres facteurs, $x + \beta y$ & $x' + \beta y'$, sera $X + \beta Y$;

de forte que le produit total fera $(X + \alpha Y)$ $(X + \beta Y)$, favoir

$$X^2 + aXY + bY^2.$$

C'eft le produit des deux formules femblables,

$$x^2 + axy + by^2, \ \& \ x'^2 + ax'y' + by'^2.$$

Si on vouloit avoir le produit de ces trois formules femblables

$$x^2 + axy + by^2,$$
$$x'^2 + ax'y' + by'^2,$$
$$x''^2 + ax''y'' + by''^2,$$

il n'y auroit qu'à trouver celui de la for-mule $X^2 + aXY + bY^2$ par la derniere x''^2 $+ ax''y'' + by''^2$, & il eft vifible, par les for-mules ci-deffus, qu'en faifant

$$X' = Xx'' - bYy'',$$
$$Y' = Xy'' + Yx'' + aYy'',$$

le produit cherché feroit

$$X'^2 + aX'Y' + bY'^2.$$

On pourra trouver de même le produit de quatre ou d'un plus grand nombre de formules femblables à celle-ci,

$$x^2 + axy + by^2,$$

& ces produits feront toujours auffi de la même forme.

90. Si on fait $\dot{x} = x$ & $\dot{y} = y$, on aura

$$X = x^2 - by^2, \quad Y = 2xy + ay^2,$$

& par conféquent

$$(x^2 + axy + by^2)^2 = X^2 + aXY + bY^2.$$

Donc, fi l'on veut trouver des valeurs rationnelles de X & Y, telles que la formule $X^2 + aXY + bY^2$ devienne un carré, il n'y aura qu'à donner à X & à Y les valeurs précédentes, & l'on aura pour la racine du carré la formule $x^2 + axy + by^2$, x & y étant deux indéterminées.

Si on fait de plus $x'' = x' = x$ & $y'' = y' = y$, on aura $X' = Xx - bYy$, $Y' = Xy + Yx + aYy$, c'eft-à-dire en fubftituant les valeurs précédentes de X & Y,

$$X' = x^3 - 3bxy^2 + aby^3,$$
$$Y' = 3x^2y + 3axy^2 + (a^2 - b)y^3;$$

donc

$$(x^2 + axy + by^2)^3 = \dot{X}^2 + a\dot{X}\dot{Y} + b\dot{Y}^2.$$

Ainfi, fi l'on propofoit de trouver des valeurs

valeurs rationnelles de X' & Y', telles que la formule $X'^2 + aX'Y' + bY'^2$ devînt un cube, il n'y auroit qu'à donner à X & Y les valeurs précédentes, moyennant quoi on auroit un cube dont la racine feroit $x^2 + axy + by^2$, x & y étant deux indéterminées.

On pourroit réfoudre d'une maniere femblable les queftions où il s'agiroit de produire des puiffances quatriemes, cinquiemes &c. mais on peut auffi trouver immédiatement des formules générales pour une puiffance quelconque m, fans paffer par les puiffances inférieures.

Soit donc propofé de trouver des valeurs rationnelles de X & Y, telles que la formule $X^2 + aXY + bY^2$ devienne une puiffance m, c'eft-à-dire qu'il s'agiffe de réfoudre l'équation

$$X^2 + aXY + bY^2 = Z^m.$$

Comme la quantité $X^2 + aXY + bY^2$ eft formée du produit des deux facteurs $X + \alpha Y$ & $X + \beta Y$, il faudra, pour que cette quan-

-tité devienne une puissance du degré m, que chacun de ses deux facteurs devienne aussi une semblable puissance.

Faisons donc d'abord

$$X + \alpha Y = (x + \alpha y)^m ;$$

& développant cette puissance par le théoreme de *Newton*, on aura

$$x^m + m\,x^{m-1}\,y\,\alpha + \frac{m(m-1)}{2}\,x^{m-2}\,y^2\,\alpha^2$$
$$+ \frac{m(m-1)(m-2)}{2}\,x^{m-3}\,y^3\,\alpha^3 + \mathcal{E}c.$$

Or, puisque α est une des racines de l'équation $f^2 - af + b = 0$, on aura aussi $\alpha^2 - a\alpha + b = 0$; donc $\alpha^2 = a\alpha - b$, $\alpha^3 = a\alpha^2 - b\alpha = (a^2 - b)\alpha - ab$, $\alpha^4 = (a^2 - b)\alpha^2 - ab\alpha = (a^3 - 2ab)\alpha - a^2 b + b^2$, & ainsi de suite. Ainsi il n'y aura qu'à substituer ces valeurs dans la formule précédente, & elle se trouvera par-là composée de deux parties, l'une toute rationnelle qu'on comparera à X, & l'autre toute multipliée par la racine α, qu'on comparera à αY.

Si on fait pour plus de simplicité

$$A^{\text{I}} = 1 \qquad\qquad B^{\text{I}} = 0$$
$$A^{\text{II}} = a \qquad\qquad B^{\text{II}} = b$$

$$A''' = a A'' - b A' \quad B''' = a B'' - b B'$$
$$A^{IV} = a A''' - b A'' \quad B^{IV} = a B''' - b B''$$
$$A^{V} = a A^{IV} - b A''', \quad B^{V} = a B^{IV} - b B''',$$
$$\&c. \quad \&c. \quad \&c.$$

on aura

$$\alpha = A' \alpha - B'$$
$$\alpha^2 = A'' \alpha - B''$$
$$\alpha^3 = A''' \alpha - B'''$$
$$\alpha^4 = A^{IV} \alpha - B^{IV}, \quad \&c.$$

Donc fubftituant ces valeurs, & comparant, on aura

$$X = x^m - m x^{m-1} y B' - \frac{m(m-1)}{2} x^{m-2} y^2 B''$$
$$- \frac{m(m-1)(m-2)}{2} x^{m-3} y^3 B''' - \&c.$$
$$Y = m x^{m-1} y A' + \frac{m(m-1)}{2} x^{m-2} y'' A''$$
$$+ \frac{m(m-1)(m-2)}{2} x^{m-3} y^3 A''' + \&c.$$

Or, comme la racine α n'entre point dans les expreffions de X & Y, il eft clair qu'ayant $X + \alpha Y = (x + \alpha y)^m$, on aura auffi $X + \beta Y = (x + \beta y)^m$; donc multipliant ces deux équations l'une par l'autre, on aura

$$X^2 + a X Y + b Y^2 = (x^2 + a x y + b y^2)^m,$$

& par conféquent

$$Z = x^2 + axy + by^2.$$

Ainsi le probleme est résolu.

Si a étoit $= 0$, les formules précédentes deviendroient beaucoup plus simples; car on auroit $A^{\text{I}} = 1$, $A^{\text{II}} = 0$, $A^{\text{III}} = -b$, $A^{\text{IV}} = 0$, $A^{\text{V}} = b^2$, $A^{\text{VI}} = 0$, $A^{\text{VII}} = -b^3$ &c. & de même $B^{\text{I}} = 0$, $B^{\text{II}} = b$, $B^{\text{III}} = 0$, $B^{\text{IV}} = -b^2$, $B^{\text{V}} = 0$, $B^{\text{VI}} = b^3$ &c.

donc

$$X = x^m - \frac{m(m-1)}{2} x^{m-2} y^2 b + \frac{m(m-1)(m-2)(m-3)}{2.3.4} x^{m-4} y^4 b^2 - \&c.$$

$$Y = m x^{m-1} y + \frac{m(m-1)(m-2)}{2.3} x^{m-3} y^3 b + \frac{m(m-1)(m-2)(m-3)(m-4)}{2.3.4.5} x^{m-5} y^3 b^2 - \&c.$$

& ces valeurs satisferont à l'équation

$$X^2 + b Y^2 = (x^2 + by^2)^m.$$

91. Passons maintenant aux formules de trois dimensions; pour cela nous désignerons par α, β, γ les trois racines de l'équation du troisieme degré,

$$f^3 - af^2 + bf - c = 0,$$

& nous considérerons ensuite le produit de ces trois facteurs,

$$(x + \alpha y + \alpha^2 z)(x + \beta y + \beta^2 z)(x + \gamma y + \gamma^2 z),$$

lequel fera néceffairement rationnel, comme on va le voir. La multiplication faite, on aura le produit fuivant,

$$x^3+(\alpha+\beta+\gamma)x^2y+(\alpha^2+\beta^2+\gamma^2)x^2z+(\alpha\beta+\alpha\gamma+\beta\gamma)$$
$$xy^2+(\alpha^2\beta+\alpha^2\gamma+\beta^2\alpha+\beta^2\gamma+\gamma^2\alpha+\gamma^2\beta)xyz+(\alpha^2\beta^2$$
$$+\alpha^2\gamma^2+\beta^2\gamma^2)xz^2+\alpha\beta\gamma y^3+(\alpha^2\beta\gamma+\beta^2\alpha\gamma+\gamma^2\alpha\beta)y^2z$$
$$+(\alpha^2\beta^2\gamma+\alpha^2\gamma^2\beta+\beta^2\gamma^2\alpha)yz^2+\alpha^2\beta^2\gamma^2z^3;$$

or par la nature de l'équation on a

$$\alpha+\beta+\gamma=a,\ \alpha\beta+\alpha\gamma+\beta\gamma=b,\ \alpha\beta\gamma=c;$$

de plus on trouvera

$$\alpha^2+\beta^2+\gamma^2=(\alpha+\beta+\gamma)^2-2(\alpha\beta+\alpha\gamma+\beta\gamma)=a^2-2b,$$
$$\alpha^2\beta+\alpha^2\gamma+\beta^2\alpha+\beta^2\gamma+\gamma^2\alpha+\gamma^2\beta=(\alpha+\beta+\gamma)(\alpha\beta+\alpha\gamma$$
$$+\beta\gamma)-3\alpha\beta\gamma=ab-3c,\ \alpha^2\beta^2+\alpha^2\gamma^2+\beta^2\gamma^2=(\alpha\beta+\alpha\gamma$$
$$+\beta\gamma)^2-2(\alpha+\beta+\gamma)\alpha\beta\gamma=b^2-2ac,\ \alpha^2\beta\gamma+\beta^2\alpha\gamma$$
$$+\gamma^2\alpha\beta=(\alpha+\beta+\gamma)\alpha\beta\gamma=ac,\ \alpha^2\beta^2\gamma+\alpha^2\gamma^2\beta+\beta^2\gamma^2\alpha$$
$$=(\alpha\beta+\alpha\gamma+\beta\gamma)\alpha\beta\gamma=bc;$$

donc faifant ces fubftitutions, le produit dont il s'agit fera

$$x^3+ax^2y+(a^2-2b)x^2z+bxy^2+(ab-3c)$$
$$xyz+(b^2-2ac)xz^2+cy^3+acy^2z+bcyz^2$$
$$+c^2z^3.$$

Et cette formule aura la propriété, que fi on multiplie enfemble autant de femblables formules que l'on veut, le produit fera toujours auffi une formule femblable.

En effet fuppofons qu'on demande le produit de cette formule-là par cette autre-ci,

$$x^3 + ax^2y' + (a^2 - 2b)\, x^2\zeta' + bx'y^2 + (ab - 3c)$$

$$x'y'\zeta' + (b^2 - 2ac)\, x'\zeta'^2 + cy^3 + acy^2\zeta' + bcy'\zeta'^2$$

$$+ c^2\zeta'^3\; ;$$ il eft clair qu'il n'y aura qu'à chercher celui de ces fix facteurs, $x + \alpha y + \alpha^2\zeta$, $x + \beta y + \beta^2\zeta$, $x + \gamma y + \gamma^2\zeta$, $x' + \alpha y' + \alpha^2\zeta'$, $x' + \beta y' + \beta^2\zeta'$, $x' + \gamma y' + \gamma^2\zeta'\; ;$ qu'on multiplie d'abord $x + \alpha y + \alpha^2\zeta$ par $x' + \alpha y' + \alpha^2\zeta'$, on aura ce produit partiel $xx' + \alpha(xy' + yx') + \alpha^2(x\zeta' + \zeta x' + yy') + \alpha^3(y\zeta' + \zeta y') + \alpha^4\zeta\zeta'\; ;$ or α étant une des racines de l'équation $f^3 - af^2 + bf - c = 0$, on aura $\alpha^3 - a\alpha^2 + b\alpha - c = 0$, par conféquent $\alpha^3 = a\alpha^2 - b\alpha + c\; ;$ donc $\alpha^4 = a\alpha^3 - b\alpha^2 + c\alpha = (a^2 - b)\alpha^2 - (ab - c)\alpha + ac\; ;$ de forte qu'en fubftituant ces valeurs, & faifant pour abréger

$$X = xx' - c(y\zeta' + \zeta y') + ac\zeta\zeta',$$

$$Y = xy' + yx' - b(y\zeta' + \zeta y') - (ab - c)\zeta\zeta',$$

$$Z = x\zeta' + \zeta x' + yy' + a(y\zeta' + \zeta y') + (a^2 - b)\zeta\zeta',$$

le produit dont il s'agit deviendra de cette forme

$$X + \alpha Y + \alpha^2 Z,$$

c'eſt-à-dire de la même forme que chacun des produiſans. Or comme la racine α n'entre point dans les valeurs de X, Y, Z, il eſt clair que ces quantités feront les mêmes en changeant α en β ou en γ; donc puiſque l'on a déjà

$$(x+\alpha y+\alpha^2 z)(x'+\alpha y'+\alpha^2 z')=X+\alpha Y+\alpha^2 Z,$$

on aura auſſi, en changeant α en β,

$$(x+\beta y+\beta^2 z)(x'+\beta y'+\beta^2 z')=X+\beta Y+\beta^2 Z,$$

& en changeant α en γ,

$$(x+\gamma y+\gamma^2 z)(x'+\gamma y'+\gamma^2 z')=X+\gamma Y+\gamma^2 Z;$$

donc multipliant ces trois équations enſemble, on aura d'un côté le produit des deux formules propoſées, & de l'autre la formule

$$X^3+aX^2Y+(a^2-2b)X^2Z+bXY^2+(ab$$
$$-3c)XYZ+(b^2-2ac)XZ^2+cY^3+acY^2$$
$$Z+bcYZ^2+c^2Z^3,$$

qui fera donc égale au produit demandé, & qui eſt, comme l'on voit, de la même forme que chacune des deux formules dont elle eſt compoſée.

Si on avoit une troiſieme formule telle que celle-ci,

$$x^3 + ax^2 y'' + (a - 2b)\, \overset{\shortmid\shortmid}{x^2} z'' + bx'' y^2 + (ab$$
$$- 3c)x'' y'' z'' + (b^2 - 2ac)x'' \overset{\shortmid\shortmid}{z^2} + cy^3 + acy^2$$
$$\overset{\shortmid\shortmid}{z} + bcy'' \overset{\shortmid\shortmid}{z^2} + c^2 z^3,$$

& qu'on voulût avoir le produit de cette
formule & des deux précédentes, il eſt
clair qu'il n'y auroit qu'à faire

$$X' = Xx'' - c\,(Yz'' + Zy'') + acZz'',$$
$$Y' = Xy'' + Yx'' - b\,(Yz'' + Zy'') - (ab - c)Zz''$$
$$Z' = Xz'' + Zx'' + Yy'' + a\,(Yz'' + Zy'')$$
$$+ (a^2 - b)\,Zz'',$$

& l'on auroit pour le produit cherché

$$\overset{\shortmid}{X^3} + a\overset{\shortmid}{X^2} Y' + (a^2 - 2b)\overset{\shortmid}{X^2} Z' + bX' \overset{\shortmid}{Y^2} + (ab$$
$$- 3c)X' Y' Z' + (b^2 - 2ac)X' \overset{\shortmid}{Z^2} + c\overset{\shortmid}{Y^3} + ac\overset{\shortmid}{Y^2}$$
$$Z' + bcY' \overset{\shortmid}{Z^2} + c^2 \overset{\shortmid}{Z^3}.$$

92. Faiſons maintenant $x' = x$, $y' = y$,
$z' = z$, nous aurons

$$X = x^2 - 2cyz + acz^2,$$
$$Y = 2xy - 2byz - (ab - c)z^2,$$
$$Z = 2xz + y^2 + 2ayz + (a^2 - b)z^2,$$

& ces valeurs ſatisferont à l'équation

$$X^3 + aX^2 Y + bXY^2 + cY^3 + (a^2 - 2b)X^2 Z$$
$$+ (ab - 3c)XYZ + acY^2 Z + (b^2 - 2ac)X$$
$$Z^2 + bcYZ^2 + c^2 Z^3 = V^2,$$

en prenant

$$V = x^3 + ax^2y + bxy^2 + cy^3 + (a^2 - 2b)x^2z$$
$$+ (ab - 3c)xyz + acy^2z + (b^2 - 2ac)$$
$$xz^2 + bcyz^2 + c^2z^3 ;$$

donc si l'on avoit, par exemple, à résoudre une équation de cette forme,

$$X^3 + aX^2Y + bXY^2 + cY^3 = V^2,$$

a, b, c étant des quantités quelconques données, il n'y auroit qu'à rendre $Z = 0$, en faisant

$$2xz + y^2 + 2ayz + (a^2 - b^2)z^2 = 0,$$

d'où l'on tire

$$x = - \frac{y^2 + 2ayz + (a^2 - b)z^2}{2z},$$

& substituant cette valeur de x dans les expressions précédentes de X, Y & V, on aura des valeurs très-générales de ces quantités, qui satisferont à l'équation proposée.

Cette solution mérite d'être bien remarquée à cause de sa généralité & de la maniere dont nous y sommes parvenus, qui est peut-être l'unique qui puisse y conduire facilement.

On auroit de même la résolution de l'équation

$$\overset{\text{\tiny 1}}{X}{}^3 + a\overset{\text{\tiny 1}}{X}{}^2\overset{\text{\tiny 1}}{Y} + (a^2 - 2b)\overset{\text{\tiny 1}}{X}{}^2\overset{\text{\tiny 1}}{Z} + bX^{\text{\tiny 1}}\overset{\text{\tiny 1}}{Y}{}^2 + (ab$$
$$- 3c)\,X^{\text{\tiny 1}}Y^{\text{\tiny 1}}Z^{\text{\tiny 1}} + (b^2 - 2ac)\,X^{\text{\tiny 1}}\overset{\text{\tiny 1}}{Z}{}^2 + c\overset{\text{\tiny 1}}{Y}{}^3$$
$$+ ac\overset{\text{\tiny 1}}{Y}{}^2Z^{\text{\tiny 1}} + bcY^{\text{\tiny 1}}\overset{\text{\tiny 1}}{Z}{}^2 + c^2\overset{\text{\tiny 1}}{Z}{}^3 = V^3,$$

en faisant dans les formules ci-dessus

$$x'' = x' = x,\; y'' = y' = y,\; z'' = z' = z,$$

& prenant

$$V = x^3 + ax^2y + (a^2 - 2b)\,x^2z + bxy^2 + (ab$$
$$- 3c)\,xyz + (b^2 - 2ac)\,xz^2 + cy^3 + acy^2z$$
$$+ bcyz^2 + c^2z^3.$$

Et on pourroit résoudre aussi successivement les cas où, au lieu de la troisieme puissance V^3, on auroit V^4, V^5 &c. mais nous allons traiter ces questions d'une maniere tout-à-fait générale, comme nous l'avons fait dans l'art. 90 ci-dessus.

93. Soit donc proposé de résoudre une équation de cette forme,

$$X^3 + aX^2Y + (a^2 - 2b)\,X^2Z + bXY^2 + (ab$$
$$- 3c)XYZ + (b^2 - 2ac)\,XZ^2 + cY^3 + acY^2Z$$
$$+ bcYZ^2 + c^2Z^3 = V^m.$$

Puisque la quantité qui forme le premier

membre de cette équation n'eſt autre choſe
que le produit de ces trois facteurs,

$$(X + \alpha Y + \alpha^2 Z)(X + \beta Y + \beta^2 Z)(X + \gamma Y + \gamma^2 Z),$$

il eſt clair que pour rendre cette quantité
égale à une puiſſance du degré m, il ne
faudra que rendre chacun de ſes facteurs
en particulier égal à une pareille puiſſance.
Soit donc

$$X + \alpha Y + \alpha^2 Z = (x + \alpha y + \alpha^2 \zeta)^m,$$

on commencera par développer la puiſ-
fance m de $x + \alpha y + \alpha^2 \zeta$ par le théoreme
de *Newton*, ce qui donnera

$$x^m + m x^{m-1}(y + \alpha \zeta)\, \alpha + \frac{m(m-1)}{2} x^{m-2}(y + \alpha \zeta)^2 \alpha^2$$
$$+ \frac{m(m-1)(m-2)}{2 \cdot 3} x^{m-3}(y + \alpha \zeta)^3 \alpha^3 +, \&c.$$

ou bien, en formant les différentes puiſ-
fances de $y + \alpha \zeta$, & ordonnant enſuite,
par rapport aux dimenſions de α,

$$x^m + m x^{m-1} y \alpha + (m x^{m-1} \zeta + \frac{m(m-1)}{2} x^{m-2} y^2) \alpha^2$$
$$+ (m(m-1) x^{m-2} y \zeta + \frac{m(m-1)(m-2)}{2 \cdot 3} x^{m-3} y^3) \alpha^3$$
$$+ \&c.$$

Mais comme dans cette formule on ne
voit pas aiſément la loi des termes, nous
ſuppoſerons en général

$$(x + \alpha y + \alpha^2 \zeta)^m = P + P^{\text{\tiny I}}\alpha + P^{\text{\tiny II}}\alpha^2 + P^{\text{\tiny III}}\alpha^3 + P^{\text{\tiny IV}}\alpha^4 + \&c.$$

& l'on trouvera

$$P = x^m,$$

$$P^{\text{\tiny I}} = \frac{m y P}{x},$$

$$P^{\text{\tiny II}} = \frac{(m-1) y P^{\text{\tiny I}} + 2 m \zeta P}{2 x},$$

$$P^{\text{\tiny III}} = \frac{(m-2) y P^{\text{\tiny II}} + (2m-1) \zeta P^{\text{\tiny I}}}{3 x},$$

$$P^{\text{\tiny IV}} = \frac{(m-3) y P^{\text{\tiny III}} + (2m-2) \zeta P^{\text{\tiny II}}}{4 x} \quad \&c.$$

c'eſt ce qui ſe démontre facilement par le calcul différentiel.

Maintenant on aura, à cauſe que α eſt une des racines de l'équation $f^3 - a f^2 + b f - c = 0$, on aura, dis-je, $\alpha^3 - a \alpha^2 + b \alpha - c = 0$; d'où

$\alpha^3 = a \alpha^2 - b \alpha + c$; donc

$\alpha^4 = a \alpha^3 - b \alpha^2 + c \alpha = (a^2 - b)\alpha^2 - (ab - c)\alpha + ac,$

$\alpha^5 = (a^2 - b)\alpha^3 - (ab - c)\alpha^2 + ac\alpha = (a^3 - 2ab + c)\alpha^2 - (a^2 b - b^2 - ac)\alpha + (a^2 - b)c,$

& ainſi de ſuite.

De ſorte que ſi on fait pour plus de ſim-plicité

$$A^{I} = 0$$
$$A^{II} = 1$$
$$A^{III} = a$$
$$A^{IV} = aA^{III} - bA^{II} + cA^{I}$$
$$A^{V} = aA^{IV} - bA^{III} + cA^{II}$$
$$A^{VI} = aA^{V} - bA^{IV} + cA^{III}, \&c.$$

$$B^{I} = 1$$
$$B^{II} = 0$$
$$B^{III} = b$$
$$B^{IV} = aB^{III} - bB^{II} + cB^{I}$$
$$B^{V} = aB^{IV} - bB^{III} + cB^{II}$$
$$B^{VI} = aB^{V} - bB^{IV} + cB^{III}, \&c.$$

$$C^{I} = 0$$
$$C^{II} = 0$$
$$C^{III} = c$$
$$C^{IV} = aC^{III} - bC^{II} + cC^{I}$$
$$C^{V} = aC^{IV} - bC^{III} + cC^{II}$$
$$C^{VI} = aC^{V} - bC^{IV} + cC^{III}, \&c.$$

on aura

$$\alpha = A^{I}\alpha^{2} - B^{I}\alpha + C^{I}$$
$$\alpha^{2} = A^{II}\alpha^{2} - B^{II}\alpha + C^{II}$$
$$\alpha^{3} = A^{III}\alpha^{2} - B^{III}\alpha + C^{III}$$
$$\alpha^{4} = A^{IV}\alpha^{2} - B^{IV}\alpha + C^{IV}, \&c.$$

Subftituant donc ces valeurs dans l'ex-preffion de $(x + \alpha y + \alpha^2 z)^m$, elle fe trou-vera compofée de trois parties, l'une toute rationnelle, l'autre toute multipliée par α, & la troifieme toute multipliée par α^2; ainfi il n'y aura qu'à comparer la premiere à X, la feconde à αY, & la troifieme à $\alpha^2 Z$, & l'on aura par ce moyen

$$X = P + P'C' + P''C'' + P'''C''' + P^{IV}C^{IV} \text{ \&c.}$$
$$Y = -P'B' - P''B'' - P'''B''' - P^{IV}B^{IV} \text{ \&c.}$$
$$Z = P'A' + P''A'' + P'''A''' + P^{IV}A^{IV} \text{ \&c.}$$

Ces valeurs fatisferont donc à l'équation

$$X + \alpha Y + \alpha^2 Z = (x + \alpha y + \alpha^2 z)^m;$$

& comme la racine α n'entre point en particulier dans les expreffions de X, Y & Z, il eft clair qu'on pourra changer α en β, ou en γ; de forte qu'on aura également

$$X + \beta Y + \beta^2 Z = (x + \beta y + \beta^2 z)^m,$$

&

$$X + \gamma Y + \gamma^2 Z = (x + \gamma y + \gamma^2 z)^m.$$

Or multipliant enfemble ces trois équations, il eft vifible que le premier membre fera le même que celui de l'équation pro-pofée, & que le fecond fera égal à une puissance m, dont la racine étant nommée V, on aura

$$V = x^3 + a x^2 y + (a^2 - 2b) x^2 z + b x y^2$$
$$+ (ab - 3c) xyz + (b^2 - 2ac) x z^2 + cy^3$$
$$+ acy^2 z + bcy z^2 + c^2 z^3.$$

Ainsi on aura les valeurs demandées de X, Y, Z & V, lesquelles renfermeront trois indéterminées x, y, z.

94. Si on vouloit trouver des formules de quatre dimensions qui eussent les mêmes propriétés que celles que nous venons d'examiner, il faudroit considérer le produit de quatre facteurs de cette forme,

$$x + \alpha y + \alpha^2 z + \alpha^3 t$$
$$x + \beta y + \beta^2 z + \beta^3 t$$
$$x + \gamma y + \gamma^2 z + \gamma^3 t$$
$$x + \delta y + \delta^2 z + \delta^3 t,$$

en supposant que α, β, γ, δ fussent les racines d'une équation du quatrieme degré, telle que celle-ci,

$$f^4 - af^3 + bf^2 - cf + d = 0;$$

on aura ainsi

$$\alpha + \beta + \gamma + \delta = a,$$
$$\alpha\beta + \alpha\gamma + \alpha\delta + \beta\gamma + \beta\delta + \gamma\delta = b,$$
$$\alpha\beta\gamma + \alpha\beta\delta + \alpha\gamma\delta + \beta\gamma\delta = c,$$
$$\alpha\beta\gamma\delta = d,$$

moyennant quoi on pourra déterminer tous les coefficiens des différens termes du produit dont il s'agit, sans connoître les racines α, β, γ, δ en particulier. Mais comme il faudra faire pour cela différentes réductions qui peuvent ne pas se présenter facilement, on pourra s'y prendre, si on le juge plus commode, de la maniere que voici.

Qu'on suppose en général
$$x + \int y + \int^2 z + \int^3 t = p;$$
& comme $\int$ est déterminé par l'équation
$$\int^4 - a\int^3 + b\int^2 - c\int + d = 0,$$
qu'on chasse $\int$ de ces deux équations par les regles connues, & l'équation résultante de l'évanouissement de $\int$ étant ordonnée par rapport à l'inconnue p, montera au quatrieme degré; de sorte qu'elle pourra se mettre sous cette forme,
$$p^4 - N p^3 + P p^2 - Q p + R = 0.$$

Or

Or cette équation en p ne monte au quatrieme degré que parce que f peut avoir les quatre valeurs α, β, γ, δ, & qu'ainsi p peut avoir aussi ces quatre valeurs correspondantes,

$$x + \alpha y + \alpha^2 z + \alpha^3 t$$
$$x + \beta y + \beta^2 z + \beta^3 t$$
$$x + \gamma y + \gamma^2 z + \gamma^3 t$$
$$x + \delta y + \delta^2 z + \delta^3 t,$$

lesquelles ne sont autre chose que les facteurs dont il s'agit d'avoir le produit. Donc, puisque le dernier terme R doit être le produit de toutes les quatre racines, ou valeurs de p, il s'ensuit que cette quantité R sera le produit demandé.

Mais en voilà assez sur ce sujet, que nous pourrons peut-être reprendre dans une autre occasion.

Je terminerai ici ces Additions, que les bornes que je me suis prescrites ne me permettent pas d'étendre plus loin; peut-être même les trouvera-t-on déjà trop longues; mais les objets que j'y ai traités étant d'un

genre affez nouveau & peu connu, j'ai cru
devoir entrer dans plufieurs détails nécef-
faires pour fe mettre bien au fait des méthodes que j'ai expofées, & de leurs différens ufages.

FIN.

TABLE DES MATIERES

CONTENUES

DANS LA SECONDE PARTIE.

DE L'ANALYSE INDÉTERMINÉE.

CHAP. I. *DE la résolution des équations du premier degré, qui renferment plus d'une inconnue,* p. 1

—— II. *De la regle qu'on nomme* regula cœci, *où il s'agit de déterminer, par deux équations, trois ou un plus grand nombre d'inconnues,* 30

——— III. *Des équations indéterminées composées, dans lesquelles l'une des inconnues ne passe pas le premier degré,* 42

Tt ij

660   T A B L E.

Ch. IV. *De la maniere de rendre rationnelles les quantités sourdes de
la forme* $\sqrt{a+bx+cxx}$, *p.* 50

—— V. *Des cas où la formule* $a+bx+cxx$
ne peut jamais devenir un carré, 77

—— VI. *Des cas en nombres entiers, où
la formule* $axx+b$ *devient un
carré,* 96

—— VII. *D'une méthode particuliere, par
laquelle la formule* $ann+1$ *devient un carré en nombres entiers,* 116

——VIII. *De la maniere de rendre rationnelle la formule irrationnelle*
$\sqrt{a+bx+cxx+dx^3}$, 135

—— IX. *De la maniere de rendre rationnelle la formule incommensurable* $\sqrt{a+bx+cxx+dx^3+ex^4}$, 153

—— X. *De la méthode de rendre rationnelle la formule irrationnelle*
$\sqrt[3]{a+bx+cxx+dx^3}$, 177

Cʜ. XI. *De la résolution de la formule* axx+bxy+cyy *en ses facteurs,* pag. 195

——XII. *De la transformation de la formule* axx+cyy *en des carrés & en des puissances plus élevées,* 219

— XIII. *De quelques expressions de la forme* ax⁴+by⁴, *qui ne sont pas réductibles à des carrés,* 242

— XIV. *Solutions de quelques questions qui appartiennent à cette partie de l'analyse,* 263

——XV. *Solutions de quelques questions où l'on demande des cubes,* 339

TABLE
DES MATIERES

CONTENUES DANS LES ADDITIONS.

AVERTISSEMENT,   pag. 371

§. I. *Sur les fractions continues,*   379

§. II. *Solutions de quelques problemes curieux & nouveaux d'Arithmétique,*   445

§. III. *Sur la résolution des équations du premier degré à deux inconnues en nombres entiers,*   517

§. IV. *Méthode générale pour résoudre en nombres entiers les équations à deux inconnues, dont l'une ne passe pas le premier degré,*   527

§. V. *Méthode directe & générale pour résoudre les équations du second degré à deux inconnues, en nombres rationnels,*   534

Résolution de l'équation $Ap^2 + Bq^2 = z^2$ *en nombres entiers,* pag. 538

§. VI. *Sur les doubles & triples égalités,* 556

§. VII. *Méthode directe & générale pour résoudre en nombres entiers les équations du second degré à deux inconnues,* 561

Résolution de l'équation $Cy^2 - 2nyz + Bz^2 = 1$ *en nombres entiers.*

Premiere méthode, 568

Seconde méthode, 572

De la maniere de trouver toutes les solutions possibles de l'équation $Cy^2 - 2nyz + Bz^2 = 1$, *lorsqu'on en connoît une seule,* 583

De la maniere de trouver toutes les solutions possibles en nombres entiers des équations du second degré à deux inconnues, 595

§. VIII. *Remarques sur les équations de la forme* $p^2 = Aq^2 + 1$, *& sur la maniere ordinaire de les résoudre en nombres entiers,* 624

§. IX. *De la maniere de trouver des fonctions algébriques de tous les degrés,
qui étant multipliées ensemble produisent toujours des fonctions semblables,* pag. 636

APPROBATION.

J'ai lu par ordre de Monſeigneur le Chancelier la Traduction Françoiſe des *Elémens d'Algebre de M. Euler;* les moindres ouvrages des grands hommes ſont toujours précieux, les Additions que M. de la Grange a faites à celui-ci le rendent plus précieux encore. A Paris, le 17 Août 1771.

MARIE.

PRIVILEGE DU ROI.

LOUIS, PAR LA GRACE DE DIEU, ROI DE FRANCE ET DE NAVARRE: A nos amés & féaux Conſeillers, les Gens tenant nos Cours de Parlement, Maîtres des Requêtes ordinaires de notre Hôtel, Grand-Conſeil, Prévôt de Paris, Baillis, Sénéchaux, leurs Lieutenans Civils & autres nos Juſticiers qu'il appartiendra : SALUT. Notre amé le Sieur J. M. BRUYSET, Libraire à Lyon, Nous a fait expoſer qu'il déſireroit faire imprimer & donner au Public *des Elémens d'Algebre par M. Euler, traduits de l'Allemand & enrichis de notes par M. Bernoulli, avec un traité d'Analyſe indéterminée par M. de la Grange;* s'il Nous plaiſoit lui accorder nos Lettres de Privilege pour ce néceſſaires. A CES CAUSES, voulant favorablement traiter l'Expoſant, Nous lui avons permis & permettons par ces Préſentes, de faire imprimer ledit Ouvrage autant de fois que bon lui ſemblera, & de le vendre, faire vendre &

débiter par tout notre Royaume pendant le temps de fix années confécutives, à compter du jour de la date des Préfentes. FAISONS défenfes à tous Imprimeurs, Librai-res, & autres perfonnes de quelque qualité & condition qu'elles foient, d'en introduire d'impreffion étrangere dans aucun lieu de notre obéiffance ; comme auffi d'imprimer ou faire imprimer, vendre, faire vendre, débiter ni con-trefaire ledit Ouvrage, ni d'en faire aucuns extraits, fous quelque prétexte que ce puiffe être, fans la permiffion expreffe & par écrit dudit Expofant ou de ceux qui au-ront droit de lui, à peine de confifcation des Exemplaires contrefaits, de trois mille livres d'amende contre chacun des Contrevenans, dont un tiers à Nous, un tiers à l'Hôtel-Dieu de Paris, & l'autre tiers audit Expofant, ou à celui qui aura droit de lui, & de tous dépens, domma-ges & intérêts ; A LA CHARGE que ces Préfentes feront enregiftrées tout au long fur le Regiftre de la Communauté des Imprimeurs & Libraires de Paris, dans trois mois de la date d'icelles ; que l'impreffion dudit Ouvrage fera faite dans notre Royaume & non ailleurs, en beau papier & beaux caracteres, conformément aux Réglemens de la Librairie, & notamment à celui du 10 Avril 1725, à peine de déchéance du préfent Privilege ; qu'avant de l'expofer en vente, le Manufcrit qui aura fervi de copie à l'im-preffion dudit Ouvrage, fera remis dans le même état où l'Approbation y aura été donnée, ès mains de notre très-cher & féal Chevalier Chancelier Garde des Sceaux de France, le Sieur DE MAUPEOU ; qu'il en fera enfuite remis deux exemplaires dans notre Bibliotheque publique, un dans celle de notre Château du Louvre, & un dans celle dudit Sieur DE MAUPEOU ; le tout à peine de nullité des Préfentes : DU CONTENU defquelles vous mandons

& enjoignons de faire jouir ledit Expofant & fes ayans caufes, pleinement & paifiblement, fans fouffrir qu'il leur foit fait aucun trouble ou empêchement. VOULONS que la copie des Préfentes, qui fera imprimée tout au long, au commencement ou à la fin dudit Ouvrage, foit tenue pour dûment fignifiée, & qu'aux copies collation-nées par l'un de nos amés & féaux Confeillers-Secrétai-res, foi foit ajoutée comme à l'original. COMMANDONS au premier notre Huiffier ou Sergent fur ce requis, de faire pour l'exécution d'icelles tous Actes requis & nécef-faires, fans demander autre permiffion, & nonobftant clameur de Haro, Charte Normande, & Lettres à ce contraires: CAR tel eft notre plaifir. DONNÉ à Paris, le douzieme jour du mois de Septembre, l'an de grace mil fept cent foixante & onze, & de notre Regne le cinquan-te - feptieme.

PAR LE ROI EN SON CONSEIL.

Signé LEBEGUE.

Regiftré fur le Regiftre XVIII. de la Chambre Royale & Syndicale des Libraires & Imprimeurs de Paris, N°. 1638, fol. 530, conformément au Réglement de 1723. A Paris, ce 17 Septembre 1771.

Signé, J. HERISSANT, *Syndic.*